Briefwechsel
zwischen
Hermann von Helmholtz
und
Emil du Bois-Reymond
1846–1894

STUDIEN ZUR GESCHICHTE
DER AKADEMIE DER WISSENSCHAFTEN DER DDR

BAND 9

Herausgegeben im Auftrag des Präsidenten
der Akademie der Wissenschaften der DDR
von Gert Wangermann

Dokumente einer Freundschaft

Briefwechsel
zwischen
Hermann von Helmholtz
und
Emil du Bois-Reymond
1846–1894

Bearbeitet von einem Herausgeberkollektiv
unter Leitung von Christa Kirsten

Mit einer wissenschaftsgeschichtlichen
Einordnung in die naturwissenschaftlichen
und philosophischen Bewegungen
ihrer Zeit
von
Herbert Hörz und
Siegfried Wollgast

Mit 18 Abbildungen

AKADEMIE-VERLAG BERLIN
1986

Herausgeberkollektiv:

Herbert Hörz, Christa Kirsten, Klaus Klauß,
Wolfgang Knobloch, Marie-Luise Körner,
Andreas Laaß, Siegfried Wollgast

ISBN 3-05-500045-5
ISSN 0138-4112

Erschienen im Akademie-Verlag Berlin, DDR - 1086 Berlin, Leipziger Straße 3-4

Lizenznummer: 202 · 100/434/86
Printed in the German Democratic Republic
Gesamtherstellung: VEB Druckerei „Gottfried Wilhelm Leibniz",
4450 Gräfenhainichen · 6518
Lektor: Renate Trautmann
LSV 1106
Bestellnummer: 762 929 5 (2168/9)
05800

Inhalt

Vorwort

Die Bedeutung, die ein Briefwechsel für die Wissenschaftsgeschichte hat, bedarf keiner Begründung, zumal dann nicht, wenn es sich bei den Korrespondenten um Gelehrte handelt, die wie HERMANN VON HELMHOLTZ und EMIL DU BOIS-REYMOND den wissenschaftlichen Fortschritt nachhaltig mitbestimmten. Der Briefwechsel ermöglicht nicht nur ein tieferes Verständnis der Beziehungen zwischen den beiden Wissenschaftlern, sondern vermittelt auch mannigfaltige Anregungen über eine Glanzzeit deutscher Wissenschaft. Beide gehören in die progressive Traditionslinie materialistischen Denkens im Deutschland des 19. Jahrhunderts. Die Wertung ihres Werkes ist Bestandteil der vom „streitbaren Materialismus" zu leistenden Arbeit, das Bündnis mit den Vertretern der modernen Naturwissenschaft herzustellen, „... die dem Materialismus zuneigen und sich nicht scheuen, ihn entgegen den ... herrschenden philosophischen Modeschwankungen zum Idealismus und Skeptizismus zu verfechten und zu propagieren" (W. I. LENIN, Über die Bedeutung des streitbaren Materialismus, in: Werke, Bd. 33, Berlin 1966, S. 218f.).

Berlin, Residenzstadt des ehemaligen Preußischen Staates und Hauptstadt des in dieser Zeitspanne entstehenden Deutschen Reiches, bildet mit seinen wissenschaftlichen Lehranstalten, der Universität, den Museen, der Kunstakademie, der Akademie der Wissenschaften, den gelehrten Gesellschaften und noch anderen wissenschaftlichen Einrichtungen den historischen Hintergrund für beider Laufbahn und zugleich den Höhepunkt des Lebensweges dieser beiden Forscherpersönlichkeiten.

EMIL DU BOIS-REYMOND, geboren am 7. November 1818 in Berlin, wurde bereits in jungen Jahren, von ALEXANDER VON HUMBOLDT lebhaft gefördert, 1851 ordentliches Mitglied der Königlich Preußischen Akademie der Wissenschaften, 1867 sogar Sekretar der physikalisch-mathematischen Klasse und zufolge ihrer Geschäftsordnung in ständigem Turnus mit drei anderen Sekretaren Vorsitzender Sekretar und somit zeitweilig ihr verantwortlicher Repräsentant. Das Sekretarsamt hatte er bis 1895, ein Jahr vor seinem Tode, inne. Die Berliner Universität übertrug ihm das Dekanat der medizinischen Fakultät seit 1866/67 wiederholte Male und wählte ihn 1869 erstmals und 1882 wiederum zu ihrem Rektor.

HERMANN VON HELMHOLTZ, geboren am 31. August 1821 in Potsdam, zuerst (1849) als Professor der Physiologie in Königsberg in Preußen (Kaliningrad) tätig, ging 1855 nach Bonn, 1858 nach Heidelberg und schließlich 1871 nach Berlin. Auf Vorschlag seines Freundes DU BOIS-REYMOND wählte ihn die Berliner Akademie 1857 zu ihrem korrespondierenden Mitglied; 1870 schlug ihn GUSTAV MAGNUS zum auswärtigen Mitglied vor. 1871 wurde er – zugleich mit seiner Übersiedlung nach Berlin und auf Grund derselben – ihr ordentliches Mitglied. Dies stand im Zusammenhang mit seiner Berufung als Ordinarius für experimentelle Physik an die Berliner Universität. 1888 wurde er zum ersten Präsidenten der im Vorjahr in Berlin gegründeten Physikalisch-Technischen Reichsanstalt berufen. Am 8. September 1894 starb HELMHOLTZ in Charlottenburg, damals „bei Berlin".

Hohe Ehrungen wurden beiden Gelehrten zuteil. Zu Rittern des Ordens pour le mérite für Wissenschaft und Künste wurden sie ernannt, HELMHOLTZ 1873, DU BOIS-REYMOND 1877; HELMHOLTZ erhielt 1883 die Nobilitierung, die seit 100 Jahren in Preußen erstmals wieder an einen Gelehrten für rein wissenschaftliche Verdienste verliehen wurde.

Das 50jährige Doktorjubiläum von HELMHOLTZ im Jahre 1892 strahlte als Ereignis der wissenschaftlichen Welt weit über Berlins Grenzen hinaus. DU BOIS verfaßte im Auftrag der Akademie die Glückwunschadresse, die Helmholtz' Leistungen würdigte; 1893 erfüllte HELMHOLTZ den gleichen Auftrag der Akademie für DU BOIS. Aus Anlaß des 70. Geburtstages von HELMHOLTZ wurde 1891 bei der Berliner Akademie die HERMANN-VON-HELMHOLTZ-Stiftung errichtet, die ihm ein ideelles Denkmal setzen sollte. Eine wertvolle Goldmedaille mit dem Bildnis von HELMHOLTZ sollte die hervorragendsten unter den auf dessen Arbeitsgebiet tätigen Forschern aller Nationen ehren. Die erste Verleihung nahm HELMHOLTZ 1892 noch selbst vor; wem anders als dem Freunde konnte sie zugedacht sein? Das von ERNST HERTER geschaffene und 1899 enthüllte HELMHOLTZ-Standbild steht noch heute vor der Berliner Universität; die HELMHOLTZ-Büste von ADOLF HILDEBRAND (1891) hat einen Ehrenplatz in der Akademie der Wissenschaften der DDR inne.

An diese progressive Traditionslinie knüpfte die Akademie 1954 wieder an und beschloß, die HELMHOLTZ-Medaille als die von ihr zu vergebende höchste (naturwissenschaftliche) Auszeichnung erneut zu verleihen. 40 Jahre nach der letzten Verleihung – 1919 an CONRAD WILHELM RÖNTGEN – erhielten 1959 die Akademiemitglieder OTTO HAHN, GUSTAV HERTZ und MAX VON LAUE die neue HELMHOLTZ-Medaille.

Leben und Werk von HELMHOLTZ und DU BOIS-REYMOND sind heute ein Bestandteil der Wissenschaftsgeschichte geworden. Sie haben ihren Platz in der Geschichte der Berliner Akademie, ihr Einfluß war bedeutsam für die Entwicklung Berlins zu einem wissenschaftlichen Zentrum Europas im 19. Jahrhundert.

Der Briefwechsel legt ein anschauliches Zeugnis davon ab. Er macht verständlicher, daß herausragende Persönlichkeiten mit und in ihrer Zeit leben und aus ihr heraus verstanden werden müssen.

Diesem Anliegen gilt die Darstellung im ersten Teil. Zur Erleichterung für den Leser sind in diesem Teil alle vorkommenden Namen, auch die in den Zitaten, unabhängig wie sie in der zitierten Quelle stehen, in Kapitälchen gesetzt. Die Orthographie der Zitate ist modernisiert.

Der zweite Teil, die Edition des Briefwechsels, enthält 168 Briefe aus der Zeit von Juli 1846 bis Juli 1895. Von HELMHOLTZ stammen 86 Briefe, 78 Briefe liegen von DU BOIS-REYMOND an den Freund vor. Als Abrundung haben wir vier weitere Briefe, zwei von ANNA VON HELMHOLTZ an DU BOIS und zwei von diesem an ANNA (Nr. 165–Nr. 168) angefügt. Wegen der besseren Übersichtlichkeit ist der Briefteil in drei Abschnitte gegliedert, deren Übergänge jedoch fließend sind:

1. Vom Beginn bis zu HELMHOLTZ' Berufung nach Bonn (1855),
2. von 1855 bis zu HELMHOLTZ' Berufung nach Berlin (1871),
3. von 1871/1872 bis zu HELMHOLTZ' Tod.

Die *erste Periode* des Briefwechsels (Nr. 1–Nr. 51) gibt vor allem Einblick in die „Werkstatt“ der beiden jungen Naturwissenschaftler, in ihre Versuche und Versuchsanordnungen, und gestattet einen Blick auch auf ihre Irrtümer und Mißerfolge. Sie teilen einander ihre Ergebnisse mit und schildern, wie sie erreicht wurden, gehen einander vertrauensvoll um Rat und Hilfe an. Im Brief vom 12. Februar 1847 findet sich erstmals das vertraute „Du“.

Du Bois-Reymond, der in Berlin geblieben war, hatte Aufträge der „in die Provinz“ berufenen Freunde zu erledigen, Anfragen zu beantworten, kurz, eine umfangreiche Korrespondenz zu bewältigen (vgl. Nr. 13). Es ist daher nicht verwunderlich, daß Helmholtz häufiger und ausführlicher schreibt; er fühlt sich in Königsberg (Kaliningrad) wissenschaftlich etwas isoliert. Private Mitteilungen über Eheschließung, die Einrichtung der Häuslichkeit, die Geburten der Kinder, werden ausgetauscht; Hinweise auf weltanschauliche oder gar politische Probleme finden sich in der ersten Zeit nur spärlich.

In der *zweiten Phase* des Briefwechsels (Nr. 52–Nr. 132) gewinnen die Briefe zwischen beiden Freunden einen anderen Charakter. Helmholtz' neues Arbeitsfeld in Bonn fordert seinen ganzen Einsatz, du Bois-Reymond hat bald Johannes Müllers Nachfolge in Berlin zu bewältigen. Hauptgegenstand der Mitteilung werden jetzt wissenschafts- bzw. universitätspolitische Darlegungen oder Überlegungen.

Gemeinsame Publikationen bzw. Lehrbücher werden geplant (Nr. 56, Nr. 58), beide warnen einander vor Denunziationen (z. B. Nr. 62); begabten Nachwuchswissenschaftlern werden in gegenseitigem Einvernehmen erste Wege geebnet, und Einschätzungen werden über sie ausgetauscht. Persönliches und Familiäres findet sich in fast jedem Brief. Der Ton der Briefe wird – wenn möglich – noch herzlicher, humoriger – auch ein Zeichen größerer Vertrautheit. Ein Mißklang schimmert auf, als in dem Hin und Her über die Besetzung des Lehrstuhls in Heidelberg: Helmholtz oder du Bois-Reymond, letzterer die Entscheidung zugunsten von Helmholtz erst spät erfährt. Aber mit rückhaltloser Offenheit werden die Schatten ausgeräumt, die sich über die Freundschaft gelegt zu haben scheinen (Nr. 74, Nr. 75).

Als Helmholtz in Heidelberg Fuß gefaßt, du Bois sich als Nachfolger des berühmten Johannes Müller gefestigt hat, hören die hektischen Briefe wegen „Berufungsquerelen“ – sie sind nicht frei von Existenzsorgen, denn jeder von ihnen hat Familie – auf. Sie tauschen jetzt stärker Erfahrungen und Sorgen in ihren jeweiligen Ämtern aus, informieren einander über die Stärken und Schwächen von Berufskollegen oder Assistenten. Viel Takt und Verständnis spricht aus du Bois' Kondolenzschreiben anläßlich des Todes von Helmholtz' erster Frau Olga von Velten (Nr. 79) und aus der Art, wie er die neue Verbindung des Freundes mit Anna von Mohl begrüßt (Nr. 81). Die Fertigstellung von Helmholtz' „Physiologischer Optik“ spielt in dieser Phase des Briefwechsels eine große Rolle, aber auch du Bois' Arbeiten, darunter die sogenannten „populären Reden“, werden von Helmholtz beifällig zur Kenntnis genommen (z. B. Nr. 108). Du Bois-Reymond legt in der Akademie oder in der Physikalischen Gesellschaft weiterhin Artikel auf Artikel von Helmholtz vor und betreibt erneut dessen Rückgewinnung auf den Lehrstuhl einer preußischen Universität, am liebsten nach Berlin (vgl. ab Nr. 110). Die letzten Briefe dieses Teils (Nr. 120–132) sind inhaltlich schon ganz auf Berlin eingestimmt. Du Bois führt im Auftrage des preußischen Kultusministeriums die Berufungsverhandlungen für Helmholtz, und Helmholtz ist ihm dankbar dafür.

Die *dritte Periode* des Briefwechsels (Nr. 133 – 168) umfaßt die Berliner Zeit. Die brieflichen Mitteilungen sind jetzt meist kurze, nur flüchtig hingeworfene Billetts über Sachfragen, Abstimmungen über die Arbeit in Kommissionen (Nr. 135), über Fragen der internationalen Wissenschaftsrepräsentation, wissenschaftspolitische, aber ebenso auch über persönliche bzw. familiäre Angelegenheiten. Heute würden sie wohl durch ein Telefongespräch ersetzt. Längere Briefe kommen während der Urlaubsreisen zustande; sie behandeln vor allem den Neubau des physiologischen und des physikalischen Instituts in Berlin (Nr. 133, 134). Der Briefwechsel endet mit drei Briefen (Nr. 166–168), die zwischen ANNA VON HELMHOLTZ und DU BOIS-REYMOND gewechselt werden und dem Andenken an HERMANN VON HELMHOLTZ gewidmet sind.

Die wissenschaftshistorische Studie von HERBERT HÖRZ und SIEGFRIED WOLLGAST ermöglicht die Einordnung der Briefe in die zeitgenössischen naturwissenschaftlichen und philosophischen Bewegungen. So ist im Zusammenhang mit der Edition des Briefwechsels eine Gemeinschaftsarbeit von Wissenschaftsphilosophen, Historikern und Archivaren entstanden. CHRISTA KIRSTEN, KLAUS KLAUSS, WOLFGANG KNOBLOCH zeichnen für die Textwiedergabe und den historischen Teil des Kommentars, ANDREAS LAASS für den naturwissenschaftlichen verantwortlich. Den Nachweis der Primärliteratur und das Namenverzeichnis besorgte MARIE-LUISE KÖRNER.

Für kollegiale Dienste bei der Ermittlung und Bereitstellung archivalischer Quellen danken wir META KOHNKE vom Zentralen Staatsarchiv der DDR. Für die Hilfe bei der technischen Herstellung des Manuskripts sei KÄTE GRABS, MARTHA KRONACHER, CHRISTEL KÜHL und BIRGIT KAHLER herzlich gedankt. Die photographische Reproduktion der in den Originalen enthaltenen Skizzen führte MARGRET HAMANN aus. Das Buch wurde verlagsmäßig von der Lektorin RENATE TRAUTMANN mit der gewohnten Akribie, Zuverlässigkeit und hervorragendem Sachverstand betreut, wofür ihr das Herausgeberkollektiv herzlichen Dank abstattet.

Das Herausgeberkollektiv

Hermann von Helmholtz und Emil du Bois-Reymond

Wissenschaftsgeschichtliche Einordnung in die naturwissenschaftlichen und philosophischen Bewegungen ihrer Zeit

Von HERBERT HÖRZ und SIEGFRIED WOLLGAST

1. Persönliche Beziehungen und wissenschaftliche Kontakte

Die Entwicklung der Naturwissenschaft in Deutschland in der zweiten Hälfte des 19. Jahrhunderts ist wesentlich durch die international anerkannten Leistungen von E. DU BOIS-REYMOND und H. VON HELMHOLTZ beeinflußt. Als Schüler von JOH. MÜLLER, die ihren Lehrer verehrten, beschäftigten sie sich mit Untersuchungen zur Physiologie der Muskeln und Nerven. Freundschaftlicher Umgang und reger wissenschaftlicher Gedankenaustausch bestimmten ihre Beziehungen. Der zwei Jahre ältere Freund DU BOIS half dem in der Provinz wirkenden HELMHOLTZ, die Kontakte zu den wissenschaftlichen Diskussionen in Berlin, der Hauptstadt und einem Zentrum naturwissenschaftlicher Forschung, nicht zu verlieren. Er war stets von HELMHOLTZ' wissenschaftlichem Können und dessen Produktivität beeindruckt. HELMHOLTZ dehnte seine Untersuchungsgebiete immer weiter aus. Dabei halfen ihm sein mathematisches Können und sein Sinn für allgemeine grundlegende Gesetzmäßigkeiten. So erarbeitete er nicht nur wichtige Erkenntnisse für die Physiologie und Medizin, sondern auch für die Physik, Chemie und Meteorologie. 1871 wurde er als Nachfolger von G. MAGNUS als Professor für Physik nach Berlin berufen. Damit kehrte er an den Ort seiner Ausbildung und ersten wissenschaftlichen Studien zurück. In HELMHOLTZ' Berliner Physikalischem Institut arbeiteten viele hervorragende Wissenschaftler. Sein Schüler H. HERTZ fundierte mit seinen experimentellen Ergebnissen die Theorie von M. FARADAY und J. C. MAXWELL. Ab 1888 war HELMHOLTZ Präsident der Physikalisch-Technischen Reichsanstalt, die sich vornehmlich mit der technischen Nutzung physikalischer Erkenntnisse befaßte. DU BOIS-REYMOND blieb dagegen in seinen wissenschaftlichen Arbeiten Physiologe. Er hielt – vornehmlich vor der Akademie der Wissenschaften zu Berlin – in Inhalt und Form geschliffene Reden, in denen er sich zur materialistischen Tradition in der Geschichte des Denkens bekannte, atheistische Auffassungen vertrat und für eine bessere naturwissenschaftliche Ausbildung kämpfte. DU BOIS-REYMOND „gehört zu den Begründern der antivitalistischen, ausschließlich auf Physik und Chemie begründeten kausalanalytischen Physiologie. Diese bildete neben der Zellularpathologie von R. VIRCHOW die Grundlage der modernen naturwissenschaftlichen Medizin, die sich nach 1850 herausbildete. Sein engeres experimentelles Fachgebiet, die Elektrophysiologie, die DU BOIS-REYMOND wissenschaftlich begründete, steht noch heute im Zentrum physiologischer Forschung und hat reiche Anwendung in Diagnostik und Therapie gefunden."[1] DU BOIS-REYMOND schlug eine Brücke zwischen der Medizin, der im Zuge der industriellen Revolution aufblühenden Technik und den Naturwissenschaften.

Über den Beginn der Freundschaft zwischen den beiden hervorragenden Wissenschaftlern HELMHOLTZ und DU BOIS-REYMOND sagt der HELMHOLTZ-Biograph L. KÖNIGSBERGER: HELMHOLTZ beschäftigte sich im Winter 1841 in Berlin erneut mit jenen Untersuchungen, „auf die ihn, wenigstens in einigen allgemeinen Andeutungen, sein Lehrer JOH. MÜLLER hingewiesen, und nun lebte er ganz mit seinen Gedanken und Bestrebungen im Kreise von MÜLLERS Jüngern, schon jetzt befreundet mit dem um zwei Jahre älteren Physiologen E. W. VON BRÜCKE und mit E. DU BOIS-REYMOND, welche, wie er, mit Begeisterung und Verehrung ihrem Lehrer zugetan waren; freundschaftlicher Umgang mit gleichstrebenden Genossen und täglicher geistiger Verkehr mit jenem großen Forscher, von dem sie lernten, ‚wie die Gedanken selbständiger Köpfe sich bewegen', verschönte ihr Leben und Treiben – wer einmal, sagt HELMHOLTZ ein halbes Jahrhundert später, mit einem oder einigen Männern ersten Ranges in Berührung gekommen ist, dessen geistiger Maßstab ist für das Leben verändert, zugleich ist solche Berührung das Interessanteste, was das Leben bieten kann."[2]

Das letzte Drittel des 19. Jahrhunderts war in Deutschland durch eine umfassende Entwicklung der Produktivkräfte gekennzeichnet. Sie war mit einer quantitativ zunehmenden und qualitativ verbesserten Stahlproduktion und der damit zusammenhängenden Metallurgie, der umfassenden Produktion hochwertiger Werkzeugmaschinen, dem Ausbau der Energiebasis, der elektrotechnischen Industrie und der Nutzung neuer chemischer Stoffe sowie der technischen Verwertung ihrer Forschungsergebnisse verbunden. Deutschland wurde zu einem international führenden Industriestaat und für bestimmte Gebiete zu einem anerkannten Wissenschaftszentrum. „Hatte REULEAUX 1876 von den deutschen Industrieprodukten auf der Weltausstellung in Philadelphia gesagt, sie seien ‚billig und schlecht', so konnte Deutschland bereits auf der Pariser Weltausstellung 1900 durch die hohe Qualität seiner technischen Erzeugnisse besondere Anerkennung erringen."[3]

Der Name HELMHOLTZ wurde in den siebziger Jahren zum Inbegriff für die hervorragenden naturwissenschaftlichen Leistungen in Berlin. So schrieb der bedeutende technische Physiker und Ingenieur M. PUPIN, der Erfinder der „PUPIN-Spulen", über seinen Wunsch, in Berlin Physik zu studieren: „Ich ging nach Berlin, um bei HERMANN VON HELMHOLTZ, dem berühmten Physikprofessor an der Berliner Universität, der das Prinzip von der Erhaltung der Energie formulierte und als erster die Bedeutung der Farbe sowohl für die Gesichtswahrnehmung wie auch für die Musik und die Sprache gedeutet hatte, experimentelle Physik zu studieren. Er war damals Direktor des physikalischen Instituts der Universität. Sein ihm von dem alten Kaiser verliehener Titel war Exzellenz... Die ganze wissenschaftliche Welt Deutschlands, nein die ganze intellektuelle Welt Deutschlands, erstarrte in Ehrfurcht, wenn der Name der Exzellenz HELMHOLTZ ausgesprochen wurde."[4] Das war kein dem Augenblick geschuldeter Ruhm. Wir können J. KUCZYNSKIS Urteil im wesentlichen zustimmen: „Kein Naturwissenschaftler reichte im 19. Jahrhundert (und auch im 20.) an Einfluß in der Welt an ALEXANDER VON HUMBOLDT heran. Kein Naturwissenschaftler erreichte im 19. Jahrhundert (im 20. war es EINSTEIN) an Bedeutung durch eine Entdeckung (die eine ganze Kettenreaktion auslöste) CHARLES DARWIN. Kein Naturwissenschaftler des 19. und 20. Jahrhunderts erreichte HERMANN VON HELMHOLTZ in der Vielfalt genialer Leistungen."[5]

Dagegen war das Wirken von DU BOIS-REYMOND nicht von solcher Glorie umwoben. Aber auch er bestimmte in der zweiten Hälfte des 19. Jahrhunderts das wissenschaftliche und vor allem das wissenschaftspolitische Klima Deutschlands, vornehmlich natürlich in Berlin, wesentlich mit. Er war einer der wenigen bedeutenden Naturforscher des 19. Jahrhunderts, die sich mit wissenschaftshistorischen Fragen befaßten. Einige seiner akademischen Festreden und seiner Nachrufe, z. B. die auf JOH. MÜLLER und seinen Freund H. v. HELMHOLTZ, sind Beispiele dafür, wie man die Persönlichkeitsgeschichte mit der Problemgeschichte der Naturwissenschaft und der Philosophie organisch verbinden kann. Der große Physiologe, glänzende Redner, Bekenner einer bürgerlich-materialistischen und atheistischen Weltanschauung, einer der entschiedensten Verfechter der Zurückdrängung der neuhumanistischen zugunsten der naturwissenschaftlichen Bildung, der aktive Kämpfer für das Entwicklungsdenken und leidenschaftliche Anhänger CH. DARWINS, der langjährige „beständige Sekretar" der Berliner Akademie der Wissenschaften wurde zu seinen Lebzeiten oft genannt und häufig zitiert. Die einen haben ihn hoch gerühmt, die anderen – vornehmlich aus philosophisch-weltanschaulichen Gründen – bitter geschmäht. Aber nach seinem Tode, vor allem nach den zwanziger Jahren unseres Jahrhunderts, wurde es still um DU BOIS-REYMOND. „In der westlichen Welt ist nach dem zweiten Weltkrieg – sieht man von den Arbeiten KARL E. ROTHSCHUHS, Münster, ab – kaum noch etwas zur DU-BOIS-REYMOND-Forschung beigetragen worden. Unsere Kollegen in der DDR waren darin regsamer . . ."[6] Als 1960 die von W. VON HUMBOLDT gegründete Berliner Universität, der E. DU BOIS-REYMOND sechs Jahrzehnte lang angehört hatte und zu deren Rektor er zweimal gewählt worden war, die 150-Jahr-Feier ihrer Eröffnung beging, wurde Leben und Werk dieses ebenso bemerkenswerten wie umstrittenen Naturwissenschaftlers erstmals aus marxistischer Sicht gewürdigt.[7] Die weltanschauliche Haltung von DU BOIS-REYMOND bedarf weiterer differenzierter Untersuchung. Sie läßt sich nicht einfach als Agnostizismus abtun. Diese Untersuchungen sind untrennbar mit der Bestimmung des Charakters des naturwissenschaftlichen Materialismus und bürgerlichen Atheismus verbunden. DU-BOIS-REYMOND gebührt, ebenso wie seinem engen Freund HELMHOLTZ, ein Ehrenplatz in der Geschichte der Wissenschaften in Deutschland.

2. Zur Situation der Zeit

Als H. VON HELMHOLTZ und E. DU BOIS-REYMOND geboren wurden, war Deutschland eine Föderation von 41, später 38 souveränen, meist halbfeudalen Territorialstaaten.[8] Die Interessen des Adels dominierten. Durch die Karlsbader Beschlüsse von 1819 verschworen sich alle deutschen Regierungen, einer Initiative des österreichischen Kanzlers METTERNICH folgend, zur gemeinsamen Unterdrückung der antifeudalen Opposition. Durch Verbreitung eines mystischen Volksbegriffs und durch nationalistische Propaganda suchten die Ideologen des herrschenden Adels, den gesellschaftlichen Hauptwiderspruch zwischen Feudalismus und Kapitalismus im Bewußtsein der Bourgeoisie und der Volksmassen zu verwischen.

Dennoch bildeten sich in Deutschland in den zwanziger und beginnenden dreißiger Jahren alle Elemente für die volle Ausbreitung der industriellen Revolution heraus. Vor allem in Sachsen und in den preußischen Landesteilen Berlin, Rheinland-Westfalen und Oberschlesien begannen kapitalistische Industriegebiete zu entstehen. Das Bedürfnis nach technischen Neuerungen förderte die Entwicklung der Naturwissenschaften. An den Universitäten bildeten sich verstärkt naturwissenschaftliche Forschungsstätten, 1822 wurde die „Gesellschaft deutscher Naturforscher und Ärzte“ gegründet. Die deutschen Regierungen mußten dem objektiven Fortschritt nachgeben und nach und nach die allgemeine Schulpflicht einführen. Teile der Bourgeoisie opponierten in unterschiedlicher Weise gegen die Restaurationspolitik und deren Ideologie. Das Wartburgfest von 1817 stellte mit den revolutionär-demokratischen Forderungen nach Volkssouveränität, Republik und Volksbewaffnung die erste nationale Kundgebung dar. Mit dem „Allgemeinen deutschen Handels- und Gewerbeverein“ machte die Bourgeoisie 1819 unter Führung von F. LIST den ersten, vergeblichen Versuch, ein Mitspracherecht für nationale Marktbildung durchzusetzen.

Die französische Julirevolution von 1830 erschütterte das reaktionäre System der „Heiligen Allianz“. Sie rief in allen deutschen Territorien eine Welle antifeudaler Bewegungen hervor. Die Bourgeoisie trat jetzt – neben Kleinbürgern, Gesellen, Arbeitern und Bauern – selber als oppositionelle Kraft auf. Sie entwickelte im Liberalismus die Ideologie, mit der sie ihre ökonomischen und politischen Ansprüche verfocht. Organisatorischer und propagandistischer Höhepunkt der nach 1830 in Deutschland einsetzenden demokratischen Bewegung war das Hambacher Fest (1832), mit etwa 30000 Teilnehmern die größte Massenkundgebung vor der Revolution 1848/49. In der Ideologie entwickelte sich eine vom Kleinbürgertum getragene revolutionär-demokratische Strömung, die sich vom Liberalismus abhob. Sie erstrebte die Verwirklichung der Volkssouveränität in einer deutschen Föderativrepublik, unterstützte die freiheitlichen Bewegungen anderer Völker und reflektierte z. T. die sozialen Fragen der werktätigen Massen.

Preußen reaktivierte 1833 sein 1818 geschlossenes reaktionäres Bündnis mit Rußland und Österreich. Es war aber dem Druck einer entwickelteren Bourgeoisie ausgesetzt und mußte daher den Erfordernissen der kapitalistischen Entwicklung einen größeren Spielraum geben. Eines der wichtigsten Zugeständnisse an die Bourgeoisie war die Gründung des deutschen Zollvereins (1834). Er war ein entscheidendes Mittel zur Schaffung des nationalen Marktes, zugleich wurde er zur ökonomischen Ausgangsbasis für die Vorherrschaft Preußens in Deutschland. Zwischen 1830 und dem Ende der siebziger Jahre entwickelte sich in Deutschland die industrielle Revolution. Sie schuf die objektive ökonomische Grundlage für den Sieg des Kapitalismus über den Feudalismus. Mit ihr begann ein rascher Aufschwung der mathematischen und der empirisch-experimentellen naturwissenschaftlichen Forschung. Hier sei nur auf die Forschungen von THEODOR SCHWANN und JULIUS ROBERT VON MAYER verwiesen. Im Prozeß der industriellen Revolution und der kapitalistischen Umwandlung der Landwirtschaft formierten sich Bourgeoisie und Proletariat als jene zwei Klassen, deren unversöhnlicher Kampf den Inhalt und den Charakter der kapitalistischen Gesellschaftsordnung bestimmt. Spezifisch für Deutschland wurde, daß sich die Feudalherren, anstatt politisch und ökonomisch entmachtet zu werden, der im Entstehen begriffenen bürgerlichen Gesellschaftsordnung anpaßten, indem sie sich allmählich zu kapitalistisch wirtschaftenden Großgrundbesitzern bzw. Agrarkapitalisten wandelten.

Zu Beginn der vierziger Jahre setzte in Deutschland ein neuer Aufschwung der antifeudalen politischen Oppositionsbewegung ein. Große Hoffnungen, denen Enttäuschung folgte, knüpften sich an die Thronbesteigung FRIEDRICH WILHELM IV. von Preußen (1840). An die Spitze der antifeudalen, politischen Oppositionsbewegung trat jetzt die preußische, besonders die rheinische Bourgeoisie. In dieser Zeit konstituierte sich die Bourgeoisie als Klasse im gesamtnationalen Rahmen. Sie strebte nach

Schaffung eines bürgerlichen deutschen Nationalstaates und Gewinnung der bzw. Beteiligung an der politischen Macht. Ihre offen vertretenen Hauptforderungen waren eine liberale Verfassung und die Errichtung einer konstitutionellen Monarchie. Innerhalb der Oppositionsbewegung entstand eine demokratische Strömung, deren Wortführer aus der Intelligenz kamen. Sie brachte die Interessen der Volksmassen in Stadt und Land zum Ausdruck, bejahte die revolutionäre Aktion und kämpfte für bürgerlich-demokratische Verhältnisse. Politisch fand diese Strömung zu Beginn der vierziger Jahre ihren konsequentesten Ausdruck in der „Rheinischen Zeitung". Vom 15. Oktober 1842 bis 17. März 1843 war KARL MARX, damals noch Junghegelianer, ihr Chefredakteur. Der Kampf zwischen Feudalismus und Kapitalismus verflocht sich in Deutschland bei der Vorbereitung der bürgerlichen Revolution in den vierziger Jahren immer mehr mit dem Widerspruch zwischen Kapital und Arbeit. Das war ein Novum in der Geschichte. Deutschland wurde in den vierziger Jahren ein revolutionäres Zentrum von europäischer Bedeutung. Es wurde zum Geburtsland des wissenschaftlichen Kommunismus. MARX und ENGELS, seine Begründer, schufen die neue Lehre, beginnend mit den Jahren 1843/44 und endend mit 1848, dem Jahr des Erscheinens des programmatischen „Kommunistischen Manifestes". Mit der Annahme dieses Programms entstand die erste selbständige revolutionäre Partei des Proletariats auf der Grundlage des wissenschaftlichen Kommunismus.

Die deutsche bürgerlich-demokratische Revolution von 1848/49 hatte die endgültige Durchsetzung der kapitalistischen Gesellschaftsordnung zum Ziel. Sie hatte zugleich eine historisch längst überfällige Aufgabe: mit der Beseitigung der halbfeudalen Verhältnisse die feudalstaatliche Zersplitterung des Landes zu überwinden. Die Bildung eines einheitlichen bürgerlichen Nationalstaates wurde daher zur zentralen Frage der deutschen bürgerlichen Revolution. Diese Forderung wurde während der Revolution von allen antifeudalen Kräften vertreten.[9]

Die entscheidende Auseinandersetzung der deutschen Revolution erfolgte in Berlin; hier kam es am 18. März 1848 zum bewaffneten Kampf. Wie stark alle Volksschichten damals vom revolutionären Elan erfüllt waren, welche Hoffnungen sich an den Barrikadenkampf der Berliner Arbeiter, Handwerker, Kleinbürger und Studenten knüpfte, mögen Worte E. DU BOIS-REYMONDS bezeugen, der zu dieser Zeit in Berlin weilte. Sein Brief vom 22. April 1848 gibt eine plastische Schilderung der historischen Märztage in Berlin. „Nie hab ich gewagt zu hoffen, daß der blasierte Berliner in seinen breiten, platten, schnurgeraden Straßen einst dem verhaßten Militärstaat ein moralisches Jena bereiten würde. O da hättest Du dabei sein müssen, wie am Montag (20. März) morgens im Strahle der Frühlingssonne die Schar der Borsiger, die schwarz-rot-goldne Fahne an der Spitze, ins Oranienburger Tor hineinzog im Genuß des Siegs ... Ich sage Dir, die Tränen stürzten mir in die Augen, und obschon ich nicht hinter den Barrikaden gewesen bin, man wurde durchbebt von dem freudigen Bewußtsein, daß man (in – d. Verf.) sich den Mut fühlte, allen Gardebajonetten zum Trotz die Errungenschaften zu behaupten, die man nicht mit erkämpft hatte."[10]

Trotz dieser Begeisterung hat sich DU BOIS-REYMOND nicht an der Revolution beteiligt. In einem Brief an seinen früh verstorbenen Jugendfreund E. HALLMANN, einen Assistenten JOH. MÜLLERS, schreibt er 1849 von den „scheußlichen Oktoberwirren" des Jahres 1848, womit offenbar der Aufstand des Volkes von Wien im Oktober 1848 gemeint ist. Weiter heißt es hier: „Meine einzige politische Tat im vorigen Sommer ist die gewesen, eine Adresse an die Akademie der Wissenschaften zu organisieren, in welcher um Öffentlichkeit ihrer Sitzungen gebeten wurde."[11] Im selben Brief wird auch schon die Distanzierung DU BOIS-REYMONDS von der Revolution erkennbar: „Laß mich nur in kurzem sagen, daß ich im Anfang ganz berauscht von dem Weine der neuen Zeit war, daß mich leider aber bald die gemeine Wirklichkeit der Dinge zur Vernunft zurück brachte und daß ich die Genugtuung hatte, als einer der ersten in meinem Freundeskreis als ein greulicher Reaktionär verschrieen zu werden, worunter man hier alle solche versteht, die nicht dem plattesten Radikalismus huldigen."[12]

„Trotz ihrer Niederlage gehörte die Revolution von 1848/49 zu den größten fortschrittlichen Ereignissen der deutschen Geschichte. Sie war der Höhepunkt des Klassenkampfes in der Zeit des Aufstiegs und der Festigung des Kapitalismus ... die Zeit der höchsten Entfaltung der Kraft der revolutionären Volksmassen im Prozeß der bürgerlichen Umwälzung, die Zeit, in der die Möglichkeiten für eine revolutionär-demokratische Lösung des gesellschaftlichen Hauptwiderspruchs zwischen Kapitalismus und Feudalismus am größten waren ... Obwohl niedergeschlagen, sprach die Revolution das endgültige Urteil über die reaktionäre Feudalordnung. Die revolutionären Massen zwangen die adlig-junkerlichen Kräfte, die bürgerliche Umwälzung – wenn auch auf ihre Weise, durch eine ‚Revolution von oben' – zu Ende zu führen."[13]

Dementsprechend setzte sich in den Staaten des Deutschen Bundes in den fünfziger und sechziger Jahren die kapitalistische Produktionsweise voll durch. Der nationale Markt bildete sich heraus. Deutschland wurde immer mehr zu einem Industrieland. Eine stürmische Entwicklung der Produktivkräfte, die wachsende Verflechtung mit dem Weltmarkt und die Übernahme von Errungenschaften der industriell fortgeschritteneren Länder ermöglichten eine umfassende kapitalistische Industrialisierung. Neue Industriezweige bildeten sich. Die wissenschaftlichen und technischen Grundlagen für die entstehende Elektro-, Chemie- und die feinmechanisch-optische Industrie wurden unter maßgeblicher Beteiligung deutscher Naturwissenschaftler und Ingenieure wie R. KIRCHHOFF, R. BUNSEN, W. V. SIEMENS, E. ABBE, auch H. V. HELMHOLTZ und E. DU BOIS-REYMOND geschaffen. Die Bourgeoisie wurde zur ökonomisch herrschenden Klasse. Ihre wirtschaftspolitischen Initiativen förderten die Beseitigung feudaler Überreste und die Vereinheitlichung des deutschen Wirtschaftsgebietes. Im Interesse ihres Profits strebte sie nach einer liberalen Ausgestaltung der deutschen Staaten und nach Schaffung eines bürgerlichen Nationalstaates unter Führung Preußens. Gleichzeitig formierte sich das deutsche Proletariat endgültig als Klasse. Der Marxismus entwickelte sich. 1869 erfolgte in Deutschland die Gründung der ersten im Rahmen eines Landes organisierten Arbeiterpartei, der deutschen sozialdemokratischen Partei. Bis zum Ende der sechziger Jahre gab es in Deutschland – auch infolge eines neuen Aufschwungs der nationalen Bewegung ab 1859 – eine Alternative zur „Revolution von oben": die siegreiche Volksrevolution, die alle Dynastien beseitigte und eine bürgerlich-demokratische Republik errichtete. Die „Revolution von oben" sollte unter Führung der junkerlichen Kräfte des preußischen Staates der Junkerklasse in einem vereinigten bürgerlichen deutschen Staat die Vorherrschaft sichern. An beide Möglichkeiten knüpfen auch die politischen und ideologischen Auseinandersetzungen an. 1862 wurde OTTO VON BISMARCK preußischer Ministerpräsident. Seine Politik führte die bürgerliche Umwälzung durch eine „Revolution von oben" zu Ende. Diese Entwicklung wurde eingeleitet durch die Lösung der Schleswig-Holstein-Frage mittels eines vorübergehenden Bündnisses Preußens mit Österreich und des Krieges gegen Dänemark (1864). Der Krieg Preußens gegen Österreich (1866) war eine entscheidende Zäsur im Kampf um die Hegemonie in Deutschland. Diesen dynastischen Krieg entschied Preußen dank besserer Führung und Bewaffnung zu seinen Gunsten. Der Deutsche Bund wurde zerschlagen, Österreich schied aus dem deutschen Staatsverband gänzlich aus. Mit der Bildung des Norddeutschen Bundes unter preußischer Vorherrschaft wurde eine Vorentscheidung über Charakter und territorialen Besitzstand des einheitlichen deutschen Staates geschaffen. Die Mehrheit der liberalen Bourgeoisie in Preußen schloß sich jetzt der preußisch-bonapartistischen Politik Bismarcks an.

Im Verlauf des Deutsch-Französischen Krieges von 1870/71 wurde der bürgerliche deutsche Nationalstaat in Form des Kaiserreichs geschaffen. Damit hatte sich der von der Junkerklasse beschrittene und von der Bourgeoisie schließlich offen unterstützte Weg der „Revolution von oben" im Prozeß der bürgerlichen Umwälzung gegen die Interessen der Mehrheit des deutschen Volkes durchgesetzt.

Die Zeit von 1871, von der Pariser Kommune und der Gründung des Deutschen Reiches, bis zum Ausgang des 19. Jahrhunderts war weltgeschichtlich die Epoche des Übergangs vom Kapitalismus der freien Konkurrenz zum Imperialismus. Es begann der historische Niedergang der Bourgeoisie und der Aufstieg des Proletariats. Die Konstituierung des Deutschen Reiches als kapitalistische Großmacht schuf günstige neue äußere Entfaltungsmöglichkeiten für den deutschen Kapitalismus. Zugleich erstarkten das Proletariat und die deutsche Arbeiterbewegung. Das deutsche Kaiserreich wurde durch die Vorherrschaft Preußens und speziell des preußisch-deutschen Militarismus geprägt. Das reaktionäre Junkertum spielte in Schlüsselstellungen in Verwaltung, Militär, Justiz und Diplomatie eine entscheidende Rolle. Es behielt die politische Führung, die ihm die Bourgeoisie überließ. Die revolutionäre Arbeiterbewegung wurde unterdrückt. Beredtester Ausdruck dafür ist das von 1878 bis 1890 geltende Sozialistengesetz. Ideologisch verband sich im neu geschaffenen Deutschen Reich der Liberalismus mit dem junkerlich-militaristischen Konservatismus zu einer besonderen antidemokratischen Spielart der bürgerlichen Ideologie. Durch Mißbrauch der nationalen Gefühle und Vorstellungen gelang es den herrschenden Klassen zugleich, große Teile des deutschen Volkes an diesen Ausbeuterstaat zu binden. Sie machten sich zunutze, daß breite Schichten des Kleinbürgertums, der Bauernschaft und auch Teile der Arbeiterklasse das Deutsche Reich als Ergebnis des generationenlangen Ringens für die Überwindung der staatlichen Zersplitterung Deutschlands ansahen. Auch der rasche wirtschaftliche Aufschwung übte eine integrierende Wirkung aus.

Entsprechend den Erfordernissen der schnellen kapitalistischen Entwicklung setzte die deutsche Bourgeoisie in den siebziger Jahren wichtige wirtschaftspolitische Maßnahmen und Gesetze durch, die ihren Profitinteressen dienten. Die Eingliederung Elsaß-Lothringens in das Reich stärkte das Wirtschaftskapital des deutschen Kapitalismus. Die Verteilung der fünf Milliarden Francs französische Kriegskontributionen erhöhte die Akkumulationskraft und beschleunigte den Wirtschaftsaufschwung. Die Herstellung der Münz-, Maß- und Gewichtseinheit förderte die Entwicklung des inneren Marktes außerordentlich.

Die deutsche Bourgeoisie übernahm – immer mehr zur Weltspitze vordringend – moderne Technologien, die in anderen Ländern entwickelt und angewendet wurden. Neue wissenschaftliche Erkenntnisse, Erfindungen und Technologien der Nachrichten- und Elektrotechnik, Teerfarbenindustrie, Glasherstellung und der organischen Chemie wurden schnell in der Produktion wirksam. Die Durchsetzung des BESSEMER-Verfahrens, die Einführung des THOMAS- und des SIEMENS-MARTIN-Verfahrens revolutionierten die Stahlherstellung und ermöglichten eine bedeutende Leistungssteigerung der immer mehr spezialisierten Werkzeugmaschinen. Gesteigerte Kohleförderung und verbesserte Nutzung der Brennstoffe sicherten die für die verstärkte Industrialisierung notwendige Energiegrundlage. Fortschritte im Maschinen-, im Fahrzeug- und Schiffbau trugen zur Ausweitung des Verkehrsnetzes und damit zur schnelleren Entwicklung von Produktion und Markt bei. Das Eisenbahnnetz wurde mehr und mehr ausgebaut. All dies setzte eine intensive Entwicklung der Grundlagenforschung voraus. Sie wurde von den herrschenden Klassen stark gefördert, wovon auch HELMHOLTZ und DU BOIS-REYMOND Nutzen hatten. Beide erhielten in den siebziger Jahren völlig neue, dem damaligen Weltstand entsprechende Institute mit der Möglichkeit zu ungestörter Forschung. Die verstärkte Ausnutzung der Naturwissenschaften durch das Kapital war mit einem Aufschwung der Forschung und mit bedeutenden Leistungen deutscher Wissenschaftler in der Mathematik, Physik, Biologie und Chemie verbunden. Naturwissenschaftler und Techniker gerieten in der Mehrheit ökonomisch und ideologisch in die Abhängigkeit der Großbourgeoisie. Allerdings war die Schicht der Intelligenz insgesamt sozial und politisch sehr differenziert.

In den siebziger, achtziger und neunziger Jahren überholte Deutschland in der Industrieproduktion Frankreich und erreichte innerhalb dieser drei Jahrzehnte fast einen Gleichstand mit dem führenden europäischen Industriestaat England. Der technisch-wissenschaftliche Fortschritt wuchs in solchem Maße, daß die deutsche Sprache zum vorherrschenden internationalen Verständigungsmittel der Wissenschaft wurde.

Je mehr die Bourgeoisie in ihr parasitäres Stadium eintrat, desto mehr ging sie dazu über, einen Stamm von Technikern und Wissenschaftlern auszubilden, die der kapitalistischen Gesellschaftsordnung und ihrem Staate treu ergeben waren. Mit der staatlichen Förderung und aufsteigenden Entwicklung von Naturwissenschaft und Technik kontrastierte die Tendenz zum Irrationalismus in den bürgerlichen Gesellschaftswissenschaften, vor allem in der Philosophie. Bis zum Ende des 19. Jahrhunderts mußten Naturwissenschaft und Technik an den deutschen Universitäten und Hochschulen um ihre Gleichberechtigung kämpfen. In den heftigen Parteikämpfen der bürgerlichen Philosophie widerspiegelt sich der Widerspruch zwischen alten bürgerlichen Ideen, Idealen und Konventionen des 19. Jahrhunderts und den Bedürfnissen einer imperialistischen Bourgeoisie. Ende des 19. Jahrhunderts setzte im bürgerlichen theoretischen Denken eine Wendung zum Mystizismus und zur Mythologie ein. NIETZSCHE (1844–1900) wurde jetzt populär. Der von E. MACH und R. AVENARIUS seit den siebziger Jahren in eine – damals moderne – naturwissenschaftliche Form gehüllte subjektiv-idealistische Positivismus begann immer mehr an Boden zu gewinnen. Daneben besaßen die verschiedenen Schulen des in den sechziger Jahren entstandenen Neukantianismus großen Einfluß. Die epochemachenden Erkenntnisse von MARX und ENGELS wurden von bürgerlichen Denkern verschwiegen, verkannt oder einfach nicht zur Kenntnis genommen.

Im ausgehenden 19. Jahrhundert erfolgte auch in Deutschland der Übergang zum Imperialismus. Unter dem Schlagwort der „Weltpolitik" begann der Kampf der kapitalistischen Großmächte um die Neuaufteilung der Welt. Die Arbeiterbewegung war zu einer gewaltigen Kraft geworden, der Marxismus hatte sich in ihr durchgesetzt.

Als E. du Bois-Reymond 1896, zwei Jahre nach dem Freunde, starb, wußte er nicht, daß W. I. Lenin im Jahre 1895 in Petersburg den „Kampfbund zur Befreiung der Arbeiterklasse" geschaffen hatte. Damit war die Leninsche Etappe in der Entwicklung des Marxismus und der internationalen Arbeiterbewegung eingeleitet worden, eine neue Etappe in der Entwicklung der Menschheit.

3. Freundschaft zweier Forscher

E. du Bois-Reymond wie H. von Helmholtz gehörten zu den bedeutendsten Schülern Joh. Müllers. Die ersten Ansätze zu einer Kritik der Auffassungen Müllers zur Lebenskraft finden wir in Helmholtz' Untersuchungen chemischer und physikalischer Vorgänge im Organismus (z. B. der Fäulnis). E. W. *von* Brücke, du Bois-Reymond und R. Virchow suchten ebenfalls, auf ihrem jeweiligen Spezialgebiet, „die Lebenskraft vollends zu verscheuchen" [14]. Am 1. 10. 1843 ging Helmholtz als Militärarzt nach Potsdam. In seinem kleinen, in der Garnison eingerichteten physikalisch-physiologischen Arbeitszimmer wurde er häufig von Brücke und du Bois-Reymond besucht. Bei Urlaubsaufenthalten in Berlin hatte er Gelegenheit, mit Joh. Müller, du Bois-Reymond, mit E. W. von Brücke und K. Ludwig Fachfragen zu diskutieren. In dieser Zeit nahm er seine schon früher geplanten Untersuchungen über den Stoffverbrauch bei der Muskelaktion in Angriff und begann die schwierigen Versuche über die Wärmeleitung im Muskel und die Fortpflanzungsgeschwindigkeit des Nervenreizes. Du Bois-Reymond führte seinen Freund Helmholtz in die 1845 von du Bois-Reymond, G. Karsten, W. Beetz, W. H. Heintz und K. H. Knoblauch gegründete „Physikalische Gesellschaft" ein. Dort galt Helmholtz als „ihre größte Zierde" [15]. Der Freundeskreis um die „Physikalische Gesellschaft" erkannte neidlos seine geistige Superiorität an. Mehr als ein Jahrzehnt hat sich Helmholtz an der Berichterstattung in den „Fortschritten der Physik" für einzelne Gebiete der Physiologie und Physik beteiligt. Auch als Helmholtz im Oktober 1845 vom Militärdienst beurlaubt wurde, um am Friedrich-Wilhelm-Institut seine Staatsprüfung als attachierter Chirurg abzulegen, stand er im engen Verkehr mit Brücke und du Bois-Reymond. Am 7. 2. 1846 kehrte Helmholtz wieder zum Militärdienst nach Potsdam zurück. In seiner Freizeit arbeitete er weiter an seinen Wärmeuntersuchungen bei der Muskelaktion. Wieder stand er dabei im Gedankenaustausch mit seinem Freund du Bois-Reymond, „teils durch Briefe, die fast alle 14 Tage gewechselt wurden, teils durch persönliche Besuche der beiden Freunde in Berlin oder Potsdam" [16]. In den ersten Oktobertagen 1846 schickte Helmholtz seinem Freund du Bois-Reymond, auf dessen Ansuchen verfaßt, für die von der „Physikalischen Gesellschaft" herausgegebenen „Fortschritte der Physik" einen „Bericht über die Theorie der physiologischen Wärmeerscheinungen" für 1845. Er verhandelte mündlich und schriftlich mit du Bois-Reymond über die Umwandlung eines Thermomultiplikators von überaus großer Empfindlichkeit in ein Thermometer für tausendstel Grade. Dazu ließ er sich von dem später mit W. v. Siemens verbundenen Mechaniker Joh. G. Halske eine Waage bauen. Mitte Februar 1847 schickte Helmholtz an du Bois-Reymond den Versuch einer Einleitung zur Konstanz der Kraft, obgleich er einige Zeit wegen seiner dienstlichen Verpflichtungen nicht hatte wissenschaftlich arbeiten können.[17] Am 21. Juli 1847 kündigte er du Bois-Reymond an, „daß er am 23. in der physikalischen Gesellschaft seine ‚Constanz der Kraft' vortragen möchte. So machte er diese Sitzung, in der er sich, wie DU BOIS erzählte, zum Erstaunen aller seiner Freunde mit einem Schlage als einen jeder Aufgabe gewachsenen Physico-Mathematiker offenbarte, zu der denkwürdigsten in deren Annalen; die physikalische Gesellschaft erkannte zuerst das Gesetz von der Erhaltung der Kraft an, als noch die ganze übrige Welt nichts davon wissen wollte“ [18]. Bei der Publikation seiner Arbeit fand HELMHOLTZ bei dem voller Begeisterung für ihn eintretenden DU BOIS-REYMOND wärmste Unterstützung. DU BOIS-REYMOND blieb es auch überlassen, HELMHOLTZ mitzuteilen, daß POGGENDORFF die Arbeit für die „Annalen der Physik und Chemie“ nicht zum Druck annehme. Er riet HELMHOLTZ, die Arbeit als Separatdruck bei G. E. REIMER in Berlin erscheinen zu lassen. HELMHOLTZ ging, allerdings widerstrebend, auf DU BOIS-REYMONDS Vorschlag ein.[19] Die Arbeit erschien bei REIMER noch 1847.

Die jüngeren Physiker und Physiologen vertraten HELMHOLTZ' neue Theorie. Die älteren lehnten sie fast sämtlich ab. „Sie waren geneigt, die Richtigkeit des Gesetzes zu leugnen und in dem eifrigen Kampfe gegen HEGELS Naturphilosophie, den sie führten, auch meine Arbeit für eine phantastische Spekulation zu erklären.“ [20] Schon bald nach HELMHOLTZ' Entdeckung wurde auch behauptet, HELMHOLTZ habe das Gesetz von J. R. VON MAYER entlehnt. „Diese Anklage“, sagt DU BOIS-REYMOND, „hat sich, wie der Ruhm der HELMHOLTZschen Abhandlung, bis auf den heutigen Tag erhalten und wird von denen, die es lieben, das Strahlendste zu schwärzen, gern geglaubt.“ [21]

Die Stelle des Lehrers für Anatomie an der Kunstakademie zu Berlin und Gehilfen der anatomisch-zootomischen Sammlung war durch die Berufung E. W. v. BRÜCKES nach Königsberg frei geworden. DU BOIS-REYMOND trat zu Gunsten seines sozial bedürftigeren Freundes als Bewerber um die Stelle zurück, und HELMHOLTZ konnte sie am 1. 10. 1848 antreten. Aber BRÜCKE nahm bereits 1849 einen Ruf nach Wien an. Für die Vakanz „hatte die medizinische Fakultät in Königsberg am 1. April 1849 1. DU BOIS-REYMOND, 2. HELMHOLTZ, 3. LUDWIG vorgeschlagen . . .“ [22]. JOH. MÜLLER, um ein Gutachten gebeten, votierte sehr warmherzig für HELMHOLTZ, da, wie er feststellte, DU BOIS-REYMOND zur Annahme der Stelle vor Abschluß seiner laufenden Arbeiten nicht geneigt war. So wurde HELMHOLTZ am 19. Mai 1849 zum außerordentlichen Professor für Physiologie nach Königsberg berufen, seine Stelle an der Kunstakademie übernahm DU BOIS-REYMOND.

HELMHOLTZ und DU BOIS-REYMOND standen in HELMHOLTZ' Königsberger Zeit im regen Briefwechsel, wovon die Briefpublikation lebhaftes Zeugnis ablegt.

Die angegriffene Gesundheit seiner ersten Frau und die Empfehlung der Ärzte, deshalb das rauhe Königsberger Klima zu meiden, weckten in HELMHOLTZ den Wunsch, die vakant gewordene Physiologieprofessur in Bonn zu übernehmen. „Aber er tat keinen Schritt zur Verwirklichung seines Wunsches, um nicht seinen beiden älteren Freunden LUDWIG und DU BOIS entgegenzutreten, von denen er annehmen mußte, daß der eine wieder nach Deutschland werde zurückkehren, der andere eine ordentliche Professur endlich werde erlangen wollen. Erst als er hörte, daß LUDWIG infolge seiner politischen Haltung in Marburg und der so irrtümlich verbreiteten Meinung von seinem Atheismus gar keine Aussicht hatte, nach Preußen berufen zu werden, und DU BOIS Bedenken hege, die Stelle anzunehmen, da ihm das Ordinariat in Berlin in ziemlich sicherer Aussicht war, schrieb er letzterem . . . aus Königsberg.“ [23] Noch in Königsberg verfaßte HELMHOLTZ seine Arbeit „Über die Akkomodation des Auges“. Vor der Publikation hatte er DU BOIS-REYMOND um eine Meinung zu dieser Arbeit gebeten. Dieser faßte seine Beurteilung später in die Worte: „Noch nie hatte sich wie bei HELMHOLTZ die vollendete Kenntnis der physikalisch-mathematischen Optik mit ebenso genauer und lebendiger Anschauung der anatomischen Bedingungen des Sehens verbunden.“ [24]

Die Verhandlungen über HELMHOLTZ' Berufung nach Bonn waren langwierig. Ein Brief DU BOIS-REYMONDS an HELMHOLTZ[25] war die Grundlage dafür, daß sich HELMHOLTZ wegen der Berufung an ALEXANDER VON HUMBOLDT wandte, der am 24. 3. 1855 ein befürwortendes Schreiben an den zuständigen preußischen Minister richtete. Also auch hier war DU BOIS-REYMOND der Vermittler und förderte HELMHOLTZ' Entwicklung!

HELMHOLTZ las als Ordinarius in Bonn (Michaelis 1855 bis Michaelis 1858) auch Anatomie. Er glaubte damit erfolgreich zu sein. DU BOIS-REYMOND schrieb ihm am 27. April 1856, „es sei nach Mitteilung von LEHNERT dem Ministerium hinterbracht worden, daß er sich in der anatomischen Vorlesung Blößen gebe ..., DU BOIS habe LEHNERT geantwortet, daß, obschon alles möglich, das Dumme aber wahrscheinlich sei, dies nicht nur nicht wahrscheinlich, sondern sogar unmöglich sei, und LEHNERT habe ihm daraufhin, nachdem er die Quelle jener mißgünstigen Urteile angegeben, gebeten, ‚dies gelegentlich persönlich dem Minister zu versichern, den Gewissensbisse folterten, in Bonn schlecht für den anatomischen Unterricht gesorgt zu haben'“ [26]; HELMHOLTZ antwortete DU BOIS-REYMOND unverzüglich.[27]

Kaum hatte sich HELMHOLTZ in Bonn eingelebt, als auch schon Verhandlungen über seine Berufung nach Heidelberg geführt wurden. Im April 1857 hatte ihm R. BUNSEN geschrieben, man wolle in Heidelberg einen Physiologen berufen, und DU BOIS-REYMOND und HELMHOLTZ kämen in die engere Wahl. HELMHOLTZ antwortete am 16. Mai 1857, er fühle sich dem preußischen Ministerium verpflichtet, das ihm der Gesundheit seiner Frau wegen den Wechsel nach Bonn ermöglicht habe, und setzt fort: „Schließlich muß ich noch bemerken, daß DU BOIS-REYMOND wahrscheinlich sehr gern und unter mäßigen Bedingungen nach Heidelberg geht. Derselbe hat sich bei Gelegenheit meiner Versetzung nach Bonn äußerst rücksichtsvoll gegen mich verhalten, insofern er selbst wohl eine Zeit lang Lust hatte herzugehen, und es auch durch HUMBOLDT durchgesetzt haben würde. HUMBOLDT erklärte mir damals, er würde mein Gesuch nur dann unterstützen, wenn DU BOIS sich nicht bewerben wolle; darauf erklärte dieser, daß er auf die Bewerbung verzichte. Da ich nun glaube, daß für DU BOIS ein anständiger Wirkungskreis als Professor ord. viel wünschenswerter ist als eine Verbesserung meiner eigenen Lage, so muß ich auf ihn die gleiche Rücksicht nehmen. Ich möchte Sie also bitten zu bewirken, daß erst DU BOIS gefragt wird, weil ich für den Fall, daß er entschieden wünschen sollte, nach Heidelberg zu gehen, ihm nicht hinderlich zu sein entschlossen bin.“ [28] Den Inhalt dieses Briefes teilte HELMHOLTZ am 18. 5. 1857 DU BOIS-REYMOND mit.[29] Dieser erwiderte am 24. 5. 1857, er sei fest entschlossen, nach Heidelberg zu gehen. Schon am 26. Mai konnte ihm HELMHOLTZ mitteilen, „daß der Prodekan der medizinischen Fakultät in Heidelberg bei ihm gewesen sei, um mit ihm wegen Übernahme der physiologischen Professur zu verhandeln, daß er ihm jedoch dieselbe Antwort wie BUNSEN gegeben habe.“ [30] Im gleichen Brief machte HELMHOLTZ seinem Freund E. DU BOIS-REYMOND eine wissenschaftliche Mitteilung, aus der hervorgeht, daß er bereits zu dieser Zeit mit den 13 Jahren später veröffentlichten elektrodynamischen Untersuchungen beschäftigt gewesen ist.

Am 20. 5. 1857 benachrichtigte G. R. KIRCHHOFF seinen alten Freund HELMHOLTZ, er sei allein von der Heidelberger Fakultät vorgeschlagen worden. Falls er den Ruf ablehnen solle, möge er sich für eine Berufung du Bois-Reymonds beim preußischen Minister aussprechen. Am 14. 7. 1857 setzte Helmholtz du Bois-Reymond davon in Kenntnis; er habe dem Minister in einem ausführlichen Bericht die Sachlage dargestellt. Dieser habe ihm die Zusicherung auf eine Gehaltszulage und den Neubau der Anatomie gegeben, er gedenke daher, endgültig in Bonn zu bleiben. Aber du Bois-Reymond entschloß sich schließlich doch, Berlin nicht zu verlassen. Die Helmholtz in Bonn gegebenen Versprechen wurden nicht gehalten, und die Heidelberger Universität suchte weiter, Helmholtz für sich zu gewinnen. Schließlich nahm Helmholtz den Ruf an und teilte diesen Entschluß sogleich, nachdem er sein Abschiedsgesuch an das preußische Ministerium gesandt hatte, am 5. 3. 1858, du Bois-Reymond mit.

Ende April 1858 informierte du Bois-Reymond Helmholtz vom Tode Joh. Müllers (Nr. 71) und daß „der Prinz von Preußen in scharfen Ausdrücken Bericht über die Gründe des Abganges von Helmholtz gefordert und die Absicht ausgesprochen habe, sich persönlich nach Baden hin zu verwenden, um Helmholtz dort seines Kontraktes entbinden und ihm zu neuen Verhandlungen der diesseitigen (d. h. preußischen – d. Verf.) Regierung Raum geben zu lassen."[31] Du Bois-Reymond schrieb diese Wendung dem Einfluß von E. Curtius zu.

In Heidelberg, wo er als Professor für Physiologie von Michaelis 1858 bis Ostern 1871 wirkte, setzte Helmholtz den freundschaftlichen Briefwechsel mit du Bois-Reymond fort. Dessen wissenschaftlicher Gehalt wurde auch dadurch geringer, daß Helmholtz' Arbeiten sich allmählich auf Gebiete erstreckten, die du Bois-Reymonds Forschungen ferner lagen. Am 9. Dezember 1863 schrieb ihm du Bois-Reymond: „Soeben habe ich Deine Abhandlung über die Augenbewegung erhalten. Während Du von Eroberung zu Eroberung fliegst, komme ich aus der tierischen Elektrizität nicht heraus."[32] Von den wissenschaftlichen Ergebnissen seines sechswöchigen Aufenthaltes in England im Frühjahr 1864 berichtet Helmholtz seinem Freund du Bois-Reymond ausführlich. In England herrsche eine gewisse Skepsis hinsichtlich der Ergebnisse von du Bois-Reymonds subtilen Untersuchungen, Helmholtz habe aber Gelegenheit genommen, einige der du Boisschen Fundamentalversuche selber experimentell vorzuführen.[33] Damit hatte sich Helmholtz selber Schwierigkeiten bereitet. In einem Bericht zu Helmholtz' Vorlesung mit Experimenten du Bois-Reymonds fühlte sich C. Matteucci wegen einiger Ausdrücke ungerechtfertigt hintangesetzt und protestierte beim Herausgeber der „Medical Times". Eine Abschrift dieses Protestes ließ er Helmholtz zukommen. Dieser begründete in seiner Entgegnung höflich, aber bestimmt, warum er in seinem Vortrag den Namen du Bois-Reymonds, nicht aber den Matteuccis genannt habe: „Sie müssen entschuldigen, daß ich nicht schweigen konnte über das Urteil, das Sie in Ihrem Briefe über die Forschungen meines Freundes du Bois-Reymond gefällt haben; dieser ist seit vielen Jahren ein sehr naher Freund von mir, und es war meine Pflicht, zu akzentuieren, wie sehr ich seine Forschungen schätze. Ich will nicht versuchen, die Art zu rechtfertigen, wie er Ihre Forschungen kritisiert hat, und ich kann Sie versichern, daß ich es ihm oft selbst gesagt habe."[34] Solche Haltung festigte die freundschaftlichen Bande zwischen Helmholtz und du Bois-Reymond nur noch mehr.

Im Februar 1865 war Helmholtz in einem öffentlichen Vortrag „Eis und Gletscher" auf die damals viel erörterte Frage der Bewegung der Gletscher näher eingegangen. Nach Lektüre des Vortrages schrieb ihm du Bois-Reymond: „... Du siehst, ich bin etwas rabiat; das ist stets der Fall, wenn ich mit meiner Arbeit nicht vom Fleck komme, namentlich wenn ich noch dazu andere so eine schöne Sache nach der anderen aus dem Ärmel schütteln sehe wie Dich. Dein Versuch mit den luftleeren Kolben am Schluß des ersten Heftes Deiner gemeinfaßlichen Vorträge, welche denen BESSELS ebenso an Schärfe gleich kommen, wie sie sie an Schönheit des Ausdruckes und an Umfang des Vorstellungsgebietes übertreffen, – erfüllt mich mit jenem Neide, der in die Bewunderung überschlägt."[35]

HELMHOLTZ' „Physiologische Optik" hatte eine wechselhafte Geschichte. Zunächst war sie Teil der „Allgemeinen Encyklopädie der Physik". DU BOIS-REYMOND schrieb an HELMHOLTZ: „Ich öffne nie Deine Optik, ohne mich zu ärgern, daß Du Dich damals von dem totgeborenen KARSTENschen Unternehmen bemuttern ließest, wodurch das Buch erstlich so sehr an Verbreitung eingebüßt hat, zweitens Dir eine Form aufgedrungen worden ist, die das Verständnis, die Übersichtlichkeit nicht gerade erleichtert. Die kolossalen Seiten des engsten Druckes, auf dem die schwersten Sachen stehen, geben gar keinen Ruhepunkt; und wenn Du etwas schreibst, ist ja gar kein Grund, es klein zu drucken."[36] Als dann das Werk als „Handbuch der physiologischen Optik" selbständig herausgegeben wurde, äußerte DU BOIS-REYMOND am 25. April 1867 in einem Brief an HELMHOLTZ seine Freude darüber.[37]

1866 hatte HELMHOLTZ die dritte Abteilung seines „Handbuches der physiologischen Optik" abgeschlossen. DU BOIS-REYMOND äußerte später zum Gesamtwerk, HELMHOLTZ habe in diesem „umfangreichen, einheitlichen, doch auf das Feinste gegliederten Werke ... diesen Zweig der Physiologie systematisch und literargeschichtlich in größter Vollständigkeit dar (gestellt – d. Verf.), von den mathematischen Anfangsgründen der geometrischen Optik bis zu den letzten erkenntnistheoretischen und ästhetischen Gesichtspunkten". Nach DU BOIS-REYMOND besitzt „keine wissenschaftliche Literatur irgend einer Nation ... ein Buch, welches diesem an die Seite gestellt werden kann, ... nur ein zweites Werk von HELMHOLTZ selbst kann daneben genannt werden"[38]. DU BOIS-REYMOND meint HELMHOLTZ' Arbeit über die Tonempfindungen.

In diesen Jahren entwickelte sich zwischen beiden Freunden ein kameradschaftlicher Streit um Empirismus und Nativismus. Sein Wesen wird an anderer Stelle dieser Einleitung dargestellt und findet auch in den hier abgedruckten Briefen Widerspiegelung.[39]

Auch Mut sprachen sich beide Freunde beim vertrauensvollen Austausch ihrer Probleme zu. Als HELMHOLTZ in einem Brief vom 22. April 1867 an DU BOIS-REYMOND über das Abnehmen seiner Schaffenskraft klagt, antwortet ihm jener: „Über das Seneszieren der Ganglienkugeln in Deinen großen Hemisphären kannst Du vorläufig ruhig sein."[40]

In der Tat: HELMHOLTZ' Schaffenskraft war noch längst nicht gebrochen. 1870 entdeckte er die Abhängigkeit der Fortpflanzungsgeschwindigkeit des Reizes in den Nerven von der Temperatur. DU BOIS-REYMOND kommentiert diese Entdeckung interessiert und freut sich für HELMHOLTZ, daß dessen frühere Annahmen damit Erklärung fanden.[41]

Schon 1858, nachdem HELMHOLTZ den badischen Behörden bindende Zusagen hinsichtlich seiner Übernahme der Heidelberger Professur gemacht hatte, war entscheidenden Stellen in Preußen bewußt geworden, daß Bonn damit einen schweren wissenschaftlichen Verlust erlitten hatte. Der damalige Prinzregent und spätere Kaiser Wilhelm I. ordnete an, HELMHOLTZ den Weg nach Bonn zurück zu bahnen. Entsprechende Angebote verstärkten sich 1868/69. HELMHOLTZ hatte keine Neigung, einem solchen Ruf zu folgen. DU BOIS-REYMOND dagegen drängte ihn, unter perspektivischen Aspekten, den Ruf anzunehmen: „... weil, wenn Du in Bonn Physiker wärest, bei der binnen wenigen Jahren hier unfehlbaren Vakanz in diesem Fache, Du ebenso unfehlbar hierher gerufen werden würdest, und ich dies für das Gemeinwesen, wie für mich, für ein sehr großes Glück halten würde."[42]

In der Tat wurde die Berliner Professur für Physik durch G. MAGNUS' Tod vakant. DU BOIS-REYMOND teilte das am 4. April 1870 HELMHOLTZ mit und fügte hinzu, daß natürlich von Bonn aus eine mögliche Berufung HELMHOLTZ' nach Berlin leichter gewesen wäre. Die Verhandlungen um HELMHOLTZ' Berufung nach Berlin, die Frage, ob man G. KIRCHHOFF oder HELMHOLTZ berufen sollte, DU BOIS-REYMONDS unbedingter Einsatz für HELMHOLTZ ist in den vorliegenden Briefen ausführlich dargestellt.[43] Schließlich „geschah das Unerhörte, daß ein Mediziner und Professor der Physiologie den vornehmsten physikalischen Lehrstuhl in Deutschland erhielt, und so gelangte HELMHOLTZ, der sich selber einen geborenen Physiker nannte, endlich in eine, seinem spezifischen Talente und seinen Neigungen zusagende Stellung, da er damals, wie er mir schrieb, gegen die Physiologie gleichgültig geworden war und eigentliches Interesse nur noch für die mathematische Physik hatte"[44].

Ebenso ausführlich ist im hier wiedergegebenen Briefwechsel zwischen HELMHOLTZ und DU BOIS-REYMOND ihr Meinungsaustausch über den deutsch-französischen Krieg von 1870/71 dargestellt, der auch zu einem Aufschub des Umzugs von HELMHOLTZ nach Berlin führte.

Viele wissenschaftsorganisatorische Aufgaben erforderten von beiden Freunden nach HELMHOLTZ' Übersiedlung große Anstrengungen. 1877 wurde der Neubau des physiologischen, ein Jahr später der des physikalischen Instituts eingeweiht. Die Freunde sahen sich jetzt häufig in der Universität, in der Akademie und privat. Weiter suchten sie einander zu fördern.

DU BOIS-REYMOND schreibt: „Nun war uns nicht unbekannt, daß W. v. SIEMENS immer mit Bedauern sah, wie HELMHOLTZ einen großen Teil seiner Zeit und Kraft, anstatt der Fortführung seiner unvergleichlichen Arbeiten, seinem Lehramte widmen mußte; und es blieb uns auch nicht verborgen, daß er HELMHOLTZ die Stelle eines Präsidenten jener Anstalt zugedacht hatte, als eine solche, welche ihn von jeder anderen als einer wissenschaftlichen Arbeit befreien würde, eine Lage, wie nur ein reiner Akademiker sie sich als Ideal erträumen könnte."[45] Anfang April 1888 wurde HELMHOLTZ zum Präsidenten der Physikalisch-Technischen Reichsanstalt berufen. WERNER VON SIEMENS hatte auch die Berufung von HELMHOLTZ in dieses Amt durchgesetzt. Am 13. 12. 1890 gab HELMHOLTZ eine für den Reichstag bestimmte Denkschrift über die bisherige Tätigkeit der Physikalisch-Technischen Reichsanstalt heraus. Danach hatte die physikalische Abteilung der Reichsanstalt u. a. thermometrische Fundamentalarbeiten, Untersuchungen zu Kapillarabweichungen, barometrische Untersuchungen und grundlegende elektrische Arbeiten vorgenommen. In ihrer technischen Abteilung waren nahezu 25000 Thermometer geprüft und gestempelt worden, man hatte sich dort mit der Erzeugung von Normalstimmgabeln u. a. Problemen beschäftigt.

DU BOIS-REYMOND überlebte seinen um drei Jahre jüngeren Freund um zwei Jahre. Seine emphatische Gedächtnisrede auf seinen Freund HERMANN VON HELMHOLTZ ist eine sprachlich brilliante Darstellung und zugleich ein Dokument, das den persönlichen tiefen Schmerz um seinen dahingeschiedenen Freund widerspiegelt.

4. Zu weltanschaulich-philosophischen Grundpositionen der beiden Wissenschaftler

Mißachtung der Philosophie, wie sie für viele Naturwissenschaftler der zweiten Hälfte des 19. Jahrhunderts charakteristisch war, lag DU BOIS-REYMOND und HELMHOLTZ fern. Mit Ehrfurcht gedachten sie der hervorragenden Leistungen philosophischer Denker der Vergangenheit. So waren sie sich einig in der Wertschätzung KANTS. Dabei ist allerdings der Akzent unterschiedlich. DU BOIS-REYMOND stellt fest: „Mit KANT endet die Reihe der Philosophen, die im Vollbesitz der naturwissenschaftlichen Kenntnisse ihrer Zeit sich selber an der Arbeit der Naturforscher beteiligten.“[46] Dem Materialisten DU BOIS-REYMOND steht insgesamt der Naturwissenschaftler KANT näher als der Philosoph.

HELMHOLTZ beschäftigte sich in einer akademischen Festrede in Heidelberg am 22. 11. 1862 generell mit der Beziehung von Philosophie und Naturwissenschaften. Er stellt dabei fest: „Ich habe um so mehr Veranlassung, die Frage nach dem Zusammenhange der verschiedenen Wissenschaften hier zu erörtern, als ich selbst dem Kreise der Naturwissenschaften angehöre und man diese in neuerer Zeit gerade am meisten beschuldigt hat, einen isolierten Weg eingeschlagen zu haben und den übrigen Wissenschaften, die durch gemeinsame philologische und historische Studien untereinander verbunden sind, fremd geworden zu sein. Ein solcher Gegensatz ist in der Tat eine Zeitlang fühlbar gewesen und scheint mir namentlich unter dem Einfluß der HEGELschen Philosophie sich entwickelt zu haben oder durch diese Philosophie mindestens klarer als vorher an das Licht gezogen worden zu sein. Denn am Ende des vorigen Jahrhunderts unter dem Einflusse der KANTschen Lehre war eine solche Trennung noch nicht ausgesprochen, diese Philosophie stand vielmehr mit den Naturwissenschaften auf genau gleichem Boden, wie am besten KANTS eigene naturwissenschaftliche Arbeiten zeigen ... KANTS kritische Philosophie ging nur darauf aus, die Quellen und die Berechtigung unseres Wissens zu prüfen und den einzelnen übrigen Wissenschaften gegenüber den Maßstab für ihre geistige Arbeit aufzustellen.“[47] DU BOIS-REYMOND befaßte sich ausführlich mit G. W. LEIBNIZ und J. O. DE LA METTRIE, mit J. LE ROND D'ALEMBERT und D. DIDEROT, mit ARISTOTELES und PLATON und anderen bedeutenden Philosophen der Vergangenheit. Mit HELMHOLTZ verbindet ihn die Kritik an den Vulgärmaterialisten. Skeptisch sind beide gegenüber philosophischen Spekulationen. Sie vertrauen dem Experiment und der mathematisierten Theorie. Entsprechend dem materialistischen Grundprinzip wollen sie die Tatsachen in ihrem eigenen und in keinem phantastischen Zusammenhang sehen. HELMHOLTZ drückt diese gesunde Skepsis des Naturwissenschaftlers gegenüber der Schulphilosophie der Zeit aus, indem er betont, „... daß es sich empfichlt, in der Prüfung der Beweisgründe gegen Sätze von alter Autorität um so strenger zu sein, je länger sich dieselben bisher in der Erfahrung vieler Generationen als tatsächlich richtig erwiesen haben. Schließlich aber müssen doch die Tatsachen und nicht die vorgefaßten Meinungen oder KANTS Autorität entscheiden“[48].

Hochachtung vor der Philosophie, Anerkennung hervorragender philosophischer Leistungen und kritisch-skeptische Haltungen zu bestimmten philosophischen Systemen drücken sich auch in der Stellung zu philosophischen Ideen als theoretische Vorwegnahme naturwissenschaftlicher Erkenntnisse aus. DU BOIS-REYMOND meint: „Wie Bücher haben auch Philosopheme ihre Schicksale. Nachdem sie das Los menschlicher Meinungen erfuhren, geglaubt und bestritten, gepriesen und verlacht, zuletzt durch ihresgleichen verdrängt und scheinbar vergessen wurden, können sie im Bewußtsein folgender Geschlechter doch noch ein latentes Dasein fristen. Mißverstanden, nur formal noch bestehend und mit anderem Inhalt gefüllt, sieht man sie nach Jahren wieder auftauchen, und wenn das Glück gut ist, zuletzt in so veränderter Gestalt einen dauernden Platz in der Wissenschaft erobern."[49] Dazu rechnet DU BOIS-REYMOND auch die von HELMHOLTZ als Gesetz begründete und mathematisch formulierte Lehre von der Erhaltung der Kraft. Überhaupt spielen in der von DU BOIS-REYMOND am 7. Juli 1870 gehaltenen Akademie-Rede „Leibnizische Gedanken in der neueren Naturwissenschaft" HELMHOLTZ' Arbeiten eine große Rolle. Er verweist auf dessen Beantwortung der Frage nach dem Ursprung der Raumvorstellungen, auf die Arbeiten über Tonempfindungen, auf die metamathematischen Arbeiten zum Ursprung geometrischer Axiome und auf die von HELMHOLTZ hervorgehobene Rolle der Erfahrung bei der Deutung von Sinnesempfindungen. HELMHOLTZ wandte sich gegen den Nativismus von JOH. MÜLLER, der angeborene Ideen und Reflexe zur alleinigen Grundlage tierischen Verhaltens machte, und stützte sich dabei auf J. LOCKE. Er meinte zu den philosophischen „Vorläufern" seiner empiristischen Ideen: „Natürlich haben sich diese Überlegungen schon längst denkenden Köpfen aufgedrängt; man findet sie bei LOCKE und HERBART deutlich ausgesprochen, sie sind durchaus im Sinne von KANT."[50] Naturwissenschaftliche Erkenntnisse sollten das wissenschaftliche Denken entscheidend beeinflussen und naturphilosophische Spekulationen ersetzen, wie sie für die klassische, vor allem aber die romantische Naturphilosophie charakteristisch waren. HELMHOLTZ drückte das direkt aus. Über seine Zeit in Königsberg meinte er in einem Brief an K. LUDWIG: „In den ersten Jahren meiner Anwesenheit wucherte Naturphilosophie noch unter den Studenten ... Ich suchte nur die Macht der einfachen Tatsachen wirken zu lassen."[51] DU BOIS-REYMOND sagte über die Leistungen von G. W. LEIBNIZ: „Prüft man vom heutigen Standpunkt aus die Frucht dieser Verbindung der Philosophie mit Mathematik und Physik, so kann man bei LEIBNIZ, wie bei DESCARTES, häufig eines Gefühles von Staunen und Enttäuschung sich nicht erwehren. Seine Schriften sind reich an glücklichen Blicken in die ferne Zukunft der Wissenschaft; aber in solcher Divination zeigt sich mehr sein natürliches Genie, als daß die Stärke seiner Denkmethoden sich daran bewährte. Für diese liegt die Probe in seinen systematischen Entwickelungen, und hier erscheint nicht selten das Ergebnis so unbefriedigend, bei aller formalen Strenge die Schlußfolge so gewagt, der Bau übereinandergetürmter Aufstellungen so willkürlich, daß man zweifelt, ob es sich um die Wahrheit und nicht bloß um ein Spiel scharfsinnigen Witzes handelt. Man wird irre daran, ob wirklich, wie man glauben könnte, wachsende Entfremdung zwischen Philosophie und Naturwissenschaft die Schuld an ähnlichen Schwächen bei KANTS Nachfolgern trage."[52] Gründe für die nicht hinreichend exakte philosophische Analyse, für das ungenügende Berücksichtigen der naturwissenschaftlichen Denkweise in der Philosophie sind DU BOIS-REYMOND, daß zu LEIBNIZ' Zeit die experimentelle Beschäftigung mit der Natur erst begonnen habe und das unbefangene philosophische Urteil durch die Theologie beeinflußt wurde. Die Entwicklung der Naturwissenschaften, ihre technische Verwertung und der umfangreiche Einsatz mathematischer Methoden hätten dann zu einer gewissen Entfremdung von der Philosophie geführt.

Mathematik befaßt sich mit den formalisierbaren Strukturen in idealisierten Systemen. Sie liefert Einsichten in die Seinsstrukturen. Die Philosophie hat dagegen die

Frage nach dem Ursprung, der Existenzweise und Entwicklung der Welt, nach der Stellung des Menschen in der Welt, nach der Quelle des Wissens, nach dem Sinn des Lebens und dem Charakter des gesellschaftlichen Fortschritts zu beantworten. Mathematisierung der Wissenschaften und ihre Humanisierung erschienen als entgegengesetzte Tendenzen, die ihren Ausdruck in der Entgegensetzung von Naturwissenschaften und Philosophie fanden.[53]

Helmholtz charakterisierte das Verhältnis von Philosophie und Naturwissenschaft in seiner Zeit mit den Worten: „Die Naturforscher wurden von den Philosophen der Borniertheit geziehen; diese von jenen der Sinnlosigkeit. Die Naturforscher fingen nun an, ein gewisses Gewicht darauf zu legen, daß ihre Arbeiten ganz frei von allen philosophischen Einflüssen gehalten seien, und es kam bald dahin, daß viele von ihnen, darunter Männer von hervorragender Bedeutung, alle Philosophie als unnütz, ja sogar als schädliche Träumerei verdammten. Wir können nicht leugnen, daß hierbei mit den ungerechtfertigten Ansprüchen, welche die Identitätsphilosophie auf Unterordnung der übrigen Disziplinen erhob, auch die berechtigten Ansprüche der Philosophie, nämlich die Kritik der Erkenntnisquellen auszuüben und den Maßstab der geistigen Arbeit festzustellen, über Bord geworfen wurden."[54]

Du Bois-Reymond und Helmholtz schlossen sich dieser Haltung zur Philosophie nicht an. Sie befaßten sich mit philosophischen Problemen und Systemen, um ihre heuristische Bedeutung für die Entwicklung der Naturwissenschaften und ihren weltanschaulichen Gehalt zu überprüfen. Ihre philosophische Haltung ist – in unterschiedlichem Maße – durch den naturwissenschaftlichen Materialismus bestimmt. Sie erkennen die objektive Realität als Erkenntnisgegenstand an, untersuchen die Erkenntnisprozesse und tragen zur dialektischen Lösung philosophischer Probleme bei.

5. Naturwissenschaftlicher Materialismus und Geschichte des philosophischen Denkens

Der naturwissenschaftliche Materialismus ist die philosophische Haltung der Naturwissenschaftler, die bewußt die Existenz einer objektiven Außenwelt als Gegenstand ihrer Forschung anerkennen. Das schließt erkenntniskritische Positionen ein. Der spontane Materialismus des Naturwissenschaftlers, naturwissenschaftliche Gesetze zu entdecken und Naturprozesse theoretisch zu erklären, ohne dabei über die philosophische Frage nach dem Ursprung der Welt und die Quelle unseres Wissens nachzudenken, wird im naturwissenschaftlichen Materialismus auf eine höhere Stufe gehoben. Dabei kommt es zu Auseinandersetzungen mit Humanwissenschaftlern und Philosophen, die den Anspruch naturwissenschaftlicher Materialisten negieren, Kulturentwicklung und Erforschung der Gesellschaft mit naturwissenschaftlichen Methoden, d. h. mit Experimentalforschung, mathematisch formulierten Gesetzesaussagen und in sich konsistenten Theorien, zu betreiben. In diese Auseinandersetzung gerieten auch du Bois-Reymond und Helmholtz.

Du Bois-Reymond griff dabei bestimmte Auffassungen frontal an. Großes Aufsehen erregte seine Rede „Goethe und kein Ende" (1882). Der von Goethe zeitweilig vertretene Pantheismus mit seinen dialektischen Elementen war dem in den Traditionen des französischen Materialismus erzogenen du Bois-Reymond unverständlich. So meinte er, es ließe sich nicht verhehlen, „daß auch ohne Goethe die Wissenschaft überhaupt so weit wäre, wie sie ist, ja die deutsche Wissenschaft vielleicht weiter ... Nicht durch Goethe ...., sondern neben ihm und unabhängig von ihm ist die Wissenschaft fortgeschritten ..."[55] Besonders empörend fand aber der deutsche Spießbürger, der gerade GOETHE als Halbgott auf ein tönernes Piedestal gehoben hatte, DU BOIS-REYMONDS Äußerung: „Wie prosaisch es klinge, es ist nicht minder wahr, daß Faust, statt an Hof zu gehen, ungedecktes Papiergeld auszugeben, und zu den Müttern in die vierte Dimension zu steigen, besser getan hätte, Gretchen zu heiraten, sein Kind ehrlich zu machen, und Elektrisiermaschinen und Luftpumpe zu erfinden ..."[56]

In mehreren Gegenschriften zu seiner Rede wird DU BOIS-REYMOND z. B. bezichtigt, er habe „in *autoritativer Stellung* für seine chimärische Weltanschauung" Propaganda gemacht, sei „ein Prophet des krassesten Materialismus", er entwickle „phrasenhafte Anschauungen von der ‚entgötterten Natur'" und habe mit seiner Auffassung „in hoher *amtlicher* Stellung die heiligsten Gefühle von Millionen Christen in – *gelinde* ausgedrückt – *unnobler* Manier verhöhnt". DU BOIS-REYMONDS Weltanschauung schlage „jeder Religion überhaupt ins Gesicht" und kennzeichne „die Vertreter der christlichen Weltanschauung als armselige Phantasten oder boshafte Volksverführer"[57]. Es ist bezeichnend, daß der stockkonservative Autor sein vernichtendes Urteil auch aus den beiden „Welträtselreden" DU BOIS-REYMONDS ableitet!

Nach A. KOHUT gehört DU BOIS-REYMOND zu jenen, die „sich nicht scheuen, die äußersten Konsequenzen aus ihren wissenschaftlichen Errungenschaften zu ziehen, und die Freiheit der Wissenschaft höher achten als die Rücksicht auf eine mächtige Kamarilla, welche den als Gottesleugner denunziert, der es wagt, die Wahrheit zu enthüllen und gegen geistige Knechtung und Verdummung anzukämpfen"[58]. Immer wieder wird DU BOIS-REYMONDS Materialismus klar erkannt und z. T. beklagt. So von dem Breslauer Professor TH. WEBER, dem der große Physiologe einige Bemerkungen in den Fußnoten zu seinen „Sieben Welträtseln" widmet und der darauf gleich mit einem ganzen Buch antwortet. Darin stellt TH. WEBER fest: „... wenn man unter ‚Materialismus' diejenige Weltansicht versteht und allein verstehen kann, welche in der Materie als solcher das einzig vorhandene Real- und Kausalprinzip anerkennt, aus welchem alle Lebensvorgänge im Himmel und auf Erden ihre Entstehung haben, so ist die von DU BOIS gegenwärtig geteilte und in fast zahllosen, von einer Fülle der mannigfaltigsten Detailkenntnisse zeugenden Schriften verbreitete Weltanschauung auch nichts anderes als ein schroffer, mit großer Konsequenz durchgebildeter Materialismus."[59] Nur wenige von seinen Zeitgenossen, darunter allerdings E. VON HARTMANN, suchten DU BOIS-REYMOND für irgendeinen Idealismus, für irgendeine positive Religion zu reklamieren. Dazu ist DU BOIS-REYMONDS Materialismus zu offen und entschieden. Auch S. S. EPSTEIN spricht DU BOIS-REYMONDS naturwissenschaftlichen Materialismus offen aus: „In DE LA METTRIES *L'homme machine* und HOLBACHS *Systéme de la nature* finden wir auch die Grundsteine zu DU BOIS-REYMONDS Weltanschauung, und völlig in LEIBNIZ sah er einen Vorläufer der modernen Erkenntnistheorie. DU BOIS-REYMOND ist, wie alle Naturforscher, Materialist, d. h., er denkt sich alle Körper unserer Welt und deren Bewegungen in Bewegungen von Atomen aufgelöst, die durch deren konstante Zentralkräfte bewegt werden."[60]

E. HAECKEL, der gegen DU BOIS-REYMONDS „Welträtsel" opponiert, stellt als selbstverständlich fest, daß „der berühmte Rhetor der Berliner Akademie" (d. h. DU BOIS-REYMOND – d. Verf.) auch nach den „Welträtseln" ein „bedeutender prinzipieller Vertreter des wissenschaftlichen Materialismus" geblieben sei.[61]

Wir teilen im wesentlichen F. HERNECKS Meinung: DU BOIS-REYMOND „nahm lieber die erkenntnispessimistischen Schlußfolgerungen in Kauf, die sich ihm aus dem mechanistischen Materialismus bei folgerichtigem Denken zu ergeben schienen, als daß er die materialistische Weltauffassung in ihrer Grundlage in Frage gestellt hätte. So bedeutet sein ,Ignorabimus' gegenüber den ,Welträtseln' . . . die Abgrenzung des exakt-empirisch vorgehenden Naturforschers gegenüber der spekulativ-mystischen Haltung der idealistischen Schulphilosophen und der Gottesgelehrten seiner Zeit. Da man diese Formel jedoch als Kapitulation der Naturwissenschaft und ihrer Erkenntnismethoden vor den ,letzten Fragen' mißverstanden hat, wurde der Gelehrte von vielen als Wegbereiter einer agnostizistischen Weltauffassung bekämpft."[62]

Helmholtz ist in seiner Haltung zur Philosophie vorsichtiger als du Bois-Reymond. Er läßt auch Goethe, trotz dessen scharfer Polemik gegen Newton, für die Helmholtz kein Verständnis hat, Gerechtigkeit widerfahren. Er spricht von verschiedenen Denkweisen, der naturwissenschaftlichen Newtons und der sinnlichen Goethes. „Auch die Natur ist dem Dichter sinnbildlicher Ausdruck des Geistigen. Die Physik sucht dagegen die Hebel, Stricke und Rollen zu entdecken, welche, hinter den Kulissen arbeitend, diese regieren, und der Anblick des Mechanismus zerstört freilich den schönen Schein. Deshalb möchte der Dichter gern die Stricke und Rollen hinwegleugnen, sie für die Ausgeburten pedantischer Köpfe erklären und die Sache so darstellen, als veränderten die Kulissen sich selbst oder als würden sie durch die Idee des Kunstwerkes regiert."[63] Helmholtz schätzt Goethes Beitrag zur Entwicklungstheorie, den er mit seiner Idee vom gemeinsamen Typus geleistet hat. „Man sieht, daß durch die angedeuteten physiologischen Ansichten die Idee des gemeinsamen Typus ihre begriffliche Bestimmung und Bedeutung bekommen würde. Goethe hat Großes geleistet, indem er ahnte, daß ein Gesetz vorhanden sei, und die Spuren desselben scharfsichtig verfolgte; aber *welches* Gesetz das sei, erkannte er nicht und suchte auch nicht danach. Das letztere lag nicht in der Richtung seiner Tätigkeit; und darüber ist selbst bei dem jetzigen Zustande der Wissenschaft noch keine feststehende Ansicht möglich, kaum daß die Art erkannt wird, wie die Fragen zu stellen sein werden. Gern erkennen wir also an, daß Goethe in diesem Gebiete alles geleistet hat, was in seiner Zeit überhaupt zu leisten war."[64] Bezogen auf die Methoden der Natur- und Humanwissenschaft, unterscheidet Helmholtz die logische Induktion, „welche es zu scharf definierten allgemeinen Sätzen bringt", von der künstlerischen Induktion. „Es ist ein wesentlicher Teil des künstlerischen Talentes, die charakteristischen äußeren Kennzeichen eines Charakters und einer Stimmung durch Worte, Form und Farbe oder durch Töne wiedergeben zu können und durch eine Art instinktiver Anschauung zu erfassen, wie sich die Seelenzustände fortentwickeln müssen, ohne doch dabei durch irgendeine faßbare Regel geleitet zu werden. Im Gegenteil, wo wir merken, daß der Künstler mit Bewußtsein nach allgemeinen Regeln und Abstraktionen gearbeitet hat, finden wir sein Werk arm und trivial, und es ist mit unserer Bewunderung zu Ende."[65] Helmholtz unterscheidet zwischen den Methoden der verschiedenen Wissenschaften: „Überblicken wir nun die Reihe der Wissenschaften mit Beziehung auf die Art, wie sie ihre Resultate zu ziehen haben, so tritt uns ein durchgehender Unterschied zwischen den Naturwissenschaften und den Geisteswissenschaften entgegen. Die Naturwissenschaften sind meist imstande, ihre Induktionen bis zu scharf ausgesprochenen allgemeinen Regeln und Gesetzen durchzuführen; die Geisteswissenschaften dagegen haben es überwiegend mit Urteilen nach psychologischem Taktgefühl zu tun."[66] Offenbar haben hier Einflüsse des Neukantianismus Niederschlag gefunden.

Auch die Auffassungen von HELMHOLTZ unterliegen der Kritik von Philosophen seiner Zeit. SCHOPENHAUER zieh ihn des Plagiats. Er fühlte sich dem Naturwissenschaftler HELMHOLTZ überlegen: „Sagen, ‚er und ich ständen auf demselben Boden', ist wie sagen, der Montblanc und ein Maulwurfshaufen neben ihm ständen auf demselben Boden."[67] HELMHOLTZ hatte nun mit seinen Darlegungen keineswegs die Ideen SCHOPENHAUERS plagiiert, aber die Polivalenz philosophischer Aussagen läßt oft vielfältige Deutungen zu. In diesem Sinn geht Philosophie in Naturwissenschaft ein, bereitet sie vor, wirkt heuristisch. Aber die naturwissenschaftliche Theorie bedarf der empirischen Bestätigung, der präzisen Formulierung. HELMHOLTZ hatte sich auch Angriffen seitens des Berliner Privatdozenten für Philosophie EUGEN DÜHRING zu erwehren. Auch HELMHOLTZ' erkenntnistheoretische Arbeiten stießen auf Kritik. Er berichtet 1892: „Das Interesse für die erkenntnistheoretischen Fragen ward mir schon in der Jugend eingeprägt, dadurch daß ich meinen Vater, der einen tiefen Eindruck von FICHTES Idealismus behalten hatte, mit Kollegen, die HEGEL oder KANT verehrten, oft habe streiten hören. Auf diese Untersuchungen stolz zu werden, habe ich bisher wenig Veranlassung gehabt. Denn auf je einen Freund habe ich dabei etwa zehn Gegner gefunden; namentlich habe ich immer alle Metaphysiker, auch die materialistischen, und alle Leute von verborgenen metaphysischen Neigungen dadurch aufgebracht."[68]

HELMHOLTZ fiel es schwer, sich im Meinungsstreit der Philosophen seiner Zeit zurechtzufinden. Aber er suchte und fand bei ihnen Anregungen für seine eigenen philosophischen Reflexionen. Da er die Bedeutung der Philosophie für die Lösung erkenntnistheoretischer Probleme der Naturwissenschaften erkannte, kam er trotz vieler Angriffe auf seine Auffassungen und trotz seines Ärgers mit Philosophen nicht zur Ablehnung der Philosophie überhaupt.

Berechtigt kritisiert HELMHOLTZ die Metaphysik, die rein spekulativ die letzten Prinzipien des Weltzusammenhangs gewinnen will. Er unterscheidet zwischen Metaphysik und Philosophie, wobei die Metaphysik hinsichtlich der Philosophie für ihn die gleiche Rolle spielt wie die Astrologie für die Astronomie.[69] In einem Brief an A. FICK äußert er seine Auffassung zur Entwicklung der Philosophie: „Ich glaube, daß der Philosophie nur wieder aufzuhelfen ist, wenn sie sich mit Ernst und Eifer der Untersuchung der Erkenntnisprozesse und der wissenschaftlichen Methoden zuwendet. Da hat sie eine wirkliche und berechtigte Aufgabe. Metaphysische Hypothesen aufbauen, ist eitel Spiegelfechterei ... Die Philosophie ist unverkennbar deshalb ins Stocken geraten, weil sie ... von der kräftigen Entwicklung der Naturwissenschaften noch kein neues Leben in sich aufgenommen hat."[70]

Mit DU BOIS-REYMOND verbindet HELMHOLTZ – bei allen Einflüssen des Neukantianismus, selbst des Pantheismus – letztlich die prinzipielle Haltung des naturwissenschaftlichen Materialisten. Über die „realistische Hypothese" sagt er: „Sie sieht als unabhängig von unserem Vorstellen bestehend an, was sich in täglicher Wahrnehmung so zu bewähren scheint: die materielle Welt außer uns. Unzweifelhaft ist die realistische Hypothese die einfachste, die wir bilden können, geprüft und bestätigt in außerordentlich weiten Kreisen der Anwendung, scharf definiert in allen Einzelbestimmungen und deshalb außerordentlich brauchbar und fruchtbar als Grundlage für das Handeln."[71]

HELMHOLTZ' materialistischer Grundstandpunkt zur Natur und Naturwissenschaft zeigt sich in der Materie- oder Substanzauffassung und der Anerkennung objektiver

Gesetze. HELMHOLTZ spricht allerdings nicht von Materie. Sein Lieblingszitat ist: „Suchet den ruhenden Pol in der Erscheinungen Flucht" (F. SCHILLER). Dieser ruhende Pol ist für ihn die Substanz: „Wir nennen, was ohne Abhängigkeit von anderem gleichbleibt in allem Wechsel der Zeit: die *Substanz* ... Der Begriff der Substanz kann nur durch erschöpfende Prüfung gewonnen werden und bleibt immer problematisch, insofern weitere Prüfung vorbehalten wird. Früher galten Licht und Wärme als Substanzen, bis sich später herausstellte, daß sie vergängliche Bewegungsformen seien, und wir müssen immer noch auf neue Zerlegungen der jetzt bekannten chemischen Elemente gefaßt sein." [72]

Neben dem Substanzbegriff gibt es bei HELMHOLTZ das Wirkliche, „was, hinter dem Wechsel der Erscheinungen stehend, auf uns einwirkt ...". Im Wirklichen „fehlt die Nebenbeziehung auf das Bestehen als Substanz, welche der Begriff des Reellen, d. h. des Sachlichen, einschließt" [73]. Das Wirkliche existiert für HELMHOLTZ außerhalb unseres Bewußtseins. Das zeigt sich auch in seiner Auffassung, daß unsere Anschauungen und Vorstellungen Wirkungen sind, die die angeschauten und vorgestellten Objekte auf unser Nervensystem und unser Bewußtsein hervorgebracht haben.

LENIN bezeichnet diese Position als materialistisch.[74] HELMHOLTZ selber grenzt im gleichen Aufsatz die Naturwissenschaft vom Idealismus ab, wenn er schreibt: „Nach alledem hätte die Naturwissenschaft ihren sichern Boden, auf dem feststehend sie die Gesetze des Wirklichen suchen kann, ein wunderbar reiches und fruchtbares Arbeitsfeld. Solange sie sich auf diese Tätigkeit beschränkt, wird sie von idealistischen Zweifeln nicht getroffen." [75]

Einen wichtigen Gedanken zu seinem Substanzbegriff äußert HELMHOLTZ in der nachgelassenen „Naturforscher-Rede": „Nach modernem Sprachgebrauch verstehen wir unter Substanzen ausschließlich materielle Stoffe, welche zur Zeit in bestimmten Orten des Raumes verweilen, unzerstörbar und unvermehrbar sind ... Im alten Sinn war der Begriff der Substanz umfassender, ... das, was im Hintergrunde oder hinter der veränderlichen Erscheinungsweise fortbesteht, ... worunter aber nicht bloß materielle Dinge verstanden wurden." HELMHOLTZ nennt als immaterielle Substanz den Vorrat an Energie, „der in den mannigfachsten Erscheinungsformen auftreten und zwischen ihnen hin und her wechseln kann, und doch unveränderlich in seiner Größe, unzerstörbar, unvermehrbar ist" [76].

Was HELMHOLTZ als immaterielle Substanz bezeichnet, ist eine Abstraktion von den konkreten materiellen Erscheinungsweisen. Die immaterielle Substanz „Vorrat der Energie" ist ein abstrakter Begriff, der immateriell durch seine Abstraktion ist. Trotz vieler Ansätze kommt HELMHOLTZ nicht zur Kategorie der Materie. Ihn hindert daran folgendes:

1. HELMHOLTZ trennt Wesen und Erscheinung. Er sucht das Wesen als das hinter den Erscheinungen Gleichbleibende und bemerkt nicht, daß es in den Erscheinungen objektiv existiert und daß man es für die Erkenntnis durch Abstraktion herauslösen muß.

2. HELMHOLTZ sucht das Wesen der Erscheinungen oder ihre Substanz als etwas konkret Existierendes, z. B. die chemischen Elemente. Diese werden jedoch selber wieder als Erscheinungen eines anderen Wesens entdeckt, hinter denen dann weiter gesucht wird. Das zeigt die Problematik der erwähnten Trennung.

3. HELMHOLTZ nimmt die Existenz einer immateriellen Substanz an. Das ist aber keine Substanz im eigentlichen Sinne mehr, sondern eine Abstraktion von wirklichen Prozessen. Sie faßt die wesentlichen Eigenschaften der konkreten Energieformen zusammen.

Indem HELMHOLTZ das Wesen gar nicht in den Erscheinungen und seine Erkenntnis nicht in der Abstraktion sucht, will er das Wesen als etwas Konkretes hinter den Erscheinungen finden. Das hindert ihn an der Abstraktion des Materiebegriffes. Er sucht Grundbausteine der Welt und erkennt, daß die Materie unendlich ist, d. h., daß sie auch unendlich viele Erscheinungsweisen hat.

In dieser Frage kann sich HELMHOLTZ nicht ganz von KANT lösen. Indem er das Wesen als etwas Konkretes sucht, es aber nicht findet, müßte er zu dem Schluß kommen, daß es unerkennbar sei. Diesen Schluß zieht er jedoch nicht. Teilweise löst er sich schon von KANT in der Annahme einer immateriellen Substanz. Er erkennt die objektive Realität („das Reelle") als außerhalb unseres Bewußtseins existierend an. Sie wirkt auf unser Bewußtsein ein (als „Wirkliches"). So bezeichnet er es als „die einfache und verständliche Sprache des gewöhnlichen Lebens und der Naturwissenschaft", wenn wir „annehmen, daß die Dinge, welche wir objektiv wahrnehmen, reell bestehen und auf unsere Sinne wirken."[77] HELMHOLTZ' materialistischer Standpunkt wird durch seine Auffassung über die Gesetze bekräftigt. Beim Studium der Natur dürfe man nicht Tatsachen und Versuche aneinanderreihen, sondern um die Erscheinungen zu begreifen, muß man ihre Gesetze suchen. Er definiert das Gesetz als „das gleichbleibende Verhältnis zwischen veränderlichen Größen"[78].

Das Gesetz ist für HELMHOLTZ eine mathematische Funktion. Aber seine Aussage betrifft nicht nur die mathematischen Gesetze, sie ist erkenntnistheoretisch weitreichender. HELMHOLTZ benutzt die gewählten Ausdrücke, weil sie für ihn und auch die anderen Naturwissenschaftler die naheliegendsten sind. Das mathematische Gesetz ist für HELMHOLTZ der Ausdruck für eine exakte Definition. Verständlich wird die Benutzung dieser Definition auch dadurch, daß das Endziel der Naturwissenschaften für HELMHOLTZ darin bestand, sich in Mechanik aufzulösen. Dieser mechanistische Standpunkt war durch den Entwicklungsstand der Naturwissenschaft bedingt, die Mechanik spielte noch immer die herrschende Rolle. Konnte man aber alle Naturwissenschaften auf Mechanik zurückführen, so ließen sich auch alle Naturgesetze auf mechanische Gesetze reduzieren und konnten mathematisch ausgedrückt werden.

Da die erkannten Gesetze Widerspiegelungen der Wechselwirkung der Gegenstände der objektiven Realität im Denken der Menschen sind, ist es richtig, wenn HELMHOLTZ die Gesetze als Verhältnis definiert. Sie bringen allgemeine, wesentliche Beziehungen zum Ausdruck und sind deshalb gleichbleibende Verhältnisse. Sieht man die „Größen" als das Wesen der Dinge an und ihre Veränderlichkeit als Ausdruck der sich verändernden Erscheinungen des Wesens, so kann man HELMHOLTZ' Definition allgemeiner fassen. Das Gesetz ist dann ein notwendiges Verhältnis zwischen dem Wesen der sich verändernden Erscheinungen, d. h. im allgemein-notwendigen und wesentlichen Zusammenhang. Diese Definition gilt für Gesetze der Natur und der Gesellschaft. Sie enthält nicht mehr die speziellen Ausdrücke des mathematischen Funktionsbegriffes.

HELMHOLTZ betont die objektive Existenz der Gesetze. Damit ist er konsequent Materialist. Gesetze sind nicht willkürlich zu wählen und spekulativ auszudenken, sondern in den Tatsachen zu entdecken. Gesetze sind nach ihm eine objektive Macht, die er Kraft nennt.[79]

Ausführlicher als HELMHOLTZ befaßt sich DU BOIS-REYMOND mit der materialistischen Traditionslinie. „LA METTRIE scheint der eigentliche Erwecker der materialistischen Weltanschauung des jungen DU BOIS gewesen zu sein."[80] In der Bibliothek seines Vaters fand dieser J. O. DE LA METTRIES Werk „Der Mensch – eine Maschine", das ihn stark beeindruckte.[81] LA METTRIE ist auch eine Akademierede DU BOIS-REYMONDS vom Jahre 1875 gewidmet, die eine glanzvolle Ehrenrettung des Materialisten LA METTRIE darstellt, „damit die Geschichte der Naturforschung und Philosophie aufhöre, ... durch Gouvernantenmoral und Priesterfanatismus sich ihr Urteil vorschreiben zu lassen"[82]. DU BOIS-REYMOND gibt eine sachliche Schilderung von LA METTRIES Leben und Kämpfen, wobei er betont, daß dieser seinen Überzeugungen bis zum Tode treu blieb. Nach DU BOIS-REYMOND hat sich LA METTRIE im 19. Jahrhundert durchgesetzt. Seine „Lehre wird jetzt täglich in vielen Schriften ausdrücklich vorgetragen, noch öfter stillschweigend vorausgesetzt, auf Lehrstühlen und in öffentlichen Vorträgen erörtert, ohne daß ihre erklärten Anhänger irgendeiner Unannehmlichkeit ausgesetzt wären. Zum Teil allerdings, weil denen, die ihnen schaden möchten, die Macht fehlt, GIORDANO BRUNOS Scheiterhaufen anders als in ihren Wünschen wieder zu entzünden."[83] DU BOIS-REYMOND rühmt das Verdienst LA METTRIES, „der zuerst nach langer kimmerischer Nacht der Scholastik auch mit deren letzten Überlieferungen brach und es wagte, wie einst DEMOKRIT, EPIKUR und LUCREZ, sich die Welt rückhaltlos als System von Ewigkeit her bewegter Atome vorzustellen"[84]. P. H. D. VON HOLBACH habe eigentlich in seinem „System der Natur" nur LA METTRIES Lehre methodischer ausgeführt. Auch seine ethischen Auffassungen seien nicht tadelnswert.

In seiner Abhandlung „Kulturgeschichte und Naturwissenschaft" hat DU BOIS-REYMOND ausführlich den verderblichen Einfluß des Christentums auf die Geschichte der Wissenschaft dargestellt. Seine Rede „Darwin und Kopernikus" wurde als versteckte Gotteslästerung verketzert. Wegen seines konsequenten Eintretens für den Darwinismus wurde EMIL DU BOIS-REYMOND von dem einflußreichen Hofprediger ADOLF STÖCKER, dem Gründer der christlich-sozialen Partei, im preußischen Landtag heftig angegriffen und seine Maßregelung gefordert.[85] Da der Unterrichtsminister eine Maßregelung ablehnte, suchte STÖCKER Leute zu gewinnen, die die Fensterscheiben des Physiologischen Instituts mit Steinen einwerfen sollten.[86]

DU BOIS-REYMOND gesteht höchstens, und das auch nur im Konjunktiv, Gott die Rolle eines ersten Anstoßes zu: „Die CUVIERsche Lehre von den wiederholten Schöpfungen, welche wiederholten Kataklysmen unterlagen, verlor jede Berechtigung, seit LYELL zeigte, daß die Geologie ohne allgemeine Kataklysmen auskommt, und DARWIN hinzufügte, daß Spezies sich umwandeln. Nun konnte man der schaffenden Allmacht vernünftigerweise nur noch die Aktion zuschreiben, in die vorher unbelebte Natur einen ersten Lebenskeim geworfen zu haben. Ist es dann aber nicht einfacher und jener Allmacht würdiger, sich zu denken, daß sie sogleich die Materie mit dem Vermögen schuf, unter bestimmten Verhältnissen, ohne neue Beihilfe, Lebendiges aus sich entstehen zu lassen?"[87] Die Theologie war und blieb für den Materialisten DU BOIS-REYMOND ein „graues Larvengehäuse".[88] Unter Berufung auf die Deszendenztheorie stellte er fest, daß die Seele natürlich entstanden ist,[89] und sprach von Fieberträumen einer Existenz höherer Wesen im „Himmel".[90] Teleologie wurde von ihm abgelehnt, was angesichts seiner Weltanschauung nicht verwunderlich ist. Hier nur ein Beispiel: „Die wenn auch nur in der Ferne gezeigte Möglichkeit, die scheinbare Zweckmäßigkeit aus der Natur zu verbannen und überall blinde Notwendigkeit an Stelle von Endursachen zu setzen, erscheint ... als einer der größten Fortschritte in der Gedankenwelt, von welchem in der Behandlung dieser Probleme eine neue Epoche sich herschreiben wird. Jene Qual des über die Welt nachdenkenden Verstandes in etwas gelindert zu haben, wird, so lange es philosophische Naturforscher gibt, Charles Darwins höchster Ruhmestitel sein."[91]

Wie in seiner ganzen Weltanschauung, so bleibt du Bois-Reymond auch in seinem Atheismus innerhalb der Grenzen bürgerlichen Denkens. Für ihn ist die Befreiung von Religion und Aberglauben ein Problem des Wissens und der Erziehung. Die Klassenwurzeln der Religion erkennt er nicht. Er geht aus vom Atheismus der französischen Materialisten, besonders J. O. de La Mettries, meint aber, David Friedrich Strauss (1808–1874) sei in seinen Schlußfolgerungen viel kühner gewesen.[92] Man kann wohl sagen, daß das Niveau des Strausschen Atheismus auch in etwa das Niveau darstellt, von dem du Bois-Reymond ausgeht. D. F. Strauss hatte mit seinem „Leben Jesu" (1835) einen entschiedenen Angriff gegen die ideologischen Grundlagen des feudalabsolutistischen Regimes in Deutschland geführt und zugleich die Spaltung der Schüler Hegels in Alt- und Junghegelianer eingeleitet. In seinem Buch behandelte Strauss die Wunder des Neuen Testaments als Sagen und erklärte, die Religion bestehe lediglich aus einer Reihe von Sittengesetzen. Vielfältig ist Strauss von Hegel abhängig. Die Geschichte geistiger Erscheinungen wird nicht aus dem wirklichen gesellschaftlichen Leben erklärt und nicht als letztlich ideelle Widerspiegelung des Kampfes der Gesellschaftsklassen betrachtet. Zwar hat der Junghegelianer Strauss mit seinem „Leben Jesu" die bürgerliche Revolution in Deutschland ideologisch vorbereitet. Aber in der Revolution selbst wandte er sich gegen die Demokratie. Später bekämpfte er die Sozialdemokraten und wurde zu einem begeisterten Anhänger Bismarcks. Seine späteren Schriften erreichten nicht mehr das Niveau des „Leben Jesu". Das gilt auch für „Voltaire", welche Arbeit von 1870 sowohl du Bois-Reymond als auch Helmholtz lobend hervorhoben. Auf Strauss' Argumentation gegen die christlichen Legenden stützte sich E. du Bois-Reymond. Aber dessen Atheismus verband sich mit naturwissenschaftlichem Materialismus, fand darin seine Begründung, während Strauss Theologe war und blieb. Daher ist du Bois-Reymonds bürgerlicher Atheismus radikaler und fundierter.

Auch Friedrich Albert Langes „Geschichte des Materialismus" ist für die Herausbildung und Fundierung von du Bois-Reymonds materialistischer Weltanschauung von großer Bedeutung. Sie wird immer wieder von ihm zitiert. Lange stand zeitweilig der Arbeiterbewegung nahe, er war 1864–1866 Mitglied des ständigen Ausschusses des Verbandes Deutscher Arbeitervereine, zeitweilig Mitglied der Internationalen Arbeiterassoziation und Delegierter des Lausanner Kongresses (1867). Seine philosophische Grundposition ist neukantianisch; gleichzeitig enthält seine Arbeit zur Geschichte des Materialismus sehr reichhaltiges Material, das auch heute brauchbar ist. Die „Geschichte des Materialismus" hat seit ihrem Erscheinen (1865) eine große Wirkung, auch in der Arbeiterbewegung, ausgeübt. Franz Mehring hat Lange trotz seiner neukantianischen Schlußfolgerungen sehr geschätzt. Eine eingehendere marxistische Untersuchung von Leben und Werk F. A. Langes steht leider noch aus. Sie würde sicher ein bedeutend progressiveres Bild dieses Mannes geben, als es bislang vorliegt.

Du Bois-Reymonds weltanschauliche Grenzen kommen in seinen Gesellschaftsauffassungen eindeutig zum Ausdruck. Dafür ist besonders seine Rede „Kulturgeschichte und Naturwissenschaft" kennzeichnend. Es klingt ganz materialistisch, wenn du Bois-Reymond feststellt, der Gebrauch des Feuers und der Sprache trennten den Menschen am sichersten vom Tier.[93] Es ist Idealismus, wenn er feststellt, für die

Naturwissenschaft habe den alten Griechen die Bildung, Erziehung usw. gefehlt, dafür hätten sie diese Eigenschaften in der Kunst bewiesen. Ebenso idealistisch ist seine Behauptung, die Abneigung der freien Bürger der Antike gegen Beschäftigung mit exakten Wissenschaften beweise ihren dafür ungenügend ausgeprägten Sinn. Die Geschichte der Naturwissenschaft ist für DU BOIS-REYMOND die eigentliche Geschichte der Menschheit. Es ließen sich noch weitere Beispiele dafür anführen, daß DU BOIS-REYMOND jeglichen Sinn für objektive gesellschaftliche Gesetzmäßigkeiten vermissen läßt. MEHRING wendet sich gegen DU BOIS-REYMONDS Worte: „Das Zurückbleiben der Alten in der Naturwissenschaft ward verhängnisvoll für die Menschheit. In ihm liegt einer der vornehmsten Gründe, aus denen die alte Kultur unterging. Das größte Unglück, welches die Menschheit traf, Überrennung der Mittelmeerländer durch die Barbaren, blieb ihr wahrscheinlich erspart, hätten die Alten Naturwissenschaft in unserem Sinne gehabt."[94] Mit dem bürgerlichen Historiker HANS DELBRÜCK stellt MEHRING dagegen fest: „... daß zu einer Erfindung ein durch viele Generationen, ja Jahrhunderte fortwährendes anreizendes Bedürfnis gehört, daß eine Erfindung von den Bedürfnissen ihrer Zeit so wenig zu trennen ist, wie ein Mensch ohne eine Mutter geboren werden kann, daß die Annahme, irgendeine Erfindung hätte auch zu einer anderen Zeit gemacht werden können und durch einen anderen Lauf der Geschichte verursacht, ein leeres Phantasiegebilde ist."[95]

DU BOIS-REYMONDS gesellschaftliche Auffassungen zeigen, daß der naturwissenschaftliche Materialismus keineswegs notwendig zum historischen Materialismus führt, daß er zur Erklärung und Veränderung der gesellschaftlichen Verhältnisse nicht ausreicht. Um die Gesellschaft wissenschaftlich analysieren zu können, muß man nicht naturwissenschaftlicher, sondern dialektischer Materialist sein. Wie wenig DU BOIS-REYMOND die gesellschaftlichen Entwicklungsgesetze zu deuten vermochte, bezeugt auch sein Angriff gegen die wachsende Arbeiterbewegung und ihre deutsche Partei, die damals revolutionäre Sozialdemokratie. Er vergleicht sie mit mittelalterlichen Epidemien, die das Land befielen und dann wieder verschwanden. DU BOIS-REYMOND hat Furcht vor jeder Revolution. So macht er ROUSSEAU seine Schuld bzw. Mitschuld an der Jakobiner-Diktatur zum Vorwurf und spricht von ROBESPIERRE und „seinen hirnverbrannten Nachfolgern". Auch in dieser Frage ist DU BOIS-REYMOND keine Ausnahme. Fast alle großen deutschen Naturforscher des 19. Jahrhunderts, auch HELMHOLTZ, haben sich in ähnlicher Weise gegen die sozialistisch organisierte Arbeiterbewegung ausgesprochen. DU BOIS-REYMOND meinte, im „sozialistischen Zukunftsstaat" sei für eine Akademie der Wissenschaften kein Platz. Das Aufblühen von Wissenschaft und Technik in der Deutschen Demokratischen Republik, gerade auch der Akademie der Wissenschaften der DDR, widerlegt dieses Fehlurteil des großen Physiologen wohl am augenfälligsten.

Interessant ist die Haltung von HELMHOLTZ und DU BOIS-REYMOND zu den Vulgärmaterialisten. HELMHOLTZ bezeichnet ihre Auffassungen in einem Brief an seinen Vater vom 4. 3. 1857 als „triviale Tiraden"[96].

Auch für die Vulgärmaterialisten war die Lebenskraft eine Fiktion. Auch sie wandten sich gegen die Teleologie und sahen, daß Materie und Bewegung untrennbar miteinander verbunden sind. J. MOLESCHOTT wie L. BÜCHNER beriefen sich auf DU BOIS-REYMONDS Einleitung zu seinen „Untersuchungen über tierische Elektrizität" (1848) in ihrem Kampfe gegen Lebenskraft als Gewährsmann.[97] DU BOIS-REYMOND bezieht sich einige Male auf den Zoologen, Politiker und kleinbürgerlichen Materialisten

C. VOGT.[98] Er geht auch auf VOGTS „Sekretionsgleichnis“ ein[99], wobei er zu Recht feststellte, daß sich dieses Gleichnis im wesentlichen schon bei P. J. G. CABANIS findet. DU BOIS-REYMOND meint zu VOGTS „keckem Ausspruch“ u. a.: „Auch das ist am ‚Sekretionsgleichnis‘ schwerlich zu tadeln, daß darin die Seelentätigkeit als Erzeugnis der materiellen Bedingungen im Gehirn hingestellt wird. Fehlerhaft dagegen erscheint, daß es die Vorstellung erweckt, als sei die Seelentätigkeit aus dem Bau des Gehirns ihrer Natur nach so begreiflich wie die Absonderung aus dem Bau der Drüse.“[100]

Die entscheidende Wirkungszeit der kleinbürgerlichen Materialisten lag in den fünfziger Jahren des vorigen Jahrhunderts. Trotz großer Entdeckungen auf den verschiedensten naturwissenschaftlichen Gebieten war in dieser Zeit der entscheidende Umwälzungsprozeß der Naturwissenschaft des 19. Jahrhunderts noch nicht abgeschlossen. Anders steht es um die siebziger und achtziger Jahre, in denen DU BOIS-REYMOND mit seinen Reden die größte Wirksamkeit erlangte. Für den naturwissenschaftlichen Entwicklungsstand der siebziger und achtziger Jahre konnte ENGELS feststellen, daß die „Hauptvorgänge“ in der Natur materialistisch erklärt, „alles“ Starre aufgelöst und „alles“ Fixierte verflüchtigt sei.[101] Der Materialismus hatte sich unter den prominenten Naturwissenschaftlern *in ihrem Fachgebiet* durchgesetzt. Die neue Lage erforderte aber nicht nur die Negation der alten, sondern auch die Setzung einer neuen Weltanschauung. Eine Richtung der Naturwissenschaftler vertrat einen Pantheismus. So etwa ERNST HAECKEL. Dieser Pantheismus ist progressiv, aber doch noch mit idealistischen Elementen stark versetzt. So hat bei HAECKEL schon die einfachste Zelle „Beseeltheit“, und das menschliche Denken ist nur die graduelle Steigerung dieser „Zellseele“.[102] Wenig wird oft folgendes beachtet: Auch für HAECKEL gibt es noch ein Welträtsel, „ein einziges allumfassendes Universalrätsel ... das Substanz-Problem“. Hinsichtlich dieses Welträtsels meint HAECKEL: „Wir geben von vornherein zu, daß wir dem innersten Wesen der Natur heute vielleicht noch ebenso fremd und verständnislos gegenüber stehen wie ANAXIMANDER und EMPEDOKLES vor 2400 Jahren, wie SPINOZA und NEWTON vor 200 Jahren, wie KANT und GOETHE vor 100 Jahren.“[103] Und das in der „Schlußbetrachtung“, also als Fazit seiner „Welträtsel“!

Ein weiterer Versuch, eine solche neue Weltanschauung zu gewinnen, bot sich im Neukantianismus an, der in den siebziger Jahren seinen eigentlichen Siegeszug antrat. Für ihn gilt: „Die aus den grundlegenden Interessen der ... Bourgeoisie erwachsenden philosophischen Bedürfnisse zielten auf eine Philosophie, welche die bürgerliche Praxis und Herrschaftsordnung als normal, ewig und ewig fortschreitend bestätigte und die theoretische Grundlage für die politische Konzeption abgeben konnte. Diese Philosophie mußte den Sozialismus mit modernen Mitteln bekämpfen können, damit dem Materialismus aktiv entgegentreten, zugleich aber den stürmischen Aufschwung der Naturwissenschaft auf eine Weise interpretieren, daß dessen Ergebnisse bestätigt und für die Bourgeoisie nutzbar gemacht, zugleich der Einfluß hemmender Spekulation und Theologie ausgeschaltet wurde, soweit diese die Naturwissenschaft hindern.“[104] Allerdings hat der Neukantianismus auch teilweise bedeutende Beiträge zur Geschichte der Erkenntnis, auch ihrer Entwicklung nach KANT, erarbeitet. Das geschah vor allem durch E. CASSIRER. Interesse verdient auch die neukantianische Trennung der „nomothetischen“ Naturwissenschaften von den „ideographischen“ Geisteswissenschaften, besonders durch W. WINDELBAND und H. RICKERT. Damit stellte er eine bürgerliche Konzeption gegen die marxistische Konzeption des historischen

Materialismus bereit, was sicherlich auch zu seiner enormen philosophischen Wirkung beitrug.[105]

Neben diesen philosophischen Richtungen bleibt eine Strömung bestehen, die von einem naturwissenschaftlichen Materialismus nicht abgeht. Zu ihr gehören HELMHOLTZ und DU BOIS-REYMOND. Naturwissenschaftlicher Materialismus ist eine von Naturwissenschaftlern des 19. und 20. Jahrhunderts bewußt geformte und vertretene spezifische Strömung des materialistischen Denkens innerhalb der Naturwissenschaft, die ohne Kenntnis des dialektischen Materialismus bzw. später in bewußter Abgrenzung vom dialektischen und historischen Materialismus die philosophischen Grundlagen und allgemeinen Methoden des naturwissenschaftlichen Arbeitens sowie die Ergebnisse der Naturwissenschaft mehr oder weniger konsequent materialistisch begründet.[106] Es ist eine besondere, relativ eigenständige, bewußt vertretene materialistische Strömung innerhalb der Naturwissenschaft der genannten Zeit, die auf der in der Naturwissenschaft immer vorhandenen elementaren und spontanen materialistischen Grundeinstellung des Naturforschers aufbaut, sich aber von ihr durch Bewußtheit unterscheidet. Bewußtheit heißt hier: die Grundeinstellung, daß die Natur, ihre Prozesse und Gesetzmäßigkeiten objektiv-real existieren, wird theoretisch formuliert, begründet und gegen andere philosophische Auffassungen und Thesen zu verteidigen gesucht. Der naturwissenschaftliche Materialismus verlangt also bewußtes philosophisches Denken. Er ist keine vormarxistische Erscheinungsform des Materialismus. Er ist ein Materialismus, der aus verschiedenen Gründen nicht bis zum dialektischen Materialismus vordringt. DU BOIS-REYMOND und HELMHOLTZ stehen am Anfang dieser Entwicklung, M. PLANCK, A. EINSTEIN, M. BORN und W. HEISENBERG u. a. bezeichnen ihren bisherigen Höhepunkt. Die naturwissenschaftlichen Materialisten können nicht mehr, wie etwa noch C. VOGT, L. BÜCHNER und J. MOLESCHOTT als mechanische Materialisten eingeschätzt werden, selbst wenn sie in wichtigen Fragen noch mechanistische Auffassungen vertreten. Ihre philosophische Position ist gegenüber dem mechanischen Materialismus weiterentwickelt. In der Gesellschaftsauffassung sind die Vertreter des naturwissenschaftlichen Materialismus Idealisten. Der naturwissenschaftliche Materialismus ist in seiner Wirkung objektiv Verbündeter des dialektischen Materialismus im philosophischen Kampf zwischen Materialismus und Idealismus.

Übrigens haben die Klassiker des Marxismus-Leninismus den Begriff des mechanischen Materialismus selbst vornehmlich auf das 18. Jahrhundert angewandt. Die wichtigsten zusammenfassenden Äußerungen dazu finden sich in ENGELS' „Ludwig Feuerbach", wo die entscheidende Passage mit den Worten beginnt: „Der Materialismus des vorigen Jahrhunderts war vorwiegend mechanisch . . ."[107] Was ENGELS an gleicher Stelle über den mechanischen Materialismus des 19. Jahrhunderts sagt, bezieht sich auf VOGT, BÜCHNER, MOLESCHOTT und deren Epigonen. Ein genaues Studium der „Dialektik der Natur" und des „Anti-Dühring" ergibt kein anderes Bild. Im „Anti-Dühring" betont ENGELS das Wirken des „mechanischen, ausschließlich metaphysischen Materialismus" explizit für das 18. Jahrhundert,[108] und in der „Dialektik der Natur" heißt es für die Zeit nach 1848: „Um dieselbe Zeit aber nahm die empirische Naturwissenschaft einen solchen Aufschwung und erreichte so glänzende Resultate, daß dadurch . . . eine vollständige Überwindung der mechanischen Einseitigkeit des 18. Jahrhunderts möglich wurde . . ."[109] Wenn LENIN sagt: „Mit dem Entwicklungsprinzip sind im 20. Jahrhundert (ja auch am Ende des 19. Jahrhunderts), ‚alle einverstanden'"[110], so ist diese Bemerkung zunächst negativ gefaßt. Sie richtet sich gegen eine Entwicklungsauffassung, die nur das quantitative Wachstum, nicht den qualitativen Sprung in Betracht zieht.[111] Gleichzeitig aber wird damit das Ende des 19. Jahrhunderts (man könnte die Zäsur auch mit der Mitte des vergangenen Jahrhunderts setzen) gegenüber der voraufgegangenen Zeit, auch gegenüber dem voraufgegangenen Materialismus, abgegrenzt.

Während VOGT und MOLESCHOTT die philosophische Tradition – einschließlich des französischen Materialismus – weitgehend bewußt mißachten, ist sie für DU BOIS-REYMOND und HELMHOLTZ philosophisches Vorfeld naturwissenschaftlicher Arbeit. Das gilt für G. W. LEIBNIZ, F. M. VOLTAIRE und J. O. DE LA METTRIE und in gewissem Sinne für D. DIDEROT bei DU BOIS-REYMOND sowie für J. LOCKE, J. F. HERBART und I. KANT bei HELMHOLTZ.

HELMHOLTZ' philosophische Haltung ist wesentlich durch seine erkenntnistheoretischen Arbeiten bestimmt. Er betont gegenüber dem mechanischen Materialismus den Unterschied von Zeichen und Gegenstand, Idee und Objekt. Diesen Tatbestand benutzte er auch zur Kritik des Idealismus G. BERKELEYS vom materialistischen Standpunkt aus, er schrieb zu BERKELEYS Idealismus: „Diese empirische Basis führte ihn (BERKELEY – d. Verf.) dann freilich zu der Behauptung, daß nicht bloß die Qualitäten der Empfindung, sondern auch die Wahrnehmungen überhaupt nur innere Prozesse seien, denen nichts Äußeres entspräche. Er wird zu dieser Schlußfolgerung verleitet durch den falschen Satz, die Ursache (das wahrgenommene Objekt) müsse ihrer Wirkung (der Vorstellung) gleichartig, also auch ein geistiges Wesen, nicht ein reales Objekt sein."[112]

HELMHOLTZ dehnte diese Kritik auch auf den Idealismus der klassischen deutschen Philosophie aus: „Die nachfolgenden idealistischen Systeme der Philosophie von J. G. FICHTE, SCHELLING, HEGEL haben allen Nachdruck wieder darauf gelegt, daß die Vorstellung wesentlich abhängig sei von der Natur des Geistes, und den Einfluß, den das Wirkende auf die Wirkung hat, vernachlässigt."[113]

HELMHOLTZ wandte sich also mit seiner Abbildtheorie gegen den mechanischen Materialismus wie gegen die idealistische Erkenntnistheorie. Die Beschränktheit des mechanischen Materialismus, der die Aktivität des Subjekts nicht beachtete und die Abbildung als mechanische Spiegelung ansah, hinderte ihn bei der philosophischen Verallgemeinerung der von ihm untersuchten einzelwissenschaftlichen Erscheinungen. Auch der Idealismus, der die objektive Realität und damit die Ursache der Empfindung leugnet bzw. ignoriert, war dazu nicht in der Lage.

DU BOIS-REYMOND besaß gründliche Kenntnisse der Philosophiegeschichte und bediente sich ihrer immer wieder. Dafür nur einige Beispiele: Er bezieht sich auf FRANCIS BACONS Ausspruch "knowledge is power" und auf PIERRE BAYLES Stellung gegen die prästabilierte Harmonie. Eine Verszeile von GIORDANO BRUNO stellt er seinem Artikel „Über Darwin und Kopernikus" voran. Nach seiner Meinung ruht „LOCKES und CONDILLACS Empirismus ... auf subjektiv-psychologischer Grundlage"[114]. M.-J.-A. DE CONDORCET wird der Mißdeutung einer Stelle in F. M. VOLTAIRES „Candide" beschuldigt, und zugleich wird seine literarische Meisterschaft gerühmt.[115] Selbstverständlich kannte DU BOIS-REYMOND auch J.-J. ROUSSEAUS „Bekenntnisse" und seine anderen Arbeiten. Seine Rede „Friedrich II. und Jean-Jacques Rousseau" (1879) wäre sonst ohnehin nicht denkbar. Immer wieder kommt DU BOIS-REYMOND auf R. DESCARTES zurück, den er im Originaltext zitiert. Gleiches gilt für D. DIDEROT und die französische „Enzyklopädie". Auch E. DÜHRINGS „Kritische Geschichte der allgemeinen Prinzipien der Mechanik" wird zitiert, ohne daß dabei allerdings zu DÜHRINGS philosophischem System Stellung genommen wird. Von den antiken Philosophen werden neben ARISTOTELES und CICERO EMPEDOKLES, EPIKUR, PLATON (vor allem mit seinem „Timaios"), SOKRATES, THALES und ZENON von KITION erwähnt. Erwähnung finden auch B. B. DE FONTENELLE, P. GASSENDI, A. GEULINCX, N. DE MALEBRANCHE, P. L. M. DE MAUPERTUIS, Ch.-L. DE MONTESQUIEU, B. PASCAL, B. SPINOZA und andere Philosophen des 17. und 18. Jahrhunderts. Über DU BOIS-REYMONDS Stellung zu I. KANT ist bereits gesprochen worden. J. LOCKE und B. DE MANDEVILLE hat DU BOIS-REYMOND ebenfalls gelesen. Auf A. SCHOPENHAUER und andere Modephilosophen seiner Zeit geht er nicht ein.

Man hat gewisses Verständnis dafür, daß DU BOIS-REYMOND ebenso wie HELMHOLTZ die spekulative Naturphilosophie entschieden ablehnte. Trieb sie doch zu ihrer Jugend Blüten dieser Art: „In HENRIK STEFFENS Vorlesungen über Anthropologie schrieb ich im Winter 1837/38 folgendes nach: ‚Jedes Organ des menschlichen Körpers entspricht einem bestimmten Tier, ist ein Tier. Beispielsweise die allerwärts bewegliche, feuchtschlüpfrige Zunge ist ein Tintenfisch, eine Sepie. Denn der Knochen der Zunge, das Zungenbein hängt mit keinem anderen Knochen des Skeletts zusammen. Nun aber hat die Sepie nur einen Knochen, das bekannte *Os sepiae*. Folglich hängt dieser Knochen mit keinem anderen Knochen zusammen. Folglich ist die Zunge eine Sepie'."[116]

Der spekulativen Naturphilosophie sagt der exakte Naturwissenschaftler E. DU BOIS-REYMOND den entschiedenen Kampf an. Deshalb wendet er sich auch gegen „HEGELS dialektische Luftschlösser"[117] und „die Geisteskrankheit der falschen Naturphilosophie"[118]. Dabei läßt er außer acht, daß die dialektische Methode ein äußerst fruchtbares Arbeitsmittel für den Naturwissenschaftler ist. Da DU BOIS-REYMOND den dialektischen Charakter der Natur und der Erkenntnis nicht begreift, endet er bei den „sieben Welträtseln". Er vermag die rationellen Ansätze im HEGELSCHEN System nicht zu verstehen.

Im Gegensatz zu LA METTRIE und zu DU BOIS-REYMONDS anderen Vorbildern aus dem Bereich des französischen Materialismus sehen DU BOIS-REYMOND und HELMHOLTZ durchaus einen Unterschied zwischen belebter und unbelebter Welt. Beide wenden sich gegen den Vitalismus und verfechten DARWINS Auffassung von der Entwicklung der Lebewesen. DU BOIS-REYMOND fragt: „Wenn die Organismen Erscheinungen darbieten, die in der unorganischen Natur nicht vorkommen, sollte dies nicht einfach daher rühren, daß in den belebten Körpern die Stoffteilchen, obschon mit den nämlichen Eigenschaften begabt wie außerhalb, doch zueinander in neue Beziehungen treten und neue Verbindungen eingehen?"[119] Diese Fragestellung enthält im Keim die Möglichkeit, die Enge des damaligen Mechanismus zu überwinden. Bei DU BOIS-REYMOND findet sich auch schon der Gedanke, der später in der Theorie des Fließgleichgewichts ausgearbeitet wurde: „Was das Lebende vom Toten, die Pflanze und das nur in seinen körperlichen Funktionen betrachtete Tier vom Kristall unterscheidet, ist zuletzt dieses: im Kristall befindet sich die Materie in stabilem Gleichgewichte, während durch das Lebewesen ein Strom von Materie sich ergießt, die Materie darin in mehr oder minder vollkommenerem Gleichgewichte sich befindet ..."[120] Auch in seiner Rede „Über Neovitalismus" (1894) bemüht sich DU BOIS-REYMOND um eine Unterscheidung des Anorganischen und Organischen. An mehreren Stellen betont er die Einheit der Welt in ihrer Materialität.

Helmholtz wie du Bois-Reymond finden eine Situation in den Naturwissenschaften vor, die sich von der des 18. Jahrhunderts, der Zeit der französischen Materialisten, qualitativ unterscheidet. Engels vergleicht die Naturwissenschaft des 18. und des 19. Jahrhunderts und stellt fest: „... wenn die Naturwissenschaft bis Ende des letzten Jahrhunderts vorwiegend *sammelnde* Wissenschaft, Wissenschaft von fertigen Dingen war, so ist sie in unserm Jahrhundert wesentlich *ordnende* Wissenschaft, Wissenschaft von den Vorgängen, vom Ursprung und der Entwicklung dieser Dinge und vom Zusammenhang, der diese Naturvorgänge zu einem großen Ganzen verknüpft."[121] Es ist fraglich, ob sich die ordnende Wissenschaft der gleichen Methode wie die sammelnde Wissenschaft bedienen konnte.

Lenin formuliert: „Von der lebendigen Anschauung zum abstrakten Denken und *von diesem* zur *Praxis* – das ist der dialektische Weg der Erkenntnis der *Wahrheit*, der Erkenntnis der objektiven Realität."[122] Ist dies nicht die Forschungsmethode, die zur Entdeckung der Spektralanalyse durch R. Bunsen und G. Kirchhoff führte? Wird nicht du Bois-Reymonds oben angeführte Bestimmung der Naturwissenschaft der Feststellung Lenins durchaus gerecht? Arbeitet nicht Helmholtz an der Lösung eines „Welträtsels" seines Freundes du Bois-Reymond, am Ursprung der einfachen Sinneserkenntnis? Du Bois-Reymond selber sagt von Helmholtz, dieser habe es für das erste Prinzip der Naturforschung gehalten, „daß wir uns die Natur begreiflich vorstellen müssen, da es sonst keinen Sinn hätte, sie erforschen zu wollen"[123]. Offenbar hielt also Helmholtz das genannte Welträtsel für begreiflich.

Der ganze Komplex der Abgrenzung vom Materialismus des 18. und der zweiten Hälfte des 19. Jahrhunderts ist bisher ungenügend untersucht. Aber so wie sich der Materialismus den Naturwissenschaften zu einer bestimmten Zeit objektiv aufdrängte, so auch die Dialektik. Das ist eben in der zweiten Hälfte des 19. Jahrhunderts der Fall. Lenin hebt als ein Element der Dialektik hervor: „unendlicher Prozeß der Vertiefung der Erkenntnis des Dinges, der Erscheinungen, Prozesse usw. durch den Menschen, von den Erscheinungen zum Wesen und vom weniger tiefen zum tieferen Wesen"[124]. Nach diesem Element der Dialektik handelte unbewußt die überwältigende Mehrheit der Naturwissenschaftler des 19. Jahrhunderts. Du Bois-Reymond und Helmholtz begrüßten die Entdeckungen der zweiten Hälfte des 19. Jahrhunderts, vor allem Darwins Abstammungslehre. Die Entwicklung und Veränderung in der Natur war für sie selbstverständlich, wenngleich sie Entwicklung nicht als Entwicklung von dialektischen Widersprüchen fassen. Nach Lenin muß man zwischen zwei grundlegenden Entwicklungskonzeptionen unterscheiden, zwischen der dialektischen und der metaphysischen. Erst die dialektische Entwicklungskonzeption vermag die Selbstbewegung der Materie zu erklären. Aber es handelt sich in *beiden* Fällen um Entwicklungskonzeptionen. Lenin faßt weiter ausdrücklich unter Bewegung *„sowohl* das Wachstum *als auch* die Bewegung", sowohl die metaphysische als auch die dialektische Konzeption der Entwicklung.[125] Diese Hinweise sollten bei der weiteren Untersuchung der Weltanschauung bedeutender Naturwissenschaftler der zweiten Hälfte des 19. Jahrhunderts genauer bedacht werden.

Helmholtz studierte aufmerksam die Philosophie und lernte daraus. Du Bois-Reymond meinte, die Philosophie könne aus der Naturwissenschaft methodischen Nutzen erlangen, die Naturwissenschaft aber nicht von der Methode der Philosophie lernen.[126] Dieses Urteil ist beim Entwicklungsstand der akademischen Philosophie in Deutschland zu seiner Zeit verständlich. Aber du Bois-Reymond führte sein Urteil selber ad absurdum, indem er als Naturwissenschaftler von den Philosophen LEIBNIZ, LA METTRIE usw. lernen wollte und ihre Lehren für seine Zeit praktikabel zu machen suchte. Noch im Alter warnte er vor dem neuen philosophischen Pessimismus der spekulativen Philosophen (z. B. E. v. HARTMANN), die den Fortschritt einfach leugnen, ohne selber zu versuchen, etwas beizutragen.

6. Darwinismus contra Vitalismus

Der naturwissenschaftliche Materialismus von DU BOIS-REYMOND und HELMHOLTZ bewährte sich im Kampf gegen den Vitalismus und führte zur Anerkennung des Darwinismus. DARWIN hatte mit seinem Werk „Über die Entstehung der Arten" (1859) dem Entwicklungsdenken in der Biologie zum Durchbruch verholfen. Durch den Nachweis der gemeinsamen Abstammung der Arten und die Aufdeckung der natürlichen Zuchtwahl durch Anpassung und Selektion gab er eine natürliche Erklärung der biotischen Evolution. Der Anspruch, eine natürliche Erklärung der Welt geben zu können, führte DU BOIS-REYMOND wie HELMHOLTZ zur Kritik am Vitalismus. Dieser nahm an, daß das Leben an ein spezifisches nicht physiko-chemisches Subjekt gebunden sei und durch Vitalkräfte regiert werde. Die Spekulation über eine solche Lebenskraft widersprach dem Gesetz von der Erhaltung der Kraft, wie HELMHOLTZ zeigte. Auch für DU BOIS-REYMOND war HELMHOLTZ' Entdeckung ein entscheidendes Argument gegen den Vitalismus. Das Bestreben, alle Naturprozesse auf mechanische Kräfte, auf Anziehung und Abstoßung zurückzuführen, erzwang die Auseinandersetzung mit vitalistischen Theorien, die nicht durch Experimente zu bestätigen sind. Der in diesen Positionen zum Ausdruck kommende materialistische Standpunkt richtet sich gegen übernatürliche, naturwissenschaftlich nicht feststellbare Ursachen der Lebensprozesse.

Mit Anerkennung und Begeisterung begrüßten HELMHOLTZ und DU BOIS-REYMOND die DARWINSCHE Entwicklungstheorie. DU BOIS stellte fest: „Für mich ist DARWIN der COPERNICUS der organischen Welt."[127] Die Abstammung und Zweckmäßigkeit der Organismen wurde von DARWIN im Einklang mit empirischen Befunden theoretisch erklärt. DU BOIS-REYMOND schlußfolgerte: „So war der Vitalismus aus seiner mächtigsten Verschanzung vertrieben und in die Flucht geschlagen."[128] HELMHOLTZ bezeichnete DARWINS Theorie als eine „der größten Umwälzungen der Biologie ..., die die allgemeinste Aufmerksamkeit erregt hat"[129].

HELMHOLTZ hatte sich schon in seinen frühen Arbeiten, bei der Untersuchung physiko-chemischer Vorgänge in Organismen gegen die Lebenskraft gewandt, deren Existenz auch der Lehrer DU BOIS-REYMONDS' und HELMHOLTZ', JOH. MÜLLER, vertrat. MÜLLER machte keinen Hehl aus der Inkonsequenz seiner Auffassungen, und seine Schüler suchten die Existenz der Lebenskraft in den Gebieten zu widerlegen, die sie bearbeiteten. MÜLLER hat die Veröffentlichung der bahnbrechenden Arbeit DARWINS nicht mehr erlebt.

Wie weit sich DU BOIS-REYMOND schon in der frühen Periode seines Schaffens, zu Lebzeiten MÜLLERS, bewußt vom Idealismus trennte, bezeugt seine Vorrede zum 1. Band der „Untersuchungen über tierische Elektrizität" (1848). Er vertritt konsequent die natürliche Erklärung der Welt und meint, „daß es weder in der anorganischen noch in der organischen Natur Kräfte gebe, deren letzte Komponenten nicht entweder einfach anziehende oder abstoßende sogenannte Zentralkräfte seien"[130]. Mit schneidendem Hohn geißelt er die Lebenskraft als „Dienstmagd für alles", denn „sie häuft auf ein Phantasiegebilde solche Summe unmöglicher Attribute und undenkbarer Tätigkeiten, daß es schwer hält, sie ernst zu nehmen und ihrer offenkundigen Abgeschmacktheit nicht mit dem verdienten Spotte zu begegnen"[131]. Dabei wendet sich du Bois-Reymond speziell gegen J. von Liebig. Für du Bois gibt es zwischen organischer und anorganischer Materie zu dieser Zeit letztlich keinen Unterschied. Er benutzt dieses Postulat, um die Lebenskraft zu verbannen. Es ist ein Programm, um das sich erst Brücke und du Bois-Reymond, dann aber auch Helmholtz, Virchow u. a. scharten. Du Bois schreibt bereits im Mai 1842 an E. Hallmann: „Brücke und ich, wir haben uns verschworen, die Wahrheit geltend zu machen, daß im Organismus keine anderen Kräfte wirksam sind, als die gemeinen physikalisch-chemischen; daß, wo diese bislang nicht zur Erklärung ausreichten, mittels der physikalisch-mathematischen Methode entweder nach ihrer Art und Weise der Wirksamkeit im konkreten Fall gesucht werden muß, oder daß neue Kräfte angenommen werden müssen, welche, von gleicher Dignität mit den physikalisch-chemischen, der Materie inhärent, stets nur auf abstoßende oder anziehende Komponenten zurückzuführen sind."[132]

Der Vitalismus hatte starke Gegner. Zu ihnen gehörten A. v. Humboldt, J. J. Berzelius, Th. Schwann, M. J. Schleiden und H. Lotze. Auch die kleinbürgerlichen Materialisten C. Vogt und J. Moleschott wandten sich gegen die Lebenskraft als ein „unbekanntes X, das überall im Hintergrunde steht, das stets ausweicht, wo man es fassen will, und dessen Reich um so weiter zurückgedrängt wird, je weiter voran die Wissenschaft ihre Fackel trägt"[133].

Für du Bois-Reymond und Helmholtz war die Auseinandersetzung mit dem Vitalismus nicht primär philosophische Position, sondern naturwissenschaftliches Forschungsproblem. Ihre physiologischen Untersuchungen zu den physiko-chemischen Grundlagen von Lebensprozessen fundierten ihre Position. Der Kampf gegen die „Lebenskraft" war du Bois-Reymonds erstes großes philosophisches Credo, und er hat diesen Kampf zeitlebens geführt. In späteren Arbeiten kam er immer wieder darauf zurück. Seine letzte große Rede vom 28.6.1894 ist eine einzige Warnung vor dem Neovitalismus: „Diesem Neo-Vitalismus ... beizeiten entgegenzutreten, dürfte natürliche Aufgabe, ja Pflicht derjenigen sein, welchen es bis jetzt als ein Teil ihrer Lebensarbeit angerechnet wurde, zur Niederkämpfung jener Irrlehre beigetragen zu haben."[134] Konkret wendete sich du Bois-Reymond gegen G. E. Rindfleischs Würzburger Rektoratsrede von 1888, gegen den Baseler physiologischen Chemiker G. Bunge und gegen H. Drieschs kleine Schrift „Die Biologie als selbständige Grundwissenschaft" (1893).

Auf H. Driesch, der sich große Verdienste um die Entwicklung der Biologie erwarb, geht die theoretische Begründung des Neovitalismus zurück. Driesch gründete seine Konzeption nicht mehr auf unterschiedliche Stofflichkeit der lebenden und nichtlebenden Materie, sondern auf die Behauptung, daß der Chemismus erst durch „Entelechien" die Leistungen des Lebendigen hervorbringe, daß künstlich hergestelltes Eiweiß also niemals Lebensfunktionen besitzen könne. Die Leistungen der „Entelechien" (und „Psychoide") bestehe in der Hinordnung der Teile aufs Ganze, in der Steuerung der Teile durch das Ganze, in Regulation, Restitution usw. Driesch wies damit auf Spezifisches des Lebens hin, interpretierte aber die Ergebnisse der Vererbungslehre und die eigenen Entdeckungen auf dem Gebiet der Entwicklungsphysiologie falsch, indem er die Leistung von der sie bedingenden Struktur trennte. Der vitalistische Standpunkt Drieschs hatte verschiedene Entwicklungsstadien.

Nach DU BOIS-REYMOND gelangt man, wenn man den Neovitalisten folgt, zum „Supranaturalismus", zur übernatürlichen Offenbarung. Dagegen ist er entschieden. Er malt in der Rede von 1894 die Ungereimtheit einer solchen Theorie aus und zeigt, daß er auch im Alter seinen Kampfgeist keineswegs verloren hat. Der Neovitalismus hat in modifizierter Form bis in die Gegenwart als idealistische Lehre weitergewirkt. Er ist inzwischen zwar aus der Biologie verschwunden, aber zu einer Domäne religiöser Theoretiker geworden. Zunächst wirkte der Neovitalismus durch eine naturphilosophische Verselbständigung des Ganzheitsbegriffes im sogenannten Holismus (J. CHR. SMUTS, A. MEYER-ABICH, J. S. HALDANE, F. G. DONNAN) weiter. Auch J. VON UEXKÜLLS „Bedeutungslehre" ist eine Spielart des Vitalismus im 20. Jahrhundert. B. BAVINK spricht sich in seinem Werk „Ergebnisse und Probleme der Naturwissenschaften" für *„einen auf jeden Fall haltbaren Vitalismus"* aus und meint: *„Der letztere besteht zu Recht, sobald wir der organischen Zweckmäßigkeit eine objektive, über das bloß Vorgestellte hinausgehende Bedeutung beilegen"*.[135] Aus religiösen Gründen motivierten bzw. motivieren den Vitalismus J. HAAS, R. NACHTWEY, H. MUSCHALEK, G. A. WETTER u. a. Die relative Widersprüchlichkeit moderner biologischer Theorien wird zur Unerkennbarkeit der Wunder und Rätsel des Lebens umgedeutet. So ist für HAAS „seinsmäßig" die Materie im Organischen und Anorganischen die gleiche. Sie ist aber nach seiner Auffassung unfähig, aus ihrem eigenen Gestaltungsvermögen organische Strukturen hervorzubringen. Dazu sei ein immaterieller „Gestaltungsfaktor" nötig, der völlig der Entelechie der Seele, dem Typus, der Leitidee, der Ganzheit, dem Sinngefüge usw. anderer Neovitalisten entspricht.[136]

In einer Rede von 1869 unterscheidet HELMHOLTZ vor DARWIN nur zwei Erklärungen der organischen Zweckmäßigkeit: Nach der vitalistischen Theorie wurden die Lebensprozesse durch eine Lebensseele geleitet. Nach einer anderen Auffassung entstand jede lebende Spezies durch einen Akt übernatürlicher Intelligenz. Beide Erklärungen waren idealistisch, denn sie führten die Entwicklung auf Eingriffe einer äußeren Intelligenz in die Natur zurück. HELMHOLTZ stellt dagegen fest: „DARWINS Theorie enthält einen wesentlich neuen schöpferischen Gedanken. Sie zeigt, wie Zweckmäßigkeit der Bildung in den Organismen auch ohne alle Einmischung von Intelligenz durch das blinde Walten eines Naturgesetzes entstehen kann."[137] HELMHOLTZ weiß, daß um die Wahrheit oder Wahrscheinlichkeit von DARWINS Theorie noch ein lebhafter Streit tobt. Für ihn geht es jedoch nur um die Grenzen, welche für die Veränderlichkeit der Arten angenommen werden müßten. Die Entstehung der Arten könne nur mittels der von DARWIN beschriebenen Weise zustande kommen. Die Zahl der mit DARWINS Theorie übereinstimmenden Tatsachen wachse. DARWIN hat nach HELMHOLTZ die vereinzelten Gebiete der biotischen Evolution „aus dem Zustande einer Anhäufung rätselhafter Wunderlichkeiten in den Zusammenhang einer großen Entwickelung erhoben"[138]. Der Streit könne nun, wie HELMHOLTZ betont, nicht mehr um Meinungen, sondern nur noch um Tatsachen geführt werden.

HELMHOLTZ erschien DARWINS Theorie als direkte Fortsetzung seiner eigenen Gedanken, die er in der Auseinandersetzung mit dem Vitalismus entwickelt hatte. Er hatte stets hervorgehoben, daß die Existenz einer Lebenskraft dem Gesetz von der Erhaltung der Kraft (der Energie) direkt widerspreche. Er argumentierte so: Die Lebenskraft könnte die Schwere eines Gewichtes zeitweilig aufheben. Dadurch könnte es ohne Arbeit zu beliebiger Höhe geschafft werden. Wenn dann die Lebenskraft nicht mehr existierte, würde die Wirkung der Schwere wieder freigegeben, wodurch das Gewicht Arbeit leisten könnte. So wäre Arbeit ohne Gegenleistung aus nichts zu schaffen. Vermöchte die Lebenskraft beispielsweise zeitweilig die chemische Anziehung des Kohlenstoffs zum Sauerstoff aufzuheben, so wäre Kohlensäure ohne Arbeitsaufwand zu zerlegen. Der freigewordene Kohlenstoff mit Sauerstoff würde wieder neue Arbeit leisten. Das alles steht jedoch im Widerspruch zu der Erfahrung. HELMHOLTZ vergleicht die Leistung der Tiere mit denen der Dampfmaschinen. Auch die Tiere können sich nur bewegen und arbeiten, wenn sie Nahrungsmittel und Sauerstoff zugeführt erhalten. Die Leistungen der Pflanzen verlangen Sonnenstrahlen. Deshalb ist das Gesetz von der Energieerhaltung nach HELMHOLTZ auch für Lebewesen nicht durchbrochen. HELMHOLTZ erkannte, daß die Theorie von DARWIN den wissenschaftlich erforschten Tatsachen entsprach. DARWIN gab dem sich im 19. Jahrhundert herausbildenden Entwicklungsdenken eine empirische Basis, als auch den von vielen Forschern festgestellten Artveränderungen und der Entstehung neuer Arten eine theoretische Erklärung.[139] Er löste das im Entwicklungsdenken herangereifte Problem, wie die Artentstehung zu erklären ist, indem er mit der Selektion einen Entwicklungsmechanismus angab, wobei er sowohl die Entwicklungsrichtung theoretisch berücksichtigte, ohne in Teleologie zu verfallen, als auch die Rolle des Zufalls beachtete, ohne die Gesetzmäßigkeiten der Evolution zu leugnen. Die Ausarbeitung der DARWINschen Theorie schließt ein entwicklungstheoretisches Vor- und Umfeld ein.[140] Es ist durch den Präformismus und den Okkasionalismus bestimmt. Der Präformismus faßt Entwicklung als Ausbildung vorgeformter Strukturen, während der Okkasionalismus ständige Neuschöpfungen annimmt. DARWIN schloß die Periode, in der Entwicklung geahnt, die Vielfalt der Arten in einem Stufenleiterkonzept erfaßt und die Einheit von Progression, Stagnation und Regression beobachtet wurden, durch seine auf Variation und Selektion basierende Erklärung des Entstehens der Arten ab. Das war eine phänomenologische Theorie, die eine wissenschaftliche Revolution darstellte und eine neue Etappe im Entwicklungsdenken einleitete. Entwicklung wurde nun als Tendenz zur Höherentwicklung begriffen, die sich durch Stagnation und Regressionen und die Ausbildung aller Elemente einer Entwicklungsphase durchsetzte. Sie erwies sich als Reifeprozeß, als Entstehen von neueren und höheren Qualitäten, als Einheit von Reversibilität und Irreversibilität und als das Ausbilden und Erreichen relativer Ziele.[141]

Später wurde DARWINS Theorie weiter untermauert, indem elementare Evolutionsmechanismen durch die Molekularbiologie mit der Entdeckung des genetischen Codes erkannt wurden. So fand der Darwinismus vielfältige Bestätigung und Präzisierung, was die hohe Meinung zu den Leistungen DARWINS von BOLTZMANN und HELMHOLTZ rechtfertigte.

7. Erkenntnistheoretische Überlegungen

Waren sich DU BOIS-REYMOND und HELMHOLTZ in der Grundposition einig, eine natürliche Erklärung der Lebensprozesse zu geben, so bergen ihre erkenntnistheoretischen Überlegungen Unterschiede in den Auffassungen. Das trifft vornehmlich für die Diskussion um Nativismus und Empirismus zu. Der Nativismus betonte die angeborenen Reflexe, während der Empirismus die Verhaltensweisen der Lebewesen als erlernt erfassen wollte.

Du Bois-Reymonds Zustimmung zum Empirismus war nur sehr bedingt, denn er stand, „durch ein gewisses nativistisches Gefühl geleitet, der konsequenten Durchführung der empiristischen Hypothese unsympathisch gegenüber“ [142]. Auch die Richtungen, in denen beide Freunde ihre Auffassungen zur Erkenntnistheorie vorantrieben, unterscheiden sich. Du Bois formulierte Welträtsel und seinen Standpunkt zu ihrer Erkennbarkeit. Helmholtz ging vom Prinzip der Begreifbarkeit der Natur aus und entwickelte mit seiner Zeichentheorie eine erkenntnistheoretische Position, die sich gegen ikonische Abbildtheorien und subjektiv-idealistische Auffassungen richtete.

Du Bois-Reymonds erkenntnistheoretische Auffassungen finden sich am ausgeprägtesten in seinen Reden „Über die Grenzen des Naturerkennens“ und „Die sieben Welträtsel“. In der erstgenannten Rede vom Jahre 1872 gibt er zwei „Welträtsel“ an, die er in seiner „Welträtselrede“ vom Jahre 1880 auf sieben erweitert. Eigentlich liegt, wie du Bois-Reymond selber sagt, dabei keine Erweiterung vor. Der große Physiologe meint das Weltproblem, und nur aus methodischen Gründen wird dieses Problem in sieben Punkte untergliedert.

Worum geht es bei diesen „Welträtseln“, die zu ihrer Zeit einen Sturm von Ablehnungen und Zustimmungen hervorgerufen haben? (A. Holz hat im Anschluß an die beiden „Welträtselreden“ du Bois-Reymonds ein Drama „Ignorabimus“ geschrieben.)

Du Bois-Reymond spricht von sieben Schwierigkeiten, die einer völligen Erkenntnis der Welt entgegenstehen. Dabei schränkt er sie insofern ein, als er nur einige von ihnen, die transzendenten, für absolut unlösbar hält: „*Transzendent* nenne ich darunter (unter den sieben Schwierigkeiten oder Welträtseln – d. Verf.) die, welche mir unüberwindlich erscheinen, auch wenn ich mir die in der aufsteigenden Entwicklung ihnen voraufgehenden gelöst denke.“ [143] Transzendente „Grenzen des Naturerkennens“ sind nach du Bois-Reymond: 1. Das Wesen von Materie und Kraft; 2. der Ursprung der Bewegung; 3. das Entstehen der einfachsten Sinnesempfindung und – im gewissen Sinne – 4. das Problem der Willensfreiheit. Für nicht transzendent hält er 1. die erste Entstehung des Lebens; 2. die scheinbar zweckmäßig eingerichtete Natur; 3. das vernünftige Denken und den Ursprung der damit eng verbundenen Sprache.

Wir haben nicht im einzelnen den naturwissenschaftlichen Beweis zu führen, daß du Bois-Reymonds „Welträtsel“ nur scheinbare Rätsel sind, geboren aus dem Wissensstand der Zeit, daß wir einige der genannten Rätsel gelöst haben, bei anderen einer Lösung nahe gekommen sind. Uns geht es um die philosophisch-erkenntnistheoretische Problematik. Dabei ist zunächst zu betonen, daß du Bois-Reymond mit seinen „Welträtseln“ letztlich keinerlei Konzessionen an Idealismus und Religion macht. Er betont ausdrücklich: „Ob wir die geistigen Vorgänge aus materiellen Bedingungen je begreifen werden, ist eine Frage, ganz verschieden von der, ob diese Vorgänge das Erzeugnis materieller Bedingungen sind. Jene Frage kann verneint werden, ohne daß über diese etwas ausgemacht, geschweige auch sie verneint würde.“ [144] Du Bois-Reymond ist sich der Konsequenzen seiner „Welträtsel“ durchaus bewußt: „In der objektiven Zergliederung der Erscheinungswelt, wie diese Untersuchungen sie sich vorsetzen, sehe ich eine notwendige Ergänzung der Erkenntnistheorie, und die wahre Naturphilosophie. Der Pyrrhonismus in neuem Gewande, auf den sie unausweichlich hinausführt, sagt vielen nicht zu. Mögen sie es doch mit dem einzigen anderen Ausweg versuchen, dem des Supernaturalismus. Nur daß, wo Supernaturalismus anfängt, Wissenschaft aufhört.“ [145]

Es ist zwar scheinbar paradox, aber doch Tatsache: der naturwissenschaftliche Materialist DU BOIS-REYMOND flüchtet sich in einen eingeschränkten Agnostizismus, um sich von Idealismus und Religion abzugrenzen! In einem Brief an E. DREHER, einen idealistischen Gegner seiner Weltanschauung, hat DU BOIS-REYMOND sein Anliegen wie folgt zusammengefaßt: „Die ‚Grenzen des Naturerkennens' sowohl wie ‚Die sieben Welträtsel' und alles, was ich sonst in diesem Sinne geschrieben habe, gehen aus von dem Grundbestreben, die Welt mechanisch zu begreifen, und sofern das nicht gelingt, den unlösbaren Rest des Exempels bestimmt und klar auszusprechen. Dies glaube ich für meinen Teil befriedigend geleistet zu haben und komme damit zu einem Ruhepunkt des Denkens, ähnlich dem eines Mathematikers, welcher die Unmöglichkeit der Lösung einer Aufgabe bewiesen hat." [146] Man sollte übrigens die „Welträtsel" auch deshalb nicht überbewerten, weil sie z. T. nur das Unvermögen darstellen, über den Wissensstand der Zeit hinauszugehen. Die erkenntnistheoretischen Auswirkungen der „Revolution in der Physik" zu Beginn des 20. Jahrhunderts wären nicht so gravierend gewesen, wenn nicht das NEWTONsche Weltbild mit der Mechanik der irdischen Körper als seinem Zentrum bis dahin als unerschütterlich angesehen worden wäre.

Auch DU BOIS-REYMOND stand im Banne dieses Weltbildes. Zweifellos kann man aber E. HAECKEL zustimmen, wenn er zu DU BOIS-REYMONDS „Welträtseln" schreibt: „Zunächst müssen wir ... entschieden gegen die Unfehlbarkeit Protest erheben, mit der DU BOIS-REYMOND diese beiden Probleme (das Wesen und der Zusammenhang der Kraft sowie das menschliche Bewußtsein – d. Verf.) nicht nur für die Gegenwart, sondern auch für alle Zukunft als unlösbar erklärt! Es wird damit einfach die Entwicklungsfähigkeit der Wissenschaft und des Fortschritts der Erkenntnis hinweggeleugnet. Fast alle großen und schwierigen Erkenntnisprobleme galten den meisten oder allen Zeitgenossen so lange für unlösbar, solange jeder Weg zur Erkenntnis verschlossen schien, bis endlich der bahnbrechende Genius auftrat, dessen klares Auge den richtigen, bisher verborgenen Weg der Erkenntnis entdeckte: Wir brauchen bloß an unsere heutige Entwicklungslehre selbst zu erinnern." [147] Allerdings ist hier hinzuzufügen, daß „der bahnbrechende Genius" ebenfalls kein deus ex machina ist, sondern Ausdruck, Vollender eines objektiven gesellschaftlichen Bedürfnisses. Erfindungen, Entdeckungen werden getätigt bzw. wirksam, wenn die objektiven gesellschaftlichen Verhältnisse herangereift sind.

DU BOIS-REYMOND ist auch hier mit dem mechanischen Materialisten LA METTRIE, seinem großen Vorbild, nicht auf eine Stufe zu stellen, wie überhaupt nicht mit den mechanischen Materialisten des 18. Jahrhunderts. Für diese konnten sich die quälenden Fragen nach den „Welträtseln" gar nicht erheben. Der Mensch war eine Maschine, die ganze Welt gehorchte mechanischen Gesetzen, VAUCANSONS Flötenspieler schien eine neue Etappe einzuläuten. DIDEROT, LA METTRIE, LAPLACE kamen gar nicht auf die Idee, „den unlösbaren Rest des Exempels bestimmt und klar auszusprechen", weil es für sie einen solchen Rest gar nicht gab, *alles* war ja mechanisch erklärbar! Es war nur eine Frage, wann. Anders DU BOIS-REYMOND! Er kennt und versteht die großen Entdeckungen des 19. Jahrhunderts einschließlich der DARWINschen Theorie in ihrer Bedeutung. Er sieht, daß mit dem LAPLACEschen Dämon *nicht alles* in der Welt lösbar ist. Auf seinen materialistischen Standpunkt will er jedoch nicht verzichten. Jedes Abgleiten in „Supernaturalismus" ist ihm verhaßt. HAECKELS Erkenntnisoptimismus vermag er nicht zu teilen. So verbleibt ihm der Agnostizismus als Ausweg, wobei er eine saubere Abgrenzung seiner „Welträtsel" von allen anderen Aufgaben der Wissenschaft vornimmt.

Nun ist der Ausdruck „Agnostizismus" erst in der zweiten Hälfte des 19. Jahrhunderts von dem namhaften englischen Biologen TH. H. HUXLEY, einem engen Freund CH. DARWINS, in die neuere philosophische Literatur eingeführt worden. Dieser Ausdruck diente ihm (als Gegensatz zum „Gnostizismus", wie er die religiöse Überzeugung von der Existenz Gottes nannte) zur Bezeichnung seines Standpunktes, daß man in allen dem Verstand zugänglichen Dingen Folgerungen, die weder nachgewiesen noch nachweisbar sind, nicht für sicher ausgeben darf. Nebenbei: DU BOIS-REYMOND geht längst nicht so weit! Aber dieser Agnostizismus im Sinne HUXLEYS fand im 19. Jahrhundert vor allem bei den Naturwissenschaftlern weite Verbreitung. Diese Richtung des Agnostizismus charakterisiert ENGELS wie folgt: „In der Tat, was ist Agnostizismus anders als verschämter Materialismus? Die Naturanschauung des Agnostikers ist durch und durch materialistisch. Die ganze natürliche Welt wird von Gesetzen beherrscht und schließt jederlei Einwirkung von außen absolut aus."[148] ENGELS untersucht dann die Vorbehalte des Agnostikers gegen einen konsequenten Materialismus und stellt dazu abschließend fest: „. . . soweit er also (der Agnostiker – d. Verf.) ein *wissenschaftlicher* Mann ist, soweit er etwas *weiß*, soweit ist er Materialist; außerhalb seiner Wissenschaft, auf Gebieten, wo er nicht zu Hause ist, übersetzt er seine Unwissenheit ins Griechische und nennt sie Agnostizismus."[149] Nun ist DU BOIS-REYMOND zweifellos „ein *wissenschaftlicher* Mann", der etwas weiß. Sein Festhalten an bestimmten Zügen des mechanischen Materialismus, sein Agnostizismus usw. ergibt sich nicht zuletzt aus seinem engen Fachspezialistentum. Anders verhält es sich etwa bei HELMHOLTZ, der sich auf der Suche nach einem weltanschaulichen Ausweg gelegentlich dem Pantheismus nähert. DU BOIS-REYMOND ist sein Leben lang ein Gegner der spekulativen Naturphilosophie gewesen. Aber mit der spekulativen Naturphilosophie verwarf er auch deren genialen Keim – die Dialektik, vor allem in der HEGELschen Form. DU BOIS-REYMONDS geistige Welt ist weitgehend von der Mechanik geformt. Da er damit auch das „transzendente Welträtsel" der Willensfreiheit zu erklären sucht, wirkt sein Bemühen hilflos. Es stehe mit der Willensfreiheit als „Welträtsel", als Schwierigkeit, „so, daß sie keine ist, wofern man sich entschließt, die Willensfreiheit zu leugnen und das subjektive Freiheitsgefühl für Täuschung zu erklären . . ."[150]

Mit dem Beginn der nichtklassischen Wissenschaft trat der seinerzeit heftig ausgetragene Streit um die Weltanschauung von DU BOIS-REYMOND, HELMHOLTZ, HERTZ u. a. in den Hintergrund. Nach H. BORUTTAU zählt DU BOIS-REYMOND „. . . unstreitig zu den Bahnbrechern der neuzeitlichen Richtung, die das Weltproblem (um mit JOSEF PETZOLDT DU BOIS-REYMONDS Kunstausdruck aufzunehmen) vom relativistisch-positivistischen Standpunkte betrachtet, der einzigen Art des Philosophierens, die heute in der Zeit eines LORENTZ, MINKOWSKI und EINSTEIN als diejenige angesehen werden darf, von der eine naturwissenschaftliche Weltanschauung gewonnen werden kann."[151] Das ist sicherlich nicht haltbar. Aber BORUTTAU geht es eigentlich auch um etwas anderes. Der Professor für Physiologie an der Berliner Universität will sich dagegen verwahren, daß DU BOIS-REYMOND „als Vertreter einer überlebten rein materialistischen allgemeinen Weltanschauung in Vergessenheit" gerät und in einem Atem mit BÜCHNER und MOLESCHOTT genannt wird.[152]

Die philosophischen Reflexionen zu du Bois-Reymond kreisen in seiner Zeit vornehmlich um seine „Welträtsel". Der Monist O. Zacharias wendet sich scharfsinnig gegen du Bois-Reymonds „Ignorabimus" und bemerkt: „Dieses *Ignorabimus* ist eine Halbheit. Wir sind durchaus nicht im Stande, die Grenzen anzugeben, vor denen sich unser Erkenntnisdrang in Demut zu bescheiden hat. Um sagen zu können: *bis hierher und nicht weiter*, muß man das Terrain, dessen Betretung man verbietet, bereits kennen; man muß auch den Grund des Verbotes angeben, wenn es befolgt werden soll. Mit Angabe dieses Grundes überschreitet man aber das Ignorabimus selbst, indem dadurch etwas über das jenseits der Grenze befindliche Terrain ausgesagt wird. Wir haben überhaupt kein Kriterium des Erkennbaren und Unerkennbaren; die Schranke der von uns erreichbaren Erkenntnis liegt in unserem Vermögen, nicht in unserem Bewußtsein. Wir können daher niemals im voraus sagen, wo die Erkenntnis aufhört und die Ignoranz beginnt."[153]

Für die Lösung der von Helmholtz behandelten erkenntnistheoretischen Probleme gab es zu seiner Zeit keine ausgearbeitete wissenschaftliche Erkenntnistheorie, die Antwort auf die von ihm gestellten Fragen nach der Rolle der Empfindungen und Wahrnehmungen im Erkenntnisprozeß gab. Der dialektische Materialismus begann sich in der zweiten Hälfte des 19. Jahrhunderts erst als wissenschaftliche Weltanschauung in der Arbeiterbewegung durchzusetzen und war den Naturwissenschaftlern, von wenigen Ausnahmen abgesehen, unbekannt. Die klassische deutsche Philosophie und der mechanische Materialismus lieferten zwar mit der Dialektik bzw. dem materialistischen Grundstandpunkt Ansätze zur Lösung, aber boten keine zur philosophischen Deutung der Erkenntnisse von Helmholtz geeignete Erkenntnistheorie. Deshalb stellte er sich die Aufgabe, „die Leistungsfähigkeit unseres Denkvermögens zu untersuchen"[154]. Er entwickelte dabei, von Kant ausgehend und in ständiger Auseinandersetzung mit Kant, seine eigene Erkenntnistheorie, die in ihrem rationellen Kern in der dialektisch-materialistischen Erkenntnistheorie aufgehoben ist und in ihren Inkonsequenzen von Lenin im „Materialismus und Empiriokritizismus" kritisiert wird.[155] Die Inkonsequenzen in der Haltung von Helmholtz zu erkenntnistheoretischen Fragen ermöglichen ein Abgleiten in Kantianismus, Subjektivismus und Agnostizismus. Daher kritisiert Lenin den „Halbmaterialismus" oder den „Materialismus mit kantianischen Ausfällen", wie Lenin sich ausdrückt. Es bedarf jedoch der direkten Fehlinterpretation der Aussagen von Helmholtz, wenn man ihn in die Traditionslinie des Positivismus einordnen will, wie Moritz Schlick und Paul Hertz das in ihren Erläuterungen zu Schriften von Helmholtz tun, die zu seinem 100. Geburtstag herausgegeben worden sind. Es heißt dort: „Die möglichst vollständige und getreue Wiedergabe und Erläuterung der Helmholtzschen Ansichten wurde nicht um ihrer selbst willen angestrebt, sondern diente durchaus und allein dem Zweck der Erkenntnis und Wahrheit; deswegen mußten zu den bloßen Anmerkungen auch Weiterführungen und selbst gelegentliche Berichtigungen hinzutreten."[156]

Betrachten wir eine Stelle, die Schlick zwecks Erkenntnis der Wahrheit „berichtigt". Helmholtz schreibt: „Unsere Empfindungen sind eben Wirkungen, welche durch äußere Ursachen in unseren Organen hervorgebracht werden, und wie eine solche Wirkung sich äußert, hängt natürlich ganz wesentlich von der Art des Apparates ab, auf den gewirkt wird."[157] Schlick kommentiert: „Da nicht nur die Äußerung der Empfindung, sondern diese selbst verschieden ist, müßte es statt ‚wie eine solche Wirkung sich äußert' wohl besser heißen: ‚was für eine Wirkung eintritt'."[158]

Die eintretende Wirkung hängt jedoch für HELMHOLTZ von den äußeren Objekten ab. Darin liegt die Möglichkeit, daß uns die Zeichen über die Eigentümlichkeit der Objekte informieren können. Die eintretende Wirkung ist der objektive Inhalt der Zeichen. Die Form dieses objektiven Inhalts ist die Äußerung der Wirkung, die tatsächlich subjektiv ist. SCHLICK beseitigt den objektiven Inhalt, indem er nicht nur die Äußerung der Wirkung, sondern auch die Wirkung selbst, vom Apparat, auf den gewirkt wird, abhängig macht. Damit ist es unmöglich, die äußeren Gegenstände abzubilden.

Dieses Beispiel eines Kommentars der Arbeiten von HELMHOLTZ soll, ohne es weiter auszuführen, nur zeigen, wie man mit HELMHOLTZ konsequent zum dialektischen Materialismus gehen kann, wenn man seine manchmal anzutreffenden Äußerungen gegen den Abbildcharakter unserer Erkenntnis kritisiert und den materialistischen Kern seiner Auffassungen beachtet. Überhöht man die Rolle des Erkenntnisapparats so weit, daß die Einwirkung der objektiven Realität auf die Sinnesorgane vernachlässigt wird, gelangt man zum Subjektivismus und Agnostizismus.

Die Kompliziertheit der Einschätzung philosophischer Ansichten von Naturwissenschaftlern wird hier besonders deutlich. Schon die Einordnung eines Philosophen in das weitgehend geläufige Schema: mechanischer Materialismus, subjektiver oder objektiver Idealismus ist schwierig. Wir können jedoch die Grundtendenzen eines philosophischen Systems bestimmen und seinen Platz im Parteienkampf zwischen Materialismus und Idealismus herausarbeiten. Der Naturwissenschaftler, der aus seinen Experimenten theoretische Deutungen ableitet, ist in seiner experimentellen Arbeit spontaner Materialist. Diese Überzeugung wird nicht immer zur bewußten philosophisch-materialistischen Haltung, etwa zum naturwissenschaftlichen Materialismus, ausgebaut. Aber sie ist vorhanden und mit der Auffassung verknüpft, daß das Experiment Kriterium der Wahrheit theoretischer Überlegungen ist. Entweder wird damit die Philosophie zur „Sonntagsbeschäftigung" des Naturwissenschaftlers, die mit seiner eigentlichen Arbeit nichts zu tun hat, oder sie muß, in Beziehung zur Naturwissenschaft gebracht, zu Überlegungen führen, die verifizierbar sind. Im ersteren Fall finden wir oft völlig entgegengesetzte philosophische Standpunkte bei einem Naturwissenschaftler, etwa den spontanen Materialismus in der naturwissenschaftlichen Arbeit und die idealistische Spekulation über gesellschaftliche Probleme. Selbst der hervorragende Physiker MAX BORN, der materialistisch und dialektisch die Ergebnisse der Naturwissenschaft betrachtete, verschloß sich der Einsicht von der Existenz der objektiven Gesetze in der Gesellschaft. HELMHOLTZ wollte in seiner Erkenntnistheorie einsichtige Tatsachen konstatieren und daraus die Theorie entwickeln. Deshalb meint er zu seinen erkenntnistheoretischen Überlegungen: „Es handelt sich dabei auch nur um eine Reihe tatsächlicher Fragen, über die bestimmte Antworten gegeben werden konnten und mußten."[159]

HELMHOLTZ beschäftigte sich mit der Abbildung äußerer Gegenstände und Erscheinungen in unseren Empfindungen und Vorstellungen, sowie im Denken. Er vermochte auf Grund des vorhandenen Tatsachenmaterials und seiner eigenen physiologischen Forschungen, eine naturwissenschaftlich begründete Theorie der Abbildung auszuarbeiten.

Eine der wichtigsten Abbildtheorien der neueren Philosophie wurde vom französischen Materialismus des 18. Jahrhunderts aufgestellt. Danach sind die Abbilder im Denken den abgebildeten Gegenständen exakt nachgebildet. Damit wird die

Theorie von DEMOKRIT rezipiert, für den sich von den Gegenständen materielle Teilchen (eidola) lösen, die ins Auge gelangen und uns das Bild des Gegenstandes vermitteln. LA METTRIE schreibt darüber: „Ich gebrauche immer das Wort Vorstellung, weil ich glaube, daß man sich alles vorstellt und daß man mit Recht alle Teile der Seele auf die Vorstellungs- oder Einbildungskraft allein zurückführen kann, da diese sie alle hervorbringt: die Urteilskraft, das vernünftige Denken, das Gedächtnis sind also nur Teile der Seele, die keinesfalls absolut sind, sondern eigentlich nur Modifikationen jener Art von *Markgewebe*, auf das die im Auge abgebildeten Gegenstände wie von einer Laterna magica zurückgeworfen werden."[160]

Das ist eine mechanische Widerspiegelungstheorie. Sie geht von LOCKES Ansicht aus, daß die Seele ein weißes Blatt Papier ist, auf dem die Außenwelt ihre Einprägungen macht. Abbild und Abgebildetes stimmen überein wie das Spiegelbild mit seinem Urbild. HELMHOLTZ lehnt diese Abbildtheorie ab, die eine vollkommene Übereinstimmung zwischen Abbild und Gegenstand fordert.[161] Die Ablehnung ist berechtigt, da es eine solche Übereinstimmung nicht gibt. Jedoch verwirft HELMHOLTZ mit der ikonischen Abbildung den Begriff Abbild überhaupt, was nicht berechtigt ist[162]. Auch einige der französischen Materialisten und Aufklärer wiesen bereits darauf hin, daß es keine völlige Übereinstimmung zwischen Empfindung und Gegenstand gibt. So schreibt D'ALEMBERT: „Da es keine Ähnlichkeit zwischen irgendeiner Sinnesempfindung und dem Objekt, das wir veranlaßt oder auf das wir sie wenigstens beziehen, gibt, so scheint es tatsächlich keine Möglichkeit zu geben, durch Vernunftschlüsse einen möglichen Übergang zwischen beiden zu finden."[163] Er versucht, diese Schwierigkeit damit zu lösen, daß er eine Art Instinkt annimmt, der die Kluft überspringt. Eine wirkliche Lösung dieses Problems kann jedoch nur durch eine dialektische Betrachtung des Erkenntnisprozesses erfolgen.

HELMHOLTZ beruft sich auch auf LOCKE. Für diesen sind die Abbilder im Denken Ideen (ideas). Der Verstand ist ein unbeschriebenes Blatt, der die Ideen durch die Erfahrung gewinnt. Die Beobachtung ist dabei entweder auf äußere Objekte (äußere Erfahrung) oder auf innere Bewußtseinsvorgänge (innere Erfahrung) gerichtet. Die beobachteten Objekte rufen einfache Ideen hervor. Die primären Qualitäten (Festigkeit, Beweglichkeit, Ausdehnung usw.) werden genau abgebildet, die sekundären Qualitäten (Farben, Töne, Geschmacksarten) nicht. Die Ideen der primären Qualitäten allein existieren real, die sekundären Qualitäten existieren in den Dingen nur als Modi der primären. Gegenstand des Denkens ist nicht die Außenwelt, sondern die Idee.[164] LOCKE wendet sich gegen die Annahme von Ideen vor jeder Erfahrung. Seine Trennung von innerer und äußerer Erfahrung ermöglicht es BERKELEY, mit seinem subjektiven Idealismus an LOCKES Anschauungen anzuknüpfen. HELMHOLTZ verwirft den subjektiven Idealismus sowohl BERKELEYS als auch HUMES und übernimmt von LOCKE die materialistische Grundhaltung. Besonders interessiert ihn die Leugnung angeborener, vor jeder Erfahrung vorhandener Ideen, da das seinem Empirismus entspricht.

HELMHOLTZ zeigt die Verbindung des einseitigen Sensualismus bei LOCKE mit dem Idealismus HUMES: „Die Erkenntnistheorie von LOCKE leugnete die angeborenen Ideen und suchte alle Erkenntnisse auf Empirie zu gründen; das Streben endete aber bei HUME in der Leugnung aller Möglichkeit von objektiver Erkenntnis."[165]

HELMHOLTZ wertet nicht nur den Sensualismus, sondern auch die Erkenntnistheorie der klassischen deutschen Philosophie als einseitig. So setzt er der Überbetonung des Ich gegenüber dem Nicht-Ich bei FICHTE die Rolle des Wirkenden, der Natur auf die Wirkung, die Erkenntnis entgegen. HELMHOLTZ beschäftigt sich auch ausführlich mit der HEGELschen Identitätsphilosophie. Für ihn ist die Konstruktion der wesentlichen Hauptresultate der Geisteswissenschaften kein Beweis für die Richtigkeit der Identitätshypothese. Er meint: „Es wären im Gegenteil die Tatsachen der Natur das entscheidende Prüfungsmittel gewesen.“[166] Er stellt fest, hier seien HEGELS Bemühungen gescheitert, und fährt fort: „HEGELS Naturphilosophie erschien den Naturforschern wenigstens absolut sinnlos. Von den vielen ausgezeichneten Naturforschern jener Zeit fand sich nicht ein einziger, der sich mit den HEGELschen Ideen hätte befreunden können.“[167]

HELMHOLTZ kritisiert HEGELS Philosophie wegen ihres Idealismus. Er verurteilt zugleich die zu seiner Zeit aus der Ablehnung des HEGELschen Systems entstandene Ablehnung der Philosophie überhaupt. Der einseitigen Beantwortung der Frage nach dem Verhältnis von Abbild und Gegenstand scheint seiner Meinung nach nur KANT zu entgehen. KANT beachtet beide Seiten des Erkenntnisprozesses, den Einfluß des Objekts wie den des Subjekts. HELMHOLTZ sucht eine materialistische Deutung KANTS zu geben, wenn er schreibt: „Seine Kritik der reinen Vernunft ist eine fortlaufende Predigt gegen den Gebrauch der Kategorien des Denkens über die Grenzen möglicher Erfahrung hinaus. Aber die Geometrie schien ihm so etwas zu leisten, wie die Metaphysik es anstrebte, und er erklärte deshalb die Axiome der Geometrie, die er ansah als a priori vor aller Erfahrung gegebene Sätze, für gegeben durch transzendentale Anschauung oder als die angeborene Form aller äußeren Anschauung. Seitdem ist die reine Anschauung a priori der Ankerplatz der Metaphysiker geworden. Sie ist noch bequemer als das reine Denken, weil man ihr alles aufbürden kann, ohne sich in Schlußketten hineinzubegeben, die einer Prüfung und Widerlegung fähig wären.“[168]

HELMHOLTZ betont den Zusammenhang der Denkbestimmungen mit der Erfahrung, wobei Erfahrung für HELMHOLTZ das Wissen über die Außenwelt ist, das wir durch praktische Tätigkeit, besonders durch Experimente, erhalten. Dagegen bekämpft er den Apriorismus KANTS mit dem Nachweis, daß die Axiome der Geometrie und der Arithmetik aus der Erfahrung kommen und durch sie widerlegt werden können. Reines Denken a priori ergibt nach HELMHOLTZ Sätze ohne reale Bedeutung für die Wirklichkeit.[169]

Zweifellos ist KANTS Philosophie zwiespältig. Sein Idealismus besteht darin, daß er bei seiner Erkenntniskritik vom Subjekt ausgeht, anstatt die Wechselbeziehung zwischen Subjekt und Objekt als Ausgangspunkt zu nehmen. Er legt durch das „Ding an sich“ die Grenzen der Erkenntnis fest. Das „Ding an sich“ ist unerkennbar. Damit wird die Welt in eine intelligible und eine phänomenologische getrennt. Das Material unserer Anschauung stammt aus der Welt der Erscheinungen, wobei unsere Kenntnis durch die Anschauungsformen Raum und Zeit sowie durch die Verstandeskategorien bestimmt wird. Der Apriorismus ist dabei der über die Erfahrung hinausgehende Erkenntnisgrund. Damit wird das Denken von seiner Quelle, der Erfahrung, getrennt, denn einerseits wird ein anderer Erkenntnisgrund postuliert und andererseits ist das Ding an sich unerkennbar. Wir sehen, welche Bedeutung der Kampf gegen den KANTschen Apriorismus hat, denn dieser ist die Grundlage des Subjektivismus. HELMHOLTZ zeigt, daß es sowohl falsch ist, die Anschauungen KANTS vollständig zu verwerfen, als auch falsch, sie vollständig anzuerkennen.

Bei JOHANN FRIEDRICH HERBART finden wir die Trennung der Welt der Dinge an sich von der Erscheinungswelt. Für Helmholtz ist die Auffassung interessant, daß Eigenschaften Beziehungsbegriffe sind, sowie der Gedanke, daß die Philosophie die Erfahrung begreiflich macht, indem sie die Begriffe bearbeitet. Die sinnlichen Empfindungen haben für Herbart immer Beziehung zur Realität, geben aber keine richtige Erkenntnis von ihr. Helmholtz sieht in Herbarts Philosophie wieder den Gedanken, daß im Erkenntnisprozeß eine Wechselbeziehung zwischen Subjekt und Objekt besteht.

Für Helmholtz sind die experimentellen Ergebnisse entscheidend für die Überprüfung der Richtigkeit oder Falschheit von Behauptungen über den Erkenntnisprozeß. Dabei geht es um den für die Begründung des materialistischen Sensualismus wichtigen Prozeß von der äußeren Einwirkung der objektiven Realität auf die Sinnesorgane bis zu rationellen Einsichten, die als Handlungsvorschriften dienen. Seine Erforschung mit Hilfe von Experimenten fördert den materialistischen Standpunkt, der das Bewußtsein als Eigenschaft der Materie betrachtet und fordert, die materiellen Grundlagen von Bewußtseinsprozessen aufzudecken. Dabei wird jedoch von Helmholtz die gesellschaftliche Bedingtheit des Bewußtseins vernachlässigt. Der Idealismus wird vom Standpunkt eines inkonsequenten Materialismus kritisiert. Der mechanische Materialismus wird wegen seiner undialektischen Betrachtungsweise des Erkenntnisprozesses abgelehnt, wobei mit der Ablehnung der Abbildtheorie insgesamt über das Ziel hinausgeschossen wird.

Unter „Abbild" versteht Helmholtz die ikonische Abbildung, die getreue Wiedergabe der Urbilder im Sinne einer Spiegelung, und nicht die Umwandlung des äußeren Reizes in eine Bewußtseinstatsache, wie der dialektische Materialismus sagt. Das Resultat der Bewußtseinsprozesse, die durch die Einwirkung der Außenwelt auf unsere Sinnesorgane entstehen, und deren rationale Verarbeitung zu Begriffen, Theorien usw. bezeichnet der Materialismus als Abbilder entsprechend dem Ausdruck „Abbild" in seiner Widerspiegelungstheorie. Diese Begriffe bringen in Frontstellung zum Idealismus zum Ausdruck, daß unsere Empfindungen, Wahrnehmungen, Begriffe usw. nicht allein Schöpfungen des Bewußtseins sind, sondern letztlich durch die objektiv-reale Außenwelt hervorgerufen werden. Mit der Betonung des Abbildcharakters wendet sich der Materialismus zugleich gegen den Agnostizismus. Aber erst der dialektische Materialismus vermochte eine wissenschaftlich begründete Erkenntnistheorie auszuarbeiten. Er untersuchte den dialektischen Charakter des Erkenntnisprozesses und die aktive Veränderung der Welt durch die Menschen als Voraussetzung der Erkenntnis. Die Begriffe Abbild und Widerspiegelung sind hinreichend exakt, um in der Erkenntnistheorie ein Abgleiten in Idealismus und Agnostizismus zu verhindern, aber auch genügend allgemein, um die einzelwissenschaftliche Forschung nicht zu hemmen. Sie stellen stets eine wissenschaftliche Verallgemeinerung der einzelwissenschaftlichen Ergebnisse dar, werden durch die einzelwissenschaftlichen Ergebnisse konkretisiert und präzisiert, nicht aber widerlegt. Wir dringen immer tiefer in das Wesen des Erkenntnisprozesses ein, ohne daß wir den materialistischen Standpunkt verlassen, der in der wissenschaftlichen Erkenntnistheorie zum Ausdruck gebracht wird. Daraus ergibt sich aber, daß auch die einzelwissenschaftlichen Ergebnisse, die Helmholtz bei seinen Forschungen erzielte, nicht der marxistischen Widerspiegelungstheorie widersprechen. Wenn wir von Abbildern sprechen, sagen wir folgendes aus:

1. Das Abgebildete, d. h. die objektive Realität, existiert auch ohne Abbild, während das Abbild nicht ohne Abgebildetes existieren kann. Das Abbild muß immer ein Bild von Etwas sein.

2. Das Abbild entsteht durch die Einwirkung der objektiven Realität (des Abzubildenden) auf den Apparat (Sinnesorgan, Nerven, Rückenmark, Großhirnrinde usw.), der abbildet. Es ist also sowohl durch das Abzubildende als auch durch die Beschaffenheit des Apparates bedingt. Das Abgebildete stellt den objektiven Inhalt des Abbilds dar, während die Form des Abbilds durch den Apparat bestimmt ist, auf den gewirkt wird. Dabei ist das letztlich Bestimmende die auf die menschlichen Sinnesorgane einwirkende objektive Realität. In der Entwicklung der Sinnesorgane brachte die Einwirkung der Außenwelt gerade diese Beschaffenheit der Organe hervor.

3. Abbild und Abgebildetes sind nicht identisch. Sie unterscheiden sich durch die Art und Weise ihrer Existenz.

4. Da der objektive Inhalt des Abbilds durch die objektive Realität gegeben ist, gibt uns das Abbild eine zuverlässige Nachricht über das Abgebildete.

5. Die Richtigkeit unserer Abbilder überprüfen wir durch die Praxis.

In der HELMHOLTZschen Erkenntnistheorie werden in bezug auf die Empfindungen wesentliche Erkenntnisse mit dem Ausdruck „Zeichen" zusammengefaßt. Dabei versteht HELMHOLTZ unter Zeichen nur die Empfindungen, allgemeiner könnte man sagen, nur die Abbilder, die durch direkte Einwirkung der Außenwelt auf unsere Sinnesorgane entstehen, und nicht die rationale Verarbeitung dieser Eindrücke in Begriffen. Wir wollen diese Abbilder sinnliche Abbilder nennnen. Unter sinnlichen Abbildern der Wirklichkeit verstehen wir dann das Ergebnis des Bewußtseinsprozesses, das durch die direkte Einwirkung der objektiven Realität auf unsere Sinnesorgane entsteht. Dieser Prozeß ist noch eingehend zu untersuchen. Daß HELMHOLTZ die sinnlichen Abbilder Zeichen nennt, wird von LENIN kritisiert.[170] Dabei ruft die Ausnutzung der HELMHOLTZschen Zeichentheorie durch G. W. PLECHANOW zum Aufbau einer die marxistische Abbildtheorie verfälschenden Hieroglyphentheorie die richtige Kritik W. I. LENINS hervor. LENIN zeigt die Unbrauchbarkeit des Zeichenbegriffs als erkenntnistheoretische Kategorie. Die hauptsächlichsten Mängel des Ausdruckes „Zeichen" gegenüber dem Ausdruck „Abbild" sind folgende:

1. Während das Abbild immer Abbild von Etwas sein muß, kann das Zeichen ein Zeichen von Etwas sein, muß es aber nicht. Sinnlose Wortzusammenstellungen wären zwar mögliche Zeichen, aber keine Abbilder.

2. Mit dem Ausdruck „Zeichen" wird nicht in dem Maße die Zuverlässigkeit unseres Wissens betont wie mit dem Ausdruck „Abbild".

3. Die Benennung der sinnlichen Abbilder als Zeichen verdeckt die Kompliziertheit des Abbildungsprozesses, der einzelwissenschaftlich sehr genau erforscht werden muß. Der Ausdruck „Zeichen" verleitet zu der Annahme, daß ebenso wie bei dem von HELMHOLTZ bekämpften Ausdruck „angeborener Reflex" mit der Bezeichnung des bestehenden Faktums als „Zeichen" alles erklärt sei.

4. HELMHOLTZ verstand unter Zeichen nur die sinnlichen Abbilder. Der Ausdruck „Zeichen" bringt also nicht wie der Ausdruck „Abbild" die Einheit des Erkenntnisprozesses zum Ausdruck, der sowohl sinnliches als auch rationales Abbild umfaßt. Bezeichnet man auch die rationalen Abbilder als Zeichen, so verstärken sich noch die angeführten Mängel.

Damit haben wir die Begründung nicht nur für die Ablehnung des Ausdrucks „Zeichen", sondern auch für die Kritik LENINS an HELMHOLTZ' Zeichentheorie. Diese Zeichentheorie ist vor allem aus HELMHOLTZ' Kampf gegen den Nativismus zu verstehen und entspricht seinem Empirismus. Dabei wußte HELMHOLTZ sehr wohl, daß seine empiristische Auffassung keine endgültige Stellungnahme zu den Problemen der Physiologie und Psychologie darstellte. Es war auch nicht sein Anliegen, eine solche endgültige Stellungnahme zu geben. Er wollte den Weg für die Forschung freimachen und stellte dazu eine Hypothese auf, die der Wissenschaft erst einmal weiterhelfen sollte. In diesem Sinne schreibt er in einem Brief an F. C. DONDERS am 26. 5. 1868: „Ich weiß übrigens sehr wohl, daß meine empiristische Theorie vorläufig nur eine der möglichen Ansichten der Sache ist, und vielleicht findet man bald Tatsachen, die sie zu einer unmöglichen machen; wenn das geschieht, so hat sie ihren Nutzen gehabt und kann abtreten." HELMHOLTZ hält es für richtig „lieber die entgegengesetzte Ansicht eventualiter zu übertreiben, als in dem bisherigen faulen Schlendrian zu bleiben. Reflexbewegung, so kann man jetzt definieren, ist alles in der Physiologie, was man nicht erklären kann"[171].

DU BOIS und HELMHOLTZ haben wichtige erkenntnistheoretische Überlegungen angestellt. Während die Haltung von DU BOIS-REYMOND zu den Welträtseln in ihren agnostizistischen Konsequenzen kritisiert werden muß, aber in ihrem Hinweis auf erkenntniskonstante und schöpferische Leistungen überlegenswert ist, hat HELMHOLTZ naturwissenschaftliche Beiträge zur Fundierung einer wissenschaftlichen Erkenntnistheorie geleistet, die auch heute noch Grundlage für die Psychologie der Empfindungen und Wahrnehmungen sind.

8. Aufgaben der Wissenschaft und Bildung

DU BOIS-REYMOND und HELMHOLTZ sind Humanisten in ihrer Zeit. Sie fördern die praktische Nutzung der Wissenschaft und aussichtsreiche Forschungen. Sie fordern, der naturwissenschaftlichen Bildung mehr Platz einzuräumen. Der Wissenschaft weiterzuhelfen, hielt HELMHOLTZ im Interesse des Fortschritts der Menschheit für notwendig. Nicht das Wissen an sich sah er als Ziel des Forschenden an, sondern die Entwicklung der Wissenschaft und die praktische Anwendung der wissenschaftlichen Ergebnisse. Er erklärte dazu: „Das Wissen allein ist aber nicht der Zweck des Menschen auf der Erde ... Nur das Handeln gibt dem Manne ein würdiges Dasein; also entweder die praktische Anwendung des Gewußten, oder die Vermehrung der Wissenschaft selbst muß sein Ziel sein. Denn auch das letztere ist ein Handeln für den Fortschritt der Menschheit." [172] Gleichzeitig maß er der Popularisierung wissenschaftlicher Kenntnisse große Bedeutung bei. Immer wieder wies er auf die Notwendigkeit einer gründlicheren Ausbildung in den mathematisch-naturwissenschaftlichen Fächern in den Schulen hin.

Als HELMHOLTZ 1890 als Vertreter der Berliner Universität an der 600-Jahr-Feier der Universität von Montpellier teilnahm, hob er die einigende Kraft der Wissenschaft für die verschiedenen Nationen hervor. Er berichtete über seine dort gehaltene Rede: „Die sämtlichen Nationen, die an der Arbeit der Wissenschaft teilnehmen, hätten ein gemeinsames Arbeitsfeld und unterstützten sich notwendig gegenseitig. Diese Erkenntnis werde am Ende doch durchdringen und ein befreundetes Verhältnis darstellen müssen ... Ich schloß dann mit dem Hinweis, daß die Medizin es namentlich sei, die diesen friedenstiftenden Beruf der Wissenschaft schon längst ausübe und vor die Augen der Welt bringe ..."[173]

So tritt uns der hervorragende Wissenschaftler HELMHOLTZ auch als ein Mensch entgegen, der den Problemen seiner Zeit aufgeschlossen gegenübersteht. Er begrüßt den gesellschaftlichen Fortschritt. Die Wissenschaft darf nach seiner Meinung nicht nur einer Gruppe von Menschen dienen, sondern muß der ganzen Menschheit gehören. Daraus ergibt sich ihre völkerverbindende Aufgabe. Für HELMHOLTZ gibt es keine „Wissenschaft um der Wissenschaft willen". HELMHOLTZ schreibt in einem Brief vom 21. 8. 1891 an LUDWIG: „Abgesehen von allen Fragen der Eitelkeit ist es schließlich für unser einen, der sein ganzes Leben lang schwer gearbeitet hat, doch eine berechtigte Frage: Ist das, was Du geleistet, nützlich und schätzenswert? und diese können nur die anderen beantworten, die davon Nutzen und Vorteil haben."[174] Und im Entwurf der Grabrede für seinen Freund A. KUNDT vom Jahre 1894 heißt es bei HELMHOLTZ: „... Diese Einsicht in das Wirken der Natur ist an sich schon die Quelle aller Herrschaft des Menschengeistes über die Natur und damit die Wurzel, aus der sich unendlich praktische Wohltaten für das Menschengeschlecht entwickeln. Sie hat aber noch eine viel tiefere sittliche Bedeutung. Diese Arbeit für die Wissenschaft ist notwendig eine Arbeit für allgemeine Zwecke der ganzen Menschheit, für Zwecke, die nicht auf ein einzelnes Individuum abgegrenzt, nicht einmal für ein Volk, für einen Weltteil abgegrenzt werden können, sondern notwendig die Arbeit des einzelnen zu einer Arbeit für die Zwecke der Menschheit und deren Einsicht machen. Durch sie wird der einzelne gewöhnt, für ideelle Zwecke zu arbeiten, die innere Befriedigung in sich zu erfahren, welche mit solcher Art der Arbeit verbunden ist, und in ihr seine Freude und seinen Lohn zu finden. Und da das Beispiel idealer Gesinnung viel mehr auf die Jüngeren wirkt als alle Moralpredigt, so ist ein solcher Lehrer auch der beste Erzieher, um die jüngere Generation zu den gleichen Gesinnungen zu erziehen."[175]

DU BOIS-REYMOND ist die Wissenschaft „das gemeinsame Arbeitsgebiet der Forscher aller Nationen, offen wie die hohe See jeder Flagge, nur nicht der Piratenflagge der Unwahrheit"[176]. Seine humanistische Grundhaltung bringt DU BOIS-REYMOND auch in seiner Hochschätzung VOLTAIRES zum Ausdruck. Er und seine Zeitgenossen seien alle „mehr oder minder Voltaireaner" in dem Sinne, daß „Duldung, Geistesfreiheit, Menschenwürde, Gerechtigkeit uns gleichsam zum natürlichen Lebenselement wurden"[177].

HELMHOLTZ hatte 1874 eine Änderung der Bildung, die durch die Entwicklung der Naturwissenschaften erfordert werde, verlangt. Wesentlich ist für ihn die methodische Schulung. Er stellt fest: „Die einfacheren Verhältnisse namentlich der unorganischen Natur erlauben, eine so eindringende und genaue Kenntnis ihrer Gesetze zu erlangen, eine so weit reichende Deduktion der aus diesen fließenden Folgerungen auszuführen und diese wiederum durch so genaue Vergleichung mit der Wirklichkeit zu prüfen und zu bewahrheiten, daß mit der systematischen Entfaltung solcher Begriffsbildungen (zum Beispiel mit der Herleitung der astronomischen Erscheinungen aus dem Gesetze der Gravitation) kaum ein anderes menschliches Gedankengebäude in bezug auf Folgerichtigkeit, Sicherheit, Genauigkeit und Fruchtbarkeit zugleich möchte verglichen werden können."[178] Es ist vor allem die durch die Entwicklung der Produktivkräfte geforderte Entwicklung der physikalischen Theorie, und es sind die Erfolge dieser Theorie bei der Erklärung natürlicher Prozesse, die die Physik zum notwendigen Bildungsgut werden lassen. HELMHOLTZ meint: „Ich erinnere an diese Verhältnisse hier nur, um hervorzuheben, in welchem Sinne die Naturwissenschaften ein neues und wesentliches Element der menschlichen Bildung von unzerstörbarer Bedeutung auch für alle weitere Entwicklung derselben in der Zukunft sind und daß eine volle Bildung des einzelnen Menschen, wie der Nationen, nicht mehr ohne eine Vereinigung der bisherigen literarisch-logischen und der neuen naturwissenschaftlichen Richtung möglich sein wird."[179] Gesellschaftliche Erfordernisse erzwangen neue Bildungsinhalte. Diese sollten zwar nicht Bestandteil der allgemeinen Volksbildung sein, wohl aber jenen Kreisen vermittelt werden, die als Besitzer von Produktionsmitteln den technischen Fortschritt brauchten und die als Wissenschaftler und Politiker den Bildungsanforderungen ihrer Zeit entsprechen mußten. Es geht auch HELMHOLTZ um die Allgemeinbildung der herrschenden Klasse, wenn er schreibt: „Abgesehen also vom natürlichen Drange jedes warmherzigen Menschen, auch andere zu dem, was er als wahr und richtig erkannt hat, hinzuleiten, wird für jeden Freund der Naturwissenschaften ein mächtiges Motiv, sich an solcher Arbeit zu beteiligen, in der Überlegung liegen, daß die Weiterentwickelung dieser Wissenschaften selbst, die Entfaltung ihres Einflusses auf die menschliche Bildung, und, insofern sie ein notwendiges Element dieser Bildung sind, sogar die Gesundheit der weiteren geistigen Entwicklung des Volkes davon abhängt, daß den gebildeten Klassen Einsicht in die Art und die Erfolge der naturwissenschaftlichen Forschung so weit gegeben wird, als es ohne eigene eingehende Beschäftigung mit diesen Fächern überhaupt möglich ist."[180]

Wichtig ist für uns auch HELMHOLTZ' Kritik an der Vermittlung fertiger Erkenntnisse. Eine schöpferische Atmosphäre verlangt Wissen über die Art und Weise wissenschaftlicher Arbeit, über Probleme und Irrtümer. HELMHOLTZ verweist auf notwendige Bestandteile der Bildung und populärwissenschaftlichen Propaganda: „Mir scheint aber, daß nicht sowohl Kenntnisse der Ergebnisse naturwissenschaftlicher Forschungen an sich dasjenige ist, was die verständigsten und gebildetsten unter den Laien suchen, als vielmehr eine Anschauung von der geistigen Tätigkeit des Naturforschers, von der Eigentümlichkeit seines wissenschaftlichen Verfahrens, von den Zielen, denen er zustrebt, von den neuen Aussichten, welche seine Arbeit für die großen Rätselfragen der menschlichen Existenz bietet."[181] Das gilt auch für uns, wenn mit naturwissenschaftlichen Kenntnissen Schöpfertum angeregt und Verantwortungsbewußtsein entwickelt werden soll.

Physikalische Erkenntnisse, technisch verwendet, haben heute mehr denn je einen entscheidenden Einfluß auf die Entwicklung des materiellen und kulturellen Lebensniveaus der Völker. Voraussetzung für die Nutzung notwendiger wissenschaftlicher Erkenntnisse ist eine entsprechende Bildung. Insofern ist die Vermittlung naturwissenschaftlicher Erkenntnisse Bestandteil jedes modernen Bildungssystems. Kenntnis der Gesetze ist notwendige Voraussetzung für die bewußte Beherrschung von Prozessen in der anorganischen Natur und darüber hinaus in allen Bereichen, in denen submolekulare Prozesse wesentlich sind. Die Naturwissenschaft hilft jedoch nicht nur, gesellschaftliche Bedürfnisse über die Technik zu befriedigen. Sie hat Einfluß auf andere Wissenschaften, die sie durch fundamentale Einsichten bereichert. Viele ihrer Erkenntnisse haben zu interessanten und heftigen weltanschaulichen Auseinandersetzungen geführt. Uns geht es darum, die weltanschaulichen Potenzen der Bildung besser für die Herausbildung einer wissenschaftlichen Weltanschauung zu nutzen.

Auch DU BOIS-REYMOND forderte, Konsequenzen aus der naturwissenschaftlichen Entwicklung für die Bildung zu ziehen. Programmatisch ist seine Aussage geworden: *„Kegelschnitte! Kein griechisches Skriptum mehr"*[182]. DU BOIS-REYMOND kämpfte gegen die Überhöhung des neuhumanistischen Unterrichts, verlangte solidere mathematische und naturwissenschaftliche Ausbildung, dafür weniger Religionsunterricht in der Prima. Letzteres haben ihm die Theologen sehr übel genommen. Er kam aber damit den Kreisen der Industrie und Technik entgegen, die statt eines mehr oder weniger schlecht altgriechisch parlierenden und zitierenden Absolventen einen mit den Ergebnissen der Naturwissenschaft der Zeit vertrauten Fachmann verlangten. DU BOIS-REYMOND ist auch auf diesem Gebiet ein Bahnbrecher des Fortschritts. In einer Zeit, da die Vertreter der sogenannten Humaniora noch immer hochmütig auf Naturwissenschaft und Technik herabsahen, erhob er seine gewichtige Stimme für die letzteren. Besondere Bedeutung maß er auch der Wissenschaftsgeschichte für die Bildung bei.

So zeigen sich DU BOIS-REYMOND und HELMHOLTZ als für die Probleme ihrer Zeit aufgeschlossene Menschen, beseelt von dem Wunsche, die humane Gestaltung von Wissenschaft und Technik zu beeinflussen.

9. Quellen- und Literaturverzeichnis

1 P. W. RUFF, Emil du Bois-Reyond, Leipzig 1981, S. 6 (Biographien hervorragender Naturwissenschaftler, Techniker und Mediziner, Bd. 54).
2 L. KOENIGSBERGER, Hermann von Helmholtz, Bd. I, Braunschweig 1902, S. 44.
3 F. KLEMM, Technik, eine Geschichte ihrer Probleme, Freiburg/München 1954, S. 351. Vgl. B. BRENTJES; S. RICHTER; R. SONNEMANN, Geschichte der Technik, hrsg. von R. SONNEMANN, Leipzig 1978, S. 275ff.
4 M. PUPIN, Vom Hirten zum Erfinder, Leipzig 1929, S. 229.
5 J. KUCZYNSKI, Gelehrtenbiographien, Berlin 1977, S. 111 (Studien zu einer Geschichte der Gesellschaftswissenschaften, Bd. 6).
6 Naturwissen und Erkenntnis im 19. Jahrhundert: Emil du Bois-Reymond, hrsg. von G. MANN, Hildesheim 1981, S. 9.
7 F. HERNECK, Emil du Bois-Reymond und die Grenzen der mechanistischen Naturauffassung, in: Forschen und Wirken – Festschrift zur 150-Jahr-Feier der Humboldt-Universität zu Berlin, Bd. I, Berlin 1960, S. 229–251. Vgl. K. E. ROTHSCHUH, E. TUTTE, Emil du Bois-Reymond (1818–1896). Bibliographie. Originalien und Sekundärliteratur, in: Acta historica Leopoldina, hrsg. von G. USCHMANN, Nr. 9/1975, Halle/S. 1975, S. 113–136. Vgl. Das Physiologische Institut der Humboldt-Universität 100 Jahre nach seiner Gründung, Berlin 1977, Humboldt-Universität zu Berlin 1977, S. 9–54.
8 Vgl. zum Folgenden: Grundriß der deutschen Geschichte. Von den Anfängen der Geschichte des deutschen Volkes bis zur Gestaltung der entwickelten sozialistischen Gesellschaft in der Deutschen Demokratischen Republik. Klassenkampf – Tradition – Sozialismus, 2. durchges. u. erweit. Aufl., Berlin 1979, S. 213–305.
9 Zum Verlauf der Revolution vgl.: K. OBERMANN, Deutschland von 1815 bis 1849 (Von der Gründung des Deutschen Bundes bis zur bürgerlich-demokratischen Revolution), 4. überarb. Aufl., Berlin 1976, S. 243–420.
10 Zwei große Naturforscher des 19. Jahrhunderts. Ein Briefwechsel zwischen Emil du Bois-Reymond und Karl Ludwig, hrsg. von E. DU BOIS-REYMOND, Leipzig 1927, S. 11–12.
11 E. DU BOIS-REYMOND an E. HALLMANN am 6. 1. 1849, in: ebenda, S. 130, S. 131. Wie F. HERNECK aus dem Akademie-Archiv nachweist, hat die Akademie diesem Verlangen nur bedingt und mit beträchtlichen Einschränkungen stattgegeben. (Vgl. F. HERNECK, Emil du Bois-Reymond und die Grenzen der mechanistischen Naturauffassung, in: Forschen und Wirken, a. a. O., S. 239.)
12 E. DU BOIS-REYMOND an E. HALLMANN am 6. 1. 1849, in: ebenda, S. 128.

13 Grundriß der deutschen Geschichte, a. a. O., S. 255–256.
14 Vgl. L. KOENIGSBERGER, Hermann von Helmholtz, Bd. I, a. a. O., S. 50.
15 Ebenda, S. 58.
16 Ebenda, S. 64.
17 Zu HELMHOLTZ' Einschätzung dieser Arbeit und DU BOIS-REYMONDS Erwiderung vgl. Briefe Nr. 6 und 9.
18 L. KOENIGSBERGER, Hermann von Helmholtz, Bd. I, a. a. O., S. 69. Vgl.: E. DU BOIS-REYMOND, Gedächtnisrede auf Hermann von Helmholtz, in: E. DU BOIS-REYMOND, Reden, Bd. 2, Berlin 1912, S. 523.
19 Vgl. seine Briefe Nr. 9, Nr. 10.
20 H. v. HELMHOLTZ, Erinnerungen, in: H. v. HELMHOLTZ, Philosophische Vorträge und Aufsätze, eingel. und mit erklärenden Anmerkungen hrsg. von H. HÖRZ und S. WOLLGAST, Berlin 1971, S. 10.
21 E. DU BOIS-REYMOND, Gedächtnisrede auf Hermann von Helmholtz, in: E. DU BOIS-REYMOND, Reden, Bd. 2, a. a. O., S. 525.
22 L. KOENIGSBERGER, Hermann von Helmholtz, Bd. I, a. a. O., S. 109.
23 Ebenda, S. 225f. Vgl. Brief Nr. 47.
24 E. DU BOIS-REYMOND, Gedächtnisrede auf Hermann von Helmholtz, in: E. DU BOIS-REYMOND, Reden, Bd. 2, a. a. O., S. 534.
25 Vgl. Brief Nr. 50.
26 Vgl. Brief Nr. 53.
27 Vgl. Brief Nr. 54.
28 L. KOENIGSBERGER, Hermann von Helmholtz, Bd. I, a. a. O., S. 293f.
29 Vgl. Brief Nr. 60.
30 L. KOENIGSBERGER, Hermann von Helmholtz, Bd. I, a. a. O., S. 294f., vgl. Briefe Nr. 61, 62.
31 Ebenda, S. 301f., vgl. Brief Nr. 70.
32 L. KOENIGSBERGER, Hermann von Helmholtz, Bd. II, Braunschweig 1903, S. 46, vgl. Brief Nr. 89.
33 Ebenda, S. 54f., vgl. Brief Nr. 91.
34 Ebenda, S. 55.
35 Ebenda, S. 65, Brief Nr. 100.
36 Ebenda, S. 70, Brief Nr. 85.
37 Vgl. Brief Nr. 105.
38 E. DU BOIS-REYMOND, Gedächtnisrede auf Hermann von Helmholtz, in: E. DU BOIS-REYMOND, Reden, Bd. 2, a. a. O., S. 536.
39 Vgl. Brief Nr. 109.
40 Vgl. Briefe Nr. 104, 105.
41 Vgl. Brief Nr. 114.
42 Vgl. Brief Nr. 110.
43 Vgl. Briefe Nr. 114–119.
44 E. DU BOIS-REYMOND, Gedächtnisrede auf Hermann von Helmholtz, in: E. DU BOIS-REYMOND, Reden, Bd. 2, a. a. O., S. 565, vgl. Brief Nr. 115.
45 Ebenda, S. 566.
46 E. DU BOIS-REYMOND, Leibnizsche Gedanken in der neueren Naturwissenschaft, in: E. DU BOIS-REYMOND, Vorträge über Philosophie und Gesellschaft, eingel. und mit erklärenden Anmerkungen hrsg. von S. WOLLGAST, Berlin 1974, S. 25.
47 H. v. HELMHOLTZ, Über das Verhältnis der Naturwissenschaften zur Gesamtheit der Wissenschaften, in: H. v. HELMHOLTZ, Philosophische Vorträge und Aufsätze, a. a. O., S. 82f.
48 Ebenda, S. 285.

49 E. du Bois-Reymond, Leibnizsche Gedanken in der neueren Naturwissenschaft, in: E. du Bois-Reymond, Vorträge über Philosophie und Gesellschaft, a. a. O., S. 31f.
50 H. v. Helmholtz, Wissenschaftliche Vorträge, Braunschweig 1871, Heft II, S. 61.
51 L. Koenigsberger, Hermann von Helmholtz, Bd. I, a. a. O., S. 242.
52 E. du Bois-Reymond, Leibnizsche Gedanken in der neueren Naturwissenschaft, in: E. du Bois-Reymond, Vorträge über Philosophie und Gesellschaft, a. a. O., S. 26f.
53 H. Hörz, Philosophie und Mathematik, Festvortrag anläßlich der Eröffnung des IX. Internationalen Kongresses über Anwendungen der Mathematik in den Ingenieurwissenschaften am 29. Juni 1981, in: Wiss. Zeitschr. d. Hochschule f. Architektur u. Bauwesen, Weimar, **28** (1982) 3/4, S. 231–239.
54 H. v. Helmholtz, Über das Verhältnis der Naturwissenschaften zur Gesamtheit der Wissenschaft, in: H. v. Helmholtz, Philosophische Vorträge und Aufsätze, a. a. O., S. 85.
55 E. du Bois-Reymond, Goethe und kein Ende, in: E. du Bois-Reymond, Reden, Bd. 2, a. a. O., S. 174. Vgl. zum folgenden Abschnitt auch: G. Mann, Geschichte als Wissenschaft und Wissenschaftsgeschichte bei du Bois-Reymond, in: Historische Zeitschrift, München, **231** (1980), S. 75–100.
56 Ebenda, S. 169.
57 G. Gadow, Die Freiheit der Wissenschaft und Herr Dubois-Reymond, Gießen 1883, S. 20f.; vgl. auch: D. von Engelhardt, Du Bois-Reymond im Urteil der zeitgenössischen Philosophie, in: Naturwissen und Erkenntnis im 19. Jahrhundert: Emil du Bois-Reymond, hrsg. von G. Mann, Hildesheim 1981, S. 187–205.
58 A. Kohut, Emil du Bois-Reymond, in: Westermann's illustrierte deutsche Monatshefte, Braunschweig, **57** (1884/85), S. 807.
59 Th. Weber, Emil du Bois-Reymond. Eine Kritik seiner Weltansicht, Gotha 1885, S. 72f.
60 S. S. Epstein, Emil du Bois-Reymond (1818–1896), in: Westermanns' illustrierte deutsche Monatshefte, Braunschweig, **82** (1897), S. 917, ähnlich: J. Classen, Vorlesungen über moderne Naturphilosophen, Hamburg 1908, S. 28; E. Metze, Emil du Bois-Reymond. Sein Wirken und seine Weltanschauung, 3., erweit. Aufl., Bielefeld 1918, S. 26.
61 E. Haeckel, Die Welträtsel, Gemeinverständliche Studien über monistische Philosophie. Mit einer Einleitung von O. Klohr, Berlin 1960, S. 232.
62 F. Herneck, Emil du Bois-Reymond (1818–1896), in: Lebensbilder deutscher Ärzte, Leipzig 1964, S. 75.
63 H. v. Helmholtz, Über Goethes naturwissenschaftliche Arbeiten, in: H. v. Helmholtz, Philosophische Vorträge und Aufsätze, a. a. O., S. 43.
64 Ebenda, S. 35.
65 H. v. Helmholtz, Über das Verhältnis der Naturwissenschaften zur Gesamtheit der Wissenschaften, in: H. v. Helmholtz, Philosophische Vorträge und Aufsätze, a. a. O., S. 93.
66 Ebenda.
67 A. Schopenhauer an J. Frauenstädt am 15. 7. 1855, in: Schopenhauers Briefe, hrsg. von E. Grisebach, Leipzig o. J., S. 299.
68 H. v. Helmholtz, Erinnerungen, in H. v. Helmholtz, Philosophische Vorträge und Aufsätze, a. a. O., S. 16.
69 Vgl. L. Koenigsberger, Hermann von Helmholtz, Bd. III, Braunschweig 1903, S. 118.
70 Zit. nach L. Koenigsberger, Hermann von Helmholtz, Bd. I, a. a. O., S. 243.
71 H. v. Helmholtz, Über die Tatsachen in der Wahrnehmung, in: H. v. Helmholtz, Philosophische Vorträge und Aufsätze, a. a. O., S. 273. Vgl. S. Wollgast, Naturwissenschaftlicher Materialismus und Pantheismus bei Hermann von Helmholtz, in: Wiss. Zeitschr. d. Humboldt-Universität zu Berlin, Math.-naturwiss. R., Berlin, **22** (1973) 3, S. 289–292.

72 Ebenda, S. 275.
73 Ebenda, S. 276. Vgl. zur marxistischen Substanzauffassung: H. Hörz, Marxistische Philosophie und Naturwissenschaften, 2. Aufl., Berlin 1976, S. 222–230.
74 W. I. Lenin, Materialismus und Empiriokritizismus, in: Werke, Bd. 14, Berlin 1962, S. 231f.
75 H. v. Helmholtz, Über die Tatsachen in der Wahrnehmung, in: H. v. Helmholtz, Philosophische Vorträge und Aufsätze, a. a. O., S. 279.
76 L. Koenigsberger, Hermann von Helmholtz, Bd. III, a. a. O., S. 125f., 128. Helmholtz konnte diese Rede nicht mehr halten, da er am 8. 9. 1894 starb.
77 H. v. Helmholtz, Beilage zum Vortrag: Über die Tatsachen in der Wahrnehmung, in: H. v. Helmholtz, Philosophische Vorträge und Aufsätze, a. a. O., S. 287.
78 H. v. Helmholtz, Über die Tatsachen in der Wahrnehmung, in: H. v. Helmholtz, Philosophische Vorträge und Aufsätze, a. a. O., S. 240.
79 F. Engels wendet sich gegen diese Auffassung von Helmholtz. Vgl. F. Engels, Dialektik der Natur, in: MEW, Bd. 20, Berlin 1973, S. 358ff.
80 F. Herneck, Emil du Bois-Reymond 1818–1896. in: F. Herneck, Abenteuer der Erkenntnis. Fünf Naturforscher aus drei Epochen, Berlin 1973, S. 68.
81 F. Dannemann, Aus Emil du Bois-Reymonds Briefwechsel über die Geschichte der Medizin und Naturwissenschaften, in: Mitteilungen zur Geschichte der Medizin und Naturwissenschaften, **18** (1919), S. 272.
82 E. du Bois-Reymond, Vorträge über Philosophie und Gesellschaft, a. a. O., S. 81.
83 Ebenda, S. 92.
84 Ebenda, S. 96.
85 Vgl. Stenographische Berichte über die Verhandlungen der ... beiden Häuser des Landtages. Haus der Abgeordneten, Berlin 1883, II, S. 839–950.
86 Vgl. E. Metze, Emil du Bois-Reymond, Sein Wirken und seine Weltanschauung, 3., erweit. Aufl., Bielefeld 1918, S. 40f.
87 E. du Bois-Reymond, Über die Übung, in: E. du Bois-Reymond, Reden, Bd. 2, a. a. O., S. 100f.
88 E. du Bois-Reymond, Leibnizsche Gedanken in der neueren Naturwissenschaft, in: E. du Bois-Reymond, Vorträge über Philosophie und Gesellschaft, a. a. O., S. 27.
89 E. du Bois-Reymond, Über die Grenzen des Naturerkennens, in: E. du Bois-Reymond, Vorträge über Philosophie und Gesellschaft, a. a. O., S. 74.
90 E. du Bois-Reymond, Kulturgeschichte und Naturwissenschaft, in: E. du Bois-Reymond, Vorträge über Philosophie und Gesellschaft, a. a. O., S. 133.
91 E. du Bois-Reymond, Darwin versus Galiani, in: E. du Bois-Reymond, Reden, Bd. 1, Berlin 1912, S. 545.
92 E. du Bois-Reymond, La Mettrie, in: E. du Bois-Reymond, Vorträge über Philosophie und Gesellschaft, a. a. O., S. 98ff.
93 E. du Bois-Reymond, Kulturgeschichte und Naturwissenschaft, in: E. du Bois-Reymond, Vorträge über Philosophie und Gesellschaft, a. a. O., S. 107, 116, 134. Zur Einschätzung dieses Aufsatzes aus bürgerlicher Sicht vgl. R. Malter, „Kausalitätsbetrieb" und Erkenntnisschranke. Zur philosophischen Grundposition Emil du Bois-Reymonds, in: Naturwissen und Erkenntnis im 19. Jahrhundert: Emil du Bois-Reymond, hrsg. von G. Mann, Hildesheim 1981, S. 45ff.
94 E. du Bois-Reymond, Kulturgeschichte und Naturwissenschaft, a. a. O., S. 120.
95 F. Mehring, Übre den historischen Materialismus, in: F. Mehring, Philosophische Aufsätze, Berlin 1961, S. 324, vgl. auch: H. Delbrück, Über die Bedeutung der Erfindungen in der Geschichte, ein populärer Vortrag, in: H. Delbrück, Historische und politische Aufsätze, 1. Abt., Berlin 1886, S. 339ff.
96 Zit. nach L. Koenigsberger, Hermann von Helmholtz, Bd. I, a. a. O., S. 292.
97 C. Vogt, L. Büchner, J. Moleschott, Schriften zum kleinbürgerlichen Materialismus

in Deutschland, hrsg. und eingel. von D. WITTICH, Berlin 1971, Bd. 1, S. 254, S. 256 bis 259; Bd. 2, S. 351.

98 E. DU BOIS-REYMOND, Gedächtnisrede auf Johannes Müller, in: E. DU BOIS-REYMOND, Reden, Bd. 1, a. a. O., S. 231f., 310, 313.

99 „... daß alle jene Fähigkeiten, die wir unter dem Namen der Seelentätigkeiten begreifen, nur Funktionen der Gehirnsubstanz sind; oder, um mich einigermaßen grob hier auszudrücken, daß die Gedanken in demselben Verhältnis etwa zu dem Gehirne stehen wie die Galle zu der Leber oder der Urin zu den Nieren." (C. VOGT, Physiologische Briefe, in: C. VOGT, L. BÜCHNER, J. MOLESCHOTT, Schriften zum kleinbürgerlichen Materialismus in Deutschland, Bd. 1, a. a. O., S. 17f.)

100 E. DU BOIS-REYMOND, Über die Grenzen der Naturerkenntnis, in: E. DU BOIS-REYMOND, Vorträge über Philosophie und Gesellschaft, a. a. O., S. 76.

101 F. ENGELS, Dialektik der Natur, in: MEW, Bd. 20, a. a. O., S. 320, 468.

102 Vgl. E. HAECKEL, Die Welträtsel, a. a. O., S. 271ff.

103 Ebenda, S. 478.

104 W. HEISE, Aufbruch in die Illusion. Zur Kritik der bürgerlichen Philosophie in Deutschland, Berlin 1964, S. 99f.

105 Vgl. R. STEIGERWALD, Bürgerliche Philosophie und Revisionismus im imperialistischen Deutschland, Berlin 1980, S. 27; G. PLECHANOW, Eine Kritik unserer Kritiker, Schriften aus den Jahren 1898 bis 1911, hrsg. von E. MIETH, Berlin 1982.

106 Zum Folgenden vgl. S. WOLLGAST, Zum Begriff des naturwissenschaftlichen Materialismus in der zweiten Hälfte des 19. Jahrhunderts, in: Wiss. Zeitschr. d. Technischen Universität Dresden, Dresden, **27** (1978) 2, S. 263–266; H. VOGEL, Naturwissenschaftlicher Materialismus, in: Philosophie und Naturwissenschaften. Wörterbuch zu den philosophischen Fragen der Naturwissenschaften, hrsg. von H. HÖRZ, R. LÖTHER, S. WOLLGAST, H. LIEBSCHER, 2. Aufl., Berlin 1983, S. 651–653.

107 F. ENGELS, Ludwig Feuerbach und der Ausgang der klassischen deutschen Philosophie, in: MEW, Bd. 21, Berlin 1962, S. 278.

108 F. ENGELS, Anti-Dühring, in: MEW, Bd. 20, a. a. O., S. 24.

109 F. ENGELS, Dialektik der Natur, in: MEW, Bd. 20, a. a. O., S. 467.

110 W. I. LENIN, Konspekt zu Hegels „Vorlesungen über die Geschichte der Philosophie", in: Werke, Bd. 38, Berlin 1964, S. 241.

111 Vgl. H. HÖRZ, K.-F. WESSEL, Philosophische Entwicklungstheorie. Weltanschauliche, erkenntnistheoretische und methodologische Probleme der Naturwissenschaften, Berlin 1983.

112 H. VON HELMHOLTZ, Handbuch der physiologischen Optik, Hamburg–Leipzig 1896, S. 612.

113 Ebenda.

114 Vgl. E. DU BOIS-REYMOND, La Mettrie, in: E. DU BOIS-REYMOND, Vorträge über Philosophie und Gesellschaft, a. a. O., S. 96. Vgl. dazu aus marxistischer Sicht u. a. U. RICKEN, Condillacs „Essay über den Ursprung der menschlichen Erkenntnisse" im Rahmen der philosophischen und sprachtheoretischen Diskussion der Aufklärung, in: E. B. DE CONDILLAC, Essay über den Ursprung der menschlichen Erkenntnisse, hrsg. von U. RICKEN, Leipzig 1977, S. 7–53.

115 E. DU BOIS-REYMOND, Voltaire als Naturforscher, in: E. DU BOIS-REYMOND, Reden, Bd. 1, a. a. O., S. 344f. E. DU BOIS-REYMOND, Über eine Kaiserliche Akademie in deutscher Sprache, in: ebenda, S. 487.

116 E. DU BOIS-REYMOND, Der physiologische Unterricht sonst und jetzt, in: E. DU BOIS-REYMOND, Reden, Bd. 1, a. a. O., S. 635. Zur Naturphilosophie der klassischen deutschen Philosophie und der Romantik, vgl.: Philosophie und Naturwissenschaften. Wörterbuch, a. a. O., S. 442–449, 634–637. H. SCHNÄDELBACH, Philosophie in Deutschland 1831–1933, Frankfurt/M. 1983.

117 E. du Bois-Reymond, Die Humboldt-Denkmäler vor der Berliner Universität, in: E. du Bois-Reymond, Reden, Bd. 2, a. a. O., S. 277.
118 E. du Bois-Reymond, Über Neo-Vitalismus, in: E. du-Bois-Reymond, Vorträge über Philosophie und Gesellschaft, a. a. O., S. 212.
119 E. du Bois-Reymond, Über die Lebenskraft, in: ebenda, S. 20.
120 E. du Bois-Reymond, Über die Grenzen des Naturerkennens, in: ebenda, S. 63ff.; vgl. B. Lohff, Emil du Bois-Reymonds Interpretation des physiologischen Reizbegriffs, in: Naturwissen und Erkenntnis im 19. Jahrhundert: Emil du Bois-Reymond, hrsg. von G. Mann, Hildesheim 1981, S. 105–115.
121 F. Engels, Ludwig Feuerbach und der Ausgang der klassischen deutschen Philosophie, in: MEW, Bd. 21, a. a. O., S. 294.
122 W. I. Lenin, Konspekt zu Hegels „Wissenschaft der Logik", in: Werke, Bd. 38, a. a. O., S. 160.
123 E. du Bois-Reymond, Über Neo-Vitalismus, in: E. du Bois-Reymond, Vorträge über Philosophie und Gesellschaft, a. a. O., S. 217.
124 W. I. Lenin, Konspekte zu Hegels „Wissenschaft der Logik", in: Werke, Bd. 38, a. a. O., S. 213.
125 W. I. Lenin, Zur Frage der Dialektik, in: Werke, Bd. 38, a. a. O., S. 339f.
126 E. du Bois-Reymond, Über die Geschichte der Wissenschaft, in: E. du Bois-Reymond, Vorträge über Philosophie und Gesellschaft, a. a. O., S. 52.
127 E. du Bois-Reymond, Darwin und Copernicus. Ein Nachruf, in: ebenda, S. 206.
128 E. du Bois-Reymond, Über Neo-Vitalismus, in: ebenda, S. 221.
129 H. v. Helmholtz, Goethes Vorahnungen kommender naturwissenschaftlicher Ideen, in: H. v. Helmholtz, Philosophische Vorträge und Aufsätze, a. a. O., S. 351.
130 E. du Bois-Reymond, Über die Lebenskraft, in: E. du Bois-Reymond, Vorträge über Philosophie und Gesellschaft, a. a. O., S. 11.
131 Ebenda, S. 13.
132 Jugendbriefe von Emil du Bois-Reymond an Eduard Hallmann, hrsg. von E. du Bois-Reymond, Berlin 1918, S. 108.
133 K. Vogt, Physiologische Briefe für Gebildete aller Stände, Gießen 1854, S. 221.
134 E. du Bois-Reymond, Über Neo-Vitalismus, in: E. du Bois-Reymond, Vorträge über Philosophie und Gesellschaft, a. a. O., S. 222.
135 B. Bavink, Ergebnisse und Probleme der Naturwissenschaften, 8. Aufl., Leipzig 1944, S. 451.
136 Vgl. J. Haas, Biologie und Gottesglaube, Berlin 1961, S. 35ff. Vgl. aus marxistischer Sicht: R. Mocek, Wilhelm Roux – Hans Driesch. Zur Geschichte der Entwicklungsphysiologie der Tiere („Entwicklungsmechanik"), Jena 1974, S. 139ff.
137 H. v. Helmholtz, Über das Ziel und die Fortschritte der Naturwissenschaft, in: H. v. Helmholtz, Philosophische Vorträge und Aufsätze, a. a. O., S. 174.
138 Ebenda, S. 176f.
139 Darwin today. Materialien des VIII. Kühlungsborner Kolloquiums, Berlin 1983.
140 H. Hörz, K. Wenig, Zur Genese des Entwicklungsgedankens in der Biologie, in: Materialistische Wissenschaftsgeschichte, Argument-Sonderband AS 54, Berlin (West) 1981, S. 107ff.
141 Vgl. H. Hörz, K.-F. Wessel, Philosophische Entwicklungstheorie. Weltanschauliche, erkenntnistheoretische und methodologische Probleme der Naturwissenschaften, a. a. O., S. 45ff.
142 L. Koenigsberger, Hermann von Helmholtz, Bd. II, a. a. O., S. 87.
143 E. du Bois-Reymond, Die sieben Welträtsel, in: E. du Bois-Reymond, Vorträge über Philosophie und Gesellschaft, a. a. O., S. 168.
144 E. du Bois-Reymond, Über die Grenzen des Naturerkennens, in: ebenda, S. 75.
145 E. du Bois-Reymond, Die sieben Welträtsel. Vorrede zur Ausgabe von 1881,

in: E. DU BOIS-REYMOND, Vorträge über Philosophie und Gesellschaft, a. a. O., S. 278.
146 Zit. nach E. DREHER, Die Grundlagen der exakten Naturwissenschaften im Lichte der Kritik, Dresden 1900, S. 114. Es ist sachlich unrichtig, wenn der verdienstvolle JOSEPH DIETZGEN feststellt: „Du Bois-Reymond ... hat bekanntlich nachweisen wollen, daß eine solche unüberschreitbare Grenze (zwischen dem Gebiet des Wissens un dem Gebiet des Glaubens – d. Verf.) wirklich vorhanden, daß also dem Glauben unter allen Umständen ein eigenes Gebiet übrig bleiben müsse." (J. DIETZGEN, Schriften in drei Bänden, Bd. II, Berlin 1962, S. 62).
147 E. HAECKEL, Freie Wissenschaft und freie Lehre, in: E. HAECKEL, Gemeinverständliche Werke, hrsg. von H. SCHMIDT, Bd. 5, Jena – Leipzig – Berlin 1924, S. 275f.
148 F. ENGELS, Einleitung (zur englischen Ausgabe [1892] der 'Entwicklung des Sozialismus von der Utopie zur Wissenschaft'), in: MEW, Bd. 22, Berlin 1963, S. 295.
149 Ebenda, S. 298.
150 E. DU BOIS-REYMOND, Die sieben Welträtsel, in: E. DU BOIS-REYMOND, Vorträge über Philosophie und Gesellschaft, a. a. O., S. 186.
151 H. BORUTTAU, Emil du Bois-Reymond, Wien – Leipzig – München 1922, S. 101.
152 Ebenda, S. 9.
153 O. ZACHARIAS, Du Bois-Reymond über den Darwinismus, in: Die Gegenwart, **10** (1876), S. 346.
154 H. v. HELMHOLTZ, Erinnerungen, in: H. v. HELMHOLTZ, Philosophische Vorträge und Aufsätze, a. a. O., S. 15.
155 Vgl. H. HÖRZ, S. WOLLGAST, Zu den philosophischen Auffassungen von Hermann von Helmholtz, in: Deutsche Zeitschrift für Philosophie, **19** (1971), S. 40ff.
156 H. v. HELMHOLTZ, Schriften zur Erkenntnistheorie, hrsg. von P. HERTZ und M. SCHLICK, Berlin 1921, S. VII. Vgl. auch H. v. HELMHOLTZ, Epistemological writings. A new selection based upon the 1921 volume ed. by P. Hertz and M. Schlick. Ed. by R. S. COHEN and Y. ELKANA, Dordrecht – Boston 1977.
157 H. v. HELMHOLTZ, Über die Tatsachen in der Wahrnehmung, in: H. v. HELMHOLTZ, Philosophische Vorträge und Aufsätze, a. a. O., S. 255.
158 H. v. HELMHOLTZ, Schriften zur Erkenntnistheorie, a. a. O., S. 155.
159 H. v. HELMHOLTZ, Erinnerungen, in: H. v. HELMHOLTZ, Philosophische Vorträge und Aufsätze, a. a. O., S. 15.
160 LA METTRIE, Der Mensch eine Maschine. Franz. und deutsch, 2. Aufl., Leipzig 1984, S. 63.
161 Vgl. H. v. HELMHOLTZ, Populäre wissenschaftliche Vorträge, a. a. O., Bd. II, S. 222.
162 Vgl. H. HÖRZ, Hermann von Helmholtz' philosophische und naturwissenschaftliche Leistung, in: Wiss. Zeitschr. d. Humboldt-Universität zu Berlin, Math.-naturwiss. R., Berlin, **22** (1973) 3, S. 279–286.
163 J. LE ROND D'ALEMBERT, Einleitende Abhandlung zur Enzyklopädie (1751), hrsg. von G. KLAUS, Berlin 1958, S. 13.
164 Vgl. J. LOCKE, Über den menschlichen Verstand, Bd. I, Berlin 1968, S. 107, S. 147ff.
165 H. v. HELMHOLTZ, Handbuch der physiologischen Optik, a. a. O., S. 612.
166 H. v. HELMHOLTZ, Über das Verhältnis der Naturwissenschaft zur Gesamtheit der Wissenschaften, in: H. v. HELMHOLTZ, Philosophische Vorträge und Aufsätze, a. a. O., S. 84.
167 Ebenda, S. 84f.
168 H. v. HELMHOLTZ, Das Denken in der Medizin, in: H. v. HELMHOLTZ, Philosophische Vorträge und Aufsätze, a. a. O., S. 240.
169 Vgl. H. v. HELMHOLTZ, Handbuch der physiologischen Optik, a. a. O., S. 612.
170 Vgl. W. I. LENIN, Materialismus und Empiriokritizismus, in: Werke, Bd. 14, a. a. O., S. 230ff.
171 Zit. nach: L. KOENIGSBERGER, Hermann von Helmholtz, Bd. II, a. a. O., S. 87f.

172 H. v. HELMHOLTZ, Über das Verhältnis der Naturwissenschaften zur Gesamtheit der Wissenschaften, in: H. v. HELMHOLTZ, Philosophische Vorträge und Aufsätze, a. a. O., S. 102.
173 L. KOENIGSBERGER, Hermann von Helmholtz, Bd. III, a. a. O., S. 31.
174 Zit. nach: ANNA VON HELMHOLTZ, Ein Lebensbild in Briefen, Bd. II, hrsg. von E. VON SIEMENS-HELMHOLTZ, Berlin 1929, S. 36.
175 Zit. nach: L. KOENIGSBERGER, Hermann von Helmholtz, Bd. III, a. a. O., S. 103.
176 E. DU BOIS-REYMOND, Aus den Tagen des norddeutschen Bundes, in: E. DU BOIS-REYMOND, Reden, Bd. 1, a. a. O., S. 349.
177 E. DU BOIS-REYMOND, Voltaire als Naturforscher, in: E. DU BOIS-REYMOND, Reden, Bd. 1, a. a. O., S. 321.
178 H. v. HELMHOLTZ, Über das Streben nach Popularisierung der Wissenschaft, in: H. v. HELMHOLTZ, Philosophische Vorträge und Aufsätze, a. a. O., S. 368.
179 Ebenda, S. 368f.
180 Ebenda, S. 369.
181 Ebenda, S. 370. Vgl. W. ALBRING, Gedanken von Helmholtz über schöpferische Impulse und über das Zusammenwirken verschiedener Wissenschaftszweige, Berlin 1972. (Sitzungsber. d. Plenums u. d. Klassen d. Akad. d. Wissensch. d. DDR, Nr. 1, 1972.) F. HERNECK, Die Stellung von Hermann von Helmholtz in der Wissenschaftsgeschichte, in: F. HERNECK, Wissenschaftsgeschichte. Vorträge und Abhandlungen, Berlin 1984, S. 68–77.
182 E. DU BOIS-REYMOND, Culturgeschichte und Naturwissenschaft, in: E. DU BOIS-REYMOND, Vorträge über Philosophie und Gesellschaft, a. a. O., S. 157.

Briefwechsel

Erläuterungen zur Quellenlage und editorische Hinweise

Von Christa Kirsten

Die Edition des Briefwechsels zwischen Hermann von Helmholtz und Emil du Bois-Reymond stützt sich auf zwei Quellen: auf den Nachlaß Helmholtz im Zentralen Archiv der Akademie der Wissenschaften der DDR und auf die Helmholtz-Autographen der Sammlung Darmstaedter, Handschriftenabteilung der Staatsbibliothek, Stiftung Preußischer Kulturbesitz, Berlin (West).

Als die Sammlung Darmstaedter 1907 der damaligen Königlichen Bibliothek zu Berlin gestiftet wurde, wies das 1909 angelegte „Verzeichnis der Autographensammlung von Professor Dr. Ludwig Darmstaedter" nur drei Einzelstücke von Helmholtz, fünf von du Bois-Reymond aus. Der Hauptteil der Helmholtz-Briefe (an du Bois-Reymond) gelangte erst in den Jahren 1924 bis 1929 durch die Schenkung des Nachlasses von Emil du Bois-Reymond[1] aus Familienbesitz in die Sammlung Darmstaedter der Handschriftenabteilung der ehemaligen Preußischen Staatsbibliothek zu Berlin. Dieser Nachlaß enthält heute keine Helmholtz-Briefe mehr. Die früher darin befindlichen Briefe von Helmholtz wurden – was heute nach archivwissenschaftlichen Gesichtspunkten eine nicht mehr zu akzeptierende Verfahrensweise darstellt – herausgelöst und als eigenständige Autographen der Sammlung Darmstaedter behandelt. Auf die Feststellung der Provenienz der Briefe von Helmholtz an du Bois-Reymond aus dem Nachlaß des letzteren wird deshalb Wert gelegt, weil erst damit die Authentizität bewiesen, Verfälschung so gut wie ausgeschlossen werden kann.

Während des zweiten Weltkrieges war die Sammlung Darmstaedter zusammen mit anderen Beständen der ehemaligen preußischen Staatsbibliothek zu Berlin, Unter den Linden, nach Schloß Banz in Franken ausgelagert. Verluste an Helmholtziana sind dort nicht eingetreten. Wir können davon ausgehen, daß die im Briefwechsel auftretenden Lücken, sofern sie Helmholtz-Briefe an du Bois-Reymond betreffen, Überlieferungslücken oder Verluste aus der Zeit vor der Übergabe an die Bibliothek darstellen. Die vorhandenen 86 Briefe von H. von Helmholtz an E. du Bois-Reymond sind alle in die Edition aufgenommen worden. Die Handschriftenabteilung der Staatsbibliothek Berlin (West) hat uns die editorische Bearbeitung ermöglicht und den Abdruck genehmigt, wofür an dieser Stelle herzlich gedankt sei.

Der wissenschaftliche Nachlaß von H. von Helmholtz gelangte im Sommer 1931 als Schenkung seiner Tochter, Ellen von Siemens, an die Berliner Akademie. Max Planck entwarf eigenhändig das Dankschreiben der Akademie für die Schenkung des Nachlasses, das mit den Worten schließt: „. . . Es unterliegt keinem Zweifel, daß

1 Andree, Christian: Übersicht über den Nachlaß von Emil du Bois-Reymond (1818 bis 1896), in: Naturwissenschaft und Erkenntnis im 19. Jahrhundert: Emil du Bois-Reymond, hrsg. von Gunter Mann, Hildesheim 1981.

diese Sammlung für die Geschichte der Physik und der Physiologie noch mancherlei Material von grundlegender Bedeutung in sich birgt; insbesondere wird sie für jede künftige Biographie von Helmholtz eine Fundgrube ersten Ranges bilden. Die Akademie nimmt Ihre hochherzige Gabe, die sie gewissenhaft hüten wird, mit Freuden entgegen und bittet Sie, ihres aufrichtigen Dankes versichert zu sein."[1]

Ein Panzerschrank im alten Akademiegebäude Unter den Linden diente der sicheren Aufbewahrung des Nachlasses, als „HELMHOLTZ-Schrank" ist er in die Geschichte der Akademie bzw. ihres Archivs eingegangen. Während des zweiten Weltkrieges sind keine Verluste eingetreten. Seit 1953 wird der HELMHOLTZ-Nachlaß im Zentralen Akademie-Archiv aufbewahrt.

Von E. DU BOIS-REYMOND befinden sich – nach Identifikation und Zuordnung von Fragmenten – 78 Briefe an HELMHOLTZ im Nachlaß, die wir ebenfalls vollständig in die vorliegende Edition aufgenommen haben. In der Zusammenschau der einzelnen Teile, der HELMHOLTZ-Autographen aus der Sammlung Darmstaedter und der DU BOIS-REYMOND-Briefe im Nachlaß HELMHOLTZ, ergab sich eine überraschend gute Paßfähigkeit der Briefe zueinander, die die Bezeichnung „Briefwechsel" durchaus rechtfertigt. Eine lückenlose Folge in der Korrespondenz liegt jedoch nicht vor. Es treten sogar größere Schreibpausen auf, die sich nicht so einfach erklären lassen, wie dies für die Jahre ab 1871 in Berlin möglich ist, in denen beide Gelehrte in enger Nachbarschaft und damit regelmäßiger persönlicher Begegnung lebten.

Eine Übersicht über die zeitliche Verteilung der Korrespondenz ergibt folgendes Bild:

Briefe Jahr	von HELMHOLTZ	von DU BOIS-REYMOND	insgesamt
1846	5	keine	5
1847	4	1	5
1848	keine	keine	–
1849	2	1	3
1850	6	3	9
1851	2	3	5
1852	7	4	11
1853	2	2	4
1854	4	3	7
1855	2	1	3
1856	4	2	6
1857	3	3	6
1858	6	8	14
1859	keine	1	1
1860	keine	1	1
1861	1	2	3
1862	2	1	3
1863	keine	3	3

[1] Auszug. Konzept. egh. von MAX PLANCK. Absendervermerk vom 6. August 1931. (AAW II-XI-c-Bd. 3, Bl. 99.)

Briefe

Jahr	von HELMHOLTZ	von DU BOIS-REYMOND	insgesamt
1864	3	3	6
1865	3	1	4
1866	2	2	4
1867	2	2	4
1868	1	2	3
1869	1	1	2
1870	7	10	17
1871	2	1	3
1872	keine	2	2
1873	keine	2	2
1874	1	1	2
1875	keine	keine	–
1876	keine	keine	–
1877	1	1	2
1878	keine	keine	–
1879	keine	keine	–
1880	4	2	6
1881	keine	1	1
1882	keine	keine	–
1883	1	keine	1
1884	keine	keine	–
1885	keine	keine	–
1886	keine	2	2
1887	keine	1	1
1888	1	keine	1
1889	keine	1	1
1890	keine	keine	–
1891	2	keine	2
1892	5	4	9

Die Bedeutung, die den beiden Nachlässen berechtigterweise schon von den Erben und Stiftern zugemessen worden ist, läßt die Vermutung zu, daß nur sorgfältig geprüfte, unter dem Aspekt der historischen Bedeutung gesichtete, möglicherweise „gelichtete" Briefbestände auf die Nachwelt überkommen sind. So müssen wir die bestehenden Lücken – bis zum Beweis des Gegenteils – als Überlieferungslücken ansehen.

Als erster hat LEO KOENIGSBERGER, Professor für Mathematik und Physik, von 1869 an in engem Kontakt mit HELMHOLTZ in Heidelberg tätig, aus dem Fundus dieses Briefwechsels geschöpft und ihn in großem Umfange zur Abfassung seiner HELMHOLTZ-Biographie (1902/03) herangezogen. KOENIGSBERGER bringt von fast allen wesentlichen Briefen von HELMHOLTZ an DU BOIS-REYMOND und vice versa Zitate, Auszüge, Inhaltsangaben oder Erwähnungen unterschiedlichen Umfanges. Die Auszüge sind aber oftmals recht großzügige Zusammenfassungen, mit Umstellungen des Wortlautes, oder Zusammenziehungen zweier Briefinhalte, die jedoch dem

Inhalt gerecht werden. Die hier vorgelegte Edition ist daher die erste umfassende auf den Originalbriefen beruhende Ausgabe des Briefwechsels.

Im Hinblick auf die Überlieferungsform der Briefe ist festzustellen, daß die klare Schrift von HELMHOLTZ im Original gut lesbar ist, die sehr geschwungenen Buchstaben von DU BOIS-REYMOND manchmal etwas schwieriger zu transkribieren sind.

EMIL DU BOIS-REYMOND bevorzugte für seine Briefe kleinformatiges, in der Mitte gefaltetes Papier, oft von sehr feiner Konsistenz, so daß Schrift und Skizzen, Poststempel und Siegel gelegentlich durchscheinen. Das jeweils dritte und die weiteren Blätter sind von anderer Papiersorte und stets sehr dünn. Die Briefblätter sind engzeilig, meistens ohne seitliche Randbildung, beschrieben. Wenn DU BOIS-REYMOND jedoch ursprünglich einen freien Rand gelassen hatte, so benutzte er ihn nachträglich oft noch zu Mitteilungen und zwar in entgegengesetzter Richtung, so daß er schließlich genötigt war, Hinweise für die Reihenfolge der Zusätze anzubringen. Die in den Briefen erwähnten Beilagen an HELMHOLTZ, aber auch jene von HELMHOLTZ an DU BOIS, befinden sich nicht bei den Briefen.

In der Hauptsache bediente sich DU BOIS-REYMOND der deutschen Schreibschrift, die jedoch im Stil der Zeit stark mit lateinischer Schrift durchsetzt ist. Städte- und Familiennamen, Fachtermini und als Fremdwörter empfundene Ausdrücke (z. B. Rapport) sind mit lateinischen Buchstaben geschrieben. Streichungen, Tilgungen, Einschübe oder Verbesserungen sind an der Regel. Häufig ist die volle Namensunterschrift in „EdBR" abgekürzt, sie ist in der Wiedergabe des Textes stets ohne Kennzeichnung aufgelöst. Die frühesten Briefe an HELMHOLTZ nach Königsberg (1849/1850) sind ohne Umschlag, mit Siegellack und dem Zeichen „EdB" gesiegelt.

Die Briefe DU BOIS-REYMONDS – wie übrigens auch alle anderen im HELMHOLTZ-Nachlaß befindlichen Briefe – sind zur Ablage in Leitzordnern gelocht worden; später wurden die Ränder mit festen Papierstreifen versehen. Durch die Lochung sind einzelne Buchstaben nicht mehr lesbar, größere Textverstümmelung liegt jedoch nicht vor.

HERMANN VON HELMHOLTZ verwendete in der Korrespondenz mit DU BOIS-REYMOND ganz unterschiedliche Briefformate; in den ersten Jahren benutzte er großformatiges Papier mit breitem freiem Rand linksseitig, für Zusätze oder Skizzen. Auch hier scheinen Schrift, Skizzen, Poststempel und Siegel häufig durch. Bei einigen Briefen aus der Anfangszeit der Korrespondenz ist ein Briefblatt jeweils so gefaltet, daß es – mit Adresse versehen und mit Siegellack oder Papiersiegel mit dem Buchstaben H verschlossen – zugleich den Briefumschlag bildete. Während HELMHOLTZ seinen Wohnsitz in Berlin hatte, in der Neuen Wilhelmstraße und in Charlottenburg, verwendete er auch Briefpapier mit aufgedruckter Wohnanschrift.

Die Briefe von HELMHOLTZ sind in sich übersichtlich angeordnet, mit regelmäßigen Zeilenabständen, in der Schreibrichtung leicht nach rechts unten absinkend. HELMHOLTZ schreibt einheitlich in deutscher Schrift. Die Verwendung lateinischer Buchstaben im fließenden Text ist im Verhältnis zu den Schreibgewohnheiten seines Freundes deutlich geringer. Die Unterschrift seines Namens hingegen vollzieht er in lateinischer Schrift, mit abgekürztem Vornamen und ausgeschriebenem Nachnamen.

Beide Briefschreiber haben ihre wissenschaftlichen Mitteilungen durch Skizzen veranschaulicht; im Druck sind sie als Faksimiles an der betreffenden Textstelle eingesetzt.

Für die Edition sind die Briefe in chronologischer Folge angeordnet und durchlaufend numeriert. Da – wie bereits erwähnt – nur zwei Quellenlagerungsorte nachzuweisen sind: Sammlung Darmstaedter (F1 a 1847) für die Briefe von H. VON HELMHOLTZ und Nachlaß HELMHOLTZ für die Briefe von E. DU BOIS-REYMOND, erübrigt sich die Quellenangabe in den Dokumentenüberschriften. Eine einzige Ausnahme, Brief Nr. 162, fand sich in den Akten der Akademie: Er ist an DU BOIS als Sekretär der Akademie gerichtet. In diesem Fall wird die Signatur in der Dokumentenüberschrift besonders ausgewiesen. Sonst ist die Überschrift knapp gefaßt und weist nur die laufende Nummer, den Namen des Briefempfängers, den Absendeort und das Datum aus.

Sofern unsere Datenangaben von den bei L. KOENIGSBERGER zitierten abweichen, gelten die in der vorliegenden Edition angegebenen Daten; denn sie wurden an den Originalen überprüft.

Der Abdruck der Briefe erfolgt vollständig, ohne jegliche Kürzung, mit Anrede, Grußformel und Unterschrift. Nur die äußere Form ist vereinheitlicht. Das Briefdatum wird in der Textwiedergabe nicht genannt, da es schon in der Dokumentenüberschrift angegeben ist, aber die Zusätze zum Datum (Montagabend etc.) sind übernommen. Die von DU BOIS-REYMOND häufig erweiterte Ortsangabe (Berlin Karlstraße), in späterer Zeit war sie dem Briefpapier aufgedruckt oder aufgeprägt, ist nicht mit aufgenommen.

Orthographie und Interpunktion der Briefe sind in der heute gebräuchlichen Schreibweise wiedergegeben, auftretende Inkonsequenzen stillschweigend ausgeglichen. Abkürzungen, die auch heute gebräuchlich sind oder nicht fehlgedeutet werden können, sind ohne Hinweis aufgelöst, ebenso offensichtliche Verschreibungen, z. B. bei Namen, „Knerk" statt Knerck, „Lehnerd" statt Lehnert, berichtigt.

Eigenhändige Streichungen oder Tilgungen durch die Briefschreiber sind im Text nicht wiedergegeben, eigenhändige Einschübe sind an die dafür vorgesehene Stelle gesetzt. An einigen Stellen haben sich Anmerkungen zur Textbearbeitung notwendig gemacht, z. B. Hinweise auf Randnotizen von anderer Hand, unlesbar gewordene Briefstellen u. ä.; diese Angaben erfolgen jeweils am Ende der betreffenden Seite. Auf sie wird durch kleine lateinische Buchstaben verwiesen. Hervorhebungen im Original durch Unterstreichungen sind durch kursiven Satz gekennzeichnet. Die durch Lochung in den DU BOIS-Briefen zerstörten Buchstaben sind ohne Hinweis ergänzt, sofern der Wortsinn der betreffenden Stelle durch diese Beschädigung nicht zweifelhaft geworden ist. Alle anderen Eingriffe des Herausgebers in den Originaltext sind in eckige Klammern gesetzt.

Die wenigen sprachlichen Eigentümlichkeiten, z. B. „Hülfe" statt Hilfe bei HELMHOLTZ, ein Versuch von DU BOIS-REYMOND, mundartliche Laute eines Dienstboten in Buchstaben wiederzugeben, oder ähnliches sind beibehalten, Formeln und physikalische Maßbezeichnungen unverändert wiedergegeben. Anmerkungen, die von den Briefschreibern selbst stammen, sind durch Sternchen gekennzeichnet und an das Ende der jeweiligen Seite gesetzt.

Die Briefe berühren ein breites Spektrum wissenschaftlicher, gesellschaftlicher und privater Belange, die dem heutigen Leser nicht in jedem Fall ohne weiteres verständlich sein werden. In den Anmerkungen zu den Briefen am Ende des Bandes, im Text durch hochgestellte arabische Ziffern bezeichnet, werden Sachverhalte allgemein historischer und speziell wissenschaftshistorischer Art erläutert, z. B. auch wissenschaftliche Einrichtungen, Gesellschaften und Ehrungen, Ortsangaben nur in besonderen Fällen;

ferner Sachverhalte aus den naturwissenschaftlichen und experimentellen Untersuchungen der Briefpartner. Die in den Briefen erwähnte oder zitierte zeitgenössische Literatur, Arbeiten, Reden, Vorträge, Referate der Briefschreiber oder anderer Autoren, wird bibliographisch nachgewiesen. Die biographischen Anmerkungen beschränken sich hier auf die Erklärung der in den Briefen angesprochenen beruflichen oder familiären Situation der Korrespondenzpartner. Erläuterungen zu anderen vorkommenden Personen erfolgen nur, wenn sie direkt als Gegenstand der Mitteilung anzusehen sind.

Die beim Kommentieren üblichen Quellenangaben für die Belegstellen sind weggelassen, wenn die Angaben aus allgemein zugänglichen Standardwerken und Nachschlagewerken entnommen sind oder wenn die Literatur bereits in den Anmerkungen zum ersten Teil genannt ist; in allen übrigen Fällen der Kommentierung zum Briefteil sind die Quellen nachgewiesen.

Abschließend sei auf ergänzende archivalische Quellenbestände hingewiesen. Im Zentralen Staatsarchiv der DDR, Dienststelle Merseburg, befinden sich im Bestand des Preußischen Kultusministeriums, dessen Abteilung V für die Angelegenheiten der Hochschulen, der Wissenschaft und der Kunst zuständig war, die amtlichen Schriftstücke zu den von den beiden Korrespondenzpartnern in ihren Briefen oft behandelten Berufungsangelegenheiten. Die Akten und Protokolle der Preußischen Akademie der Wissenschaften enthalten die mit der Berufung zu Akademiemitgliedern zusammenhängenden Schriftstücke sowie Aufzeichnungen über ihre Tätigkeit in der Akademie, sei es als langjähriger Sekretar (E. du Bois-Reymond) oder als Mitarbeitende in akademischen Gremien und als Vortragende. Diese Quellen wurden zur Kommentierung herangezogen; dafür sind auch die Archivsignaturen im einzelnen angegeben.

Teil 1 Vom Beginn bis zu Helmholtz' Berufung nach Bonn, 1846–1855

Nr. 1

An E. du Bois-Reymond

Potsdam, 8. Juli 1846

Lieber Freund,
das Stück Jahresbericht[1] für die physikalische Gesellschaft[2] will ich Ihnen gern abnehmen, mir ist aber aus dem Jahre 1845 nichts in die tierische Wärme Einschlagendes bekannt geworden als ein Aufsatz von Liebig[3], in welchem er die Despretzschen Versuche[4] anders berechnen will. In der nächsten Woche denke ich, nach Berlin zu kommen, wahrscheinlich am Donnerstag oder Freitag, und werde Sie dann mündlich um etwaige Auskunft ersuchen. Ich werde mir dann auch selbst die Groveschen Tröge[5] abholen, für welche ich Ihnen äußerst dankbar sein werde. Am 1. dieses Monats habe ich die Lazarettwache[6] verlassen und bin jetzt wieder glücklich, weil ich freie Zeit habe zum Experimentieren.

Empfehlen Sie mich Ihren Eltern, grüßen Sie Heintz und Brücke. Auf Wiedersehn!

Ihr H. Helmholtz

Nr. 2

An E. du Bois-Reymond

Potsdam, 24. Juli 1846

Lieber Freund,
ich sende Ihnen einliegend mit vielem Dank die Bogen von Webers Muskelbewegung[1] zurück, die darin detaillierte Wirkungsweise des Rotationsapparates[2] ist mir für meine eigenen Untersuchungen sehr wichtig. Übrigens habe ich mich unterdessen auch von der hinreichenden Konstanz des Froschstroms zwischen Kupferelektroden in Kupfervitriollösung überzeugt, um an die Untersuchung zu gehen, wie sich die von mir gefundenen chemischen Prozesse in den Muskeln bei demselben verhalten. Ich werde Sie sehr bald wieder in Berlin belästigen müssen, bis dahin auf Wiedersehn.

Ihr H. Helmholtz

Nr. 3

An E. du Bois-Reymond

Potsdam, 1. August 1846

Lieber Freund,
ich werde am Dienstag nach Berlin kommen, um zu Halske und noch einmal auf die Bibliothek zu gehen, und wende mich deshalb an Sie mit der Bitte, einliegende Zettel in den Bibliothekskasten zu befördern, was, glaube ich, bis Montag mittag geschehen muß. Mein erster Versuch über etwaige Zersetzungen während des Froschstroms ist gegenwärtig in Gang, und ich hoffe, Ihnen am Dienstag vielleicht schon einiges von den Resultaten mitteilen zu können. Bis dahin Lebewohl.

Ihr H. Helmholtz

Nr. 4

An E. du Bois-Reymond

Potsdam, 5. Oktober 1846
Montag

Lieber Freund,
ich habe sehr bedauert, daß Sie gestern durch das schlechte Wetter abgehalten worden sind, nach Potsdam zu kommen; ich hoffe, daß in der nächsten Zeit noch Tage kommen werden, die Ihnen Lust dazu machen; Sie treffen mich, wenn Sie kommen, jeden Morgen bis 11 Uhr in der Kaserne vor dem Berliner Tore. Ich muß mich heut mit verschiedenen Bitten an Sie wenden. Sie finden einliegend den Jahresbericht über tierische Wärme[1] für die physikalische Gesellschaft, dann einen Druckbogen und Manuskript von meinem enzyklopädischen Aufsatz über denselben Gegenstand, den mir Müller ohne weitere Bezeichnung zusandte und den ich für den dritten Korrekturbogen halte.[2] Ich bitte Sie, denselben an Müller oder unmittelbar an die Druckerei von Sittenfeld in der Johannisstraße Nr. 4 (wie ich glaube) gelangen zu lassen. Ich habe unterdessen die Analysen geschlossener und ungeschlossener Froschschenkel fortgesetzt, doch sind nicht alle so übereinstimmend ausgefallen, wie die 4 ersten, von denen ich Ihnen neulich das Resultat mitteilte. Um mit Aussicht auf sicherere Resultate diese Versuche fortsetzen zu können, halte ich es für nötig, erst mit dem Multiplikator[3] auszumitteln, unter welchen Bedingungen am schnellsten und sichersten der Froschstrom durch seine eigene Wirkung geschwächt wird, ob aber der meinige ausreichen wird, um kleinere Unterschiede in den Strömen aufzufinden, bezweifle ich. Da mir die Versuche, die Polarisation der Platten aufzuheben, alle mißlungen sind, müßte man die Ströme

der beiden verschieden behandelten Schenkel eines Präparats gegeneinander wirken lassen und die Richtung der Differenzen beobachten. Zunächst möchte ich versuchen, ob galvanische Ströme, die den einen Schenkel herauf, den anderen heruntergehn, verschiedene chemische Wirkungen erzeugen. Frösche hoffe ich in genügender Anzahl zu bekommen, wenigstens habe ich einen Mann in Nowawes[4] aufgetrieben, der die Lieferung von 60 Stück auf sich genommen hat. Sollten Sie Ihre Waage auf einige Wochen entbehren können, so würde ich auch noch über die Aschenbestandteile der Muskeln und die Zusammensetzung der Nerven in Hinsicht auf etwaige Änderung durch die Muskelkontraktion Versuche anstellen. Dann möchte ich Sie auch bitten, falls Sie schrieben oder kämen, bei Halske nachzufragen, in wie ferner Zeit ich wohl darauf rechnen könnte, den Multiplikator zu bekommen, damit ich mich mit meinen anderen Versuchen danach einrichten kann. Haben Sie vielleicht in der Buchhandlung von Veit angefragt wegen der Abdrücke von meinem Aufsatz[5]?

Schließlich bitte ich um Verzeihung wegen der 1000 Aufträge und hoffe, Sie baldigst zu sehen; auch ist es möglich, daß ich in der nächsten Woche nach Berlin komme.

Ihr H. Helmholtz

Nr. 5

An E. du Bois-Reymond

Potsdam, 21. Dezember 1846

Lieber Freund,
Sie werden vielleicht über meinen langen Brief erschrecken; sollten Sie beschäftigt sein, so verschieben Sie seine Lesung, er enthält nichts Eiliges. Ich habe Ihnen schon längst einige Nachrichten über mich und meinen Multiplikator[1] geben wollen, in der Hoffnung, Ihnen bei der Konstruktion Ihres eigenen Instrumentes oder bei dessen Graduation einigen Nutzen gewähren zu können, doch waren mir fortdauernd neue Schwierigkeiten aufgestoßen, die mich zu keinem hinreichenden Abschluß kommen ließen. Ich bin auch jetzt noch keineswegs mit der Graduierung fertig, doch habe ich aus den bisherigen Versuchen wenigstens gelernt, wie ich sie zu machen habe. Ihr eigenes Instrument wird jetzt wohl längst fertig sein, doch können Sie meine Erfahrungen vielleicht hier und da brauchen oder mir Rat erteilen.

Was zuvörderst den Kompensator[2] betrifft, so scheint es mir wünschenswert, daß irgend ein Mechanismus angebracht werde, der ihm eine feine Bewegung um seine vertikale Achse erteilen läßt und zugleich zufällige Verschiebungen verhindert. Zur genauen Einstellung desselben auf den Nullpunkt der Nadel gehört bei meinem Instrument einige manuelle Geschicklichkeit; anfangs gelang es mir selten, eine Abweichung von $^1/_4{}^\circ$ auszugleichen, aber Übung macht den Meister; jetzt stellte ich ihn aus freier Hand so fein ein, als man es irgend wünschen kann. Das Maximum seiner Wirkung, gefunden durch die Verringerung der Ablenkung, welche ein konstanter thermoelektrischer Strom hervorbringt, tritt ein, wenn die Schenkel miteinander ungefähr einen Winkel von 60° bilden, und beträgt in der Nähe des Nullpunkts der Nadeln ungefähr 0,8 von der Wirkung des Erdmagnetismus auf das System der Nadeln. Ungünstig für die Kraft des Kompensators ist der Umstand, daß die obere, ihm nähere, Nadel die schwächere ist. Übrigens nimmt seine Kraft in der Nähe des Maximums durch etwas weitere oder geringere Öffnung der Schenkel nur unmerklich ab, so daß eine hinreichend genaue Einstellung desselben immer leicht wiederzufinden ist.

Anfangs machte mir die zentrische Einstellung der Nadeln viel Mühe, bis ich einen höchst unangenehmen Fehler derselben bemerkte. Der Mittelpunkt der Achse der oberen Nadel lag nämlich nicht genau in der Verlängerung des Fadens, so daß, wenn die Enden der Nadel richtig 0° und 0° in der einen Stellung zeigten, sie um 180° gedreht, 0° und 1° angaben, wobei immer so visiert wurde, daß der Faden zugleich das entferntere Nadelende deckte. Das nötigte mich, die Nadeln herauszunehmen und den Haken und das Verbindungsstäbchen der Nadeln leicht zu biegen. Auch gelang es mir dabei, den Fehler ganz zu beseitigen, doch hat der Parallelismus und die Astasie etwas gelitten; sie stehen nämlich statt 4° jetzt 6° aus dem Meridian, und das labile Gleichgewicht bei 0° ist um ein Minimum überschritten, so daß sie ohne Kompensator auf 0° erhalten werden können, aber durch ganz kleine Drehungen des Kastens auf $8^1/_2$° nach der entgegengesetzten Seite entfernt werden. Ich habe es nicht versucht, die Astasie der Nadeln wieder herzustellen, weil mir ihr jetziger Zustand bequemer ist als der frühere. Wird der Kompensator mit möglichst geschlossenen Schenkeln in entgegengesetzter Richtung aufgesetzt, so tritt das labile Gleichgewicht wieder ein mit Ausschlag der Nadeln um 8° nach beiden Seiten. Sie können die jetzigen Verhältnisse ungefähr aus der untenstehenden Zeichnung beurteilen. Die Kurven bezeichnen die Stromintensitäten, welche zu den ersten 15 Graden gehören; und zwar *AB* und *Ab*, wie sie wären, wenn der Kasten keine ablenkenden Wirkungen hätte, mit und ohne Kompensator; *AB'* und *Ab'*, wie sie in Wirklichkeit sind. Die Kurve *Ab'* hat eine äußerst empfindliche Stelle zwischen 2° und 8°.

Die Graduationsversuche habe ich zunächst mit einer Thermokette[3] aus 3 Paar Platinkupferdrähten gemacht, die mit Seide umwickelt, in Quecksilberbädern (später zog ich Sandbäder vor, weil das Quecksilber manchmal doch eine schwache Nebenschließung zu bilden schien) auf 0° und 100° erhalten wurden, so daß die Differenz bald von 1, bald von 2, bald [von] 3 Berührungsstellen wirksam war und Ströme gab, die wenigstens sehr nahe in dem Verhältnis von 1 : 2 : 3 standen; genau nicht, denn die verschiedenen Drahtenden, obgleich von denselben Drähten geschnitten und auf 2 Zoll in das Bad eingesenkt, gaben nicht genau gleiche Ströme, wie dies auch schon von andern bemerkt worden ist. Außerdem hatte ich mir eine

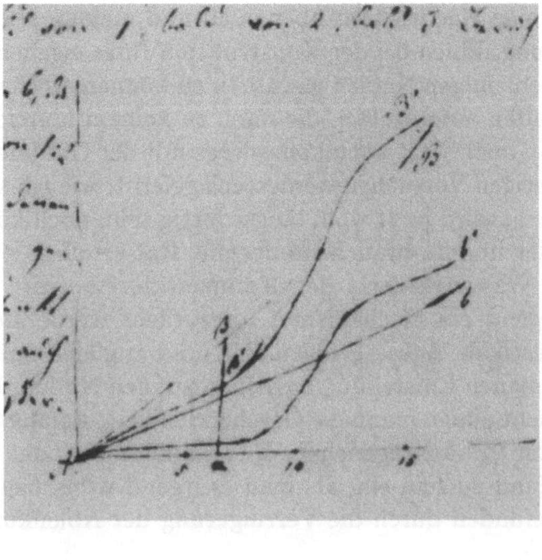

Reihe von 26 gleichen Widerständen gemacht und den Widerstand der Kette so abgeglichen, daß die Intensität des einfachen Stroms ohne Einschaltung gleich war der des 3fachen Stroms mit Einschaltung zweier Stücke, daß also der Widerstand der Kette gleich einer Widerstandseinheit war.

So konnte ich, den 3fachen Strom (Ablenkung $63^1/_2{}^\circ$) = 1 gesetzt, leicht finden $^1/_2$, $^1/_3$, $^1/_4$ etc. bis $^1/_{27}$ und alle $^1/_3$ und $^2/_3$ dieser Brüche. Die einzelnen Beobachtungen harmonierten unterhalb 20° sehr gut miteinander, weil die kleineren Fehler der einzelnen Widerstände gegen die ganze Länge verschwanden, und die Abweichungen in den höheren Graden überstiegen nicht $^1/_4{}^\circ$. Für die wichtigste Gegend des Multiplikators in den ersten 10 Graden war aber ein eigentümliches Verfahren nötig, weil die schwächsten Ströme nur bis 4° herabgingen und an eine annäherende Proportionalität der Intensitäten mit den Graden nicht zu denken war. Es mußte dazu die ablenkende Wirkung des Kastens gemessen und von den Intensitäten in Abrechnung gebracht werden. Dies geschah einfach vermittels Drehung des Kastens um so viel, daß die Nadel nacheinander $^1/_4$, $^1/_2$, 1, $1^1/_4$ bis 13° zeigte. Der Winkel, um welchen der Kasten dazu gedreht werden muß, ist unmittelbar derselbe, den die durch den Strom auf $^1/_4$, $^1/_2$, 1, $1^1/_4$ bis 13° abgelenkte Nadel zeigen würde, wenn die Drahtgewinde keine ablenkende Kraft hätten; vorausgesetzt dabei die Proportionalität der Intensitäten mit den Graden, welche Voraussetzung dadurch bestätigt wurde, daß ihr die Beobachtungen ziemlich gut entsprachen, wenn man statt der beobachteten Winkel die so korrigierten setzt. Ist nämlich die einlenkende Kraft des Erdmagnetismus und Kompensators in den ersten Graden bei der Ablenkung um α Grade $= n\alpha$, und zeigt die Nadel bei der Ablenkung des Kastens um β Grade auf der Kreisscheibe α Grade, $n(\beta-\alpha)$ aus dem Meridian gelenkt durch den Magnetismus der Drahtwindungen, so ist die einlenkende Kraft des Erdmagnetismus $n(\beta-\alpha)$ gleich der ablenkenden des Kastens bei einer Abweichung der Nadel von seiner Mittellinie um α Grade. Wird also die Nadel durch einen Strom auf α Grad abgelenkt, so hält derselbe das Gleichgewicht der einlenkenden Kraft des Erdmagnetismus $n\alpha$ + der des Kastens $n(\beta-\alpha)$, d. h. im ganzen $n\beta$, d. h., β ist der Winkel, um den er, abgesehen von dem Magnetismus des Kastens, ablenken würde.

Zu bemerken ist dabei, daß schon geringe Differenzen in der Erhebung der Nadeln über der Kreisplatte große Unterschiede in der Ablenkung bewirken, ein Umstand, den ich zu spät berücksichtigt habe, so daß sich mir die Stellung, welche die Nadel bei den Ablenkungsversuchen durch die Ströme gehabt hatte, wieder suchen mußte, dadurch daß ich diejenige dafür annahm, in welcher die Ablenkungsversuche durch Drehung des Kastens am vollkommensten denen des Stroms entsprachen. Ich kann wegen der erwähnten Ungenauigkeiten meine bisherige Graduation nur als eine ungefähre Annäherung betrachten, die mir aber doch zur Orientierung bei meinen ersten Froschversuchen hinreichende Dienste getan hat. Sie erstreckt sich außerdem erst auf eine Seite der Teilung.

Bei den Versuchen mit der Poggendorffschen Graduierungsart stellte sich ein anderer Fehler des Instruments heraus, der vielleicht bei der Einstellung desselben durch den vorher erwähnten der Nadeln veranlaßt sein mag; daß nämlich der Mittelpunkt der Teilung merklich von der Drehungsachse des Kastens abwich und sich deshalb bei der Drehung des letzteren die Teilung verschob, die Nadeln dadurch in eine andere Lage gegen die Windungen kamen und deshalb auch anders affiziert wurden; die beobachteten Zahlen hatten so wenig Übereinstimmung miteinander, daß ich es ganz aufgeben mußte, diese Graduierung zu gebrauchen. Da ich die früheren Graduierungen doch verwerfen wollte, habe ich diesen Fehler zu heben gesucht dadurch, daß ich die Schrauben, welche den Kasten am Boden und die Teilung am Kasten festhalten, lüftete und diese beiden Teile nach der geeigneten Richtung so viel verschob, als es der Spielraum der Schrauben in ihren Löchern zuließ; die Einstellung scheint jetzt ziemlich genau zu sein, ein merklicher Fehler in der Nivellierung ist dadurch nicht hervorgebracht, und ich werde demnächst versuchen, ob die Graduierung ausführbar ist. Um die Verschiebung des Kompensators zu umgehen, welche nicht mit hinreichender Genauigkeit, wenigstens für die Einstellung in den ersten Graden, ausgeführt werden kann, werde ich zuerst ohne Kompensator graduieren, dann den Kompensator aufsetzen und, ohne seine Stellung zu ändern, durch Verschiebung des Kastens allein die Nadel auf verschiedene Grade einstellen, es läßt sich dann, da die Kraft mit der der Strom auf die Nadel wirkt, schon bekannt ist, die Wirkung der Magneten des Kompensators auf die Nadel in ihren verschiedenen Lagen bestimmen und daraus die Intensität des Stromes, der nötig ist, um die gegebene Ablenkung hervorzubringen.

Von der Umstellung des Kastens und der Teilung habe ich auch Versuche über die Wärmeänderungen kontrahierter Froschmuskeln angestellt; gereizt wurde durch eine schnell hintereinander geschlossene 25paarige Säule von den Nerven aus, die Ablenkungen betrugen mit Kompensator 1 bis $1^1/_2{}^\circ$ entsprechend etwa einer Temperaturdifferenz von 0°, 08 – 0°, 12 *C*. Ich hoffe, durch Vervielfachung und Verkürzung der Eisenkupferdrähte, durch schnelleren Wechsel der Stromrichtung und in der besseren Jahreszeit viel größere Ausschläge zu erhalten. Ich denke, der Versuch an Fröschen ist neu und viel beweisender als an warmblütigen Tieren bei Fortdauer des Blutumlaufs. Im nächsten Quartal habe ich Lazarettwache[4], da werde ich hauptsächlich Konstanz der Kräfte treiben. Fröhliche Feiertage und baldiges Wiedersehen!

Ihr Helmholtz

Nr. 6

An E. du Bois-Reymond

Potsdam, 12. Februar 1847

Lieber Freund,
ich übersende Dir beiliegend meinen Versuch einer Einleitung zur Konstanz der Kraft[1], nicht weil ich damit fertig zu sein glaube, denn ich habe eben beim Durchlesen gesehen, daß vielleicht nichts darin bleiben kann, sondern weil ich noch nicht absehe, wie oft ich ihn noch umarbeiten muß, ehe er fertig ist, und weil ich zu erfahren wünsche, ob Du die Art der Darlegung für eine solche hältst, die bei Physikern Eingang finden kann. Ich habe mich bei der letzten Ausarbeitung zusammengenommen und alles über Bord geworfen, was nach Philosophie roch, soweit es nicht dringend nötig war, darum mögen einige Gedankenlücken geblieben sein. Du wirst aber ungefähr die Art der Beweisführung daraus sehen können. Eile hat es nicht mit dem Durchlesen, tu es nach

Muße und schreibe mir dann, wo Du Dunkelheiten oder Lücken im einzelnen findest, bemerke es am Rande, vielleicht komme ich in einiger Zeit selbst einmal nach Berlin, um mich mündlich mit Dir zu besprechen. – Über Deine elektrischen Aufgaben ist mir nichts Näheres eingefallen. Grüße Heintz und Brücke.

Dein
H. Helmholtz

Nr. 7

An E. du Bois-Reymond

Potsdam, 10. April 1847

Lieber Freund,
ich habe soeben W. Webers elektrodynamische Maßbestimmungen[1] durchgelesen, ein Werk von vielem Scharfsinn, aus dem ich Dir über einige wichtige Punkte referieren muß. Er hat sich darin nämlich vorgesetzt, die Einwirkung eines Stromleitungsdrahts auf einen andern, wie sie durch das Ampèresche Gesetz bestimmt ist, auf absolute Maße zu bringen und zugleich das genannte Gesetz, was mehr auf Analogien als auf messende Versuche gebaut ist, zu bestätigen, was denn auch vollständig und mit bewunderungswürdiger Präzision geschieht. Zu dem Ende hat er sich ein Instrument gebaut, welches er Elektrodynamometer[2] nennt, bestehend aus zwei Drahtrollen *a* und *b*, von denen die kleinere *b* verquer in der größeren *a* an einem Bügel *c* hängt, welcher selbst von zwei feinen Drähten *d* getragen wird, er nennt deshalb *b* die Bifilarrolle. Die Drähte geben der Rolle *b* die Richtung und streben, sie bei der Ablenkung mit einer Kraft, welche dem Sinus der Ablenkung proportional ist, in die Gleichgewichtslage zurückzuführen, und dienen zugleich als Zuleitungsdrähte des Stroms. Das Ganze ist eigentlich ein Multiplikator, in welchem *b* die Magnetnadel und *a* die Drahtgewinde vertritt. Läßt man nun die beiden Rollen von zwei verschiedenen Strömen I' und I'' durchfließen, so ist die ablenkende Kraft proportional $I'\ I''$, läßt man sie aber beide von einem I durchfließen, dem Quadrate I^2, es werden also in diesem Instrument entgegengesetzte Ströme nicht entgegengesetzte, sondern gleiche Wirkung ausüben. Das Instrument bei kontinuierlichen Strömen statt des magnetischen Multiplikators zu gebrauchen, möchte unvorteilhaft sein, von der größten Wichtigkeit kann es aber da sein, wo es darauf ankommt, kontinuierliche Ströme von schwankenden oder diskontinuierlichen zu unterscheiden. Bringen nämlich ein kontinuierlicher und ein diskontinuierlicher Strom am magnetischen Multiplikator gleiche Ablenkungen hervor, so muß an diesem elektrodynamischen der diskontinuierliche allemal eine größere hervorbringen als jener.

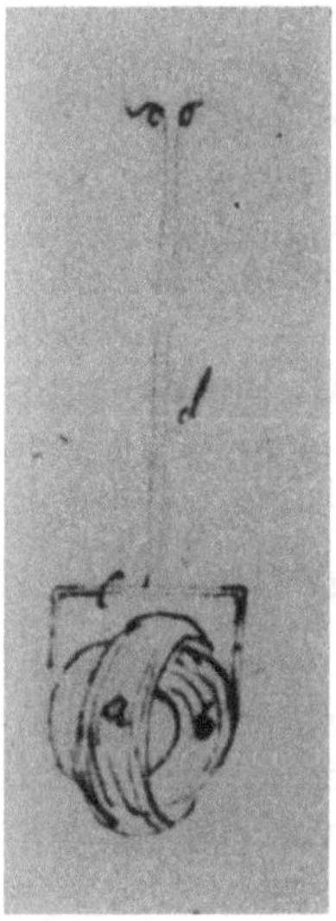

Sei die Intensität des kontinuierlichen a, die des anderen abwechselnd in gleichen Zeiträumen $a+b$ und $a-b$, so bringt am Multiplikator der letztere eine der Intensität $\frac{(a+b)+(a-b)}{2}=a$ entsprechende Ablenkung hervor. Am Elektrodynamometer dagegen der erstere entsprechend a^2, der zweite $\frac{(a+b)^2+(a-b)^2}{2}=a^2+b^2$

Elektrische Stöße von abwechselnd entgegengesetzter Richtung, deren Wirkungen sich dort subtrahieren, wenn sie gleich sind, ganz aufheben, addieren sich bei dem letzteren. So hat Weber das Instrument gebraucht, um die abwechselnd entgegengesetzten Induktionswirkungen eines magnetisierten tönenden Stahlstabes nachzuweisen. Mir fielen dabei gleich die sekundären Tetani[3] ein, und deshalb schreibe ich es Dir, weil die Idee möglicherweise bei den Muskelströmen eine ausgedehnte Anwendung finden kann. Weber hat es bisher auch für Intensitätsabstimmungen momentaner elektrischer Stöße, wie der Batterieentladung, gebraucht, wenn nämlich q die Quantität der durchfließenden Elektrizität, i die mittlere Intensität und t die Dauer ist, so gibt der Multiplikator einen Ausschlag entsprechend $q=it$, und das Elektrodynamometer entsprechend $i^2t=qi$, aus Vergleichung beider Instrumente können also i und t gefunden werden.

Webers Instrument[a] ist nicht für große Empfindlichkeit berechnet, sondern auf Anstellung absoluter Messungen. Die Multiplikatorrolle enthält 3500 Windungen Draht, 0,7 mm dick, die Bifilarrolle 5000 Windungen, 0,4 mm dick. Die Aufhängungsdrähte sind 1 m lang und 3–4 mm voneinander entfernt; er liest natürlich durch Fernrohr und Spiegel ab. Ein Grovesches Element, dessen Strom ganz durch die 3500 Windungen der Multiplikatorrolle ging und wovon $^1/_{246}$ durch die Bifilarrolle abgezweigt strömte, brachte eine Ablenkung von $^1/_4°$ hervor, während schätzungsweise jenes $^1/_{246}$ an meinem Thermomultiplikator bei 50 Windungen etwa 1° abgelenkt hätte. Wäre derselbe Stromteil durch die Multiplikatorrolle gegangen, so wäre allerdings die Angabe nur $^1/_{1000}$ von der meines Instruments gewesen. Die Einlenkungskraft der bifilaren Aufhängung ist proportional $\frac{am}{l}\sin\alpha$, wo a die Distanz der Drähte, l ihre Länge und m das Gewicht des aufgehängten Körpers und α der Ablenkungswinkel ist; die Ablenkungskraft der Drahtwindungen, wenn die Kraft φ, womit eine Windung der festen Rolle auf eine der beweglichen wirkt, für alle ungefähr gleich ist, und p die Zahl der festen, q der beweglichen Windungen, wäre $\varphi q p$. Vermehrung der Windungen der beweglichen Rolle würde die Empfindlichkeit

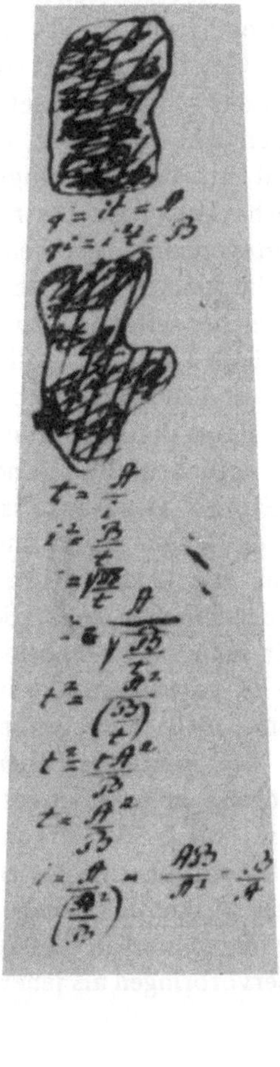

[a] Die am Rande des Originalbriefes stehende handschriftliche Rechnung stammt von E. DU BOIS-REYMOND, der die Mitteilung HELMHOLTZ' über den Inhalt einer Arbeit von W. WEBER unter Benutzung der HELMHOLTZSCHEN Symbole nachrechnete. Auch die Formel am Ende des Briefes, handschriftlich von DU BOIS-REYMOND, ist in diesem Zusammenhang zu sehen.

des Instruments nicht erhöhen, weil gleichzeitig das Gewicht *m* und die Zahl *p* proportional vermehrt werden, es würde daher vorteilhaft sein, nur so viele Windungen anzuwenden, daß die Aufhängedrähte durch ihr Gewicht hinreichend gespannt werden. Dann liegen bei dem Weberschen Instrument die Windungen alle ganz nahe um die Aufhängungssachse; durch Entfernung derselben nach zwei Richtungen, so daß sie an langen Hebelarmen wirken, würde die Empfindlichkeit ungeheuer gewinnen müssen. Man könnte z. B. 2 Rollen *a'* und *a''* an den Enden eines langen leichten Stabs befestigen und ihm zwei entgegengesetzt gewickelte, von denen sie abgestoßen werden, gegenüberstellen.

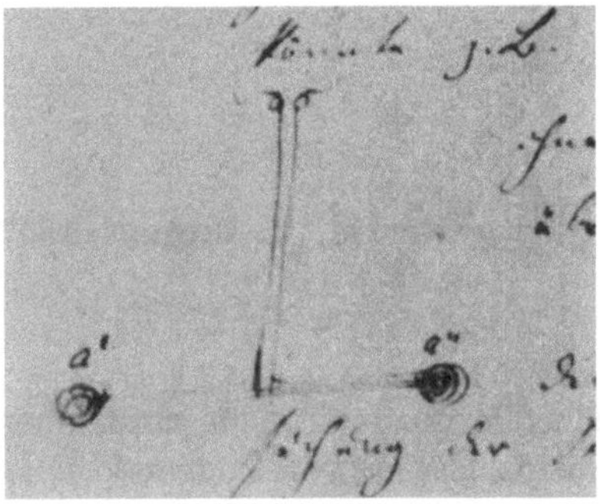

Wenn es nun aber auch nicht gelingen sollte, das Instrument für Deine Zwecke brauchbar zu machen, so kann es offenbar für die Untersuchung der Ströme, welche wir als Reizmittel brauchen, vom größten Nutzen werden. Denken wir uns durch den reizenden Strom einen andern induziert, so ist dieser fortdauernd der Ansteigungsgeschwindigkeit des ersteren proportional, und wenn wir ihn in das Elektrodynamometer leiten, können wir dadurch die Summen von den Quadraten sämtlicher Änderungsgeschwindigkeiten des ersteren bekommen.

Übrigens geht es mir gut, ich habe mir die Apparate zu meinen thermischen Muskelversuchen jetzt ziemlich zusammengebaut; suche Halske etwas anzufeuern wegen des Neeffschen Apparats[4], wenn Du ihn sehen solltest. Ich harre gegenwärtig schon ungeduldig auf Frühling und Frösche.

Grüße Heintz und Brücke
Dein Helmholtz

$$\frac{am}{l}\sin\alpha = \varphi p q$$

$$\sin\alpha = \frac{l\varphi p q}{am}$$

Nr. 8

An E. du Bois-Reymond

Potsdam, 21. Juli 1847

Lieber Freund,
im Falle ich in der Zeitung am Donnerstag die Nachricht finden sollte, daß den Freitag physikalische Gesellschaft[1] sei, werde ich dazu hinüberkommen, um meine Konstanz der Kräfte vorzutragen.

Es würde mir lieb sein, wenn Du mir den Aufsatz von Matteucci[2] verschaffen könntest, ich werde Dich deshalb zwischen 3 und 4 Uhr in Deiner Wohnung aufsuchen. Sollte die Versammlung erst 8 Tage später sein, so werde ich so lange warten.

Helmholtz

Nr. 9

An H. von Helmholtz

Berlin, 4. August 1847

Lieber Helmholtz,
ich schicke Dir anliegend Deine Abhandlung[1], welche Poggendorff nicht aufnehmen will, zurück und füge, mit Magnus' Erlaubnis, die beiden Briefe von Poggendorff an ihn und von ihm an mich bei, wodurch ich jeder weiteren Auseinandersetzung überhoben bin, abgesehen von derjenigen meines Ärgers und Bedauerns. Zu Magnus' Brief muß ich noch eine Berichtigung machen. Er sagt seltsamerweise: „Nur Ihr Wunsch, die Beantwortung zu vermitteln, veranlaßt mich, Sie zu bitten, dem Dr. H[elmholtz] die weitere Mitteilung zu machen."

Es ist mir natürlich nicht eingefallen, Magnus einen solchen *Wunsch* zu äußern, der völlig zwecklos gewesen wäre; ich habe mich höchstens erboten, und auch dies begreiflich nur für den Fall einer bejahenden Antwort, ihm die Mühe abzunehmen, Dir zu schreiben.

Es fragt sich aber nun, was mit der Arbeit zu machen sei. Eine andere Zeitschrift, die geeignet wäre, sie aufzunehmen, kenne ich nicht. Magnus erwähnte Erdmann und Marchands Journal für praktische Chemie, welche aus Mangel an Stoff manchmal äußerst durchsichtige Doppelhefte auszugeben pflegen. Aber das Publikum ist durchaus nicht das rechte, man würde dem Aufsatz ansehen, daß er nur zufällig dort eine Stelle aus Gnade gefunden, es würde unangenehm sein, sich bei dem flachen Marchand empfehlen zu lassen oder sich bei ihm auch noch einen Korb zu holen. Grunerts Archiv für Physik und Mathematik (Greifswald) ist zu obskur, es ist ein Kirchhof für mathematische Unbedeutendheiten, die sich nicht den Weg in den Crelle[2] zu bahnen vermögen. Dieser ist für Deine Arbeit zu vornehm, zu überfüllt, und überdies ist sie nicht formelreich genug dafür.

Es bleibt also nur der Ausweg der Bekanntmachung auf eigene Hand. Ich höre einstimmig versichern und muß es auch selber glauben, daß, da keine Kupfer dabei sind und das Volumen so gering, es gar keine Schwierigkeiten haben würde, einen Verleger zu finden. Diese Art der Bekanntmachung bietet den Vorteil, daß man vielleicht noch Honorar bezieht – denn obschon die Aussicht gering ist, welches zu erhalten, muß man doch natürlich welches fordern –, daß es mehr imponiert, als wenn man einen bloßen Journalaufsatz geschrieben hat, daß wegen der Berücksichtigung durch die Rezensenten, ein gemischteres Publikum Kenntnis davon erhält. Dem wirklich physikalischen kann man sich durch Hinweisungen in späteren Journalaufsätzen, durch Zusendungen, vollends durch den Jahresbericht immer wieder aufdrängen. Zu beklagen ist nur, daß Du die unsägliche Mühe umsonst aufgewendet hast, die Abhandlung, die ursprünglich selbständig zu erscheinen bestimmt war, zum Journalaufsatz umzustempeln. Es fragt sich jetzt nur, und diesen Punkt kannst Du allein beurteilen, ob sie, um einem Verleger angeboten zu werden, nochmals umgearbeitet werden müsse. Auf alle Fälle schicke ich sie mit. Aufmerksam mache ich Dich darauf, daß es nicht geraten ist, nun etwa erst bei einem Buchhändler anzufragen, ob er geneigt sein würde, ein so und so beschaffenes Werk in Verlag zu nehmen, indem nichts dieser Art Leuten so imponiert, wie die Gegenwart eines Manuskripts, welches auf der Stelle abgesetzt werden kann. Für den Zweck einer selbständigen Veröffentlichung wäre es übrigens vielleicht geraten, die philosophische Einleitung zu restituieren, worin sich doch viele herrliche Dinge sagen lassen. Ich denke, der Leserkreis würde dadurch größer werden, und so viel abgestoßen würden, so viel würden auf der anderen Seite auch angezogen. –Wenn Du nicht auf den jungen Heintz in Potsdam reflektieren solltest, empfehle ich Dir Reimer hieselbst, der mein Werk[3], Brückes Augenanatomie[4], den Jahresbericht[5], Remaks Schriften, den Crelle und eine Menge ähnlicher Sachen im Verlag hat, ein sehr vernünftiger, umgänglicher und dienstfertiger Mann ist und einen trefflichen Setzer für Formeln in seiner Druckerei hat. Er hat immer dann und wann eine kleine Lücke in seinem Officin, einen überzähligen Ballen Papier auf dem Boden, so daß es ihm ganz gleichgültig, ja vorteilhaft ist, ob er ein paar Bogen mehr im Jahr auf den Markt bringt.

Es bleibt noch eine Möglichkeit. Das Jahr 1846 enthält einen Aufsatz von Joule über das mechanische Wärmeäquivalent, wenn ich nicht irre.[6] Diesen hast Du zum Berichten und könntest daher die Abhandlung als Einleitung Deinem Bericht voraufstellen. Indessen ist zu bedenken, daß der Jahresbericht vor Ostern nicht fertig werden dürfte und daß es besser ist, an zwei Stellen, in einer Schrift zuerst und dann noch im Berichte, von einem Gegenstande zu reden, als nur an einer. Doch wäre dies ein ultimum Refugium.

Ich mache Dich aufmerksam darauf, daß ein Buchhändler immer vor der Messe (1. Oktober) bereiter sein wird, etwas zu nehmen, als nachher, so zwar, daß er sich noch in Stand gesetzt sieht, das Werk auf die Messe zu bringen.

Verlange kein Honorar für den Bogen, sondern eine Pauschsumme, was mehrere Vorteile hat.

Dies, was ich Dir zum ersten sagen kann. – Von Heintz' Unglück hast Du gehört. Brückes Anatomie wird in den nächsten 14 Tagen erscheinen können.

Die Aussichten für Königsberg sind günstig. Diese Geschichte mit Poggendorff, sieh einmal zum Exempel, würde Dir nicht passiert sein, wenn Du in Berlin wärst und alle Augenblicke mit ihm zusammenträfest, wie unsereins, auch ihm schon mehr bekannt wärest. Ceterum censeo etc.

Der Darmkanal des Schleis (quergestreift) hat einen kolossalen Strom, die Därme aller übrigen Tiere mit glatten Fasern einen äußerst schwachen.

E. du Bois-Reymond

Nr. 10

An E. du Bois-Reymond

Potsdam, 6. August 1847

Lieber Freund,
zuvörderst habe vielen Dank für die Sorge um meine Abhandlung, die Du Dir schon gegeben hast, und sei nicht böse, wenn ich Dir noch mehr aufbürde. Es läßt sich nicht leugnen, daß dieselbe passender als Broschüre gedruckt wird, denn als Journalaufsatz. Ich wollte den letzteren Weg nur einschlagen, weil er jedenfalls eine allgemeinere Verbreitung derselben verspricht und weil ich es für leichter hielt, bei einem Journal anzukommen als einzeln bei einem Buchhändler. Glücklicherweise ist keine größere Umformung derselben nötig, ich werde nur eine abgesonderte Einleitung voraufgehn lassen, in der ich die philosphische Bedeutung meiner Annahmen kurz erörtere; mit dieser bin ich schon beinahe fertig, so daß ich das Manuskript an Reimer einschicken kann, sobald ich von Dir noch über einige Punkte Aufschluß erhalten habe.

Erstens, denke ich, werde ich ihm doch wohl die Bestimmung des Honorars überlassen müssen, oder soll ich ein bestimmtes fordern und mich herabhandeln lassen? Zweitens, darf ich mich in dem Anschreiben auf Deine und Magnus' Begutachtung berufen, da Ihr die Abhandlung schon kennt? Dann bitte ich Dich auch um die genaue Adresse von Reimer. Der jüngere Heintz befaßt sich, so viel ich weiß, nur mit Sortimentsgeschäften, auch scheint mir gerade diese Spekulation wegen ihrer verhältnismäßigen Unsicherheit nicht für einen jungen Anfänger passend.

Einliegend findest Du den Brief von Poggendorff an Magnus, den der letztere zurückhaben will. Übrigens sind Poggendorffs Gründe der Zurückweisung beide nicht stichhaltig, weder ist der Umfang der Arbeit, circa 3 Druckbogen, so groß, noch hat er an dem angegebenem Prinzip festgehalten, wie die Aufnahme der Arbeiten von Clapeyron und Holtzmann zeigt,[1] von denen sich meine Arbeit dem Wesen der Methode nach gar nicht unterscheidet.

Die Sichtbarmachung der Nervenerwärmung bei den Fröschen scheint auf einem störenden Einfluß anderer Art beruht zu haben, denn seitdem ich für gehörige Befestigung der Nerven durch Korkstückchen gesorgt habe, ist jeder Ausschlag verschwunden. Indessen muß ich die Sache noch an frischen, kräftigen Fröschen prüfen, jedenfalls wird sie sich bis auf $^1/_{1000}$ Grad C prüfen lassen. In Froschmuskeln geht die Temperaturerhöhung dagegen leicht bis auf 0,2 °C. Möglich ist es übrigens, daß meine Frösche durch das Hungern schon zu matt sind, weshalb ich die Resultate noch an ganz frischen prüfen will. Wahrscheinlich werde ich mit diesen Untersuchungen sehr bald in das Feld rücken, d. h. in Müllers Archiv, welches ja in seinem letzten Hefte wieder bewunderungswürdig physiologisch geworden ist. Dein Faktum über den Darmmuskelstrom ist ja sehr interessant.

Dein
H. Helmholtz

Nr. 11

An E. du Bois-Reymond

Dahlem, 19. August 1849

Lieber Freund,
ich entledige mich hiermit des Auftrags meiner Schwiegermutter, Dich zur Feier meiner Hochzeit auf Sonntag den 26. des Monats nach Dahlem einzuladen, es wird gewünscht, daß die verehrten Gäste um 12 Uhr eintreffen. Zum Herauskommen schlage ich Dir vor, Dich mit dem Referendarius Groschke, Bellevuestraße 14, den Du ja von der Schwimmanstalt her kennst, zu assoziieren, derselbe will mit Dr. Middendorf zusammen einen Wagen nehmen, der um 10 1/2 Uhr von Berlin abfährt; Du brauchst ihn nur wissen zu lassen, ob Du mitfahren willst oder nicht. Ich hoffe, daß Deine theoretische Überzeugung von der Unvernunft aller Festlichkeiten im menschlichen Leben, Dich wenigstens vermittels der materiellen Genüsse, so weit und so gut sie verabreicht werden, erbaut und erfreut zu werden, nicht verhindern wird. Ich kann Dich im Guten nicht von der Teilnahme an dieser Feierlichkeit dispensieren, weil ich es zu ungern sehen würde, wenn mein bester Freund an dem freudenreichsten Tage meines Lebens, dem Zielpunkte jahrelanger Bemühungen, keinen Teil haben wollte. Also überwinde Deine Scheu gegen alle Leute, welche nicht Physiologen sind, und komm.

Deine Aufforderung, mich bei Ladenberg vorzustellen, habe ich durch meine Mutter erhalten und werde gleich an Thiede schreiben. Am Donnerstag oder Freitag früh denke ich, mich bei Dir einzustellen. Solltest Du bis dahin einmal zur Bibliothek kommen, so möchte ich Dich bitten, dort nachzusehen, ob Du folgendes Zitat von Karsten zum Jahresbericht finden kannst:

de Robiano, Mémoire – Bull. d. Brux. XV 1, 218.

Ich erhielt den betreffenden Band dort, auch die Mémoires couronnés von 1848, ohne es zu finden; Kroenig sagte mir aber, man verwechsele leicht XV 1 und XV 2 und darüber bin ich nicht sicher.

Dein Helmholtz

Sei doch so gut, mir bei Halske zwei viereckige 6zöllige Magnetstäbe mit zugehörigen Ankern zu bestellen. Er kann sie mit dem Galvanometer schicken. Sollte Dir bei Halske die baldige Ausführung des Auftrags zweifelhaft sein und kennst Du einen andern, der es gut ausführen würde, so bestelle es dort. Vielleicht sind sie auch gut fertig zu bekommen, dann schicke sie mit Adresse Dr. Puhlmann in Dahlem zum Kaufmann Schulz, Potsdamer Chaussee Nr. 2. In den letzten Tagen des Oktober wird von dort eine Kiste an uns gehn.

Dein Helmholtz

Nr. 12

An E. du Bois-Reymond

Königsberg, 14. Oktober 1849

Lieber Freund,
ich komme spät zu meinem Vorsatz, Dir zu schreiben, weil bei der geringen Zeit, die mir übrig blieb, erst noch einige nötige Pflichtbriefe zu absolvieren waren, so oft ich zum Schreiben kam. Zuerst will ich Dir einiges über mein Privatleben berichten. Wir kamen hier mit gutem Wetter an, nachdem wir 24 Stunden in Marienburg geblieben waren, um uns die wunderbar schön gebaute Burg zu besehen, benutzten dann das Dampfschiff von Elbing aus über das Haff bis hierher und kamen so viel angenehmer hier an und viel weniger gelangweilt, als ich das erste Mal getan hatte. Die Reise verliert schon viel von ihren Schrecknissen, wenn man sie in angenehmer Gesellschaft macht. Unsere Sachen fanden wir vor ohne zu große Beschädigungen und hatten dann die ersten vierzehn Tage mit dem Packen und den nötigen Einrichtungen überaus hinreichend zu schaffen. Dabei mußte ich gleich in meiner Vorlesung[1] fortfahren, Blutlauf, Endosmose, Resorption, Atmen und Nahrungsmittel vortragen in derselben Weise, wie im Sommer im Auditorium experimentierend. Dabei mißglückte mir zweimal der Versuch, wo ein Frosch vom Schenkel aus durch Strychnin vergiftet werden soll, wenn entweder nur noch die Blutgefäße den Zusammenhang vermitteln oder der Nerv durchschnitten ist. Weißt Du vielleicht aus der Erinnerung noch genauer als ich, wie Müller den Versuch anstellt, so berichte es mir doch. In dem Gegenversuch, wo entweder der Nerv allein blieb oder die Aorta unterbunden war, trat natürlich keine Vergiftung ein. Die Vorbereitungen zu den Vorträgen nahmen mir viel Zeit fort, weil ich in diesen Kapiteln weniger vollständig bewandert bin als in der Physiologie der animalischen Systeme. Gegenwärtig ist mir nun ein Zimmer angewiesen im Albertinum[2] zur Aufstellung der Instrumente und zum Experimentieren; nur habe ich noch keine Anweisung von Geld bekommen, so daß ich mich noch nicht einrichten kann, für dieselbe ist erst der Antrag an das Ministerium gegangen. Nachdem wir übrigens nun mit dem Einrichten unserer Häuslichkeit fertig geworden sind, ist dieselbe sehr nett und behaglich geworden, und wir können unbeschränkt und ungestört die glücklichste Zeit des Lebens durchgenießen. Ich kann Dir mit bestem Gewissen empfehlen, Dir bei erster Gelegenheit eine ebenso liebenswürdige Frau anzuschaffen, wie ich sie mir erworben habe. Denn abgesehen von der für einen Junggesellen gar nicht zu beschaffenden Bequemlichkeit der Existenz und der Beseitigung einer Menge von Dingen, um die man sich sonst notwendig bekümmern muß, gibt es dem Geiste eine so vollständige Befriedigung in der Gegenwart, eine so ruhige Sicherheit des Besitzes, daß auch meine Arbeitsfähigkeit beträchtlich wieder zugenommen hat. Umgang, geistigen für mich und gesellschaftlichen für uns beide, haben wir noch wenig. Unter den Medizinern sind keine produktiven Geister hier, außer Rathke, der aber wie J. Müller im zoologischen Interesse aufgeht. Ein Mikroskopiker, Dr. Wittich, hat sich neulich bei mir vorgestellt. Es ist ein reicher, junger Arzt, der sich mit Praxis nicht viel abzugeben scheint und aus Interesse mikroskopische Beobachtungen macht, zuweilen auch physiologische Versuche, bei welchen letzteren er aber wenig um sich zu wissen scheint.

Eine Arbeit von ihm über Entwicklung der Spinneneier befindet sich in dem letzten Heft von Müllers Archiv[3]. Er scheint besonders von Virchow in diese Bahn gelenkt zu sein. Vielleicht läßt sich mit ihm etwas anfangen. Dagegen werde ich wohl mehr mit den Mathematikern anbinden. Dem wichtigsten von ihnen, Neumann, scheint etwas schwierig zu nahen, mit dem Direktor der Sternwarte, Busch, der als genauer Beobachter sehr hoch gestellt wird, bin ich schon mehrere Male beisammen gewesen, neulich lud er mich auch zur Anwesenheit Littrows ein, dem ich einen Brief an Brücke mitgegeben habe. Bei Gelegenheit melde mir doch, in welchem Heft der Wiener akademischen Abhandlungen dessen Abhandlung über Aussprache der Buchstaben[4] steht; die Königsberger haben mich ersucht, ihnen über diesen Gegenstand einen Vortrag zu halten in ihrer physikalisch-ökonomischen Gesellschaft[5]; vielleicht läßt sich das Heft einzeln durch den Buchhandel beschaffen. Auch schreib mir doch, ob seine Dissertation[6] noch sonst irgendwo abgedruckt ist.

Die Ferien habe ich schon stark benutzt zu eigenen Arbeiten. Ich habe die frühere Arbeit wieder aufgenommen über die Art der Bewegung eines Muskels während einer einzelnen Zuckung nach einer ganz neuen Methode. Ich habe Dir schon früher gesagt, daß ich aus den Kurven, welche die Erhebung des Gewichts als Ordinaten der Zeit angeben, geschlossen hatte, die Kraft des Muskels sei nicht unmittelbar nach der Reizung am stärksten, sondern steige einige Zeit hindurch und falle dann wieder, das habe ich jetzt auf eine viel evidentere Weise nachgewiesen. Denke Dir am Muskel einen Metallring und an diesem eine Schale mit geringem Gewicht hängend und den obersten Teil des Ringes so unterstützt durch einen Metallstift, daß derselbe bei größerer Belastung nicht weiter sinken kann. Nun wird ein Strom geschlossen, dessen einer Teil durch den Muskel, der andere durch ein Galvanometer und obgedachten Stift und Ring geht, so daß der Strom im Galvanometer durch die Kontraktion des Muskels, Erhebung des Ringes vom Stift wieder unterbrochen wird. Während derselbe aber andauert, setzt er den Magneten mit Spiegel in Bewegung, und dessen Ausschlag ist proportional der Zeitdauer des Stroms. Legt man nun kein Gewicht auf die Schale, so wird der Magnet sehr wenig in Bewegung gesetzt, die Ausschläge wachsen aber, je mehr Gewichte man auf die Schale legt; bei *Σ iv* ist die Zeit zwischen Schließung und Anfang der Erhebung fast ebenso groß, 0,1 Sekunde, wie die zwischen dem letzteren Zeitpunkt und dem Gipfel der Höhe, welche letztere auf ähnliche Weise gemessen ist. Läßt man aber den Muskel ausgedehnt werden durch das Gewicht, indem man die Unterstützung des Ringes entfernt, und unterstützt dann in der neuen Lage, so werden die *Σ iv* jetzt ebenso schnell gehoben, wie vorher die Schale allein. Daraus folgt, daß die elastische Kraft, welche im Ruhezustand der Schwere des kleineren spannenden Gewichts bei der gegebenen Länge gleich ist, erst eine gewisse Zeit nach der Reizung gleich der Schwere von *Σ iv* wird. Das Zusammenpassen der Instrumente hat mir viel Mühe gemacht und viel Zeit gekostet; ich will nun zunächst die Form der Kurve ermitteln, welche das Ansteigen der Kraft ausdrückt, und dann einigen Erscheinungen nachgehen, welche andeuten, daß die Intensität der Muskeltätigkeit schneller nachläßt, wenn durch dieselbe wirklich eine Bewegung hevorgebracht ist, als wenn dies nicht der Fall ist, daß also ganz, wie bei den elektrodynamischen Wirkungen, die hervorgebrachte Bewegung die verursachende Kraft schwächt. Das würde Dir gut in Deinen Kram passen.

Mein erstes Geschäft mit demjenigen der hiesigen Mechaniker, welcher mir als der ingeniöseste empfohlen wurde, war etwas deprimierend. Ich wollte möglichst schnell einen 6zölligen Magnetstab haben, bestellte ihn, wurde sehr ermutigt durch eine mächtige, magnetelektrische Maschine eigener Arbeit, welche ich bei ihm stehen sah, und bekam nachher einen Stab, welcher kaum eine Stecknadel heben konnte und den ich mit Protest zurückspedierte. – Falls Du den Halske sehen solltest, melde ihm doch, daß ich sehnsüchtig mein Galvanometer erwarte, und stoß ihn zu einiger Eile an.

In Angelegenheiten Leubuschers[7] habe ich in Erfahrung gebracht, daß man hier allgemein erwartet, der hiesige Irrenarzt im städtischen Krankenhaus, Dr. Bischof, werde die Stelle bekommen. Er selbst hat sich gegen Professor Hirsch geäußert, daß er sich noch nicht entschieden habe, ob er sich bewerben solle, weil das Gehalt noch nicht festgesetzt sei; übrigens soll es ihm hier nicht sehr glänzend gehen. Besetzt wird die Stelle oder wenigstens der Vorschlag zur Besetzung gemacht von der künftigen Provinzialvertretung nach Hirschs Angaben, deren Stelle bis dahin wohl die früheren preußischen Stände einnehmen würden, doch wußte man mir über dieses Verhältnis hier nirgends Sicheres zu berichten.[8] Die Mitglieder der Fakultät hierselbst scheinen geneigt, sich für Bischof zu verwenden; indessen fragt es sich, ob die Stände ungeneigt sein werden,[9] auch andere Empfehlungen zu hören.

Heintz grüße freundlichst; wenn ich ihm jetzt schreiben sollte, könnte ich nur dasselbe melden wie Dir; also sei so freundlich, ihm von diesem Brief mitzuteilen, was ihn interessiert, und Einliegendes von meiner Frau an Frau Heintz zu überliefern. Solltest Du schreiben, so melde uns doch auch, ob er ausgezogen ist oder nicht, weil ich das wieder vergessen habe.

Meine Frau läßt Dich ebenfalls grüßen; sie steht mir treulichst bei bei meinen Versuchen als Protokollführerin der beobachteten Skalenteile, was sehr nötig ist, weil ich allein vollständig konfus werde, wenn ich auf so viele Dinge gleichzeitig achtgeben soll, als da sind: Umlegen höchst verwickelter Drahtleitungen mit Nebenströmen zweiter Ordnung, Einstellen des Muskels, Auflegen der Gewichte, Ablesen der Skalenteile, rechtzeitiges Schließen und Öffnen der Kette. Übrigens macht mir Halskes schlechtes Zink viel Ärger und Schmutzerei. Ein altes Element von Brücke mit platiniertem Blei hat ganz anderes Zink, welches stets blank bleibt wie Silber, so lange es auch arbeitet. Empfiehl mich achtungsvollst bei Deinen Eltern, Müller und Magnus.

Dein Helmholtz

Nr. 13

An H. von Helmholtz

Berlin, 30. Dezember 1849

Lieber Helmholtz,
ich kann Dir nur Recht geben, wenn Du aus tiefstem Herzen auf die Berliner Mechaniker und Korrespondenten fluchst. Aber alle Furcht vor Deinem Jähzorn ist nicht imstande, dem Tage 36 Stunden zu geben, wie es sein müßte, wenn ich, der allein hier

zurückgeblieben, pünktlich die Briefe aller Fortgegangenen beantworten und ihre Bestellungen ausrichten sollte. Mit den Mechanikern ist es trostlos. Dein Instrument bei Halske ist immer noch nicht fertig und zwar lediglich Böttichers halber, mit dem nun einmal nichts mehr aufzustellen ist. Ich habe in Betreff des Treibens das Mögliche getan, insofern mir selber ja so viel daran liegt, daß Deine so vielversprechende Untersuchung über Zusammenziehung vollendet werde. Allein der alte Trödel dauert fort, Halske liegt ewig auf allen deutschen Eisenbahnen, und die physikalischen Instrumente müssen den Telegraphen fürs erste den Platz räumen.[1] Doch sollen die 6zölligen Magnetstäbe demnächst an Dich abgehen. Halske gibt Ihnen 3/8″ Seite; Du hast darüber nichts bestimmt. Hast Du meinen 2. Bd. 1. Abt. und den Bericht 1847 1. Abt. erhalten?[2] Notifiziere mir dies, wenn Du einmal wieder schreibst. Ich komme diesen Winter nicht groß von der Stelle, da die Künstleranatomie[3] mir viel Zeit raubt und die Kälte auch am Experimentieren hindert. Doch habe ich etwas sehr Merkwürdiges gefunden, nämlich eine Nachwirkung der Zusammenziehung auf den Strom. Hab' ich einen dyselektromotorischen Muskel[4] im offenen Kreise tetanisiert und schließe erst nach plötzlichem Aufhören des Tetanus, welches ich durch Zerschneiden des Nerven herbeiführe, so entsteht eine negative Ablenkung, genau so, nur weit schwächer, als ob ich während des Tetanus selber geschlossen hätte. Dasselbe läßt sich am lebenden Menschen nachweisen und enthält den Grund, weshalb die Nadel bei meinem berüchtigten Versuche stets noch nach Aufhören der Zusammenziehung in dem Quadranten verweilt, in den sie abgelenkt worden war. Bei den Nerven kann man nicht untersuchen, ob dasselbe der Fall sei. Unstreitig aber hängt dies wieder zusammen mit der Koerzitivkraft, die ich schon aus anderen Gründen veranlaßt bin, den Muskeln im Gegensatz zu den Nerven für ihre elektromotorischen Molekeln zuzuschreiben.[5] Die Muskeln: Nerven wie schlechter Stahl zu weichem Eisen. Man spricht daher nicht mit Unrecht von muscles d'acier! Müller benimmt sich diesen Winter sehr anständig, sofern er mich völlig in Ruhe läßt. Mit Peters hat sich ein leidliches Vernehmen hergestellt. Mit den Künstlern hab' ich großes Glück gehabt, indem Berger mir den Gefallen getan, zu Michaelis zu sterben, so daß ich mit dem Verweser der Bergerschen Klassen, Domschke, freies Spiel gewonnen habe, um den Unterricht besser zu organisieren und unter anderm die Plackerei mit den Scheinen[6] abzuschaffen, die Dir so nachteilig gewesen ist.–

Im Herbst hab' ich eine Reise nach Marburg, Gießen und dem Rhein gemacht, wobei ich meine Personalkenntnisse sehr erweitert und meine Sache geltend gemacht habe. Die acht Tage in Marburg mit Ludwig und Bunsen zusammen rechne ich zu dem wenigen Guten, das mir bisher im Leben geworden. In Gießen habe ich mich mit Bischoff versöhnt, der ein guter und strebsamer Kerl ist, und habe mir Liebigs Sohn zum Assistenten für die Künstleranatomie geworben. In Neuss sah ich Schwann, der aber nicht sehr in meiner Vorstellung gewonnen hat, da er sich in eine unglaubliche Theorie der organischen Wesen verfahren hat, die ihn konsequent bis zur Erbsünde führt.[7] Ein ausgezeichneter Student ist jetzt hier Fick aus Kassel, ein Schüler Ludwigs, Mathematiker und Mediziner, der sich die Welt nie anders als nach dem Prinzip der Erhaltung der Kraft vorgestellt hat, dieser ist berufen, dereinst die Firma der organischen Physik fortzusetzen. Kirchhoff geht zu Ostern als Extraordinarius der Physik nach Breslau. Heintz geht es gut, aber seine Frau ist fast das ganze Vierteljahr krank gewesen. Von Brücke lange keine Nachricht. Die physikalische Gesellschaft blüht, ihr Volumen hat nicht abgenommen, eher wieder zu-, das spez[ifische] Gewicht ist freilich dasselbe nicht mehr. Im Herbst hab' ich einmal in Potsdam die Deinigen besucht, nach Dahlem bin ich meinen Versprechungen ungeachtet noch nicht wieder gelangt. – Brückes Diffusionsarbeit steht Pogg. LVIII. 1843, No 1., S. 77; – seine Spracharbeit im Märzheft 1849 der Wiener Verhandlungen. Halske protestiert gegen Deinen Tadel seines Zinks, das von Dir gerühmte Zink an der alten Brückeschen Kette sei auch von ihm gewesen. Es müsse an Deiner Behandlung der Daniells[8] liegen. – Grüße Deine Frau und verfeiert mir nur nicht. Eßt auch nicht zu viel Marzipan. Folge nicht meinem schnöden Beispiel, sondern gib mir bald ein Lebenszeichen.

Dein E. du Bois-Reymond

Nr. 14

An E. du Bois-Reymond

Königsberg, 15. Januar 1850

Lieber Freund,
ich schicke Dir anliegend einen Bericht über die Resultate meiner Weihnachtsferien mit dem Ersuchen, ihn offiziell in der physikalischen Gesellschaft vorzulegen und in ihren Akten zu deponieren als Prioritätswahrung;[1] ich habe außerdem einen Versuch angestellt, der Dich speziell interessieren wird, der mir aber wegen unvollkommener Reizbarkeit der Frösche bisher nur einmal und zwar unsicher gelungen ist, den ich aber jedenfalls im Frühling ohne Schwierigkeit zu vollenden hoffe; diejenige Schwankung des Muskelstroms, welche die sekundäre Zuckung erregt, scheint um ebensoviel später nach der Reizung einzutreten wie die mechanische Wirkung des Muskels; die Zeit, welche vergeht zwischen Reizung der Nerven des Muskels *A* bis zur Erhebung eines Gewichts durch den sekundär zuckenden *B*, scheint ungefähr doppelt so groß zu sein wie die bei der entsprechenden unmittelbaren Reizung der Nerven von *B* verfließende. Übrigens steigt die Muskelkraft nach der Reizung entsprechend der beistehenden Kurve; *A* ist der Zeitpunkt der Reizung, dann kommt ein kleines konkaves Stück, dann eine fast gerade ansteigende Linie, die allmählich konvex wird, das punktierte absteigende ist aus den früheren Zeichenversuchen erschlossen, welche mir schon dieselbe Form der Ansteigung gegeben hatten.

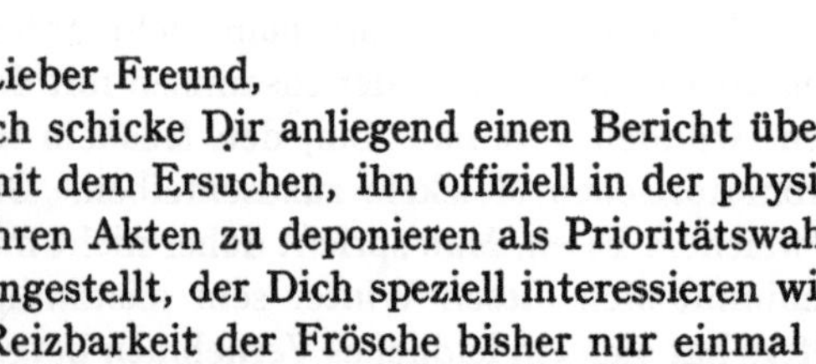

Höchst kurios ist es übrigens, daß überhaupt eine Zeit vergeht (etwa 0,015 Sekunden), ehe irgendeine Wirkung wahrzunehmen ist, auch bei unmittelbarer Reizung des Muskels durch den Strom und der allerzartesten Einstellung des Appates. Es scheint fast, als ob sich die willkürlichen Muskeln von den organischen nur dadurch unterscheiden, daß diese Zeit bei erstern sehr klein ist, während sie bei den letzteren unmittelbar wahrgenommen werden kann. Was Deine elektrische Nachwirkung betrifft, so bemerke ich, daß es auch eine mechanische gibt, indem die Muskeln nach einer einzelnen Zuckung erst nach 1 bis 2 Minuten vollständig ihre frühere Länge annehmen; dieselbe ist aber umso auffallender, je müder sie werden. Du wirst Dich von ihrem Vorhandensein leicht überzeugen können, wenn Du an einen Gastrokn[emius] mittels eines Zwischenstücks mit einer feinen Marke ein Gewicht aufhängst und auf die Marke einen Zeiger einstellst. Ich habe sie aber bisher für ein von der teigigen Konsistenz des Zellgewebes und des gerinnenden Faserstoffs herrührendes Phänomen gehalten, indessen könnte es wohl von einer Verlängerung der Tätigkeit herrühren, besonders, da man öfter sieht, daß absterbende Muskeln nach der Reizung in eine Art Krampf geraten, wobei sie wegen der längeren Dauer ihrer Tätigkeit die Gewichte höher heben als frische während einer einzelnen Zuckung und dann langsam herunterlassen.

Den physikalischen Jahresbericht 1. Abteilung habe ich empfangen und mich nicht wenig gewundert, meine Erhaltung der Kraft von Karsten zu den physiologischen Wärmeerscheinungen gestellt zu sehen, obgleich ich sie abgetrennt bearbeitet eingeliefert hatte. – Für Dein Werk[2] hättest Du in diesen Tagen ein Dankschreiben bekommen, auch wenn Dein Brief nicht eingetroffen wäre. Es ist eine noch stolzere Fortsetzung von den kühnen Wegen des ersten Teils. Ich habe es gleich durchgearbeitet, was mir ziemlich leicht wurde, da ich den Inhalt noch genauer kannte, als es mit dem ersten Teil bei dessen Empfange der Fall gewesen war, und auch schon versucht, die Resultate meinen Zuhörern einzubleuen, ihnen sekundäre Zuckung von Muskel und Nerven gezeigt, da ich noch keinen Multiplikator dazu habe, und ihnen den geheimnisvollen Geist der Nerven gleich als Molekularwirkung erwiesen. Schaffe nur einen anderen Namen an für die „negative Stromschwankung"[3], sie hat mich beim Vortrage sehr geniert, weil ich des physiologischen Zweckes wegen gleich damit anfing, daß die absolute Richtung des Muskel- und Nervenstroms als nicht wesentlich erscheine, da sie unter Umständen auch umgekehrt sein könne. Schließlich wird jene negative Stromschwankung doch wohl das Wesentlichste und Konstante auch für das unverletzte Leben werden und muß deshalb einen andern Titel bekommen als die Negation einer, wie es scheint, erst nach dem Tode eintretenden, nicht wesentlichen Erscheinung. Auf den letzten Teil bin ich sehr gespannt, weil ich die dahin gehörenden Facta verhältnismäßig am wenigsten kenne und dieselben an Wichtigkeit den bisher erschienenen durchaus gleich zu stehen scheinen. Indessen glaube ich wohl, daß Du wegen der Künstleranatomie langsam fortschreitest. Mir geht es ebenso, ich kann nur in den Ferien selbständig arbeiten, wobei mir meine Frau eine höchst geduldige und ausdauernde Assistentin und Protokollführerin gewesen ist. Die einzelnen Verrichtungen an den galvanischen komplizierten Leitungen an den Aufhängungsapparaten waren so viele, daß ich fast jede 3. oder 4. Messung verprudelte, so lange ich selbst alles tat, und ich die guten Messungsreihen erst erhielt, als sie mir die Hälfte abgenommen hatte; sie hat sogar die Ablesungen der Erhebungshöhen der Gewichte durch ein zweites kleines Fernrohr mit ausgezeichneter Genauigkeit vollführt.

Ich bemerke übrigens, daß ich ein zweites Exemplar meines Berichts[4] an J. Müller für die Berliner Akademie[5] und ein französisches an Humboldt für die Pariser[6] geschickt habe. – Einen hiesigen tapferen Mathematiker, der aber etwas konfus in bezug auf nichtmathematische Logik ist und der hierselbst die Mechanik vorträgt, habe ich nach schwerem Kampfe endlich zur Erhaltung der Kraft bekehrt, nämlich Prof. Richelot, so daß dieselbe an hiesiger Universität wohl offiziell werden wird. Dem Neumann ist etwas schwer anzukommen, er ist hypochondrisch, scheu, aber ein Kopf ersten Ranges. Sonst haben wir hier noch einen feinen, aber langsamen und komisch unpraktischen Geist, den neuen Astronomen Peters. In den gesellschaftlichen Kreisen der Professoren fehlt es nicht an Interesse, die medizinische Fakultät ist aber bis auf Rathke schwach.

Von Brücke habe ich einen Brief bekommen, wonach er fast gar nichts mehr arbeiten kann wegen Sessionen und Examina; nur einen neuen Fund machte er: die Peyerschen Darmdrüsen sind Lymphdrüsen. Nach ihm geht ja Ludwig nach Zürich zu einer guten Stellung.[7] Brücke hat 225 Zuhörer und muß seine Vorträge doppelt halten; da sind doch meine 7 bequemer, wenn auch nicht so ermutigend; Honorar übrigens omnino deest. – Zu Bergers Tode, obgleich es ein juter Mann war, zu den Erweiterern Deiner Entdeckungen in den Comptes rendus[8] gratuliere ich Dir; sollte nicht das Addieren den entgegengesetzten Strom bedingen als das Subtrahieren? Buffs Säule[9] aus 12 Menschen mit kontrahierten rechten Armen ist doch wohl Unsinn? Laß nicht so lange wieder auf einen Brief warten, sondern bedenke, daß ich hier allein sitze und keinen Menschen zu speziell physiologischem Verkehr habe.

Dein Helmholtz

Nr. 15

An H. von Helmholtz

Berlin, 19. März 1850

Lieber Freund,
zuerst die Geschichte Deiner Arbeit, welche, ich sage es mit Stolz und Trauer, hier in Berlin nur von mir verstanden und gewürdigt worden ist. Du hast die Sache nämlich, nimm es mir nicht übel, so maßlos dunkel dargestellt, daß Dein Bericht höchstens für eine kurze Anleitung zur Wiedererfindung der Methode gelten konnte.[1] Die Folge war, daß Müller sie nicht wieder erfand und die Akademiker nach seinem Vortrage sich vorstellten, Du hättest die Zeit, die auf den Vorgang im Muskel verfließt, nicht zu eliminieren gewußt. Ich mußte sie nacheinander, Riess, Dove, Magnus, Poggendorff, Mitscherlich, endlich Müller selbst, der gar nicht daran wollte, aufklären.[2] In der Gesellschaft[3] trug ich vor, und es war wenigstens diese Schwierigkeit nicht vorhanden. Humboldt aber war ganz depaysiert und weigerte sich, Deine Schrift nach Paris zu schicken, worauf ich mich erbot, sie zur Verständlichkeit umzuarbeiten. Ich habe dies nun auf meine Verantwortung getan; Du wirst bemerken, daß ich nicht ein einziges Detail zugesetzt, sondern mich streng an das von Dir Gegebene gehalten, dies aber induktorisch entwickelt habe. Die Anmerkung über die Geschwindigkeit in der Sekunde ist nicht von mir, sondern von Humboldt. In dieser Fassung ist nun Dein Aufsatz in den

C[omptes] R[endus][4] erschienen, ich selbst habe ihn jedoch noch nicht gesehen. Der National hat sich darüber lustig gemacht, wie damals über mich, auch hat man Dich M. Helmholtz getauft. Du brauchst Dich darüber aber nicht zu grämen. J'y mettrai ordre, indem ich übermorgen auf vier Wochen hinüber fahre. Ich möchte nur, Du könntest mir, um das Gesindel in die Pfanne zu hauen, Dein Normalgehirn mitgeben. Sage Kirchhoff, wie leid es mir tue, ihn bei seiner Anwesenheit hier zu verfehlen; wenn ich Euch etwas in Paris besorgen kann, so schreibt nur ohne weiteres an Heintz oder an meine Alten, die natürlich sofort von meiner Adresse unterrichtet sein werden.

Der Zug von Versuchen, in dem Du Dich befindest, ist ausnehmend glücklich. Tu mir den Gefallen und bleib nun einmal konsequent dabei. Wir arbeiten nun einander ordentlich in die Hände, und so kann etwas zustande kommen, da für einen die Arbeit zuviel ist. Der Versuch mit der sekundären Zuckung ist unschätzbar. Was Du von dem Ausdruck „negative Stromschwankung" sagst, war dazumal richtig, jetzt zeigt sich's, daß die Sache sich doch wohl anders und zwar so verhält, wie ich es mir anfänglich dachte und wie es auch den erfreulichsten Sinn bietet, nämlich, daß der Strom abnimmt oder verschwindet. Ich bin nämlich in diesem Winter mit dem dyselektromotorischen Zustand ins Reine gekommen. Ich habe erkannt, daß dieser Zustand nur dem natürlichen Querschnitt angehört. Im übrigen Muskel herrscht die positiv-peripolare Anordnung, der natürliche Querschnitt aber ist stellenweise bis ganz mit einer Molekelschicht überzogen, welche positive Pole nach außen kehrt. Dadurch erscheint der Muskel unwirksam bis negativ wirksam. Um den gewöhnlichen Strom zur Erscheinung zu bringen, ist zureichend und nötig, die Schicht am natürlichen Querschnitt auf irgendeine Weise elektromotorisch unwirksam zu machen, sei's auf mechanischem Wege durch Herstellung eines künstlichen Querschnittes, sei's auf kaustischem, durch Anlegen einer heißen Porzellanscheibe an die sehnige Ausbreitung, sei's endlich auf chemischem Wege, durch Betupfen mit irgendwelcher ätzenden Flüssigkeit, gleichviel, welches ihre chemische Beschaffenheit sei, und gleichviel, ob sie den Strom leite oder nicht: also z. B. mit Ammoniak, mit Essigsäure, mit Kreosot, Alkohol, Holzgeist, Azeton, Terpentinöl, konz[entrierter] Zuckerlösung und dergleichen mehr. Auch das Untertauchen unter Quecksilber hatte ich, wie Du Dich erinnerst, entwickelnd gefunden; dies hängt so zusammen. Negative Metalle, Platin, Gold, und dergleichen mehr kann man dem natürlichen Querschnitt anlegen, ohne daß der Strom sich entwickele; irgend positivere rufen ihn um so schneller hervor, je positiver sie sind. Wegen der natürlichen Ungleichartigkeit ihrer Oberfläche nämlich und wegen ihrer geringeren Polarisationsfähigkeit stellt sich an der Grenze von Muskel und Metall ein Gewühl von Strömen her, welche die tierischen Flüssigkeiten elektrolysieren, und so wird der natürliche Querschnitt überzogen stellenweise mit alkalischer, stellenweise mit saurer Flüssigkeit, welche den Querschnitt anätzt. Die Flüssigkeit sieht man mit Augen, und die Reaktionen sind mit Lackmus so energisch wie nur möglich. So ist das grenzenlose Dunkel, welches hier so lange Jahre für mich geherrscht hatte, wenigstens einigermaßen durchlichtet; es ist aber zugleich deutlich, daß nun die positiv-peripolare Anordnung wieder an Bedeutung gewonnen hat und die Anordnung des unversehrten Lebens sein möchte. In der Tat glücken die obigen Versuche auch am lebenden, unversehrten Frosch. Liegt ein solcher wegen schwach dyselektromotorischen Zustands, Nebenschließung durch die Haut und Kompensation des Muskelstroms durch Hautungleichartigkeiten stromlos auf und ich spritze in die Lymphräume des einen Beines Ammoniak, so entsteht positiver Strom, in die des andern Beines Essigsäure oder Kreosot, so geht die Nadel abermals an die positive Hemmung. Du siehst, daß ich diesen Winter wieder etwas kleingekriegt habe. Denke an mich, wenn Du diese Geschichten dereinst liesest, es ist mir nichts so schwer geworden, weil es sich wirklich um Entdeckung handelte, von einer vorkonstruierenden Tätigkeit fast nirgends die Rede war.

Du kannst Richelot sagen, daß Jakobi in Berlin bleibt. In physiologischer Hinsicht sitze ich beiläufig hier jetzt ebenso vereinsamt als Du in Deinem Th[...][a]. Nach Breslau haben sie Siebold gezogen! Gute Nachrichten von Brücke und Ludwig. Du wirst nächstens von Halske Deine Tangentenbussole[5] erhalten. Das wesentliche Hindernis ist beseitigt, da Oertling Spiegel geschliffen hat. Heintz nebst Frau und Kind sind wohlauf. Grüße Deine Frau und denke in den nächsten Wochen zu Zeiten an die pikanten Situationen, in die ich in Paris geraten werde.

E. du Bois-Reymond

Nr. 16

An E. du Bois-Reymond

Königsberg, 5. April 1850

Lieber Freund,
die Gelegenheit benutzend, sende ich Dir vorläufig meine Grüße und Dank für die Mühe, die Du mit meiner Arbeit gehabt hast. Ich kann Dich nur loben für Deinen Entschluß, die Köpfe der Pariser über deutsche Wissenschaft aufzuklären, und wünsche Dir dabei möglichsten Erfolg.[1] Was meine eigenen Arbeiten betrifft, so bin ich seit meinem letzten Brief an Dich wesentlich vorwärts gekommen, habe Zeitmessungen an mir selbst und anderen Menschen angestellt, welche mir die Fortpflanzungsgeschwindigkeit in den motorischen und sensiblen Fasern des Menschen auf 50 bis 60 m festzustellen scheinen.[2] Leitet man nämlich kleine elektrische Schläge durch verschiedene Stellen des N[ervus] medianus an der inneren Seite des M[uskulus] bizeps, so entstehen die schönsten unwillkürlichen Zuckungen in den Fluxoren des Vorderarms. Die dabei entstehende Bewegung der Hand kann man zur Unterbrechung des zeitmessenden Stroms gebrauchen. Der Erfolg ist wie beim Frosch, nur etwas unregelmäßiger, weil man die Hand nicht so sicher befestigen kann und durch die weiche Haut die Übertragung der Bewegung an die Teile der Stromleitung mit geringer Präzision geschieht. Für die Empfindungsnerven scheint die Methode unsicherer, gibt aber bessere Erfolge wegen der längeren Nervenstrecken. Denke Dir, der erregende Schlag wirke nicht auf einen motorischen Nerven, sondern auf einen sensiblen, eine Hautstelle, und man sei mit gespannter Aufmerksamkeit bereit, so wie man den Schlag fühlt, den zeitmessenden Strom mit der Hand oder noch besser durch die Zähne zu unterbrechen, so

[a] Durch Lochung zerstört.

ergab sich in den Messungen der Zeit zwischen Schlag und Unterbrechung eine überraschende Übereinstimmung, wenn nur die Aufmerksamkeit hinreichend gespannt wird. Wird nun die Länge des Empfindungsnerven vergrößert, so vergrößert sich die Zeit in demselben Verhältnis, sie ist übrigens unabhängig von der Empfindlichkeit der getroffenen Stelle, von ihrer physiologischen Beziehung zu den wirkenden Muskeln. Die ganzen gemessenen Zeiten variieren an verschiedenen Tagen und bei verschiedenen Menschen, die Unterschiede der Zeit für Zehen und Kreuzbein oder für Finger und Nacken etc. sind aber konstant, so daß man sie mit großer Wahrscheinlichkeit auf die Nervenstrecken beziehen kann. Ein so schöner exakter Beweis, wie beim Frosch, läßt sich freilich nicht führen. Ich bin jetzt mit Ausarbeitung der Froschversuche beschäftigt; habe auch an Nerven experimentiert, die durch Eis erkältet wurden, und folgendes Kuriosum gefunden, welches ich Dir mitteile, um von Dir zu erfahren, ob Du ein Analogon in Deinen Versuchen hast. Denke Dir den Gastrokn[emius] M[uskulus] aufgehängt, an *a* zwei Elektroden einer Induktionsspirale anliegend, an *c* zwei andere, welche für jene ersten eingeschaltet werden können, den zwischenliegenden Teil des Nerven *b* mit einem Eisstück in Berührung, welches aber weder die Stelle bei *c* noch bei *a* noch den Muskel berührt und jedenfalls deren Temperatur nicht merklich erniedrigen kann. Es tritt aber dennoch eine ganz auffallende Trägheit im Muskel ein, so daß alle Bewegungen erst nach der 2- bis 4fachen Zeit erfolgen, und zwar nicht bloß bei Reizung von *c* aus, sondern auch bei der von *a* aus, wo doch die erkältete Stelle gar nicht passiert wird. Die Unterschiede wegen der Leitung durch die erkältete Strecke werden ebenfalls vermehrt. Es muß dadurch, daß eine Stelle des Nerven erkältet ist, eine Veränderung im ganzen Muskel und Nerven eintreten. Laß uns hier nach Deiner Rückkehr bald etwas von Deinen Erlebnissen und Erfolgen hören und bedenke, daß die Zeit, die Du uns zu benachrichtigen verwendest, wenigstens dankbar anerkannt wird.

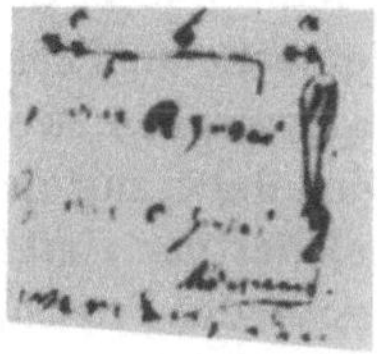

Dein Helmholtz

P.S. Owen Glendower ist ein sehr zweideutiges Kompliment für einen Naturforscher, ich nehme es aber im besten Sinne. – Die Verstimmung eines bewegten, tönenden Körpers läßt sich vortrefflich an Schlittengeläuten beobachten bis zu fast 1/2 Ton. Wenn Ihr es noch nicht wißt, teile ich es hiermit der physikalischen Gesellschaft mit. – Grüße Kirschhoff, ich höre, daß er zu Ostern nach Breslau geht. – Ich untersuche jetzt zunächst Fortpflanzungsgeschwindigkeit der Nerventätigkeit in Warmblütigen, wahrscheinlich an Menschen, um wenigstens, wo möglich, eine untere Grenze dafür zu finden.

Empfiehl mich Deinen Eltern.

Helmholtz

Nr. 17

An E. du Bois-Reymond

Königsberg, 22. April 1850

Lieber Freund,
ich übersende Dir dies durch einen unsrer begabtesten und fähigsten Schüler, Student Sotteck, der hier Brückes und mein Assistent war, jetzt noch in Berlin ein Jahr studieren und die Examina machen will. Er hat schon Theologie früher durchstudiert und ist nachher zwei Jahre Hauslehrer gewesen, ehe er von neuem anfing zu studieren. Du wirst in ihm wissenschaftlichen Geist und reifes Urteil finden, übrigens geht er auf die Praxis los und kann da auch wohl am besten seine Anlagen verwerten.

Ich bin jetzt beinahe fertig mit der Ausarbeitung des ersten Teils meiner Arbeit, die Versuche an Fröschen betreffend, und denke, ihn in den nächsten Wochen an Müller abzuschicken, wo Du ihn einstweilen für das Archiv[1] anmelden kannst. Ich möchte Dich dabei mit der Bitte belästigen, die Revision der Kupfertafel zu übernehmen, auf welcher der ziemlich minutiöse und komplizierte Apparat abgebildet ist, vermittels dessen der Froschmuskel den Strom öffnet. Ich habe denselben nach bestem Vermögen in der Weise gezeichnet, wie ich Dich habe meine thermoelektrische Kette zeichnen sehen; er ist auch, wie ich denke und andre mir sagen, so weit gelungen, daß er so gestochen werden kann. Nur einige zur Deutlichkeit nötige Schattierungen befriedigen mich nicht, vielleicht kannst Du mündlich dem Kupferstecher über einige Punkte der Ausführung noch Rat geben; ich werde deshalb bei der Übersendung Müller ersuchen, Dir denselben noch vor Beginn des Stichs zuzuschicken. Seit Absendung des Zettels mit Kirchhoffs Brief nach Paris habe ich hier nichts wesentlich Neues ermittelt, nur den Versuch wegen Einwirkung der Kälte auf den Nerven noch in der Art wiederholt, daß ich durch den Muskel selbst den erregenden Strom leitete und, nachdem ich einige Messungen angestellt hatte, nun die entferntere Hälfte des Nerven auf Eis legte. Der Erfolg war der beschriebene, es trat Trägheit des Muskels ein, so daß seine Zusammenziehungen erst nach doppelt so langer Zeit eintraten. Nachdem ich den Nerven abgeschnitten hatte, verschwand diese Veränderung in etwa 5 Minuten. Sollte das nicht mit dem dyselektromotorischen Zustand zusammenfallen, der vielleicht vom Nerven aus hervorgerufen werden kann.

Übrigens ist es mir und meiner Frau gut gegangen, das langersehnte Frühlingswetter ist endlich gekommen, und ich benutze es fleißig nach der Gefangenschaft im Zimmer, zu der der Winter verurteilt hatte. In einem Gärtchen, was zu meiner Wohnung gehört, will ich jetzt versuchen, eine Froschwirtschaft im Freien anzulegen. Die allgemeine Pathologie werde ich wohl loswerden und dafür physiologische Chemie übernehmen. Kirchhoff läßt sich hier äußerst selten sehn, steckt voller Unentschlossenheit und Hypochondrie, fürchtet sich vor den unangenehmen Verhältnissen, die ihn in Breslau erwarten, und wird wohl den ganzen Sommer hierbleiben.–

Deine französische Umarbeitung meiner Note habe ich erst vor kurzem bekommen und nun erst gesehen, daß Du viel Mühe davon gehabt hast, übrigens bin ich mit dem Sinn vollkommen einverstanden. Die Abfassung einer solchen Note ist deshalb so schwer, weil sie doch hauptsächlich nur eine kurze Andeutung für den Sachverständigen sein soll, zu welcher dieser sich das Einzelne hinzu erfinden muß, und es viel mißlicher ist zu beurteilen, an welches Niveau der Kenntnisse man sich wenden muß, als es bei der Ausarbeitung in extenso der Fall ist, wo man auf ein möglichst niedriges rechnet. Ich habe auch eigentlich nicht erwartet, daß sich Humboldt ohne Deine Erklärung hineinfinden würde, da er unmöglich mit den Einzelheiten hinreichend vertraut sein kann. – Der National mit seinem Spottartikel existiert hier nicht.

Laß bald etwas von Dir hören
Dein H. Helmholtz

Nr. 18

An E. du Bois-Reymond

Königsberg, 28. Juni 1850

Lieber Freund,
in 8 bis 14 Tagen kommt Rathke nach Berlin und nimmt das Manuskript meiner Abhandlung über Messung der Fortpflanzungsgeschwindigkeit der Reizung in den motorischen Nerven der Frösche[1] an J. Müller mit. Vielleicht findest Du Zeit, meine in dem durch Student Sotteck hoffentlich an Dich gelangten Briefe erwähnte Bitte wegen der Tafel zu erfüllen. Es würde der Arbeit ferner sehr nützlich sein, wenn eine Korrektur von einem Kenner der Physik ausgeführt würde; falls Du selbst nicht Zeit haben solltest, es zu tun, was freilich am dankenswertesten und vorteilhaftesten sein würde, kannst Du vielleicht Großmann oder Krönig oder auch Wiedemann aus alter Freundschaft dazu bewegen.

Wenn Du es nicht schon weißt, zeige ich Dir außerdem an, daß ich Vater von einem wohlgebildeten und gesunden Mägdelein[2] geworden bin und mit Mutter und Kind alles nach Wunsch gegangen ist.

Von neuen Entdeckungen kann ich diesmal nichts melden, höchstens, daß ich ein Theorem gefunden habe über die Ansteigungsform elektrischer Ströme, welche eine Spirale durchlaufen und in dieser entweder nur auf sich selbst oder auf ein beliebig verbundenes System anderer Spiralen induzierend einwirken. Sollte es für die Nervenphysiologie lohnend erscheinen, so wird es sich leicht mit meinen vorhandenen Apparaten prüfen lassen. – Deine Rückkehr aus Paris habe ich durch Heintz erfahren, sonst weiß ich von Deinen Pariser Erfolgen noch nichts, laß also einmal wieder von Dir hören.

Dein Helmholtz

Nr. 19

An H. von Helmholtz

Berlin, 25. August 1850

Lieber Helmholtz,
Deine große Arbeit ist bereits im Druck und habe ich die Korrektur übernommen. Der Setzer veranschlagt sie auf 5–6 Bogen. Der erste Bogen wird in dem nächsten Hefte erscheinen, das übrige in dem darauf folgenden, nur wenige Wochen später. Ich habe die Arbeit im Auszuge der Gesellschaft vorgetragen und das Datum dieses Vortrages ihr vorgesetzt, damit sie nicht ohne Taufschein in die Welt gehe, womit Du hoffentlich einverstanden sein wirst.[1] Ich habe auch von Veits die Zusicherung erhalten, daß sie die Kupfertafel nicht von Guinand, sondern von einem in dieser Art von Arbeiten geschickteren Künstler anfertigen lassen wollen. Du hättest in der Zeichnung zweifellos besser getan, wenn Du den beweglichen Teil der Vorrichtung schwebend, statt aufgestützt, dargestellt hättest. Ich glaube, daß dies ganz gut noch in der Kupfertafel zu ändern sein würde. Willst Du es bei den 24 Separatdrucken bewenden lassen oder nicht lieber 50 abziehen lassen? Die Arbeit wird bei ihrer Ausdehnung schwerlich von Poggendorff aufgenommen werden, und es muß Dir doch daran liegen, sie auch den Physikern bekannt werden zu sehen. Wenn Du mich umgehend ermächtigst, ist es vielleicht noch Zeit.[2] An einer Stelle möchte ich Dir eine kleine Änderung vorschlagen. Um die beständige Ablenkung des Magnets durch den zeitmessenden Strom zu bestimmen, bringst Du in den Kreis einen Widerstand, der dem des Multiplikators gleichkommt, und den Multiplikator selbst als Nebenschließung zu einer Strecke des Drahtes, welcher diesen Widerstand vorstellt, welche Strecke $\frac{1}{141{,}06}$ des ganzen Widerstandes ausmacht. Die Wirkung im Multiplikator ist alsdann mit 142,06 zu multiplizieren (wobei beiläufig der Fehler mitmultipliziert wird. Es ist ein schwacher Punkt!), um die beständige Ablenkung zu finden. Du hast dabei die Stromverstärkung vernachlässigt, welche dadurch hervorgebracht wird, daß man eben den Multiplikator als Nebenschließung zu einer Strecke des Kreises hinzufügt. Diese Vernachlässigung ist gewiß ganz gerechtfertigt, denn wenn die übrigen Kettenteile auch nur einen dem W[iderstand] des Multiplikators gleichen Widerstand hatten, betrug die Verstärkung durch jenes Hinzufügen nur etwa $\frac{1}{80000}$. Allein Du gibst die Sache, als sei Dein Verfahren im Prinzip ein völlig strenges, was nicht der Fall ist. Ist es Dir recht, so schalte ich ein paar Worte ein, um dies Bedenken zu beseitigen. Wirst Du nun fortfahren, Deine Methode auszubeuten? Ein ganzes Feld von Entdeckungen liegt vor Dir, Du brauchst nur zu wählen, um die schönsten zu pflücken. Zunächst würde ich jetzt an Deiner Stelle darauf gehen, mir auch beständige erregende Ströme zu verschaffen, was freilich den Apparat noch sehr verwickeln wird. Deine Tangentenbussole bei Halske ist endlich fertig. Es fehlt nur noch die Libelle daran, die Halske nicht selber machen kann. Sie ist bei einem seiner Freunde in Arbeit. Die Methode, um das Instrument aufzustellen, soll nach Halskes Idee einfach die sein, daß, nachdem es nivelliert ist, statt des Spiegels an den tief herabgesenkten Faden ein Gewicht gehängt, ein Fern-

rohr auf den Faden eingestellt und das Instrument gedreht wird, der Faden ist zentriert, wenn er im Felde unbewegt erscheint. Höchst unbegreiflich sind Deine Versuche über den Einfluß des Erkältens einer Nervenstrecke auf die Muskeltätigkeit. Mit dem dyselektromotorischen Zustand oder, wie ich jetzt sage, kryptelektromotorischen, sehe ich keinen Zusammenhang. Wohl aber wäre es denkbar, daß ein solcher stattfände mit den von mir Bd. II, S. 550, beschriebenen Bewegungserscheinungen. Du müßtest einmal versuchen, ob nicht andere Einwirkungen, Unterbinden, Brennen u. a. m. hier die Kälte zu ersetzen im Stande sind. Ich schlage mich noch immer mit dem kryptelektromotorischen Zustand umher. Dies mag Dir unbegreiflich scheinen, aber Du wirst, wenn Du die Geschichte liesest, einerseits sehen, daß der Gegenstand dies tiefe Eingehen wohl verdient, anderenteils wirst Du die ganze Schwierigkeit zu ermessen imstande sein. Hier ist nicht mehr, wie bei den Untersuchungen des 2. Bandes, ein Weg natürlich vorgezeichnet, den man nur mit Aufmerksamkeit zu verfolgen braucht, um nicht allein zum Ziele zu gelangen, sondern auch nach rechts und links manche schätzbare Frucht einzusammeln; man muß vielmehr rein auf der Bahn des Versuchs und der nur bis zum nächsten Versuch reichenden und auch noch oft versagenden Induktion fortschreiten, eine Tätigkeit, die ganz ungemein abspannt. Kürzlich habe ich etwas gefunden, was allen meinen bisherigen Vorstellungen über den Muskelstrom die größten Verlegenheiten bereitet. Ich muß bevorworten, daß sich die Muskeln aller Tiere, auch der Warmblütigen, stets und ohne Ausnahme und ohne irgendwelcher Schädlichkeit oder gar der Kälte ausgesetzt gewesen zu sein, auf einer niederen Stufe des kryptelektromotorischen Zustandes befinden, d. h., daß sich an ihrem natürlichen Querschnitt eine Schicht von Molekeln vorfindet, welche positive Pole nach außen kehrt und dadurch den gesetzmäßigen Strom mehr oder weniger kompensiert. Die Kälte befördert die Entwicklung dieser Schicht, so daß sie sogar den Strom überwiegen kann. Gleichviel wie man die Schicht zerstöre, mechanisch, kaustisch, chemisch, auch mit nicht leitenden Ätzmitteln, der reine gesetzmäßige Strom tritt alsbald hervor. Ich wollte nun wissen, da auch lange schädliche Einflüsse als übermäßig heiße Witterung, Gefangenschaft, Fasten die Bildung der Schicht befördern, welchen Einfluß darauf haben würde die Zerschneidung des Nerven und die Unterbindung der Arterie. Ich fand, daß erstere den kryptelektromotorischen Zustand verringert, daß also die Schicht unter dem Einfluß der Nerven gebildet wird, möglicherweise bei der Zusammenziehung. Ich fand zweitens, daß die Schicht verstärkt wird durch Hemmung des Blutumlaufes. So weit war alles in der schönsten Ordnung. Selbstredend mußten aber diese Versuche so angestellt werden, daß ich dabei stets das Verhältnis des mit natürlichem Q[u]ersch[ni]tt erhaltenen Stromes zu dem mit k[ünstlichem] Q[u]ersch[ni]tt erhalt[enen] Strome auszumitteln suchte. Dabei stellte sich nun jenes neue und fabelhafte Ergebnis heraus. Es fand sich nämlich, daß der Strom des künstlichen Querschnitts durch die Unterbindung der Arterie in den ersten Tagen merklich an *Stärke zunimmt*, durch die Durchschneidung des Nerven ebenfalls, obwohl schwächer. Es lag nahe zu vermuten, daß dies daher rühre, daß vielleicht die Leitungsfähigkeit des Muskels zugenommen habe. Allein auch beim Kompensieren und beim Einschalten eines sehr großen Widerstandes gab sich die Überlegenheit der kranken Muskeln kund. – Ich bin darüber ganz in Verzweiflung, nicht wegen der Reform, die ich mit meinen Vorstellungen über den ruhenden Strom jetzt vorzunehmen habe, sondern weil mir dies von neuem endlose Arbeit auferlegt und mich am Schließen meines Werkes verhindert. – Beiläufig bin ich über den Zustand des Stromes in den ruhenden Muskeln im lebenden Körper jetzt absolut im reinen. Es herrscht die positiv peripolare Anordnung, aber an den Endquerschnitten ist jene oben erwähnte Schicht vorhanden. Diese Sachen sind nun gerade so klar als der elektrotonische Zustand gemacht und an Kupfer-Zink-Vorrichtungen die Richtigkeit der Theorie geprüft.

In Paris habe ich zuletzt noch ganz gesiegt. Matteucci ist abgewiesen mit seinen Reklamationen, Deine Tatsachen sind anerkannt, meine Gesetze und Terminologie offiziell angenommen.[3] Becquerel und Despretz haben den von Pouillet abgefaßten Bericht mitunterzeichnet.[4] Unter diesen Umständen ist es gleichgültig, daß das Gesindel behauptet, mein Versuch am Menschen habe mit den Froschversuchen nichts zu schaffen, bei keinem dieser Versuche sei es ausgemacht, daß die Wirkungen nicht von äußeren chemischen Ungleichartigkeiten herrühren, endlich sei absolut kein Konnex mit den Nerven- und Muskelphänomenen ersichtlich! Ich schicke Dir so einen Rapport unter Kreuzband mit. Um die Gemeinheit vollständig zu würdigen, mußt Du noch wissen, daß ich vor der Kommission die Versuche am Menschen mit Schwefelsäure und Kali [soda.][a] mit Kochsalzlösung angestellt habe, um die Nichtigkeit der Becquerelschen Inkrimination darzutun, der, nachdem er nun durchaus die Tatsache nicht mehr in Abrede stellen konnte (vielmehr zwang ich ihn selbst, den Versuch zu machen, und trotz seines bösen Willens konnte er sich einer naiven Freude über die Stärke seines Armes nicht erwehren), behauptete, die Ablenkung rühre von einer vermehrten Schweißabsonderung am Finger des angespannten Armes her! Dieses Versuches geschieht in dem Kommissionsbericht keine Erwähnung, obschon die Verdächtigung in diesem Sinne noch durchschimmert. Überhaupt hat man von diesem Gemisch von Dummheit, Anmaßung, Unwissenheit und Niederträchtigkeit bei uns gar keinen Begriff. Deine Messung der Geschwindigkeit des Nervenprinzips ist in der Akademie verhöhnt worden; ich trug sie, als Pendant zum Foucaultschen Versuch,[5] sofort nach diesem in der Philomatique[6] vor, aber obschon niemand etwas öffentlich einzuwenden wagte, wurde ich doch im Stillen mit den dümmsten Zweifeln und Einwürfen geplagt. – Lebwohl, ich gratuliere zu Deinem Sprößling, grüße Deine Frau, Rathke schien auch nicht viel von Deinen Apparaten kapiert zu haben, behalte lieb Deinen

E. du Bois-Reymond

Rathke kam mir einigermaßen vor wie der ochs Dumme. Despretz, der zu Siemens und meiner nicht geringeren Belustigung immer sagte: Comment diable avez-vous fait pour trouver des intégrales dans ce courant nerveux?

Nr. 20

An E. du Bois-Reymond

Königsberg, 28. August 1850

Lieber Freund,
zuvörderst vielen Dank für Deine Bemühungen wegen meiner Arbeit; mit dem Taufschein bin ich ganz einverstanden.[1] Was die Änderung in der Kupfertafel betrifft, welche Du vorschlägst, so glaube ich, daß sie in Figur 1 es nicht deutlicher machen

[a] Durch Verschreibung unsichere Lesung.

wird, wohl aber in Figur 2. Es müßte dann nur Rücksicht auf eine Stelle des Textes genommen werden, in der von der Gestalt der von der amalgamierten Spitze in die Höhe gezogenen Quecksilberfläche die Rede ist. Es wäre vielleicht jene Änderung um so passender, weil dann in Figur 1 die nach oben gezogene, in Figur 2 die gewöhnliche runde Quecksilberfläche dargestellt werden könnte. Wenn Du es machen kannst, daß ich 50 Abdrücke frei oder zu einem mäßigen Preise erhalte, wird mir das äußerst angenehm sein, weil ich allerdings viele gebrauchen werde. – Was die Stelle betrifft, wo der Multiplikator als Nebenschließung eines Drahtstücks von viel geringerem Widerstande eingefügt weden soll, so bin ich ganz einverstanden damit, wenn Du es für halbe Kenner des Ohmschen Gesetzes für passend hältst, einen kleinen Zusatz zu machen. Du kannst hineinfügen, daß die Korrektion des Faktors 142,06 wegen Verstärkung des Stroms auch im ungünstigsten Falle, wenn nämlich der Widerstand der übrigen Leitung gegen die hier besprochenen Stücke ganz verschwände, noch keine Einheit in der letzten Dezimalstelle (nur 0,007) betragen würde. – Daß ich die Tangentenbussole von Halske endlich bekomme, ist mir sehr lieb, ich beabsichtige damit, auch mindestens die Versuche über die Muskelströme in meine Vorlesungen einzuführen; ob sie für die Nerven ausreichen wird, weiß ich noch nicht. Wie lästig Dir Deine jetzigen Aufgaben über den kryptelektromotorischen Zustand sind, kann ich mir vorstellen. Das ist eine Art zu arbeiten, die entsetzlich viel Geduld und Beharrlichkeit erfordert. Ich habe mich bisher noch nie an solche Gegenstände, die durch ein mehr oder weniger reines Probieren betrieben werden können, herangewagt. – Dein Aufenthalt in Paris muß Dir jedenfalls äußerst interessant gewesen sein, wenn Du Dich über diese Kerls auch viel hast ärgern müssen. Daß sie die angenehmen Epitheta, welche Du ihnen gibst, reichlich verdienen, davon war ich teilweise schon früher überzeugt. Daß unser wackerer Rathke nichts von meinen Versuchen kapiert hat, ist sehr natürlich.

Ich will zunächst die Reizungsgeschwindigkeit in den Nerven des Menschen in Ordnung bringen. Vorläufig mache ich entsprechende Versuche an Fröschen, ersetze aber den guten Willen durch Strychnin. Es scheint so, als würde sich der Nachweis hier vollständig führen lassen, und dadurch würde auch die Erklärung der Versuche an Menschen gesichert werden. Bei der Reflexion von Empfindungseindrücken im narkotisierten Rückenmark der Frösche auf Bewegungsnerven erleidet die Reizung einen kurzen Aufenthalt im Rückenmark, ähnlich wie es im Gehirn eine Zeit dauert, ehe der Wille die von den Empfindungsnerven her erhaltene Depesche in die motorischen zur weiteren Beförderung abgibt. Nur ist der Aufenhalt im Rückenmark viel kürzer. Diese Verzögerung rührt nicht von einer langsameren Fortpflanzungsgeschwindigkeit der Rückenmarkfasern her, weil das Mark ganz ebenso schnell wie ein Nerv wirkt, wenn es selbst direkt vom elektrischen Schlage getroffen wird. In das Gesetz der Nervenerregung durch den elektrischen Strom treten noch mancherlei komplizierende Umstände ein. Zwei momentane Schläge z. B., von denen jeder einzelne das Maximum der Reizung hervorbringt, geben nur dann eine stärkere Wirkung als ein einzelner, wenn eine gewisse Zeit zwischen ihnen verfließt. Ermattete Nerven, welche auf die stärksten momentanen Schläge nicht mehr antworten, tun es auf eine Wiederholung viel schwächerer Schläge. So kommt ein Stadium der Ermüdung bei strychninisierten Fröschen vor, wobei der Gastroknemius nicht mehr auf die direkte elektrische Reizung des N[ervus] ischiad[ikus] als motorischem Nerven antwortet, wohl aber auf die Reflexion dieser selben Reizung vom Rückenmark her, weil dieselbe hier zu einer länger anhaltenden wird. Man kann sich davon überzeugen durch die

Zeitmessung oder dadurch, daß der Nerv, vom Körper abgetrennt, nicht mehr auf momentane Stöße antwortet. –

Den Versuch wegen der Eintrittszeit der sekundären Zuckung habe ich eben deshalb noch nicht anstellen können, weil dieselbe in Folge einer einzelnen momentanen Reizung zu schwach ist. Der Versuch kann erst ausgeführt werden, wenn ich mit dem Verlaufe der Reizung durch anhaltende oder sich wiederholende Stromesänderungen im reinen bin.

Mir geht es sonst gut. Arbeit und Hitze hatten mich etwas heruntergebracht, ich hatte öfter als sonst Kopfschmerzen und habe mich deshalb entschlossen, meine Leber einige Tage am Strande spazieren zu führen und mein Gehirn mit Seewasser blank zu scheuern. Ich habe das mit sehr gutem Erfolge in Kirchhoffs Gesellschaft ausgeführt. Es schloß sich uns dabei ein junger, intelligenter Physiker aus Aargau in der Schweiz an, namens Schinz, der Professor am dortigen polytechnischen Institut ist. Beetz hat mir mein Pensum für den Jahresbericht geschickt und mir wahrscheinlich, ohne es zu wissen, den größten Teil meiner Relationen abgenommen. Ich habe nur eine Arbeit von Joule, betreffend Arbeitsäquivalent der Wärme.[2]

Mit meiner Frau und der Kleinen, benamset Käthchen, ist alles außerordentlich gut gegangen.

Adieu
Dein H. Helmholtz

Nr. 21

An H. von Helmholtz

Berlin, 7. September 1850

Lieber Helmholtz,
der Druck Deiner Abhandlung schreitet vor. Der 3. Bogen ist in der Korrektur. Der Stich der Tafel hat hingegen noch nicht begonnen. Ich habe mit der Verlagshandlung Streit deshalb, dessen Ende jetzt zu sein scheint, daß sie sich nach einem anderen Kupferstecher umsieht, da ich gegen Guinand protestiert habe. Es tut einem leid, aber es ist ja förmlich eine National-Angelegenheit, einen solchen Pfuscher aus den Zeitschriften wenigstens zu verbannen.

Ich schreibe Dir, um Dich flehentlichst zu bitten, wenn es Dir irgend möglich ist, mir über den Zeitpunkt, in dem die negative Schwankung erfolgt, eine sichere Angabe baldmöglichst zukommen zu lassen. Früher hattest Du mir ganz bestimmt geschrieben, sie finde in demselben Augenblick statt, wo der Muskel zu arbeiten beginne, d. h. wo seine sichtbare mechanische Wirkung eintritt, dies sollte aber doch wohl nur in dem Fall sein, wo keine Überlastung vorhanden ist? – In Deinem letzten Briefe scheinst Du aber wieder unsicher geworden zu sein. Du scheinst vornehmlich daran zu laborieren, daß die sekundäre Zuckung zu schwach ist, allein es gibt ein Mittel, die Nerven für eine kurze Zeit so außerordentlich empfindlich zu machen, daß sie vielleicht durch die negative Schwankung das Maximum der Zusammenziehung ohne weiteres geben. Ich wollte Dich bereits darauf aufmerksam machen, als Du noch mit dem Valleschen Gesetze[1] kämpftest. Das Mittel ist von Ritter und steht bei mir Bd. I, S. 366. Es besteht einfach darin, die Strecke des Nerves, die empfindlich gemacht werden soll, vor dem Versuch, eine Zeitlang von einem Strom von passender Stärke aufsteigend durchströmen zu lassen. Noch ein Punkt, der von Wichtigkeit ist, ist folgender. Die Muskeln befinden [sich] stets, unter allen Umständen, auch bei Warmblütigen, auf einer mehr oder weniger hohen Stufe des dyselektromotorischen, kryptelektromotorischen, oder, wie ich jetzt sage, des parelektronomischen Zustandes (*παράνομος*, gesetzwidrig. Dieser Terminus, obschon etwas absonderlich klingend, ist allein korrekt, denn er schließt den Fall ein, auf den kryptelektromotorisch nicht paßte, daß die Muskeln stark negativ wirksam sind).[2] Obschon nun selbst im parelektronomischen Zustande stromlose Muskeln die sekundäre Zuckung geben, so ist es keine Frage, daß sie schwächer ausfallen muß als an Muskeln, deren natürlicher Querschnitt seine richtige Negativität entwender von Natur besitzt oder sie künstlich erhalten hat. Jede ätzende Flüssigkeit ist imstande, den Strom zu entwickeln; allein die Zuckungsfähigkeit leidet zu sehr darunter, und es wäre dann noch immer vorzuziehen, sofort einen künstlichen Querschnitt mit dem Messer herzustellen. Indessen schon Hühnereiweiß, ferner der Schleim der Froschhaut treiben den Strom bedeutend in die Höhe, ohne die Leistungsfähigkeit merklich zu gefährden. Ich rate Dir also, vor dem Versuch den Spiegel der Achillessehne des primär zuckenden Muskels mit Froschhautschleim einzureiben und den Nerven des sekundär zuckenden erst eine Weile aufsteigend durchströmen zu lassen (Platin-Zink, inkonstant, 1/2 Stunde).

Der Grund, weshalb ich jetzt so nach diesen Versuchen lechze, ist der, daß ich mit erneutem Mut daran gegangen bin, die Frage zu entscheiden, ob bei der negativen Schwankung der Muskelstrom verschwinde oder sich umkehre. Ich habe einen Apparat ersonnen, der mich diesmal hoffentlich nicht im Stiche lassen wird. Es ist zu lang zu beschreiben, er erlaubt mir aber in jedem beliebigen Abschnitt der Systole den Strom zu erforschen, ohne daß in der Diastole jemals Schließung stattfinden könne, und der Muskel arbeitet dabei selbst bis zur Erschöpfung ohne Unterlaß an dem Apparat, deren zwei zusammen ganz gut statt Siemensscher Telegraphen dienen könnten.

Grüße Deine Frau, Dein Junges und den Bummler Kirchhoff, den ich bald hier zu sehen hoffe.

Dein
E. du Bois-Reymond

Hastu [!] den Rapport erhalten, den ich Dir unter Kreuzband[3] geschickt? Ich schlage vor, künftig nicht mehr zu frankieren, es kommen jetzt ewig Geschichten vor. Ich fange mit diesem Briefe an.

Nr. 22

An E. du Bois-Reymond

Königsberg, 17. September 1850

Lieber Freund,
da ich wenig Hoffnung habe, vor dem Frühling viel bessere Resultate betreffs der Eintrittszeit der sekundären Zuckung zu gewinnen, will ich Dir hier übersenden das wenige, was ich habe ermitteln können. Die Frösche aus der Gesellschaft, welche ich für den Winter aufbewahre, zeigten sich durchaus unfähig, die sekundäre Zuckung auf einmalige Reizung zu geben. Auch die Durchströmung des Nerven brachte keinen Vorteil, es traten allerdings die von Ritter beschriebenen Öffnungskrämpfe ein,[1] aber die Empfindlichkeit gegen die tierischen Ströme war aber nicht größer als bei ganz frischen Präparaten. Ich habe früher schon einmal mich vergebens bemüht, diese Steigerung der Empfindlichkeit zu erzeugen. Das Einreiben des Sehnenspiegels mit Froschhaut habe ich angewendet. – Endlich habe ich einige Resultate erhalten an einem Landfrosch, der sich in meinem Garten auf eigene Faust sehr gut genährt hatte und mir zufällig in den Weg kam. Das Maximum der Reizung war zwar nicht durch eine einmalige Zuckung des primären Muskels hervorzubringen, und ich mußte suchen, direkte Reizungen des Nerven mit ebenso schwacher Wirkung als Vergleich anzuwenden. Dadurch ist freilich keine genaue Bestimmung zu erreichen, aber doch so viel zu ersehen, daß die Reizung des zweiten Nerven merklich später eintritt, als die des direkt vom erregenden Strome getroffenen. Da Du bald Nachricht haben willst, schicke ich Dir das Protokoll dieses Versuchs; habe außerdem Anweisung erteilt, noch wo möglich Frösche zu fangen, und werde Dir sogleich weitere Nachricht geben, wenn ich etwas Besseres ermitteln kann.

Intensität des abgezweigten Stromstücks 135,3
Überlastung 20 grm

Ausschläge des Magneten	Erhebungshöhen	
A. Zuckung durch die negative Stromesschw[ankung]		
1) 98,4	1	
2) 94,8	1	
3) 97,4	0,9	
(Unterbrechung durch einen mißglückten Versuch.)		
4) 125,8	?	
5) 122,2	0,7	
B. Zuckungen durch direkte Reizung des Nerven		
6) 62,3	2,0	(Maximum der Reizung)
7) 86,9	0,8	(schwache Reizung)

Leider gelang es mir nicht, wieder passende schwache Reizungen des Muskels zu erzeugen, als erst nach einer längeren Zahl von Versuchen, während welcher die Ausschläge, welche gleichen Erhebungen entsprechen, immer größer wurden, z. B. für Erhebung 1,1 und 1,0 nacheinander folgende: 79,2; 87,6; 89,8; 92,7; 99,0. Zuletzt für Erhebung 0,6 folgende: 106,8; 109,0; 116,0. Der Unterschied zwischen den Stellungen der induzierten Rolle, wo sie das Maximum und wo sie gar keine Reizung gab, war nämlich ungewöhnlich klein, und die Empfindlichkeit des Nerven gegen die erregenden Ströme stieg fortdauernd, so daß ich bei den zeitmessenden Versuchen fast immer das Maximum der Reizung bekam, trotzdem, daß es bei den unmittelbar vorausgehenden Proben nicht eingetreten war. Deshalb würde auch wohl der Ausschlag in Nr. 7 kleiner ausgefallen sein, wenn er mit den Versuchen mit sekundärer Zuckung gleichzeitig gewesen wäre. Danach tritt jedenfalls die sekundäre Zuckung später als die direkte ein; der Unterschied mag in unserem Versuche etwa einem Ausschlage von 20 oder 30 entsprechen, ebenso groß ist in gegenwärtiger Zeit ungefähr der Ausschlag, den ein ohne Überlastung zuckender Muskel gibt. Das stimmt mit dem, was ich Dir schon früher geschrieben habe.

Jedenfalls scheint es mir sehr fraglich, ob die negative Stromesschwankung plötzlich oder allmählich eintritt. Im letzteren Fall erscheint es auch zweifelhaft, ob man die sekundäre Zuckung ihrem Verlaufe nach unmittelbar mit der auf eine momentane Reizung folgenden vergleichen kann. Vielleicht wird es besser gehen, den Eintritt von sekundärem Tetanus mit dem von primärem zu vergleichen. Übrigens hoffe ich, wirst Du auf dem von Dir betretenen Wege zu Stande kommen. Denn Dein Nervenmultiplikator muß doch am Ende auf ganz kurze Schließungsperioden von Muskelströmen antworten. – Mit dem Gedanken einer ähnlichen Maschine, als Du konstruieren willst, habe ich mich schon einmal beschäftigt, in der Absicht, die Arbeit zu messen, welche ein ausgeschnittener Muskel leisten kann und die ganz beträchtlich ist.

Den Rapport der Akademie über Deine Versuche habe ich erhalten.[2] Man kann nicht anders sagen, als er ist mit möglichst viel bösem Willen angefertigt. Zunächst ist es perfide, daß sie eine Geschichte der früheren und Deiner Entdeckungen aufstellen, ohne doch das vollständig zu kennen, was Du geleistet hast, z. B. den elektrotonischen Zustand. Dann lassen sie sich offenbar in die sterilsten theoretischen Erörterungen ein, um hier Platz für Widerspruch zu finden, den sie bei den Versuchen selbst nicht anbringen konnten. Über die Frage, ob der Froschmuskelstrom von äußeren chemischen Ungleichartigkeiten herrühre, nehme ich zu ihrer Ehre an, daß sie gar nicht mit Dir verhandelt haben. Die Zweifel an dem Zusammenhang des Versuchs an Menschen mit denen an Fröschen können nur von einem, der nicht sehen will, in dieser Weise ausgesprochen werden, wie es geschehen ist. Am impertinentesten zeigen sie sich aber schließlich in ihren Äußerungen über Deine Theorie der Erscheinungen, die sie nicht kennen, und in ihren gütigen Ratschlägen, Dich an immer strengere Methoden zu heften. Ich habe mich schändlich geärgert über diese Art und Weise. Die Kerls kräftig zu blamieren, würde schon gut sein der unwissenden Köpfe in Deutschland wegen, die aus ihren Urteilen Nahrung zur eigenen Beschönigung finden könnten. Wenn man dabei bedenkt, daß neben dem verblühten Magendie kein einziger nennenswerter Physiolog in Frankreich existiert und die Redensarten bei Gelegenheit der Preisverteilung liest, mit der sie solchen Lump wie Bernard wegen seiner liederlichen Arbeit über den pankreatischen Saft[3] bekränzen: „eine Arbeit, wie sie in jedem Jahrhundert nur sehr selten vorkommen kann" etc., so möchte man fast zu dem Entschluß kommen, diese Bande in ihrer Nichtigkeit vorläufig ganz zu ignorieren, bis sie einsehen gelernt haben, wie schwach es mit ihnen steht. Wir wollen einmal abwarten, ob sie der Ehre sein werden [!], Dir den nächsten physiologischen Preis[4] zuzuerkennen, daß kein Rival da ist, der ihn Dir der Gerechtigkeit nach streitig machen könnte, liegt außer allem Zweifel. Dadurch würden die Herren auch über sich selbst und ihr Treiben ein Urteil zu fällen Gelegenheit haben.

Mir selbst geht es gut, den Meinigen ebenso. Neulich bekam ich eine Zuschickung von Ludwig, was mich sehr gefreut hat, weil ich eigentlich fürchtete, daß er mir wegen unserer gewesenen Nebenbuhlerschaft gram sei. Mit meinen Versuchen, die Fortpflanzungsgeschwindigkeit in den sensiblen Nerven des Frosches mit Hülfe von Strychninreflexion zu bestimmen, komme ich nicht vorwärts, weil die beobachtete Zeit bei Reizung verschiedener Hautstellen noch durch irgendeinen anderen Umstand außer der Fortpflanzungszeit in den Nervenstämmen sich ändert. Jedenfalls ist es mir gelungen, die Bedingungen zu finden, unter denen sich scharfe und gleichmäßige Messungen anstellen lassen, so daß irgend etwas Nutzbares herauskommen wird. – Außerdem lasse ich mir jetzt einen Apparat mit rotierendem Zylinder zur Kurvenzeichnung bauen, mit dem ich neben manchem anderen auch hoffe, jedermann durch einen Versuch in 5 Minuten die Tatsache der Fortpflanzungsdauer in den Nerven vor Augen legen zu können.[5] Damit beabsichtige [ich], im nächsten Sommer an den deutschen Universitäten herumzureisen und Vorstellungen zu geben.[6]

Viel Glück in der Arbeit und sonst
Dein Helmholtz

Nr. 23

An H. von Helmholtz

Berlin, 18. März 1851

Lieber Helmholtz,
Sotteck brachte mir heute Deine Vorlesung in der ph[ysikalisch]-ö[konomischen] Gesellschaft,[1] und meine Gewissensbisse erreichten bei dieser Gelegenheit eine solche Höhe, daß ich nicht länger zögern konnte, Dir zu schreiben. Ich habe Sotteck für Dich gegeben Mémoire sur la Télégraphie éléctrique, par M. W. Siemens, von mir in Paris geschrieben,[2] dann die beiden von mir in der Pariser Akademie gelesenen Abhandlungen,[3] endlich die Rede, die ich hieselbst in der Singakademie vor der bekannten Versammlung aus den nichtarbeitenden Klassen[4] gehalten habe. Dein Erstaunen beim Lesen derselben wird wohl nicht viel geringer sein als meines beim Lesen Deines Vortrages. Es findet sich, daß wir uns in zwei Bildern und in verschiedenen anderen Punkten dermaßen, ja bis ins einzelne der Ausdrücke begegnet sind, daß wohl kein Fremder mich vom Verdacht des Plagiates freisprechen würde. *Mir* ist diese Konformität in den Bewegungen unserer Gehirnmolekeln äußerst schmeichelhaft. Gib meine Rede Deiner angenehmen Hausfrau zu lesen. Die Damen sind empört darüber gewesen, daß ich ihnen verständlich gewesen sei, was ich von ihnen dächte? Und von mir hatte man etwas Wissenschaftlicheres erwartet. Auch sei es unwahr, daß sie Kotillonbouquets in Wasser setzten, genug, ich habe schnöden Undank geerntet für meine Studien aufgegangener Flechten, aufgenähter Kleider, Veloursbänder und Nadelbüchsen und werde große Mühe haben, meinen Ruf als exakter Forscher wieder zu erobern. Dies hat

die Akademie der Wissenschaften nicht verhindert, mich kürzlich als ordentliches Mitglied in ihre hohe Gemeinschaft aufzunehmen.[5] Vorschlagende: Humboldt und Müller; Wahl frei, Mitbewerber Eisenstein (Jacobi, Dirichlet), Rammelsberg (H. Rose), Peters (Ehrenberg)[a], zwei Stellen offen; gewählt ich und Peters; ich mit 20 gegen 1 Stimme in der Klasse, mit 30 gegen 4 in dem Plenum. Peters gegen Eisenstein ist offenbar eine gelungene Wahl, die einem Freude macht, wegen der Liebenswürdigkeit des Gewählten. Meine eine schwarze Kugel in der Klasse hat mir vermutlich Encke zum Patengeschenk gemacht, der sich, um gegen mich stimmen zu müssen, dem Vorschlag sowohl von Eisenstein als von Peters angeschlossen hatte, letzterem, obgleich Kandidat Zoologe sei, weil er einen Bruder habe, der Astronom sei (sic verbo tenus). Zu bemerken ist noch, daß, als Müller hervorhob, daß statutenmäßig zwei Physiologen in der Akademie sein müßten, folglich Horkels Stelle durch einen solchen besetzt werden müsse, Ehrenberg sagte, er wünsche, als Physiolog gerechnet zu werden, worauf Müller erwiderte, so bäte er, *ihn* als Zoologen zu rechnen. – Ich bin diesen Winter durch allerlei Dinge grausam zerstreut worden, wesentlich meinen Umzug, die akademische Bewerbung, die Rede[6] und auch Krankheit, da ich, abgesehen von fortwährenden Neckereien, zweimal ein rheumatisches Fieber habe im Bett abwarten müssen. Natürlich, unsere nordischen Kadaver sind so kompensiert, daß sie, um richtig zu gehen, im Laufe des Jahres eine Kältephase verlangen, wir haben aber einen Winter gehabt wie auf den normannischen Inseln, und einen ebensolchen Sommer, so daß die Myrthe wohl im Freien ausgedauert hätte, aber kein Pfirsich reif geworden ist. Meine Untersuchungen sind deshalb nur wenig fortgeschritten, und noch immer kniebele ich am parelektronomischen Zustande, der sich aber wahrscheinlich zu einer nicht geahnten Wichtigkeit erheben wird. Das Bedeutendste, was ich diesen Winter gemacht habe, ist, seltsamerweise, eine physiologisch-chemische Entdeckung, zu der ich gekommen bin, wie die blinde Henne zum Gerstenkorn. Ich teile sie Dir mit, da aber die Sache gar zu sehr auf der Hand liegt, so bitte ich Dich, bis auf weiteres davon zu schweigen. Nämlich die Milchsäure, die Liebig neuerdings wieder in den Muskeln nachgewiesen hat, ist nicht in denselben während des Lebens enthalten, sie ist ein Produkt, welches erst bei der Gerinnung des Faserstoffes frei wird; aber auch bei andauerndem Tetanisieren[7] ist der Querschnitt sofort ein roter Reaktionär, Milchsäure ist aller Wahrscheinlichkeit nach das mehr [...][b] des Alkoholextraktes gewesen, welches Du in Deinen Versuchen erhalten hast. – In diesen Tagen verläßt uns Heintz. An seine Stelle kommt Strecker aus Gießen hin. Diesen Sommer soll auf dem Museum eine Art von physiologischem Institut eingerichtet werden,[8] Müller und ich haben gemeinschaftlich Exercitationes physiologicas angeschlagen, und zur Erhöhung des Vergnügens ist Remak eine Fensternische des path[ologischen] Mus[eums] zu mikroskopischen Lehrkursen eingeräumt. Diese Anstalten sind hervorgerufen durch den Schritt unseres erleuchteten Ministeriums,[9] welches C. H. Schultz-Schulzenstein etc. etc. etc. 300 Taler jährlich zur Bestreitung der Kosten eines „organischen Observatoriums" bewilligt hat, wo er den Füchsen die Lebenskraft und die Mauserung der Blutzellen unter dem Composi[tum] demonstrieren wird. Oh, es ist etwas Herrliches um den

[a] Die eingeklammerten Namen sind im Original jeweils dem davorstehenden Namen übergeschrieben. Es sind die Namen derjenigen Akademiemitglieder, die den betreffenden Kandidaten vorgeschlagen haben.

[b] Tilgung im Text

Staat der Intelligenz, wo Herr Johannes Schulze den Augenblick wahrnehmen darf, wo Müller in Triest ist, um sich dafür zu rächen, daß Müller in der Fakultät nicht für Böhm, sondern für Langenbeck gestimmt hat![10]

Grüße Deine Frau, komm bald her und behalte in gutem Andenken, wenn er auch schreibfaul ist, Deinen

E. du Bois-Reymond

Nr. 24

An H. von Helmholtz

Berlin, 7. April 1851

Lieber Helmholtz,
ich sehe mich genötigt, die Idee aufzugeben, die ich Dir vergangenen Herbst mitteilte, ein Instrument zu bauen, welches durch einen Muskel derartig in Bewegung gesetzt wird, daß es während eines gegebenen Abschnitts der Zusammenziehung die Kette schließt. Das Instrument zwar ist fix und fertig auf dem Papier, zuletzt sehr einfach, und man kann es gewiß noch einmal zu irgend etwas brauchen, aber zu dem Zweck, zu dem ich es anwenden wollte, nämlich im Tetanus zu unterscheiden zwischen Verschwinden und sich Umkehren des Stromes, taugt es doch nicht. Der Grund davon ist die parelektronomische Schicht am natürlichen Querschnitt. Das Gesetz des Muskelstromes, wie ich es immer bisher dargestellt habe, ist nämlich falsch. Es paßt nur für die Nerven und für den durch zwei künstliche Querschnitte begrenzten Muskel. Am natürlichen Querschnitt des Muskels aber sieht die Sache so aus:

Längsschnitt

k[ünstlicher] Q[uerschnitt]

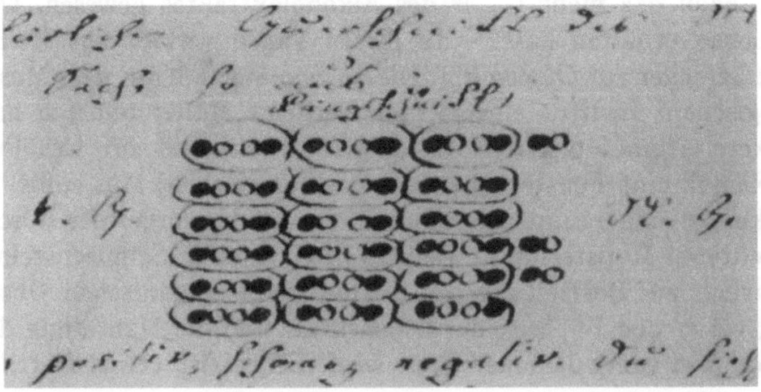

N[atürlicher] Q[uerschnitt]

Weiß ist positiv, schwarz negativ. Du siehst, in Höfe eingeschlossen, positiv peripolare Gruppen den Muskel zusammensetzen, die aus dipolaren Molekeln bestehen, wie es Dir bereits geläufig ist. Ein jeder künstliche Querschnitt fällt immer in die Abstände niederer Ordnung, zwischen die negativen Pole die positiv peripolaren Gruppen. Dagegen am natürlichen Querschnitt liegen noch einzelne dipolare Molekeln herrenlos gestreut und kehren positive Pole nach außen.[1]

Je nach ihrer Anzahl machen sie den Muskel minder positiv wirksam, unwirksam, wie im Fall der Figur oder negativ wirksam. Diese Molekeln bilden in ihrer Gesamtheit das, was ich die parelektronomische Schicht nenne. Man braucht sie nur zu entfernen auf mechanischem, oder unwirksam zu machen auf chemischem oder kaustischem Wege, so tritt die gesetzmäßige Wirkung des Muskels ungetrübt hervor. Die parelektronomische Schicht nimmt keinen Anteil an der Molekularbewegung, welche der Zusammenziehung zugrunde liegt. Sie ist vielmehr, wie ich jetzt mit Bestimmtheit zu wissen glaube, das Produkt der Zusammenziehung. Überall im übrigen Muskel gebiert sich aus der Molekularbewegung bei der Kontraktion der frühere Zustand annähernd wieder, abgesehen von den Erscheinungen der Ermüdung; am natürlichen Querschnitt aber nicht, hier muß eine langsame, vegetative Tätigkeit die Dinge erst wieder ins Gleiche bringen. Wird diese Tätigkeit gestört, z. B. durch Kälte, so entwickelt sich die parelektronomische Schicht in hohem Maß, in geringem Maß ist sie aber stets an allen Muskeln aller Tiere, auch der warmblütigen, vorhanden.

Hieraus folgt, wie Du siehst, daß, auch wenn der Muskelstrom im Augenblick der Zusammenziehung nicht sich umkehrt, sondern nur Null wird, er doch negativ wirken muß, weil die negativen Kräfte der parelektronomischen Schicht während der Zusammenziehung beständig bleiben. Es hilft also zu nichts mehr, eine Umkehr des Muskelstromes während der Zusammenziehung aufzuweisen, wie wir früher glaubten; auch bedarf es dazu gar keiner künstlichen Versuchsweisen, denn ein Muskel im parelektronomischen Zustande, wie ich es früher nannte, d. h., an dem die Schicht so weit ausgebildet ist, daß er unwirksam erscheint oder negativ wirkt, gibt im Augenblick der Zusammenziehung einen negativen Ausschlag. Das obige Instrument würde also nichts mehr leisten, als dasselbe für den geringen Grad des parelektronomischen Zustandes darzutun, auf dem die Muskeln stets und ohne Ausnahme, auch unter den günstigsten Bedingungen, angetroffen werden. Man müßte dann nachweisen, daß die negative Wirkung des Muskels im Moment der Zusammenziehung größer ist als die negative Wirkung der parelektronomischen Schicht, oder, mit anderen Worten, als der Unterschied der Wirksamkeit des Muskels mit natürlichem und mit künstlichem Querschnitt. Dies würde die feinsten Messungen voraussetzen, woran nicht zu denken ist.

Oder es müßte der Muskel im Instrument mit künstlichem Querschnitt wirksam sein; dann ist ihm aber keine mechanische Wirksamkeit mehr zuzumuten, weil die Handhabe der Sehne fehlt, und somit ist auf diesen Weg Verzicht zu leisten.

Es bleibt demnach, um diese Frage zu entscheiden, nichts anderes übrig als folgendes: Denke Dir den Muskel mit künstlichem Querschnitt zwischen nicht polarisierbaren Elektroden eingeschaltet in den Kreis einer Tangentenbussole, wie der Deinigen, und eines Elektrodynamometers. Man tetanisiert den Muskel ein paar Augenblicke lang. Beide Instrumente geben einen negativen Ausschlag; wird der Strom nun Null, so sind die Ausschläge gleichwertig, kehrt er sich um, so ist der Ausschlag am Elektrodynamometer kleiner als der an der Bussole. Die Idee ist Dir ohne Zweifel vertraut, denn Du hast schon früher einmal brieflich gegen mich geäußert, daß sich das Elektrodynamometer gewiß mit Vorteil anwenden ließe zur Erforschung des elektrischen Vorganges, der den sekundären Tetanus erzeuge.[2]

Der Versuchsplan scheint rein, es sind nur drei Schwierigkeiten in Sicht.

1. Muß es gelingen, sich wirklich unpolarisierbare Elektroden zu verschaffen. Mit feinen Drähten gelingt dies gewiß.

2. Die bedeutende Schwächung, die der Strom des künstlichen Querschnitts stets kurze Zeit nach der Herstellung erfährt und der sich durch Anfrischen des Querschnittes ein Ende machen läßt, beruht, wie ich jetzt weiß, darauf, daß sich die elektromotorischen Kräfte der Grenzschicht infolge der Mißhandlung umkehren, wie dies auch sonst bei vielen Gelegenheiten der Fall ist. In der Tat kann man, wie durch Anfrischen, auch durch Anätzen und Brennen den Strom des künstlichen Querschnittes wieder heben. Es ist gewissermaßen eine künstliche parelektronomische Schicht da. Diese Störung wird man beseitigen können durch Schnelligkeit in Anstellung des Versuchs.

3. Es bleibt übrig, ob es gelingt, hinreichend empfindliche Meßinstrumente herzustellen. Ich brenne deshalb vor Begier zu erfahren, ob Deine Tangentenbussole den Muskelstrom ordentlich anzeigt. Sollte dies der Fall sein, so würde ich daran gehen, meinerseits ein ebenso empfindliches Dynamometer herzustellen.
Du hast sogar früher in dem oben erwähnten Schreiben die Idee dazu gegeben, nämlich, die Rollen an Hebelarmen zu befestigen.[2] Alsdann würde ich Dir vorschlagen, wenn Du herkommst, Deine Bussole mitzubringen und Dich mit mir zum Behuf der Anstellung dieses wichtigen Versuches zu vereinigen.

Schreib mir, welche Lawinen von Gedanken dieser Maultierschellenklang in Deinem Gehirn ausgelöst hat, und grüße Deine Frau von mir.

E. du Bois-Reymond

Müller läßt Dir sagen, daß durch eine „Schweinerei" der Verlagsbuchhandlung schlechtes Papier zu Deinem Kupfer genommen worden ist. Es wird nochmal gedruckt werden.

Nr. 25

An E. du Bois-Reymond

Königsberg, 11. April 1851

Lieber Freund,
zuerst beglückwünsche ich Dich herzlichst zu Deiner wissenschaftlichen Standeserhöhung. Ich habe mich sehr darüber gefreut, teils Deinetwegen, teils über die Akademie selbst, daß sie doch kräftiges, junges Blut zu finden und in sich aufzunehmen weiß. Der Erfolg Peters kontra Eisenstein hat mich überrascht, doch wird letzterer wohl durch Jacobis Tod nun einen Platz finden. Ich habe auch sogleich beschlossen, von Deiner neuen Stellung Nutzen zu ziehen. Beifolgend übersende ich Dir nämlich meine Induktionsarbeit mit der Bitte, sie der Akademie und dann der physikalischen Gesellschaft vorzulegen, schließlich sie Poggendorff für die Annalen zu übergeben.[1] Daneben

befindet sich ein kurzer Auszug, von dem es mir lieb wäre, wenn er in die Monatsberichte der Akademie aufgenommen würde.[2] Es ist mir lieb, daß ich Dich jetzt habe, um dergleichen neue Gedankenkombinationen bei der Akademie einzuführen. Magnus, den ich sonst wohl darum gebeten haben würde, hätte sich schwerlich so schnell hineingefunden.

Die Arbeit hat mich weiter abgeführt und mehr Zeit gekostet, namentlich durch die scheußlichen Rechnungen, als ich anfangs glaubte. Es kam mir ursprünglich nur darauf an zu erfahren, wann ein Induktionsschlag seine physiologische Wirkung ausübt, damit ich nicht Zeitunterschiede den Nervenwirkungen zuschreibe, welche den elektrischen Strömen angehören. Bei den Menschenversuchen, wo ich starke Apparate gebrauche, hätten daraus arge Täuschungen entstehen können. Nun lag mir aber das mathematische Prinzip zu nahe, als daß ich nicht versuchen sollte, es durch Versuche zu prüfen, und was ich mir vorher als ganz leicht und einfach vorstellte, wuchs in der Ausführung zu einem Berge von Arbeit. Es paßte aber gerade gut in diesen Winter hinein, wo ich wegen meines Debüts in der allgemeinen Pathologie nicht viel zusammenhängend Zeit hatte. Übrigens habe ich mit dieser Arbeit das Glück, daß ihre Prinzipien von Neumann sehr begierig aufgenommen sind. Dieser hatte die Stromverteilung in einer unter zwei Magnetpolen rotierenden Kupferscheibe berechnet; seine Lösung gab aber keine Anziehung des Magneten gegen die Scheibe, weil er die Wirkung der Ströme in der Scheibe auf sich selbst nicht in Rechnung ziehen konnte. Er hatte deshalb unmutig diese Arbeit und alle seine Theoreme über Induktion in Körpern und Flächen liegen lassen. Jetzt hat er die Arbeit wieder vorgenommen und es wirklich fertig gekriegt, die Integrationen auch mit Berücksichtigung der sekundären Induktionen durchzuführen. Er ist dabei auf Theoreme gekommen, welche sich sehr gut experimentell werden prüfen lassen.

Dabei ist aber ein Unglück passiert, welches ich erst kürzlich gemerkt habe. Wir beide sind nämlich mit unseren Versuchen in offenen Widerspruch gekommen (S. pag 59 der Abhandlung), und ich habe mich genötigt gesehen, die Isolation in Deiner großen Induktionsspirale vor dem wissenschaftlichen Publikum zu verdächtigen. Anders weiß ich mir die Sache nicht zu erklären. Aber eine einzige Verbindungsstelle zwischen zwei Drahtschichten würde genügen, Deinen Erfolg hervorzubringen. Bei meinem Neeffschen Apparate sah ich oft Funken zwischen den Windungen des induzierten Drahtes erscheinen, vielleicht können solche durch Metalltransport dauernde Verbindungen herstellen, wo sie anfangs fehlten.

Betreffs der Übereinstimmungen in unsern Vorlesungen überlasse ich Dir die Priorität der elektrischen Telegraphen, denn ich habe schon vor langer Zeit einmal von Dir die Hypothese gehört, die Ganglien verträten die Zwischenstationen elektrischer Telegraphen in den Nervenleitungen. In der Geschichte mit den Walfischen aber ist die Wahrheit so fabelhaft, daß niemand es glauben will. Wir sehen, daß man betreffs der Annahme von Plagiaten sich sehr irren kann. Übrigens hat der arme Sotteck, welcher mir die Abhandlungen brachte, in diesen Tagen hier seine Braut, eine Cousine meiner Frau, durch das Nervenfieber verloren. Ich bin hier jetzt mit zeitmessenden physiologischen Versuchen beschäftigt, mache meinen rotierenden Zylinder für Menschen zurecht. Sobald ich Frösche habe, will ich von diesen noch Zeichnungen entwerfen lassen; vorläufig habe ich eine der älteren Zeichnungen an Humboldt geschickt, um dem durch Augenschein zu imponieren. Zum Sommer hat sich auch ein assistierender Student bei mir gemeldet, mit dessen Hülfe ich warmblütige Tiere zeichnen lassen will. Meine Tangentenbussole habe ich gegenwärtig aufgestellt und werde nächstens Muskelströme daran probieren. Die Dämpfung ist sehr gut, und ich hoffe, sie wird ganz geeignet sein. Ein Dynamometer mit Hebel, in der Weise, wie ich es Dir früher einmal vorgeschlagen habe, hat Neumann aufgestellt. Er hat es allerdings nicht sehr empfindlich konstruiert, weil er es zu absoluten Intensitätsmessungen gebrauchen will, indessen werde ich daran vielleicht beurteilen können, welcher Grad der Empfindlichkeit zu erreichen sein möchte. Ich werde mit Neumann sprechen und Dir nächstens darüber und über meine Tangentenbussole die Nachricht schicken. Der dritte Teil Deines Werkes scheint leider noch weit im Felde zu sein; ich bin sehr neugierig auf vieles. – An dem Magnetometer war bei seiner Ankunft die Glasröhre abgebrochen; dieselbe hatte ganz frei im Kasten gestanden, nur am Grunde befestigt. Hätte Halske sie ausgeschraubt und gesondert befestigt, so konnte kein Unglück geschehen. Alle Fugen des Instruments waren nun mit zerriebenem Glase ausgefüllt, und die Röhre ist gegenwärtig mit 1 $1/2$ Zoll Verlust wieder eingesetzt. Ich werde darüber noch selbst an Halske schreiben.

Ich habe noch den akustischen Jahresbericht für 1849 zu machen und muß mich in dem Streite Stokes und Airy kontra Challis auf das beziehen, was ich für 1848 geschrieben habe. Sollte der Druck von 1848 schon so weit vorgeschritten sein, so kannst Du mir vielleicht die betreffenden Bogen vom Manuskript oder Aushängebogen zuschicken. Sonst muß ich warten, bis ich den ganzen Band bekomme, ehe ich den Bericht anfertigen kann.[3] Übrigens ist es mir und den Meinigen gut ergangen. Ich werde im Sommer wahrscheinlich nicht mit meiner Frau und dem Kinde nach Berlin kommen, wie ich es anfangs beabsichtigte, sondern allein, weil die Schwester meiner Frau auf ein Jahr nach Königsberg übersiedeln will, während mein Schwager eine Stellung in Rußland übernimmt. Wenn ich das Geld zusammenscharren kann, will ich meine Reise bis Zürich ausdehnen. Zu dem Behufe will ich meine Arbeit über Beleuchtung der Retina an Vierordt schicken, welcher mir Honorar für meine Zusendungen geboten hat.[4]

Meine Frau läßt Dich freundlich grüßen; ich habe ihr Deine Vorlesung vorgetragen, da sie aber soweit in die Physiologie eingeweiht ist, daß sie Versuchsreihen über Geschwindigkeit der Reizung in den Nerven an sich anstellen konnte, bei anderen selbst Magnetometer-Ablesungen machte etc., so hat sie sich zur Partei derjenigen geschlagen, welche behaupten, Du hättest Dich zu verständlich gemacht. Dagegen höre ich, hast Du in Berlin auch viele unbedingte Bewunderinnen. Es ist unmöglich bei solchen Gelegenheiten, es allen recht zu machen, jedenfalls aber wohl dankbarer, es den Zuhörern nicht zu leicht zu machen und für den großen Haufen einige Rätsel stehen zu lassen, deren Verständnis vielleicht nur einer kleinen Zahl der Zuhörerschaft aufgeht. Für jene anderen ist es im Grunde immer besser, ihre Verwunderung als ihr Verständnis anzuregen.

Lebe wohl und laß bald wieder Gutes von Dir hören.

Dein Helmholtz

Nr. 26

An H. von Helmholtz

Berlin, 16. Mai 1851

Lieber Helmholtz,
am vergangenen Donnerstag, dem 8. Mai, ist der Auszug aus Deiner Abhandlung durch Poggendorff in der Akademie verlesen worden.[1] Es wurde mir von meinen Gönnern[2] bemerklich gemacht, daß es sich nicht ganz zieme, fremde Arbeiten der Akademie vorzulegen, ehe man sich ihr durch einen eigenen Vortrag bekannt gemacht habe, daß ich außerdem als Physiolog, nicht als Physiker, bei ihr akkreditiert sei und somit leicht das Plenum die Grille haben könnte, den Auszug erst der Klasse zur Prüfung zu überweisen. Es versteht sich von selbst, daß, sobald einmal die Bemerkung ausgesprochen war, ich mich ihr ohne weiteres zu fügen hatte, und so ist es geschehen. Mir steht der Verstand still vor Deiner ungeheuren Arbeitskraft und dem Umfang Deiner Kenntnisse. Wie kannst Du nur zugleich neue Collegia lesen und solche Arbeiten zustande bringen. Übrigens muß ich Dir bekennen, daß ich mit Deiner Darstellung gar nicht zufrieden bin. Ich habe Deine Abhandlung und den Auszug ein paar Mal durchgelesen, ohne zu begreifen, was Du eigentlich gemacht hattest und wie Du es gemacht hattest. Endlich erfand ich selbst die Methode, und nun verstand ich erst allmählich Deine Darstellung. Du mußt, nimm es mir nicht übel, durchaus mehr Sorgfalt darauf verwenden, von Deinem eigenen Standpunkt des Wissens zu abstrahieren und Dich auf den Standpunkt derer zu stellen, die noch nicht wissen, um was es sich handelt und was Du ihnen auseinandersetzen willst.

Ich habe beschlossen, den experimentellen Teil meines Werkes diesen Sommer, wie es auch sei, fertig zu machen und im Winter Physiologie zu lesen, da ich endlich Anstalten machen muß, von der Stelle zu kommen. Müller benimmt sich auf das glorreichste. Ich solle tun, als ob er nicht da wäre; niemand mehr wie er wünsche mir viel Zuhörer; schon längst sei es sein Wunsch gewesen, daß ich ein großes, ständiges Kolleg über beide Semester ausgebreitet anfangen möge, nur die Besorgnis, mich in meinen wichtigen Arbeiten zu stören, habe ihn abgehalten, mich dazu aufzufordern.

Ich bin zu Ostern bei Volkmann in Halle gewesen und habe natürlich viel bei Heintz gelebt. Es war herrliches Wetter, das erste junge Grün prangte in den Gärten. Die Nachtigäller konzertierten, und ich hätte gute Zeit gehabt, wenn es mir gelungen wäre, Volkmann im Lauf von acht Tagen begreiflich zu machen, daß das Maß der Kraft die Veränderung der Geschwindigkeit sei. Er ist nämlich mit einer ähnlichen Untersuchung beschäftigt wie die Deinige, will die Erscheinungen mechanisch zergliedern, und es geht ihm, wie Du aus obigem siehst, das ABC ab. Genug, es war peinlich, denn ich war hinübergerufen, um zu raten, und mußte ihm alles umschmeißen, was er abgemacht wähnte. In den Leipziger Berichten wirst Du seine Sache nächstens gedruckt lesen.[3]

Die Moral ist die also: Ne sator ultra crepidam. Ich lege Dir ein Kurvenstück bei. Das Rezept ist: Das Papier wird berußt, und ein kurzgefaßtes Menschenhaar zeichnet darin. Um zu fixieren, streicht man das Papier auf der Rückseite mit einer Lösung von Mastix in Alkohol an. Die Kurve ist mit meinem Magnetelektromotor gezeichnet.

Ich war auch einen Tag in Leipzig bei Hankel und versuchte den Muskelstrom am Dynamometer. Es gelang uns, an dem kleinen Weberschen Instrumente durch den Strom zwischen Längsschn[itt] und künstl[ichem] Querschn[itt] des Semimembranosus, Semitendinosus und Add. m. Cuv[?] mit Kupferelektroden in Kupfervitriol $^1/_2$ Skalenteil Ablenkung des Schwingungsmittelpunktes zu beobachten. Dies würde vielversprechend sein, es ließe sich bei Anwendung des großen Dynamometers, Aufhängung an der Decke und frischen Fröschen eine Ablenkung von 8–10 Skalenteilen wohl in Aussicht stellen. Da Hankel ein astatisches Magnetometer hat, so würden sich in Leipzig alle Bedingungen vereinigt finden, die ich in meinem letzten Schreiben an Dich herbeiwünschte. Allein ich habe mir seitdem die Sache genauer überlegt, und wie immer hatte ich mich hier zuerst in der theoretischen Erwägung geirrt. Ich war gedankenlos genug, mir vorzustellen, daß, sobald der Strom sich nicht umkehre, die Anzeiger des Dynamometers und des Magnetometers gleichen Schritt halten würden. Dies ist natürlich nicht der Fall, und damit hört die Anwendbarkeit der Methode auf; unter allen Umständen leidet das Dynamometer weniger als das Magnetometer unter der negativen Schwankung, seine Aufgabe wird ein Minimum für den Fall, daß die Kurve der Stromstärken, bezogen auf die Zeit, im Augenblick der Zusammenziehung bis zur Abszisse sinkt, darauf steigt sie, für weiteres Sinken der Kurve, wieder symmetrisch an.

Ich sehe nun keinen Weg, noch zu unterscheiden, ob Umkehr oder nur Abnahme stattfinde. Vielleicht, daß Du einen ausfindig machst. Ich verzichte vor der Hand darauf.

Von Deinem Vater habe ich kürzlich einen freundlichen Brief erhalten. Ich hoffe, Dich nun baldigst hier zu sehen. Sei nur kein zu flüchtiger Gast. Dein

E. du Bois-Reymond

Ich vergaß, von der Spirale zu reden. Es kann ja sehr leicht [sein], daß sie nicht hinlänglich isoliert war, da man dafür ja gar kein zuverlässiges Merkmal besitzt. Die Bogen vom Jahresbericht mit nächstem.
Grüße Deine Frau und den armen Sotteck.

Nr. 27

An E. du Bois-Reymond

Königsberg, 12. Juni 1851

Lieber Freund,
ich danke Dir zunächst für die Übermachung meiner Induktionsarbeit an die Akademie und bedaure nur, daß Du darin der Anciennität hast weichen müssen. Was die Darstellung in dem Aufsatze betrifft, so hat sie mir gerade dieses Mal viele Mühe

gemacht, und ich glaubte zuletzt, mit ihr zufrieden sein zu dürfen. Aber es ist richtig, je mehr man daran ausbessert, desto schwerer wird es oft zu verstehen. Übrigens war das Thema auch schlimm zu behandeln.

Ich werde in der Mitte des Juli in Berlin eintreffen. Habe Urlaub bis Ende Oktober und 200 Taler Reisegeld zur Besichtigung der physiologischen Institute Deutschlands vom Ministerium bekommen. Meine Frau und Kind werden in Dahlem bleiben, und ich gedenke dann, nach kürzerem Aufenthalt in Berlin und Umgebung meine Reise anzutreten. Ich will nach Halle, Leipzig, Göttingen, Gießen, Bonn, Heidelberg, Zürich. Ob ich direkt zurück oder vielleicht über Wien gehen werde, weiß ich noch nicht. Schließlich werde ich mich in Berlin aufhalten, bis ich zurückkehren muß. Vorher hoffte ich, noch einige Arbeiten fertig zu schaffen, aus denen leider nicht viel werden wird. Ich habe meine Vorlesungen verdoppelt, um damit fertig zu werden, und habe jetzt die Pfingstferien durch ein gastrisches Fieber verloren, welches mich drei Tage an das Bett gefesselt und ziemlich abgemattet hat. Ich bin eben jetzt damit beschäftigt, das verlorene Material meiner Lebensmaschine wieder anzufahren.

Für die Mitteilung der Kurve von Volkmann danke ich Dir. Ich habe jetzt auch eine ganz gute Methode, Abdrücke zu machen, und glaube, daß meine Stahlspitze, welche auf einem berußten Glaszylinder zeichnet, noch weniger Reibung macht als Volkmanns Haar. Jedenfalls ist Volkmanns Methode einfacher, billiger und kann längere Zeichnungen geben. Leider komme ich in diesem Sommer nun nicht mehr dazu, an Säugetieren zu experimentieren. – Bei den Augenversuchen ist mir noch aufgestoßen, daß Licht, welches die Sehnervenfasern unmittelbar trifft, nicht empfunden wird; es muß ihre Enden in der Retina treffen, damit dies geschehe. Mit meinem Augenspiegel sieht man nämlich, wenn das Netzhautbildchen der erleuchtenden Flamme auf die Eintrittsstelle des Sehnerven fällt, daß der ganze Querschnitt dieses Nerven hier vom Lichte durchdrungen wird. Der frische Sehnerv ist so durchscheinend, daß auf seiner Oberfläche gar kein begrenztes Bild der Lichtflamme erscheint. Das Licht dringt tief ein und kehrt von den Punkten seines Innern ebenso stark zum Beobachter zurück wie von seiner äußeren Oberfläche. Wären die Fasern nun selbst fähig, Licht als solches zu perzipieren, so müßte hierbei das ganze Sehfeld erleuchtet scheinen, während im Gegenteile das Licht dem betreffenden Auge fast ganz zu verschwinden scheint, während das Netzhautbildchen diese Stelle einnimmt. Derselbe Schluß kann natürlich ebensogut aus den bekannten Tatsachen über den Verlauf der Nervenfasern in der Retina gezogen werden; ich habe ihn aber noch nicht ausgesprochen gefunden. Er ist ganz analog mit Webers Versuchen über Temperaturempfindung.[1]

Was Deine Versuche mit dem Elektrodynamometer betrifft, so fielen mir Deine Zweifel auch bald auf, nachdem ich meinen letzten Brief an Dich abgeschickt hatte. Etwas weiter käme man vielleicht in folgender Weise. Es sei der Muskelstrom durch eine Spirale von möglichst langem Draht geleitet, diese induziere eine andere Spirale, welche durch das Dynamometer geschlossen ist. Man mißt dann bei Stromesschwankungen die Summe der Quadrate von dem Differential des Stromes nach der Zeit. Nun laß den Strom einmal durch Unterbrechung schwanken, dann durch Innervation. Man wird aus der verschiedenen Größe beider Wirkungen annähernd auf die verschiedene Größe der zu Grunde liegenden Schwankungen schließen können, aber doch nicht streng, solange nicht die Form der Schwankungen bekannt ist. Dieselbe Schwankung, in der halben Zeit vor sich gehend, würde die doppelte Wirkung geben. Ergäbe der Versuch eine größere Wirkung bei der Innervation, so würde übrigens doch mit großer Wahrscheinlichkeit auf tiefere Schwankungen bei ihr zu schließen sein, weil es nicht wahrscheinlich scheint, daß die Schwankung hier schneller vor sich gehen sollte als bei Öffnung und Schließung des Stroms. Das Gegenteil des Erfolgs würde aber allerdings nichts beweisen. Was Du mir von Volkmann schreibst, daß er nicht anerkennen wolle, die Veränderung der Geschwindigkeit sei das Maß der Kraft, hat mich nicht überrascht. Dieselbe Unkenntnis ist der Wurm, welcher sein mühseliges Werk, die Hydrodynamik,[2] unterbohrt hat. So viel Fleiß, so guter Wille, ein erreichbares Ziel vor Augen und fast vollständige Erfolglosigkeit wegen des Mangels der einfachen mechanischen Grundsätze! Das Studium des Buches deprimierte mich damals ganz und gar.

Kirchhoff soll, wie ich von einem seiner hiesigen Freunde hörte, die Geschmacklosigkeit besitzen, die Sommerferien wieder hier verleben zu wollen.

Vorläufig lebe also wohl; ich freue mich auf ein baldiges Wiedersehn. Kannst Du nicht ein Stückchen mit mir reisen?

Dein Helmholtz

Nr. 28

An E. du Bois-Reymond

Königsberg, 3. Februar 1852

Lieber Freund,
ich habe soeben auf Karstens Aufforderung einen ursprünglich zu einem populären Vortrage bestimmten Bericht über die tierisch elektrischen Arbeiten der Neuzeit[1] nach Kiel für die dort herausgegebene wissenschaftliche Monatsschrift abgeschickt. Bei der Durcharbeitung Deines Buches zu diesem Zwecke ist mir ein neues Theorem[2] aufgestoßen; d. h., ob es selbst neu ist, muß ich erst in Kirchhoffs und Smaasens Abhandlungen[3] nachsehen, jedenfalls aber ist seine Anwendung auf die Muskeln neu und folgereich.

In einem beliebig gestalteten Leiter seien elektromotorische Kräfte beliebig verteilt, so lassen sich alle Wirkungen, welche der Leiter nach außen hin hat, d. h. alle abgeleiteten Ströme, die er in beliebigen linearen oder nichtlinearen Bögen gibt, ersetzen durch eine Verteilung elektromotorischer Kräfte an seiner Oberfläche, gerade so also, wie die Wirkungen eines Magneten nach außen sich durch eine Verteilung magnetischer Fluida an seiner Oberfläche ersetzen lassen.

Beweis, den ich hierher setze, falls sich das Theorem bei Smaasen und Kirchhoff nicht vorfinden sollte, ergibt sich leicht aus der Kombination der Prinzipien der elektrischen Spannungen und der Superposition der Ströme.

A sei der Leiter mit elektromotorischen Kräften. *B* der leitende Bogen, $a_1 a_2$ und $b_1 b_2$ die Berührungsflächen. Man denke sich den Leiter *A* zunächst allein, ohne Anlegung

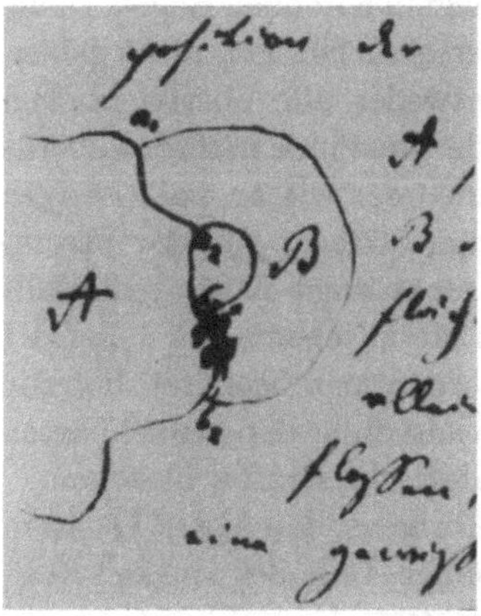

des *B*, von Strömen durchflossen, so wird jeder Punkt seiner Oberfläche eine gewisse elektrische Spannung *s* annehmen. Nun denke man sich an den Berührungsflächen a_1 a_2 und b_1 b_2 elektromotorische Kräfte angebracht, welche in jedem Punkte dieser Flächen den entsprechenden Spannungsunterschied *s* in der Richtung von *B* nach *A* hervorbringen, so wird offenbar der Übergang von Strömen in den Bogen hinein verhindert sein, und die Ströme werden wie vor der Berührung von *B* auf *A* beschränkt bleiben.

Sprechen wir dies nach dem Prinzip der Superposition der Ströme aus. An jedem Punkte des zusammengesetzten Leiters *AB* summieren sich die Ströme, welche den in *A* verteilten elektromotorischen Kräften angehören, und diejenigen, welche durch die elektromotorischen Kräfte der Berührungsflächen erregt werden. Diese Summe ist in allen Punkten des Leiters *B* gleich 0. Folglich haben die Ströme, welche die Kräfte von *A* in dem System *AB* erregen, innerhalb des Leiters *B* gleiche Größe und entgegengesetzte Richtung von denjenigen, welche die Kräfte der Berührungsflächen in *AB* erregen würden. Daraus folgt, daß die Ströme, welche die Kräfte von *A* in *B* hervorbringen, auch hervorgebracht werden können durch eine Verteilung elektromotorischer Kräfte an den Berührungsflächen, welche der bisher angenommenen gerade entgegengesetzt ist, welche also den Spannungsunterschied *s* in der Richtung von *A* nach *B* setzten.

Da die Größe *s* ohne Anlegung irgendeines Bogens bestimmt wird, ist sie für Bogen jeder Form und jeden Widerstandes dieselbe, d. h., ein und dieselbe Verteilung elektromotorischer Kräfte an der Oberfläche von *A* genügt für jeden angelegten Bogen.

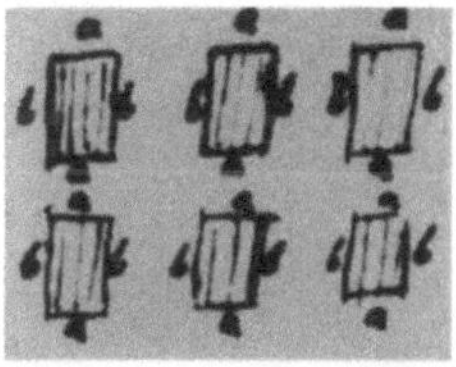

Anwendung auf die Muskeln

Denken wir einen tierischen Erreger zusammengesetzt aus kongruenten, aneinanderpassenden Stücken von kongruenter Struktur, bezeichnen wir die Verteilung elektromotorischer Kraft an den Querschnitten dieser Teile mit *a*, an den Längsschnitten mit *b* (ich meine natürlich hier die Verteilung, welche nach außen hin die elektromotorischen Wirkungen des Innern repräsentiert), so stoßen im Innern des Muskels stets solche Punkte je zweier elektromotorischer Oberflächen zusammen, welche gleiche elektromotorische Kräfte haben, sie aber in entgegengesetzter Richtung ausüben, sich also gegenseitig aufheben. Aus der Figur siehst Du, daß stets entsprechende Punkte des einen *a* auf die eines andern *a* und des einen *b* auf des andern *b* stoßen. Die Wirkung des ganzen Muskels wird also stets nur durch die nach außen gekehrten Oberflächenbelegungen unserer angenommen kongruentenen Teilchen repräsentiert werden.

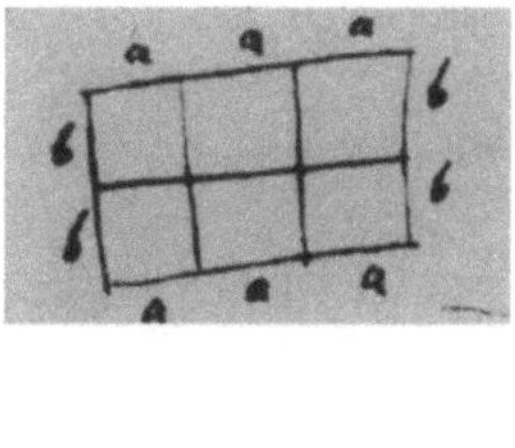

Nebenstehendes Schema bezeichnet also die Wirkung des Gesamtmuskels auf jeden angelegten Bogen. Du siehst, daß es auch im Bogen keine Gesamtströme zwischen je zwei Punkten des Querschnitts und keine zwischen je zweien des Längsschnitts gibt. Also wenn alle Teile aller Primitivfasern gleiche elektromotorische Kräfte haben, kann ein zylindrisches

Schema von Muskel- oder Nervensubstanz in einem angelegten leitenden Bogen Deine schwachen Ströme des Längsschnitts allein oder des Querschnitts allein nicht geben.

Zu ihrer Erklärung finde ich zwei Alternativen. Entweder alle oberflächlichen Partien der Präparate sind durch Luft oder andere störende Umstände in ihrer Lebensenergie beeinträchtigt und bilden eine Art leitender Hülle oder wie an polarisierten Metallflächen ist die elektromotorische Kraft der tierischen Erreger von der Stromstärke abhängig, so daß das Prinzip der Superposition nicht mehr paßt. Jedenfalls ist das letztere wohl als der Grund der Gesamtströme am Metallschema Bd. I Taf. VI Figur 65 anzusehen; es bietet sich eine Erklärung dafür, wenn man beachtet, daß die Enden des leitenden Bogens die Leitungen für die Partialströme der benachbarten Elektromotoren verbessern und dadurch deren elektromotorische Kraft schwächen.

Die Entscheidung darüber überlasse ich Dir. Du siehst übrigens, daß dieses Theorem alle Schwierigkeiten über das Zusammenwirken der einzelnen Teile des Muskels vollständig löset oder aber durch neue bisher nicht berücksichtigte Komplikationen unlöslich macht.

Sollte sich mein Theorem als neu erweisen, so werde ich es nächstens veröffentlichen, wo nicht, so überlasse ich Dir die Anwendung auf die Muskeln.

Du hast der Annahme peripolarer Molekeln den Vorzug gegeben, weil die entsprechend gebauten Metallschemata die schwachen Ströme des Längs- und Querschnitts zeigten. Nach dem besprochenen Theorem können die peripolaren Molekeln diese ebenso wenig erklären als irgend eine andere Verteilung, welche in allen Teilen aller Primitivfasern gleich ist. Es wären daher vielleicht noch andere Anordnungsweisen von Molekeln zu bedenken. So schlage ich Dir z. B. folgende vor

■ sei positiv □ negativ ▩ indifferent

Eine Faser der Länge nach

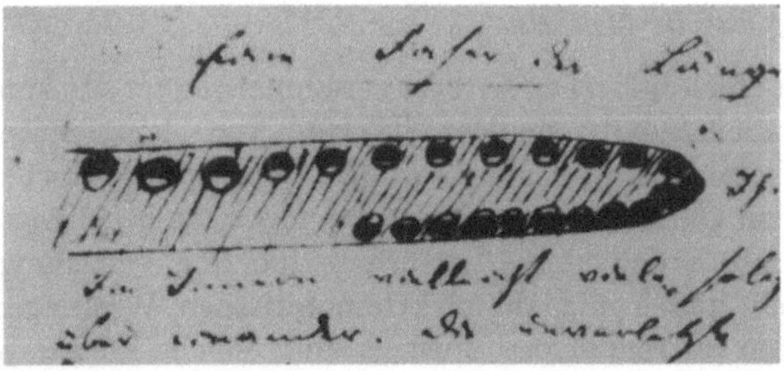

Ihr Sehnenende

Im Innern vielleicht viele solche konzentrische Molekelschichten übereinander. Die unverletzte Faser gäbe keinen Gesamtstrom, erst wenn der natürliche Querschnitt verändert wäre, entstände ein Strom.

Querschnitt in der Ruhe

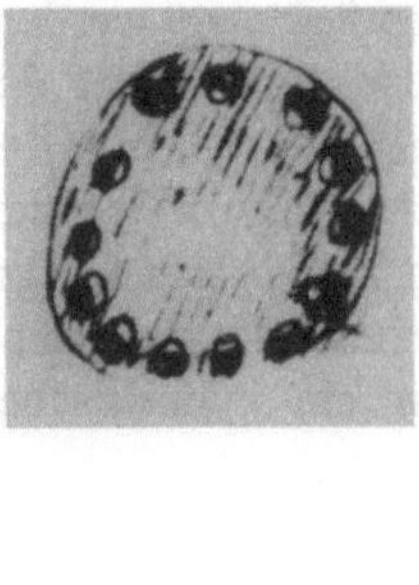

Querschnitt in der negativen Schwankung

Wenn bei letzterer Anordnung die Molekeln an den Spitzen der Faser unverändert liegen bleiben, so würden nur diese nach außen wirken können. In der Faser würden aber mächtige ringförmige Gesamtströme entstehen, welche sich gegenseitig anziehen.

Möglicherweise könnten im ruhenden Zustande die Molekeln mit ihren Rändern sich berühren und so alle Ströme bis zum Augenblick der Reizung fehlen. Die Intensität der ringförmigen Ströme bei der Reizung könnte durch Vervielfältigung der Molekeln offenbar jeden beliebigen Grad erreichen.

Faser der Länge nach im elektr[...] *Zustande*

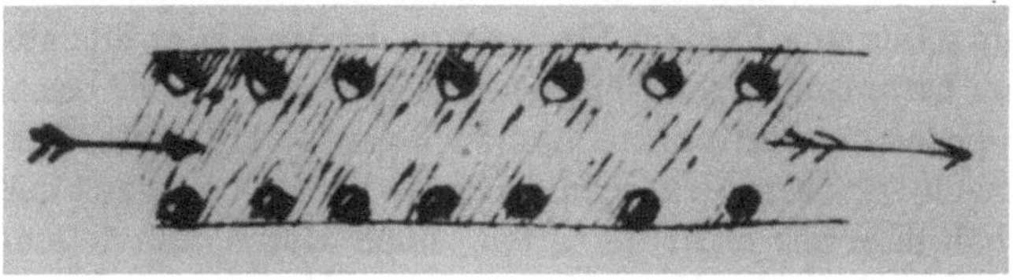

Selbst der Mechanismus der Reizung und des elektrotonischen Zustands scheint sich hierbei erklären zu lassen, wenn man bedenkt, daß ein elektromotorisches Molekel, welches in einem flüssigen, indifferenten und stromdurchflossenen Leiter schwimmt, sich nach Ampères Gesetzen richten muß; daß die von ihm erregten Ströme in ihm selbst dieselbe Richtung haben wie der äußere Strom.

Ich erhob Dir früher einmal eine Schwierigkeit wegen der Anziehung der peripolaren Molekeln, indem ich sie mit Ringmagneten verglich. Dieser Vergleich ist falsch. Soll ein Molekel angezogen werden, so kommen nur die Ströme in Betracht, welche in seiner eigenen festen Substanz fließen, nicht diejenigen, welche es an die umgebende Flüssigkeit aussendet.

Nimm meine ungerufene Einmischung in Deine Untersuchungen nicht übel, falls Du inzwischen selbst Besseres gefunden haben solltest.

Ich selbst bin noch mit den Vorbereitungen zu Zeitmessungen am Menschen beschäftigt; die Abhandlung über die graphische Darstellung der Nervenfortpflanzungszeit an Fröschen hat Müller doch wohl für das Archiv erhalten.[4] Ich habe ihn gebeten, Dir die Probestiche der Tafel vorlegen zu lassen. Siemens war vor kurzem hier, ich habe ihn aber, nachdem er mich zuerst verfehlt hatte, nur auf einen Augenblick gesehen. Daß er sich hier verlobt hat, wirst Du wissen; seine Braut ist hier allgemein als ein äußerst liebenswürdiges Gemüt gerühmt; aber ihre Außenseite hat mindestens nichts Anziehendes. Über Heidelberg habe ich noch nichts wieder gehört.[5] Heintz schrieb an mich, ob ich ihn nicht als Chemiker hier empfehlen könnte. Das ließ sich doch aber nicht tun, ehe einer von uns beiden offiziell Kandidat der Fakultät geworden ist. Übrigens glaube ich, würde es mit Heintz schwer halten, da nach Henles Äußerungen im vorigen Sommer Volkmann, der kurz vor mir dort war, nicht gerade beifällig über ihn gesprochen zu haben schien. Nach meinen letzten Nachrichten über Heintz geht es ihm ja wirklich schlecht mit den Hallischen Studenten.

Bald hätte ich vergessen, Dir meine Standeserhöhung zum ordentlichen Professor, aber ohne Gehaltszulage, zu melden.[6]

Lebe wohl und laß einmal von Dir hören.

Dein Helmholtz

Falls Du Halske sehen solltest, sage ihm doch, er möchte mir bald die Rechnungen für die Universität schicken.

Nr. 29

An H. von Helmholtz

Berlin, 9. Februar 1852

Liebster Freund,
Deine Abhandlung[1] ist bereits im Druck, und ich habe auch die Korrektur des Textes übernommen. Beetz hatte mir schon von Deinem Plan gesagt, in der Kieler Monatsschrift eine Darstellung meiner Untersuchungen zu geben. Es ist gewiß, daß sie besser sein wird, als ich selbst sie zu geben vermocht hätte, und auch gewiß, daß sie der Verbreitung der Sache sehr nützlich sein wird. Ich schulde Dir daher großen Dank und bedaure nur, daß meine Verhältnisse mir nicht gestatten, mich durch Darstellung Deiner Messungen der Geschwindigkeit des Nervenagens, wozu Karsten mich aufgefordert hatte, zu revanchieren. Das wird aber später kommen, in meinem Traité de physique générale des muscles et des nerfs, contenant un aperçu des nouvelles découvertes faites sur ce sujet par plusieurs savants allemands etc.[2]

Nichts kann mir erwünschter kommen, als daß Du versuchst, irgendeinen Teil von den Rätseln, die unter meiner Schaufel zur Seite fallen, aufzulesen. So innige Freude ich haben würde, wenn Matteucci an Cholera, Peritonitis oder Tetanus rheumaticus abfähre und das Feld von seiner Gegenwart säuberte, so ganz fremd ist mir das Gefühl der Eifersucht auf meine Freunde. Auch weiß ich mich zu trösten in der Art, wie Wagner den vergangenen Herbst in Triest. Eines schönen Morgens wird hastig zu Müller geschickt, er solle doch mal herumkommen, jetzt hätten sie die sensiblen Endschlingen entdeckt. Müller kommt und findet Wagner in der tiefsten Depression. Es zeigt sich indessen bald, daß die vermeinten Endschlingen nichts waren als die Ruinen einer zerfaserten Schlinge eines Nervenstammes. Nachdem Müller diesen Irrtum aufgedeckt, sagte Wagner: Oh, ich würde es doch wohl zuletzt auch selbst gefunden haben. Nicht wahr, Sie glauben doch auch, daß ich es auch selbst gefunden haben würde u. s. w. (Beiläufig gesagt, hat Wagner jetzt die freien Endigungen in den Empfindungsnerven in der Volare der menschlichen Hand und an denselben eigene Tastkörperchen, den Pacinischen Körperchen analog, aber nur $^1/_{50}$ groß, entdeckt (Göttinger Nachrichten 1852, No 2., 2. Februar)). Sollte ich mich geirrt haben, so verstecke ich mich hinter der Ehebrecherin, die Christus zum Advokaten hatte. Auf diesem Feld, glaube ich, würden ganz andere Kerle, als ich bin, Haare gelassen haben. Ohnehin war, als ich die Sachen durcharbeitete, noch nichts über Fortpflanzung der Elektrizität nach mehreren Dimensionen erschienen als Kirchhoffs und Smaasens erste Arbeit.[3]

Aber hierum handelt es sich nicht. Sondern ich muß gestehen, daß mir Dein Theorem nicht einleuchten will. Es scheint mir entweder nicht neu und nicht fördernd oder falsch.

Das Theorem ist dieses: Ich kann in den Berührungsflächen zwischen einem Leiter, in dem beliebige elektromotorische Kräfte wirksam sind, und den Enden eines beliebigen leitenden Bogens eine Anordnung elektromotorischer Kräfte ersinnen, welche ebensolche Ströme durch den Bogen schickt wie der Leiter.

Dies leuchtet ein, und ich bin im Grund gewöhnt, mir die Sache so vorzustellen. Aber Du gehst weiter und sagst: „Da die Größe s (die in jedem Punkt jeder Berührungsfläche anzunehmende Spannung) ohne Anlegung irgendeines Bogens bestimmt wird, ist sie für Bogen jeder Form und jeden Widerstandes dieselbe, d. h., eine und dieselbe Verteilung elektromotorischer Kräfte an der Oberfläche von *A* genügt für jeden angelegten Bogen." Hier stocke ich. Ich vermisse den Beweis, auf den alles ankommt, daß die Verteilung, die man vor dem Hinzutragen des Bogens bestimmt hat, auch noch nach dem Hinzutragen dieselbe bleibt. Die Veränderung der Spannungen an der Oberfläche durch das Hinzutragen des Bogens, die Abhängigkeit ihrer Verteilung von Stellung, Form, Widerstand desselben, gerade dies ist ja immer die unüberwindliche Schwierigkeit dieser Erörterungen gewesen. Es scheint mir also nach wie vor, daß die vorher bestimmte Größe *s* nichts hilft, um den Strom zu bestimmen, wie er sich im Bogen erzeugen wird. Daß kongruente Molekeln, mit kongruenten Höfen aneinandergefügt, ihre Strömungsvorgänge nicht beeinträchtigen, daß also an der Oberfläche des zusammengesetzten Erregers in aliquoten Teilen dieselbe Verteilung der Spannungen wiederkehren muß als an den Wänden des Hofes der einzelnen Molekeln, dies ist eine Notion, die ja die Basis aller meiner plumpen und trostlosen Operationen im 3. Kapitel bildet. Weil sich aus ihr die Ströme des Längs- und Querschnittes nicht ergeben wollten, kam ich ja eben zu Dir damals im Winter nach Potsdam, und Du warst es selber, der den Ausweg fandest, daß der Bogen die Verteilung der Spannungen ändert. Auch jetzt nimmst Du ja selber noch Rücksicht darauf in der Erklärung des Umstandes, daß die Kupferzinkschemata die Ströme des Längsschnittes zeigen. Denn, sobald Du zugibst, daß der Bogen den Strom in irgendwelchen Elementen des zusammengesetzten Erregers verstärkt, gibst Du auch eo ipso zu, wie ich Dir nicht zu sagen brauche, daß sich die Verteilung der Spannungen ändert.

In welchem Maße aber das Anlegen des Bogens die Spannungen verzerrt, kann wohl aus nichts schlagender hervorgehen als aus den Versuchen Bd. II Abt. I S. 525. Man kann es sich auch so klar machen, daß man sich den Bogen in zwei Hälften angelegt denkt, die man erst nachher zum geschlossenen Bogen mit ihrem freien Ende zusammenfügt.

Mir könnte nichts lieber sein, als daß ich mich irrte, und Dir gegenüber fühle ich mich so schwach und unvermögend, daß ich Dir diese Auseinandersetzung mehr deshalb schreibe, damit Du mich ins klare setzen mögest, als weil ich mir anmaße, hier besser sehen zu können als Du. Also habe Geduld mit mir und schreibe mir noch einmal, was Du darüber denkst. In meiner Vorstellung stand die Sache zuletzt beiläufig so.

Ich nenne linearen Bogen einen Bogen mit unendlich kleinen Endflächen. Wird ein linearer Bogen den Punkten *abcdef* angelegt, (b) so kann zwar kein Strom entstehen. Überhaupt nicht, wenn die Spannweite des Bogens *n* mal die Länge *ab*, *bc*, etc. eines Hofes enthält.*

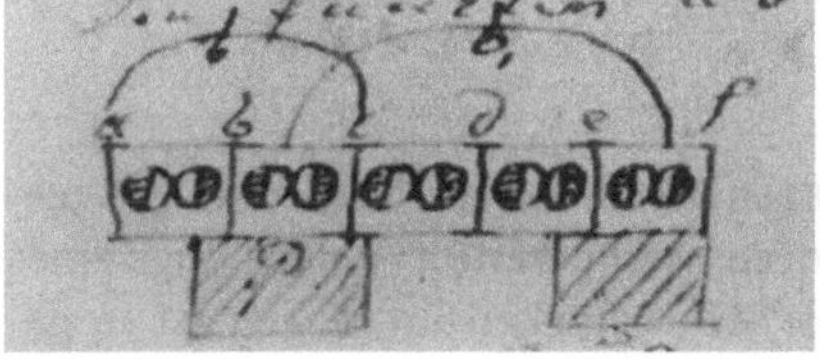

Dies ist in meinen Auseinandersetzungen im 3. Kapitel leider von mir übersehen, und Kirchhoff hat mich darauf aufmerksam gemacht. (Eine entgegenstehende Betrachtung siehe unten.) Aber es ist damit durchaus nicht abge-

* Ein Bogen, in dessen Spannweite die Länge eines Hofes nicht aufgeht, wird bei beständiger Spannweite und Verschieben dem Längsschnitt entlang periodisch wiederkehrende Ströme zeigen. Vgl. Bd. I, S. 646, Tafel V, Figur 66.

macht (nach Kirchhoffs Meinung), daß nicht ein Bogen mit endlicher Berührungsfläche einen Strom führen könne. Denn wie kann man behaupten, daß das Einlegen der leitenden Masse P in die Mitte oder nahe der Mitte der Reihe dieselbe Veränderung der Spannungen zu Wege bringt als am Ende. Sogar bei unendlich langer Reihe wäre das Entstehen eines Stromes denkbar, wenn der Bogen Füße von ungleicher Ausdehnung hat. Ich hänge nicht sehr an den peripolaren Gruppen dipolarer Molekeln, indessen zweifle ich doch, daß es eine leichtere Art gebe, die Erscheinungen der parelektronomischen Schicht zu erklären. Dein Vorschlag läßt den Zustand unerklärt, in welchem ein Muskel negativ wirkt, aber nach Ansätzen des Querschnittes oder Herstellung eines künstlichen Querschnittes positiv. Die Ringströme wären famos; nur daß dann jedes Bündel ein Solenoid wäre und man Folgepunkte oder eine gleiche Anzahl Nord- und Südpole an den natürlichen Querschnitten des Muskels annehmen müßte, um zu erklären, weshalb die Feldmesser sich, ohne ihre Bussole in Ordnung zu bringen, neben derselben bewegen können.

Doch ich bin wie gesagt jeder Belehrung zugänglich, wenn auch nicht von R. Wagner über Polarisation. Sei so gut und erkläre mir, weshalb bei der wechselseitigen Anziehung zweier elektr[onomischer] Molekeln nur die inneren Ströme in Betracht kommen. Endlich sage mir, was in folgendem Raisonnement falsches sein mag, welches Kirchhoff perplex machte, da es das Gegenteil von dem obigen Satz über die Unmöglichkeit der Ströme des Längsschnittes bei linearer Konstitution des Bogens zu beweisen scheint.

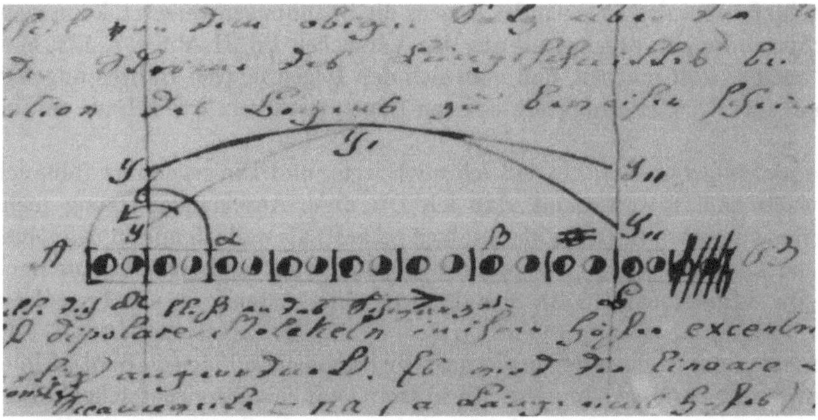

Zunächst halte Dich bloß an das Schwarze.

Du siehst dipolare Molekeln in ihren Höfen exzentrisch liegen. Säulenartig angeordnet. Es wird der lineare Bogen b von der konstanten Spannweite $= na$ (a Länge eines Hofes) von A nach B verschoben. Die Kurve der Stromstärken im Bogen ist in gewohnter Art zwischen den Grenzordinaten der Verschiebung A und B aufgetragen. Ich behaupte, sie wird aussehen wie $y, y_{,}, y_{,,}$. Diese Kurve zeigt zwei Eigentümlichkeiten. Erstens hat sie ein Maximum in der Mitte der Molekelreihe. Diese leite ich daraus ab, daß alsdann sämtliche außerhalb des Bogens liegende Molekeln den kleinsten mittleren Abstand vom Bogen haben. Zweitens ist die Grenzordinate $\mathfrak{A}y > \mathfrak{B}y_{\prime\prime}$ aus dem Grunde, daß die Molekel α dem nächsten Ende des Bogens näher ist als die Molekel β, wenn der Bogen nach dem Ende B hin verschoben ist. Sobald dies zugegeben wird, und ich werde immer wieder darauf geführt, immerhin durch einen Trugschluß, ist auch die Notwendigkeit der Ströme am Längsschnitt dargetan. Denn, denke jetzt auch in die leere Hälfte der Höfe die roten Molekeln hinein, so bringen sie die Kurve $yy_{\prime\prime}$ zuwege, und die Ströme des Längsschnittes sind die Differenzen der Ordinaten beider Kurven. Die Ströme des Querschnittes müssen dann einen anderen Ursprung haben.

Doch genug. Diese Art von Erörterungen ist das Trostloseste, was es gibt, und ich bin, ich wiederhole es, tausendmal bereit, mich durch eine kleine Blamage von der ferneren Notwendigkeit derselben loszukaufen.

Du wirst Dich wundern, wenn ich Dir sage, daß ich mich noch immer mit den Menschenströmen herumschlage. Vielleicht wirst Du es bedauern, aber Dich nicht mehr darüber wundern, daß sie mir soviel Zeit gekostet haben, wenn Du den Schweinefraß, um mich Werthers energischer Lieblingsredensart zu bedienen, einst in meinem Buch liesest.

Inzwischen ist der Apparat fertig geworden, um die lange schwebende Frage über das wahre Verhalten des Muskelstromes bei der Zusammenziehung zu entscheiden. Es ist ein Schauspiel für Götter, den Muskel arbeiten zu sehen, wie den Zylinder einer Dampfmaschine. Der mechanische und elektrische Teil der Aufgabe ist offenbar vollkommen gelöst. Ernste Versuche noch nicht angestellt.

Ich gratuliere zum ordentlichen. Es ist aber schändlich, daß sie Dir nicht wenigstens 200 Taler zugelegt haben. Ich bekomme nächsten Herbst meine 200 Taler als Akademiker[4] und stehe mich alsdann auf etwa 900. Von Heidelberg keine Silbe.[5] Überhaupt unendlich flaue Zeit. Siemens Verlobung hat mich ausnehmend gefreut, wenn auch nicht überrascht. Was Du von der Außenseite sagst, zieht nicht, denn Du bist verwöhnt. Grüße Deine Frau – von Deinen Ältern [!] weiß ich nichts. Hans Müller träumt jetzt natürlich nur von Schnecken. Dein

E. du Bois-Reymond

Es versteht sich, daß ich jetzt bereit bin, Dinge, die in mein Fach einschlagen, der Akademie vorzutragen, da ich bereits eigene Mitteilungen gemacht habe.

Nr. 30

An E. du Bois-Reymond

Königsberg, 15. Februar 1852

Lieber Freund,
zuerst will ich Dir mein Theorem deutlicher zu machen suchen. Nehmen wir den einfachsten Fall, wo der Leiter, dessen Ströme man ableitet, ein einfacher linearer Leiter ist, *axbcya*. Bei *a* sei eine elektromotorische Kraft angebracht, welche, wenn die

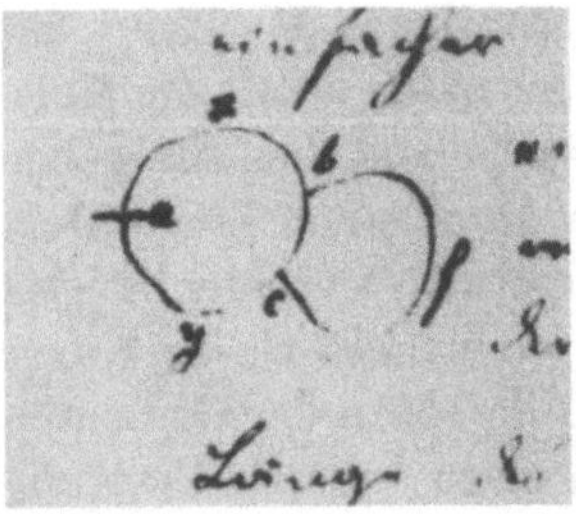

y Seite von a die Spannung 0 hat, auf der x Seite die Spannung S erzeugt. l sei die Länge des Kreises, der Widerstand der Längeneinheit w, also lw der ganze Widerstand; x sei die Länge von ab, y die von ac. So ist die Spannung S_c in c bestimmt durch die Gleichung

$$\frac{S_c}{S}=\frac{y}{l}, \text{ d. h. } S_c=\frac{Sy}{l} \text{ und } S_b \text{ in } b \ \frac{S_b}{S}=\frac{l-x}{l}, \text{ d. h. } S_b=\frac{S(l-x)}{l}.$$

NB. wenn kein ableitender Bogen angelegt ist.

Mein Theorem sagt aus, daß durch die Größe $S_b - S_{b'}$ die elektromotorische Kraft im angelegten Bogen bfc gegeben sei. Sein Widerstand sei W. Einem darin kreisenden Strome würden die beiden Zweige bc mit dem Widerstande $(l-x-y)\,w$ und $bxayc$ mit dem Widerstande $(x+y)\,w$ den Gesamtwiderstand $\frac{w\,(l-x-y)\,(x+y)}{lf}$ entgegenstellen.

Die Intensität I im Bogen bfc findet sich also nach meinem Theorem durch die Gleichung

$$I\left[\frac{W+w\,(l-x-y)\,(x+y)}{lf}\right]=S_b-S_c=\frac{S\,(l-x-y)}{l}.$$

Genau ebenso wirst Du sie finden, wenn Du nach der gewöhnlichen Art berechnest, welche Intensität die elektromotorische Kraft S bei a im Zweige bfc hervorbringt.

Nach der Anlegung des Bogens verändern sich allerdings die Spannungen in b und c, aber das ist eben der große Vorteil des Theorems, daß nicht die durch den Bogen veränderten Spannungen, sondern die vor Anlegung des Bogens vorhandenen als elektromotorische Kraft in Rechnung zu ziehen sind.

In dem allgemeinen Beweise des Theorems im vorigen Briefe leite ich es her aus der Betrachtung eines Falls, wo der Bogen zwar angelegt, aber solche elektromotorische Kräfte an den Grenzflächen angebracht sind, daß er nicht durchströmt wird, wo also die Stromverteilung im andern Leiter unverändert geblieben ist.

A sei der ursprüngliche Leiter, B der eine Arm des Bogens, ab die Grenzfläche, in welcher elektromotorische Kräfte angebracht sind, welche gegen A hin die Spannung B erzeugen, welche Spannung s diejenige ist, welche vor angelegtem Bogen dort herrschte. Nach Kirchhoff sind die nötigen und genügenden Bedingungen zur Auffindung der neuen Stromverteilung x nach angelegtem Leiter

1) Erfüllung der Differentialgleichung
$d_x^2 s + d_y^2 s + d_z^2 s = 0$ im Innern der Leiter,
2) daß in jede Grenzfläche zweier verschiedener Körper, also auch unsere Fläche ab, so viel Elektrizität auf der einen Seite einströme, als auf der anderen aus,
3) daß die Spannungen an entgegengesetzten Seiten jeder elektromotorischen Fläche um die Größe von deren elektromotorischer Kraft unterschieden sind.

Ich sage, die neue Stromverteilung mit angelegtem Bogen ist die: Im Bogen ist gar kein Strom, in A ist er unverändert; denn sie erfüllt alle jene Bedingungen.

ad 1) die Differentialgleichung bleibt in A bestehen und in B auch, weil s in ihm konstant ist,

ad 2) durch die Trennungsfläche ab fließt von A aus keine Elektrizität hindurch, weil sie vorher Grenzfläche von A war, und von B auch nicht, weil dort überhaupt kein Strom ist.

ad 3) ist durch die Voraussetzungen erfüllt.

Nun sprechen wir dies Resultat x nach dem Prinzip der Superposition aus. In B summieren sich die Ströme der elektromotorischen Kräfte von A und die derer der Grenzflächen ab. Da die Summe in ganz B gleich 0 ist, sind die einen Ströme den andern genau gleich groß und von entgegengesetzter Richtung. Folglich können wir nach Wegnahme der Kräfte von A deren Ströme in B ersetzen durch elektromotorische Kräfte der Grenzflächen, welche den bisher angenommenen gerade entgegengesetzt sind.

In Kirchhoffs und Smaasens Aufsätzen habe ich dies Theorem nicht gefunden. Neumann hatte es aber bei seinen Untersuchungen über Induktionsströme[1] schon gefunden und angewendet. Da aber deren Veröffentlichung nicht so bald hervorsteht, bin ich mit ihm übereingekonnen, daß ich es veröffentlichen werde.[2]

Den Schluß für die schwachen Ströme des Längsschnitts aus dem Schema mit exzentrischen dipolaren Molekeln glaube ich beseitigen zu können.

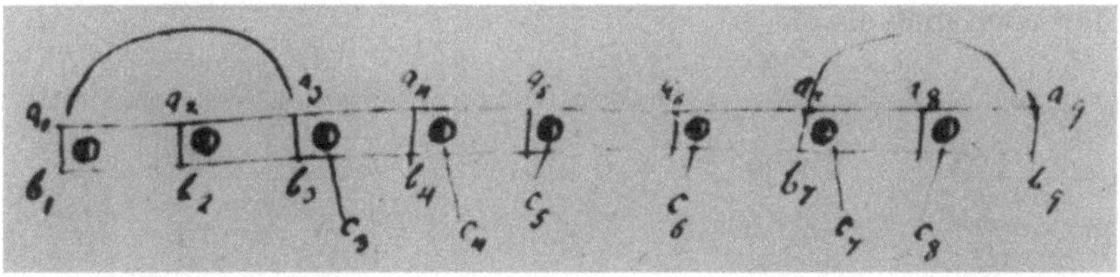

Du meinst, daß im Bogen a_1 a_3 der Strom stärker sei als in a_7 a_9, weil die Molekeln c_3 und c_4 respektive näher heran lägen als c_6 und c_5. Indessen könnte das dadurch ausgeglichen werden, daß das Molekel c_7 in der nicht zwischen den Bogenfüßen liegenden Substanz des Leiters nähere Nebenleitungen findet als c_2. Diese Nebenleitungen werden hier den Strom verstärken, weil sie die Stromleitung vom Molekel bis zum Bogen hin erleichtern; und diese Verstärkung des Stroms bei a_7 könnte gerade die durch das Molekel c_3 bis a_3 aufwiegen.

Ganz klaren Aufschluß gibt auch hier mein Theorem. Verzeichnen wir uns die Spannungskurven an der Oberfläche eines der obigen Systeme

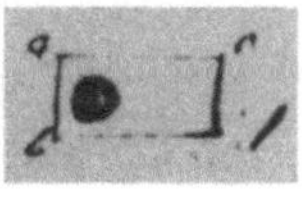

Auf ac und bd wird sie aussehen: 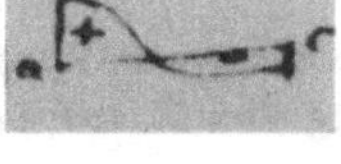

auf *ab* und *cd*

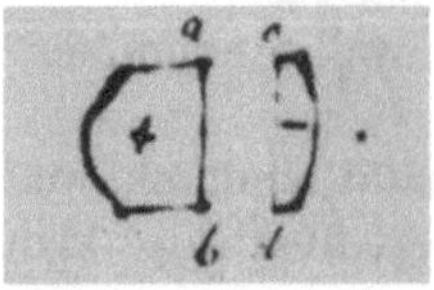

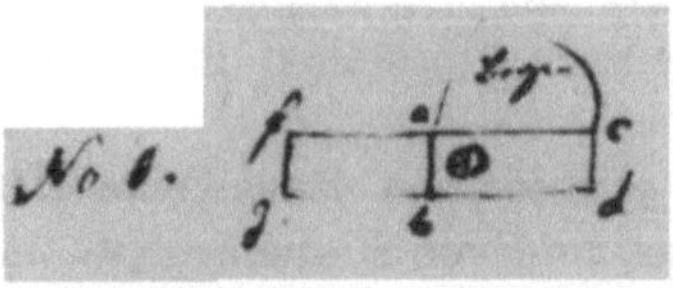

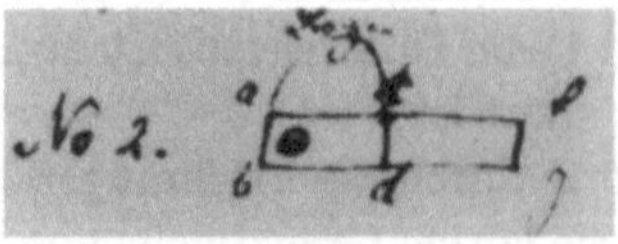

Bilden wir jetzt die zusammengesetzten Systeme so läßt sich zeigen, daß der Strom im Bogen von No 1 stärker ist, als von No. 2. Wir haben nach meinem Theorem zu berücksichtigen 1) die elektromotorischen Kräfte an den Berührungspunkten des Bogens, bestimmt durch die Spannungen, wie sie in der ersten Figur 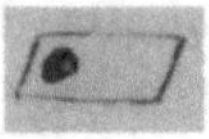 waren.

2) die elektrom[otorischen] Kräfte in No 1 an der Fläche *ab*, in No. 2 an der Fläche *cd*.

Die ersteren, allein berücksichtigt, geben offenbar in beiden Fällen gleich starke Ströme

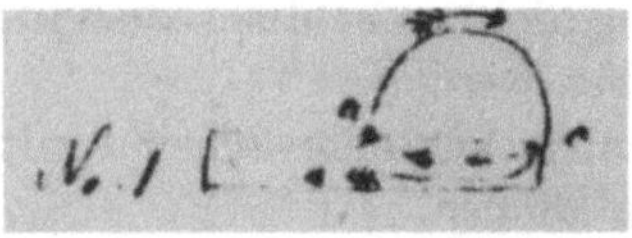

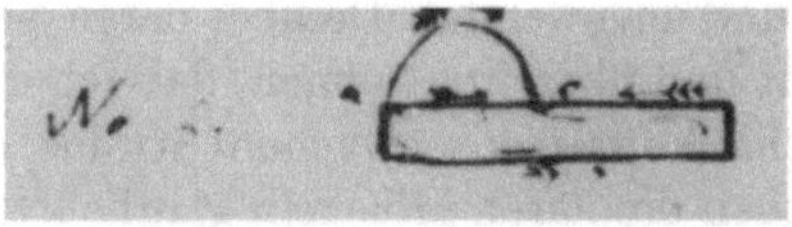

Die zweiten geben aber in No 1 stärkere Ströme als in No 2, weil *a b* stärkere Spannungsunterschiede darbieten muß als *cd*.

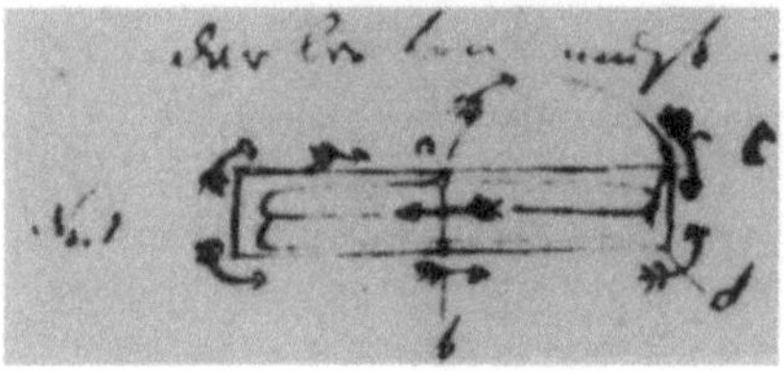

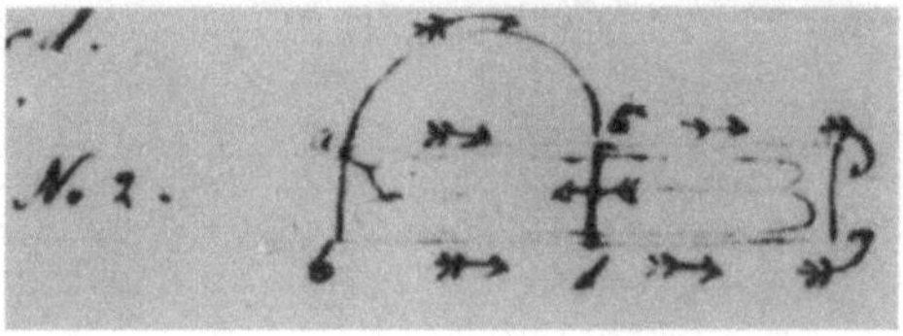

Es wird also durch die Anlegung des Leiters *abfg* in No 1 der Strom im Bogen mehr verstärkt als durch *cdfg* in No 2. Bringen wir aber in diese angelegten Leiter noch elektromotorische Molekeln hinein, so wird wieder alles gleich.

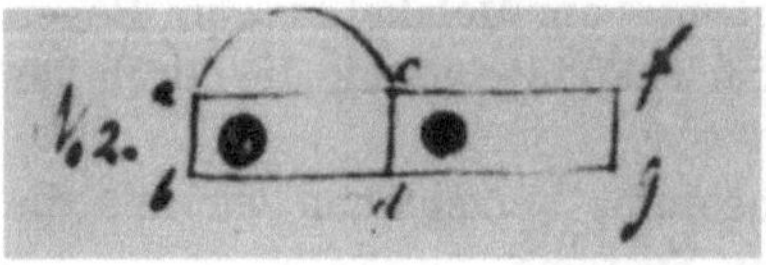

Erweiterung des Theorems auf Zusammenbringen zweier wirksamer Leiter[a]

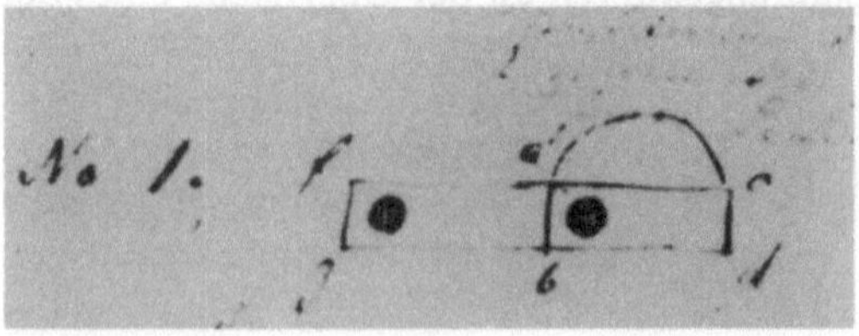

[a] „Erweiterung des Theorems auf Zusammenbringen zweier wirksamer Leiter" ist eine eigenhändige Einfügung von E. du Bois-Reymond.

Hier haben wir außer der elektromotorischen Belegung der Außenflächen auch noch die der mittleren Berührungsfläche zu berücksichtigen,[b] weil die aneinandergelegten Flächen vorher entgegengesetzte Spannungen hatten, die sich hier addieren. Sie liegt aber in beiden Figuren symmetrisch zum Bogen, und die Außenflächen bieten den Bogenenden gleiche Spannungsunterschiede, also müssen die Ströme gleich sein.

In einem mehrfach zusammengesetzten Schema findet sich natürlich ganz dasselbe.

Du fragst noch wegen meiner Äußerung über die elektrodynamischen Wirkungen der elektromotorischen Molekeln aufeinander. Ich habe es neulich nicht genau ausgedrückt. Ich hatte mir die Wirkungen überlegt, welche fremde Ströme auf schwimmende Molekeln ausüben, und nicht an die Wirkungen zweier Molekeln aufeinander gedacht.

Wir müssen es so aussprechen: Bei dem anziehenden Molekel sind die ganzen geschlossenen Ströme zu berücksichtigen, bei dem angezogenen aber nur die inneren Ströme im Molekel selbst. Wenn also jenes genau einen ringförmigen Magneten repräsentiert, bleibt die alte Schwierigkeit bestehen, dagegen kann ein solches Molekel durch einen fremden Strom oder Magneten gerichtet werden. Sind z. B. die Ströme, wie in nebenstehender Figur im Molekel nach oben, in der umgebenden Flüssigkeit nach unten gerichtet, so muß eine fremde elektrodynamische oder magnetische Kraft auf das Molekel und die umgebenden Wasserteile entgegengesetzt wirken, und da letztere verschiebbar sind gegen das erstere, so kann das Molekel dem Zuge auf die Stromteile folgen, die in ihm selbst kreisen.

Das würde übrigens hübsche neue Versuche geben, wenn man kleine schwimmende elektromotorische Kombinationen unter dem Einfluß fremder Ströme sich richten ließe, und sie müßten für die Theorie der negativen Schwankung und des elektrotonischen Zustands sehr wichtig sein.

Ich freue mich zu hören, daß Deine Muskelmaschine[3] gut gelungen ist, und wünsche viel Glück zur Entzifferung der negativen Stromesschwankung. Mir geht es übrigens wohl, ich habe jetzt den neuen Apparat für die Menschenzeitmessungen in Ordnung gebracht und geprüft und werde mich nächstens an die Versuche machen. Lebe wohl.

Dein Helmholtz

Nr. 31

An E. du Bois-Reymond

Königsberg, 24. März 1852

Lieber Freund,
dieses überbringt Dir der Histolog unserer Universität von Wittich, ein talentvoller und geschickter Mikroskopiker, derjenige meiner hiesigen Freunde, den ich am meisten

[b] Eigenhändige Einfügung von E. du Bois-Reymond: „Ist ja eben auch geschehn."

sehe und dessen Umgang mir besonders dadurch nützlich geworden ist, daß ich durch ihn der Mühe überhoben bin, mich um die Histologie zu kümmern.

Da ich voraussetze, daß J. Müller gegenwärtig in Triest Synapten fischt, bitte ich Dich, mit Peters als Redakteur des Archivs[1], den du doch wohl in der Akademie regelmäßig sehen wirst, zweierlei zu besprechen. Erstens muß ich mich habilitieren und dazu zwei deutsche gedruckte Aufsätze à 200 Exemplaren produzieren. Ich verfertige zu dem Zwecke jetzt zwei solche über Gegenstände der physiologischen Farbenlehre[2], jeden etwa 1 Bogen stark und ohne Tafel, und will sie im Archiv drucken lassen, falls ich von Veit die genannte Zahl von Abdrücken unentgeltlich oder etwa für die Kosten des Papiers beziehen kann. Ich würde es nicht unbillig finden, von der Redaktion des Archivs zu verlangen, daß sie mir dies bei Veit auswirkt, da ich gegenwärtig fast der einzige bin, der die Experimentalphysiologie im Archiv noch auf anständige Weise vertritt. Ich brauche dann noch zwei Titel zu meinen Abhandlungen, deren Druck will ich bei Veit bezahlen. Ich könnte direkt an Peters oder Müller schreiben, aber es ist wohl besser, daß Du vorläufig sprichst und andeutest, daß, wenn sie Experimentalphysiologie im Archiv behalten wollen, sie Grund haben, etwas rücksichtsvoll gegen mich zu sein.

Zweitens aber ist es mir zweifelhaft, ob sie nicht in der Tat die Experimentalphysiologie lieber los wären. Mein neuester Aufsatz[3] ist wieder Lückenbüßer am Ende eines Heftes geworden und kann von allen denen nicht gelesen werden, welche das Archiv in Journalzirkeln halten, und das sind mindestens 3/4 aller seiner Leser. Ich habe mich sowohl hier als im vorigen Sommer unterwegs überzeugt, daß das so ist. Sobald ich erführe, daß das absichtliche Vernachlässigung ist, würde ich augenblicklich mit Ludwig zur Gründung eines neuen Journals schreiten. Wenn wir Übersetzungen mit hineinnehmen und allenfalls Berichterstattungen, so muß sich der Stoff zusammentreiben lassen. Es ist bloß Rücksicht auf Müller, die mich davon abhält.

Falls der Druck meines Aufsatzes und der zugehörigen Tafel schon vollendet sein sollte, schicke sie mir doch durch Wittich hierher.

Mir selbst geht es gut, meine Menschenzeitmessungen lassen viel hoffen. Falls Du Dich für Siemens Braut interessierst, kann Dir Wittich die genauesten Auskünfte geben.

Dein H. Helmholtz

Nr. 32

An H. von Helmholtz

Berlin, Mitte April 1852

Lieber Helmholtz,
auf Deine Anfrage findest Du anliegend die Antwort der Verlagsbuchhandlung. Was den Umstand betrifft, daß Dein zweiter Aufsatz abermals durch den Schluß eines Heftes gehälftet wird, so behauptet Peters, daß er nicht nur damit durchaus keine

Beeinträchtigung der experimental-physiologischen Arbeiten bezweckt habe, sondern im Gegenteil Deinen Aufsatz nur so früh wie möglich habe in die Welt schicken wollen. In der Tat habe ich auch beim Durchsehen einer Reihe von Heften gefunden, daß das Schicksal, in zwei Stück getrennt zu werden, sogar in dem Verhältnis häufiger die morphologischen als die physiologischen Arbeiten trifft, in welcher die ersten häufiger als die letzteren sind. Deine Kupfertafel ist fertig und ist diesmal wirklich sehr schön. – Ich habe einen Brief von Henle bekommen, des Inhalts, daß er insofern der Wahl zwischen uns beiden überhoben sei, als er vielmehr selbst jetzt damit umgehe, Heidelberg den Rücken zu wenden, da man ihm Pfeufer ruhig durch die Münchener habe nehmen lassen.[1] Parturiunt montes. Es spricht sich aber in seinem Briefe eine edle und wohlwollende Gesinnung in sehr wohltuender Form aus. – Übrigens wird es demnächst Völkerwanderung geben, da Rudolph Wagner* einen definitiven Ruf nach München erhalten hat, wie ich nicht allein durch die Zeitungen, sondern auch durch Wöhler weiß, der hier war. – Dein Theorem habe ich endlich kapiert und sage Dir meinen besten Dank für die Mühe, die Du Dir gegeben hast, Dich mir verständlich zu machen. Fahre nur glimpflich mit mir, wenn Du die Sache bekannt machst. Dies wäre etwas, was ich wohl in der Akademie vortragen könnte.[2] Sollte es Dir nun nicht auch gelingen, die rätselhafte Tatsache zu erklären, daß von zwei Muskeln von ungleichem Querschnitt der dickere die Oberhand hat, von zwei ungleich langen Muskeln der längere? – Ich habe neulich in Fontenelles Eloge de Leibniz[3] gelesen, daß Cartes bereits die Lehre von der Erhaltung der Kraft ganz allgemeingültig in der Welt vorgeschwebt habe. Er habe aber geglaubt, das mechanische Moment mv sei konstant. Da habe Leibniz gezeigt, daß sich aus dieser Annahme das perpetuum mobile herleiten lasse und daß man mv^2 konstant setzen müsse (offenbar, um das Zeichen der Bewegung zu eleminieren). Wußtest Du dies? Ich war aus den Wolken gefallen beim Lesen.

Heute über 14 Tage reise ich nach London auf 4–6 Wochen zu Bence Jones, um in der Royal Institution[4] vor Faraday zu experimentieren. Ich habe aus Göttingen die 2. Hälfte des Blumenbachschen Stipendiums[5] losgeeist und will sie so vertilgen. Wenn ich Dir etwas besorgen kann, stehe ich natürlich zu Gebot. Taylors Scientific Memoirs, dem Du die lebendige Kraft zugesandt hattest, sind eingegangen. Drüben finde ich bereits alle meine Instrumente, die Jones, als er zu Weihnachten hier bei mir war, bestellt hat und ich ihm seitdem gesendet, unter anderm einen unvergleichlichen Multiplikator von 27000 Windungen. Mit den Versuchen an Menschen bin ich fertig. Die erste Hälfte (bei ruhenden Muskeln) habe ich in der Akademie vorgetragen und werde Dir nächstens einen Abdruck aus den Berichten schicken.[6] Meine letzten Versuche haben mir gezeigt, daß durch die Entfernung der Oberhaut durch Blasenpflaster die Wirkung bei der Zusammenziehung ungeheuer zunimmt und daß sich eine schwitzende Hand positiv gegen eine trockne verhält, statt negativ, wie sie müßte, um die Wirkung bei der Zusammenziehung durch veränderte Hautabsonderung zu erklären. Den Versuch über die Umkehr oder Nichtumkehr bei der Zusammenziehung noch nicht angestellt, da ich ihn nur mit frischen Fröschen unternehmen will. Eisenstein in die Akademie gewählt.[7] Ehrenberg hat sich mit einer jungen Dame, Fr. Friccius, verlobt (!!!?). Volkmann schreibt mir, es sei ganz gewiß, und durch Fechner bestätigt,

* Rudolph Wagner schrieb mir neulich, daß er mit vielem Interesse Deine Abhandlung über die lebendige Kraft gelesen habe. Risum teneatis.

daß er gegen E. H. Weber im Rechte sei.[8] Die Keilerei wird gleich losgehen. Ich examiniere jetzt im Schlußexamen, aber muß gestehen, daß die Leute doch nicht so schlecht sind, als ich mir vorgestellt hatte. Meine Adresse in London ist bei Herrn Bence Jones, M. D., Grosvenor Street 30.

Grüße Deine Frau, die hoffentlich wieder wohl ist.

Dein E. du Bois-Reymond

Nr. 33

An H. von Helmholtz

Berlin, 15. Juni 1852

Lieber Helmholtz,
ich bin zurück aus England. Auf der Reise dorthin habe ich mir aus Halle ein Exemplar Deines Auszuges aus meinem Werke[1] geholt. Ich bin im allgemeinen mit Deiner Darstellung ganz einverstanden und kann Dir für die Mühe, die Du Dir genommen, nicht dankbar genug sein. In einem Punkt aber und einem nicht unwesentlichen, bist Du mit einer Willkür verfahren, die ich nicht verstehe, oder wenigstens Du hast Dich in einer Art ausgedrückt, die ich in meiner Ausdrucksweise nicht begründet finden kann. Du sagst schlankweg, unverletzte Muskeln oder solche, deren natürlicher Querschnitt keiner Veränderung ausgesetzt wurde, wirkten nie elektromotorisch. Dies ist entschieden falsch. Damit sie nicht elektromotorisch wirken, müssen die Frösche, denen die Muskeln entnommen sind, mindestens 24 Stunden auf Null erkältet worden sein. Es kommt unter absolut identischen Umständen hinsichtlich der Präparation und der Behandlung nach derselben vor, daß Gastroknemien nur einen schwachen Strom geben oder auch die Nadel des Multiplikators für den Muskelstrom an die Hemmung werfen. Ferner kommt es vor, wenn die Frösche erforen waren, daß die Gastroknemien 70° negativen Ausschlages geben. Diese Wirkungen lassen sich auch von nicht enthäuteten Gliedmaßen erhalten, wo der Austrocknung oder dem Einfluß der Luft nichts zugeschrieben werden kann. Übrigens ist diese Erklärung, auf die Du Dich berufen könntest, unzulässig, weil ein erkälteter Muskel durch jene Einflüsse wohl ein paar Grad Strom erhält, aber nimmermehr 90° in positiver Richtung, geschweige, daß er negativ wirksam werden könnte. Genug, ich muß im Namen der Tatsachen aufs entschiedenste gegen Deine Behauptung protestieren, wie auch gegen die Schlüsse, die Du daran knüpfen magst.

Ich habe mit Sir David Brewster von Deinem Augenspiegel gesprochen, von dem er noch nichts wußte, of course. Herr Fisher in St. Andrews, ein Deutscher, wird ihn übersetzen, wenn Du ihn Brewster schickst unter der Adresse:

Smith Elder and Comp[an]y
Bookseller
Cornhill
London.

Weißt Du schon von Ruetes Vervollkommnung des Augenspiegels und seinen Anwendungen desselben?[2] Ruete war hier, ich sah das Instrument und die Zeichnungen, von dem, was er beobachtet, aber nicht die Wirkung.

Im übrigen, all right und geh nicht nach England. Es verdirbt den Geschmack an Deutschland. Dein

E. du Bois-Reymond

Nr. 34

An E. du Bois-Reymond

Königsberg, 20. Juni 1852

Lieber Freund,
leider sehe ich ein, daß ich bei der Besprechung Deiner Arbeit in einen unverzeihlichen Irrtum verfallen bin betreffs der völligen Unwirksamkeit unverletzter Muskeln. Ich weiß nicht, ob es frühere mündliche Mitteilungen von Dir gewesen sind, welche mich mit der Meinung erfüllt hatten, unverletzte Muskeln wirkten gar nicht; denn ich sehe allerdings, daß in dem Aufsatz in den Monatsberichten der Akademie[1] nichts ist, was zu dem Glauben verleiten könnte. Aber so habe ich, als ich den Aufsatz mit dem Zwecke durchlas, seinen Inhalt reproduzieren zu können, meine Aufmerksamkeit nur auf seinen Hauptinhalt gerichtet und, wenn von schwachem Muskelstrom statt von ganz fehlendem die Rede war, mich leicht damit beruhigt, daß die Bedingungen der Unverletztheit des Muskels neben Ausgleichung der Hautdifferenzen doch nicht so ganz vollständig erfüllt werden könnten. Solltest Du also in irgendeiner Druckschrift wieder auf die Sache zu sprechen kommen, so zeihe mich nur öffentlich des Mißverständnisses, welches ich auch als solches anerkannte. Vielleicht finde ich selbst Gelegenheit dazu, es öffentlich zurückzunehmen.

Ich mußte in diesem Sommer Deine Versuche etwa 20 Zuhörern zeigen, und das gelang mir sehr bequem mittels meines Galvanometers. Ein Spiegel am Fenster, der durch einen Gehülfen von Zeit zu Zeit passend gestellt wurde, warf Sonnenlicht auf den Spiegel des Galvanometers, das reflektierte Licht ließ ich dann entweder auf die Wände des Zimmers fallen, so daß der helle Lichtkreis, durch den Muskelstrom von einem zum anderen Ende des Zimmers laufend, die Wirkung sehr handgreiflich darstellte, oder er fiel auf eine Skala von durchsichtigem Papier, wo man die Wirkungen auch ihrer Größe nach ungefähr messen konnte. Neuerdings habe ich mich auch wieder bemüht, sekundäre Zuckungen aufzeichnen zu lassen, bin aber immer noch nicht damit zu Stande gekommen. Ich werde einmal eine Muskelsäule nach Matteuccis Prinzip bauen, vielleicht überwindet eine solche besser den Widerstand des Nerven. Die vier Studenten, welche in meinem Laboratorium arbeiten, sind mir alle noch zu ungeschickt, um mir bei der Anfertigung von Froschpräparaten zu helfen.

Daß es Dir in England unter den Verhältnissen, wo Du warst, gefallen hat, kann ich mir denken. Brewsters Gefälligkeit für Anfertigung einer englischen Übersetzung des Augenspiegels in Anspruch zu nehmen, scheue ich mich, da der zweite Teil der zu meiner Habilitation bestimmten physiologisch-optischen Arbeit, den ich zum mündlichen Vortrag gebrauchen und dann an Poggendorff schicken will, zur Widerlegung von Brewsters Analyse des Sonnenlichts bestimmt ist, eine Theorie, welche ihm sehr am Herzen liegt und die er bisher mit vieler Gereiztheit verteidigt hat.[2] Seine Beobachtungen über diesen Gegenstand sind vollkommen richtig, aber die Veränderungen der Farben des Spektrums durch absorbierende Media beruhen meist auf subjektiver Erscheinung, Kontrast und dergleichen, wie sich ganz schlagend nachweisen läßt. Meine Abhandlung ist natürlich mit der äußersten Rücksicht geschrieben, aber ich fürchte dennoch, daß Brewster sie übel aufnehmen wird. Soviel ich weiß, ist übrigens ein Augenspiegel in London, Dr. Graefe in Berlin hat bei meinem Mechanikus hier einen für Bowman anfertigen lassen, und daran ist schon eine sehr wesentliche Verbesserung angebracht, indem die Konkavgläser am Instrumente selbst in zwei drehbaren Scheiben befestigt sind und während der Beobachtung selbst leicht miteinander vertauscht werden können. Von Ruetes Verbesserung weiß ich nichts. Übrigens hat auch ein Pariser Follin ihn verbessert, ich weiß aber nicht wie, und ein anderer Pariser Augenarzt Deval beweist mir seine Aufmerksamkeit dadurch, daß er mir schon zweimal unfrankiert unter Kreuzband eine Ankündigung seines Werkes über Amaurose[3] geschickt hat. Arlt und Hasner in Prag, Graefe in Berlin sollen ihn viel gebrauchen. Ich bin neugierig, ob die Augenärzte etwas damit zustande bringen.

Mir selbst geht es gut bis auf einen heftigen Katarrh, den steten Begleiter der Sommerhitze bei mir. Ich habe eine angenehme Sommerwohnung dicht am Tore bezogen, um die Luft zu genießen und meine Familie genießen zu lassen, den letzteren ist es schon sehr gut bekommen. Mein Experimentierfonds ist von 100 auf 200 Taler erhöht worden, meine persönlichen Einkünfte werden leider nur sehr schwachen Zuwachs durch Promotionsgebühren und dergleichen haben.

Hast Du R. Wagners letzten physiologischen Brief in der Augsburger Allgemeinen Zeitung 5. Juni des Jahres gelesen? Er läßt sich darin über die physikalisch-physiologische Schule los, ein junges Titanengeschlecht, mit ikarischen wächsernen Flügeln. Wenn Du etwas über die physiologische Völkerwanderung hörst, so laß es mich doch wissen. Siebold in Breslau soll auch wackeln. Ludwig schrieb mir, wenn Henle von Heidelberg weggehe, sei jetzt nur noch Aussicht für Bischof, dahin gerufen zu werden. – Ein Königsberger Student, der nach Halle gegangen war und dort bei Heintz arbeitet, schrieb sehr eingenommen von Heintz, was mich hoffen läßt, daß dieser jetzt dort besser mit den Studenten steht. – Hier war eine Aufforderung von Berliner Akademikern, zu einer Statue von Lichtenstein, noch bei seinen Lebzeiten zu errichten, beizutragen.[4] Schämt Euch! – Dann war hier auch ein infamer Betrüger von Optikus, Reiss aus Nymwegen, mit den glänzendsten Zeugnissen von Humboldt, Ehrenberg, Braun, Schacht etc.

Lebe wohl und schreibe zuweilen. Nächstens schicke ich Dir auch die Geschichte wegen der Verteilung der elektrischen Ströme in körperlichen Leitern.[5]

Dein Helmholtz

Nr. 35

An E. du Bois Reymond

Königsberg, 24. Juni 1852

Lieber Freund,
ich überschicke Dir einliegend einen Brief an Peters, weil mir von einem Bekannten desselben hier gesagt wurde, daß er in dieser Zeit zu verreisen beabsichtigt habe, und ich deshalb zweifelhaft bin, ob mein Brief ihn in Berlin treffen würde. Die Buchhandlung von Veit hat mir meine Habilitationsschrift[1] nicht zu der versprochenen Zeit übersendet, so daß ich den zu dem Actus festgesetzten Termin nicht einhalten kann.[2] In der Voraussetzung, daß Du Müller und Peters täglich siehst, möchte ich Dich bitten, einliegenden Brief letzterem, wenn er in Berlin ist, zukommen zu lassen, wenn nicht, ihn zu eröffnen und den Inhalt mit Müller zu besprechen.

Dein Helmholtz

Ich habe mich geärgert, daß so ein dürftiger Bursche, wie Bernard, wieder den großen physiologischen Preis bekommen hat und fast in die Akademie hinein gewählt wäre.[3] Er scheint aber die Herren Magendie und Flourens auch mit Schmeicheleien zu überzuckern.

Nr. 36

An E. du Bois-Reymond

Königsberg, 9. Juli 1852

Lieber Freund,
einliegende Abdrücke bist Du wohl so gut, an ihre Adresse gelangen zu lassen. An Poggendorff hatte ich schon mit einem Manuskript solche geschickt. Deine Untersuchungen über menschliche Hautströme habe ich neulich erhalten; das ist ein dorniges Feld.

Ich beeile mich, Dir mitzuteilen, was Dir möglicherweise bei dem Gebrauch der von Halske gebauten Muskelmaschine von Wichtigkeit sein kann, daß die negative Stromesschwankung *vor* der Kontraktion eintritt und auch bis zu deren Eintritt anhält; ob sie noch länger dauert oder nicht, weiß ich nicht, doch scheinen diejenigen Teile derselben, deren Schwankungsgeschwindigkeit groß genug ist, um den Nerven des sekundär zuckenden Muskels zu reizen, der Kontraktion vorauszugehen und die Teile, welche etwa noch während der Zuckung vorhanden sind, so langsam zu schwanken, daß sie nicht mehr reizen. Ich habe sekundäre und primäre Zuckungen hinreichend reizbarer Gastroknemii aufzeichnen lassen und schicke Dir einliegend eine solche Zeichnung mit.

Wenn, wie in beifolgender Zeichnung, die sekundäre Zuckung dem Maximum der Reizung entspricht, ist der Zwischenraum zwischen beiden Kurven viel größer, als durch den Unterschied der Nervenleitungen bedingt wird, aber nicht so groß wie die Dauer des temps perdu. So siehst Du es in der mitgeschickten (leider nicht ganz geratenen) Zeichnung. Ist die negative Stromesschwankung aber zu schwach, um das Maximum der Reizung hervorzubringen, wo man annehmen kann, daß alle ihre wirksamen Teile zur Reizung beigetragen haben, so wird der Abstand beider Kurven nahehin so groß wie das temps perdu, wie der Abstand einer primären Zuckung von der Reizung.

Ich gehe jetzt an die Ausarbeitung des Theorems über Stromverteilung und werde Dir nächstens eine Notiz darüber für die Akademie schicken.[1]

Den physikalischen Jahresbericht 1848 habe ich erhalten.[2]

Dein H. Helmholtz

[Beilage][3] Sekundäre Zuckungskurven

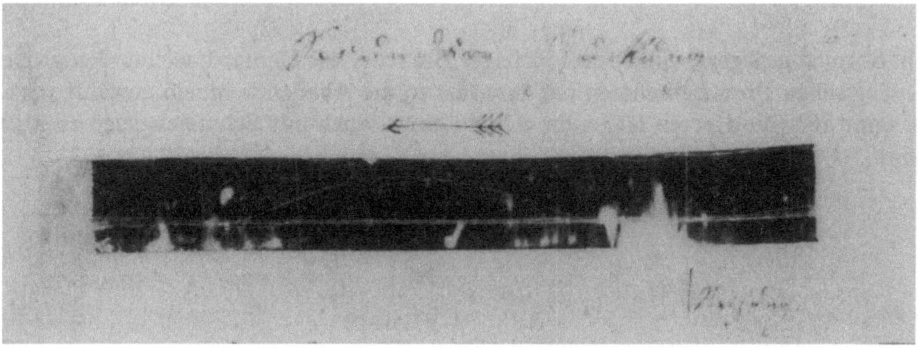

Die voll ausgezogene Kurve gehört der sekundären Zuckung, die unterbrochende der primären an. Bei der sekundären Zuckung war die Nervenleitung 73 mm länger als bei der primären. Der Muskelstrom im Nerven absteigend.

Nr. 37

An E. du Bois-Reymond

Königsberg, 16. Juli 1852

Lieber du Bois,

beiliegend erhälst Du eine Notiz für die Akademie über die Stromverzweigung, welche ich Dich vorzulegen bitte. Ich werde mich auch gleich an die spezielle Ausarbeitung des Stoffs für Poggendorffs Annalen machen und denke, bald damit fertig zu sein.[1] Von den Voraussetzungen, welche man machen kann, um zu erklären, warum die

Muskeln nicht ganz den Anforderungen der Theorie genügen, scheinen mir namentlich zwei annehmbar, 1) daß ihre elektromotorischen Kräfte inkonstant sind. Daß die Inkonstanz die Ströme des Längs- und Querschnittes für sich erklären kann, zeigen Deine Metallschemata, aber es ist schwer, darüber eine Theorie zu entwickeln, 2) die Annahme, daß bei der Berührung mit der Luft die äußerste Lage der Muskelsubstanz geschwächt werde. Diesen Umstand kann man leicht in die Theorie einführen, wenn man diese äußerste Schicht als eine unwirksame leitende Hülle betrachtet. – Verschieden lange und dicke Muskeln müssen nach der strengen Theorie gleich große elektromotorische Kräfte besitzen, die Annahme einer äußeren unwirksamen Schicht erklärt aber auch, wie Du finden wirst, ein geringes Übergewicht des längeren und des dickeren Muskels.

Die sekundäre Zuckungskurve wirst Du wohl schon erhalten haben mit den Abdrücken. – Henle schrieb mir neulich, daß die Heidelberger physiologische Stelle jetzt endlich besetzt werden würde und daß wir beide dem badischen Ministerium als Kandidaten vorgeschlagen werden würden.[2] Er selbst sei noch zweifelhaft über sein Weggehen, indessen sei die Besetzung der physiologischen Stelle eine seiner Hauptbedingungen für sein Bleiben.

Ist Leubuscher noch in Berlin,[3] was ich nicht weiß, so kannst Du ihm vielleicht einen großen Gefallen tun, wenn Du ihm die Nachricht zukommen lässest, daß die Besetzung der Direktorenstelle an dem neuen Irrenhaus, was hier in der Nähe errichtet wird, rückgängig geworden sei, weil in dem bisherigen alten städtischen Irrenhause, welches der ernannte Direktor bisher bekleidete, grobe Unordnungen entdeckt sind. Vorläufig soll unser Profesor Dr. Möller, der Vorsteher der medizinischen Poliklinik hierselbst, der aber nie mit Irren etwas zu tun gehabt hat, einige Hoffnungen auf die Stelle haben. Sollte aber Leubuscher dazu noch Lust haben, so würde er diesen Gegner wahrscheinlich leicht schlagen.

Lebe wohl und grüße die Freunde,

Dein Helmholtz

Nr. 38

An H. von Helmholtz

Berlin, 3. August 1852

Lieber Helmholtz,

ich habe Dein Theorem am Donnerstag, dem 22. Juli, in der Akademie vorgetragen,[1] acht Tage vorher hatte gerade Poggendorff den Auszug aus Deiner Arbeit über Brewster New Analysis[2] mitgeteilt. Welch ein Füllhorn von Abhandlungen hast Du doch auszuschütten; eine solche Fruchtbarkeit ist ja noch gar nicht dagewesen. Dein Theorem habe ich mir nun endlich gut zu eigen gemacht, es ist ein merkwürdiger Satz, auf den ich wohl hätte kommen sollen, wenn ich nicht so wenig echten Scharfsinn besäße.

Der Vergleich mit dem Gaußschen Satze über die Ersetzung innerer magnetischer Kräfte durch eine Verteilung an der Oberfläche gefällt mir aber nicht, er ist gar zu sehr nur formell, die Art, wie die Wirkung ausgeübt wird, ist doch in beiden Fällen gar zu verschieden. Kann man das Theorem nicht auch mit dem Satz aus der Optik vergleichen, wo auch bei der Reflexion z. B. die Orte der Reflexion als neue lichterregende Zentra zu betrachten sind? Er paßt aber auch nicht, und warum sollte Dein Theorem nicht eines sui generis sein. Fabelhaft und tröstlich für mich ist übrigens, daß Kirchhoff, mit dem ich soviel über die Probleme gesprochen, die mit Hülfe des Theorems nun so leicht zu behandeln sind, nicht darauf gekommen ist. Die Lehre vom Muskel und Nervenstrom wird nun erst darstellbar, das gräßliche dritte Kapitel meines Buches[3] zieht sich in eine kurze, elegante Auseinandersetzung zusammen. Eins der nächsten Dinge, die nun geschehen müßten, wäre, Schemata mit konstanten Kräften herzustellen, d. h. z. B. mit Kupferelektroden in Kupfervitriol anstatt der Zinkkupfermolekeln, um sich zu vergewissern, daß es die Polarisation ist, die an den Schemata mit inkonstanten Kräften die schwachen Ströme bedingt. Es ist aber schwer zu machen, sonst hätte ich es längst gemacht, um sicherer die Erscheinungen an den Schemata studieren zu können.

Die irrige Angabe Deinerseits in der Kieler Monatsschrift[4] wünschte ich von Dir selber bei irgendwelcher Gelegenheit berichtigt zu sehen. Warum soll ich es tun? Ich sähe doch parteiisch für meine Ströme aus, und die Welt denkt zuletzt, die organischen Physiker können verschiedener Meinung über einen Punkt überhaupt sein und Du und ich seien es insbesondere über diesen. Das dürfen sie nicht glauben.

In tiefe Niedergeschlagenheit hat mich Deine Nachricht über den zeitlichen Verlauf der negativen Schwankung gestürzt. Nämlich, wenn die Dinge so sind, wie Du es angibst, ist es ja unmöglich, mit meinem Apparat irgendeinen Erfolg zu haben, da die Pointe des Apparates ist, daß eine Nebenschließung zum Multiplikatorkreise geschlossen bleibt, bis der Muskel anfängt, sich zusammenzuziehen. Mit anderen Worten, sobald die negative Schwankung noch von keiner mechanischen Wirkung begleitet ist, kann selbstredend der Muskel nie in dem Mechanismus verwendet werden, der zum Zweck hat, die elektromotorische Wirkung der negativen Schwankung zu isolieren. Ich hatte schon den Apparat in Gang gebracht, habe ihn aber wieder zur Seite gestellt, indem ich noch positiveren Mitteilungen über das mutmaßliche Ende der Schwankung entgegensehe.

Auf der andern Seite ist Dein Ergebnis ein gefundenes Fressen für unsere theoretischen Hoffnungen. Es ist klar, daß nun nicht mehr die Rede davon sein kann, daß die negative Schwankung nur eine Folge der Zusammenziehung ist. Ist sie nur ein Begleitzeichen, so ist sie wenigstens ein Begleitzeichen der Ursache der Kontraktion.

Ich habe die Untersuchung über die Menschenströme abgeschlossen. Die Erscheinung hat allen cross-experiments gegenüber Stich gehalten. Es tut mir leid, an diesen Gegenstand ein Jahr der mühsamsten Arbeit verschwendet zu haben, es war aber eine Art Ehrensache für mich geworden. Die Geschichten sind in meinem Buch bereits gedruckt und reichen bis zum 24. Bogen der 2. Abteilung. Auch ist die XI. Kupfertafel in Arbeit. Auf ihr ist eine Darstellung des Versuches. Ein nackter Jüngling mit etwas Gewandung stellt den Versuch an. Der Stich ist nach einem großen Daguerreotyp von Oehme, zu dem mein Bruder gesessen. A propos, ich denke, mit Deiner Kupferplatte hast Du Grund gehabt, zufrieden zu sein. Ich bin stolz darauf, denke Dir was Guinand gezeugt haben würde! Jetzt kommt, in der Reihenfolge meiner Arbeiten, die säulenartige

Polarisation der Muskeln heran. Alsdann Muskelsäure, und der experimentelle Teil wäre fertig. Ginge mein Leben im glatten Gleise fort, so möchte dies bis Ostern geleistet sein. Aber es bereiten sich große Störungen vor. Ich verreise nämlich auf nahe drei Monate. Erst will ich meine Schwester zu Verwandten nach England bringen, die sie eingeladen haben, dann will ich mit Splitgerber, der mir das Anerbieten gemacht hat, auf seine Kosten mitzureisen, nach Italien und Sizilien. Ich habe lange gekämpft und mich zuletzt verführen lassen. Torpedo[5] werde ich bei dieser Gelegenheit nicht untersuchen, ich werde nicht frei genug sein in meinen Bewegungen, das Mitnehmen der Instrumente ist zu beschwerlich, und ich kann das Pfuschen in Experimenten nicht leiden, worauf es hier notwendig zuletzt herauskommen würde.

Übrigens habe ich diesen Sommer so gut wie gar nichts, oder vielmehr Neues gar nichts geschafft. Museum, Künstler,[6] doppelte Examina und ein für Ärzte gelesenes Privatissimum über tierische Elektrizität haben mir alle Zeit geraubt. Dies droht schlimmer und schlimmer zu werden, und ich werde demnächst energische Schritte tun, um meine Existenz zu verbessern. Ich bin jetzt mürbe geworden und entschlossen, bei der ersten Gelegenheit, die mir einigermaßen zusagt, Berlin den Rücken zu kehren. Ich fühle, daß in dem Stadium der geistigen Entwicklung, wo ich mich befinde, mit vorgezeichneter Bahn der Produktion auf lange Zeit und in bezug auf allgemeine Meinungen bereits mehr abgeschlossen und fertig, es mir nur Hauptsache sein kann, Zeit zu haben, um zu produzieren. Und so würde Heidelberg das höchste Ziel meiner Sehnsucht sein. Allein wie stimmt das wieder? Es heißt ja, Henle gehe nach Göttingen an Langenbecks Stelle. Siebold hat noch keinen Ruf nach München. R. Wagners Gesundheit soll sehr schlecht sein. Liebig soll in Giessen durch A. W. Hofmann aus London ersetzt werden. Von Bunsen heißt es in diesem Augenblick wieder, er gehe nicht nach Heidelberg. Verläßt er Breslau, so führt eine gewisse Partei eine Niederträchtigkeit im Schilde, die einmal wieder ein rechtes Wahrzeichen des tiefen Verfalls unserer Zustände sein wird. Sacc aus Neuchatel, ein unbedeutender Chemiker, aber brennender Royalist, soll Bunsen ersetzen. Hier hat die Fakultät fast einstimmig (C. H. Schulze ausgenommen, wie ich vermute) G. Simon zum Professor vorgeschlagen. Der Minister[7] hat es rund abgeschlagen, weil die Fakultät noch nicht auf den Normaletat herabgekommen sei. Derselbe Minister hat sich kürzlich im botanischen Garten des Todes verwundert, daß alle Pflanzen Namen haben. Also nicht einmal die Bibel kennt der Fromme recht, sonst müßte er wissen, daß schon Salomon sich mit systematischer Botanik beschäftigte. Von Virchow sollen höchst alberne Erinnerungsblätter an Reinhard[8] erschienen sein. C. H. Schulze hat neulich in der Fakultät beim Rigorosum meinen ehemaligen Assistenten, Herrn Wilms, über tierische Elektrizität gefragt und die Ansicht zu hören verlangt, „daß die Exkremente den stärksten Strom haben". Er ist jetzt beim Ministerium um die Erneuerung des Unterstützungsfonds für das organische Observatorium eingekommen, und das Ministerium hat seine Eingabe zur Begutachtung der Fakultät übersandt. Was geschehen wird, weiß ich noch nicht. Gestern abend habe ich den 1. Bogen Deiner Abhandlung gegen Brewster im Poggendorff zum zweiten Mal korrigiert, heute liegt mir die erste Korrektur des Schlusses vor. Es ist noch ein 1/2 Bogen geworden. Ich gratuliere zur Vollendung der Bahn bis Danzig.[9] So sind wir um so viel näher.

Empfiehl mich Deiner Frau. Siemens wirst Du bald sehen.

Dein
E. du Bois-Reymond

Meine Adresse ist schwer, ja unmöglich Dir zu geben. Am besten ist, Du schreibst p[er] Adr[esse] meines Vaters nach Kösen bei Naumburg a/S. Bis Ende Oktober wird dies das sicherste sein. Nachher nach Wien, wo ich gegen Ende November eintreffen werde.

Meinen Bruder [10] schicke ich nach Zürich zu Ludwig, um utile cum dulci zu verbinden.

Nr. 39

An H. von Helmholtz

Berlin, 16. Januar 1853

Liebster Freund,
ich schreibe Dir wesentlich, um Dir meine Verlobung mit meiner Cousine Jeannette Claude, Ambleside, Westmorland, England,' anzuzeigen. Die Verlobung geschah bereits im August, ist aber erst jetzt publici juris gemacht worden, indem ich sie, statt jeder besonderen Anzeige, der Frau Poggendorff erzählt habe. Meine Braut ist eine Berlinerin von Geburt, eine Chilenin von Erziehung, denn sie ist als ganz junges Kind nach Valparaiso gekommen, das sie erst vor drei Jahren verließ, aber eine Deutsche von Gemüt und Sprache, obschon sie natürlich auch Englisch und Spanisch spricht. Sie ist nicht hübsch und nicht reich, was ich Dir explizite schreibe, weil alle Welt das Gegenteil voraussetzt: sie ist nur jung, gut, klug und liebt mich von Herzen. Nächsten August gehe ich wieder nach England und heirate. Ich verlasse natürlich meine Wohnung, habe aber noch keine neue. Um mir das Finden einer solchen zu erleichtern, hat mir Müller auf dem Museum eines der Magazinzimmer zum Arbeitszimmer eingeräumt.[1] Ich habe mich überzeugt, daß man, bei der gewaltigen Stärke der Mauern und der Entfernung von der Straße, trotz der Höhe Multiplikatorversuche anstellen kann. Dort wirst Du Dir also meine Experimentierwirtschaft künftig zu denken haben. Ich bin jetzt eifrig mit der säulenartigen Polarisation der Muskeln beschäftigt und hoffe, bis Ostern damit fertig geworden zu sein. Negative Schwankung am Menschen werde ich Dir nächstens schicken können. Ich habe heute morgen durch Deinen Bruder Deine neue Augenspiegelabhandlung[2] erhalten. Leider ist Dein Bruder durch meine Bedienung abgewiesen worden, weil sie ihn für einen Kursisten hielt, die bei mir à la consigne sind. Es amüsiert mich sehr, daß das dumme Geschmeiß in Paris Herrn Bernard und Herrn Budge und Waller mit Preisen überschüttet, aber für Dich nichts – Du hast ihnen doch nichts getan; was mich betrifft, so haben sie ihre guten Gründe. Ich habe sie gezwungen, ihrer eigenen Unfehlbarkeit in's Gesicht zu schlagen; es ist recht und billig, daß sie mir das nie vergessen.

Nachdem ich mich im vorigen August in Ambleside, wohin ich via Hambro'[3] und Hull meine Schwester gebracht, verlobt, ging ich nach Belfast, wo aber nicht viel los war. Ich wohnte mit Brewster und seiner Tochter in einem Hause, fand aber für gut, ihm lieber nichts von Deiner Abhandlung zu erzählen, da der alte Herr scheußlich reizbar ist. Von Belfast ging ich über London nach Folkstone am Kanal, wo Bence Jones ein Haus hat; über Paris nach Genf und traf dort am 16. September mit Splitgerber zusammen. Wir machten die Tour über Chambéri, Mont Cenis, Turin, Genua, Livorno – Pisa –, Civitavecchia, Neapel, Rom, Siena, Florenz, Bologna, Ferrara, Padua, Venedig, Triest und Wien. In Neapel waren wir vierzehn Tage und ebensolange in Rom. Das Wetter begünstigte uns nicht, und die Widerwärtigkeiten der Reise überstiegen nicht selten alle Begriffe. Meine Gesellschaft war mir nicht sehr sympathisch. Nichtsdestoweniger brauche ich Dir nicht zu sagen, daß, selbst wenn man im selben Jahre bereits England kennengelernt und sich verlobt hat, es doch noch ein Lebensereignis bleibt, vom Vesuv auf den Golf von Neapel niederzuschauen, in der blauen Grotte zu schwimmen, unter den Trümmern von Paestum und Pompeji zu wandeln und von Albano aus die Sonne über der Campana di Roma sinken zu sehen. Torpedo hab' ich nicht sehen wollen, was hätt' ich damit gemacht, und den Schlag eines Zitterfisches hatte ich ja in London ganz zur Genüge durch Faradays old friend (den ein unvorsichtiger Wärter leider seitdem lebendig gesotten hat) kennengelernt. Brücke fand ich unverändert.

Als ich voriges Frühjahr in London war, schenkte mir Faraday zwei Stücke schweres Glas, eins für mich, das andere für den, [den] ich in Deutschland am würdigsten halten würde. Es versteht sich von selbst in meinen Augen, daß es Dir gebührt, und Du erhältst es beiliegend: das Zeichen darauf ist von Faraday mit dem Diamant eingekratzt und bedeutet MF, Michael F. Die Blindheit der Endflächen schadet nichts, sie müssen eben wieder aufpoliert werden. Hüte es, denn es ist ein Schatz, wenn man auch gerade in diesem Augenblick nichts Großes damit anzufangen weiß.

Grüße Deine Frau, lebe wohl, und, da die Ostbahn nun ihre Opfer ausgefordert zu haben scheint,[4] mach Anstalten, daß man Dich einmal wieder hier sieht.

Dein
E. du Bois-Reymond

Nr. 40

An E. du Bois-Reymond

Königsberg, 23. Januar 1853

Lieber Freund,
die unerwartete Nachricht, daß auch Dein stolzes Herz endlich bezwungen sei, hat mir und auch meiner Frau außerordentliche Freude gemacht. Ich gratuliere Dir herzlich dazu, daß Du endlich eine Mädchenseele gefunden hast, welche Du Deiner Wahl für würdig erachten durftest; ich weiß es aus eigener Erfahrung und erfahre es noch täglich, daß es der wichtigste und schönste Schritt des Lebens ist, und möge er Dir reiche Blüten und Früchte eintragen wie mir. Zuvörderst hätte ich Dir wohl einen besseren Brautstand gewünscht, als es Deiner ist, der aus einer einjährigen Trennung besteht; gut, daß er eben nur einjährig ist. Wenn Dein Fleiß und Kraft zur Arbeit in dem befriedigten Behagen des Ehestandes in demselben Verhältnisse steigen, wie es bei mir der Fall war, so hat die Welt Wunder zu erwarten. Hoffentlich werde ich noch im Herbste dieses Jahres in Berlin Gelegenheit haben, Deine Erwählte kennenzulernen.

Für das Stück von Faradays schwerem Glase sage ich Dir meinen Dank, ich werde [es] als ein Ehrengeschenk verwahren.

Mir persönlich ist es im Laufe des Herbstes und Winters gut gegangen, leider hat aber meine Frau viel mit Krankheit zu kämpfen gehabt. Sie beschenkte mich im September mit einem bisher sehr wohlgelungenem Knaben;[1] kaum hatte sie sich vom Wochenbette erholt, so verfiel sie in ein gastrisch nervöses, sehr langwieriges Fieber, welches mit einem sehr hartnäckigen Bronchialkatarrh verbunden war, woran sie eine Zeitlang bedenklich krank war. Leider hat sie auch jetzt noch nicht sich ganz erholt, der Husten will noch immer nicht weichen, ja in den letzten Tagen ist sogar wieder eine Verschlimmerung eingetreten. Auch mein kleines Mädchen[2] hat Wechselfieber mit häufigen Rückfällen gehabt. So ist denn der Winter bisher mit mancher Angst und Sorge dahin gegangen.

Während des Sommers habe ich noch allerlei zeitmessende Zeichnungen von Fröschen ausführen lassen, solange frische zu haben waren. Dann habe ich mich lange Zeit mit Ausarbeitung der Theoreme über die Stromverteilung in den Muskeln beschäftigt und konnte immer nicht zum Abschluß kommen; weil mir noch ein neuer, vielleicht sehr wichtiger Satz vorschwebte, für den ich aber nicht einen ganz allgemeinen Beweis finden konnte.

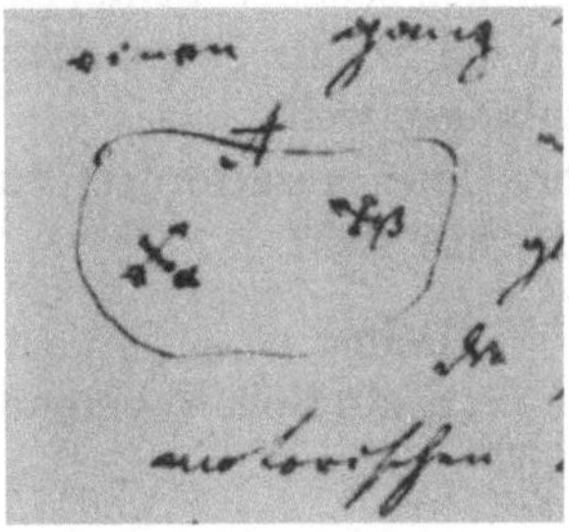

A sei ein beliebiger Leiter, α und β zwei gleiche beliebig gelegene Flächenelemente, die Pfeile mögen die Richtung einer elektromotorischen Kraft oder einer Stömung bezeichnen. Der Satz ist: „Eine elektromotorische Kraft, in α angebracht, bringt in β, senkrecht gegen dieses, dieselbe Stromeskomponente hervor, wie dieselbe Kraft, in β angebracht, in α hervorbringen würde."

Der Satz ist zu beweisen für Leiter von gleichem Widerstande aller Teile und für alle aufzulösenden Fälle von Strömungen in zwei verschiedenartigen Leitern, und es scheint mir daraus sehr wahrscheinlich, daß er allgemein richtig sei, aber leider fand ich den Beweis nicht. Bei tierisch elektrischen Versuchen würde man das obige Flächenelement α als einen Querschnitt des Multiplikatordrahtes ansehen können und somit jede tierisch elektrische Aufgabe auf die zurückführen: Die Stromverteilung im Muskel zu finden, welche eine elektromot[orische] Kraft erregt, die im Multiplikatordrahte angebracht ist. Wäre diese gelöst, so würde dadurch der Multiplikatorstrom jeder beliebigen Verteilung elektromotor[ischer] Kräfte im Muskel zu berechnen sein. – Es wird mir indessen vorläufig nichts übrig bleiben, als dies der Zukunft zu überlassen und zu veröffentlichen, was ich fertig habe.

Im Laufe des Herbstes und Winters habe ich noch nicht die nötige Ruhe gehabt, um meine Zeitmessungen am Menschen wieder vorzunehmen. Inzwischen habe ich einige Versuche über Akkomodation des Auges gemacht, worüber beifolgenden Bericht[3] ich Dich der Akademie vorzulegen bitte, damit er in den Monatsberichten abgedruckt wird. Es wird doch wohl einige Zeit vergehen, ehe ich die Sache fertig machen kann. Zuletzt konnte ich mich einer öffentlichen Vorlesung nicht entziehen, worin ich Goethes Farbenlehre vornahm; wenn Du die Grenzboten liesest, wirst Du sie nächstens darin finden.[4]

An Sir D. Brewster habe ich übrigens meine optischen Arbeiten zusammen[5] eingeschickt, als ich die Abdrücke der letzten aus Poggendorffs Annalen erhielt. Ich hatte

Poggendorff gebeten, den Habilitationsaufsatz aus Müllers Archiv über die Mischung des farbigen Lichtes in den Annalen abzudrucken. Es ist bis jetzt nicht geschehen; es tut mir leid, daß er den Physikern unbekannt bleiben wird.

Die französische Akademie blamiert sich in der Physiologie jetzt so, daß man sich sehr bedenken muß, ihr physiologische Sachen zuzuschicken, über welche vielleicht ein Rapport zustande kommen könnte. – Kannst Du hier oder da für meinen Bruder Otto[6] etwas tun, so werde ich Dir sehr dankbar sein, ich denke, daß er ein intelligenter und fleißiger Junge ist. – Also lebe wohl und viel Glück!

Dein H. Helmholtz

Nr. 41

An E. du Bois-Reymond

Königsberg, 22. Mai 1853[a]

Lieber Freund,
ich muß Dich zunächst mit zwei Bitten behelligen, erstlich, wenn Du kannst, mir Dr. J. Tyndalls Adresse zu schicken, weil ich mir von ihm Auskunft wegen des Beginns der British-Association erbitten möchte. Zweitens finde ich in der Sitzung der Pariser Akademie vom 24. Januar des Jahres, daß ein Herr Gaugain eine Tangentenbussole nach dem Prinzip der meinigen, aber allerdings in einer sehr viel unvorteilhafteren Form, konstruiert hat.[1] Ich habe über das Prinzip meines Instruments einmal in der physikalischen Gesellschaft im Jahre 1848 oder 49 einen Vortrag gehalten und möchte wissen, ob in den Sitzungsprotokollen so viel darüber bemerkt ist, daß ich mich darauf berufen könnte. Ich möchte eine Beschreibung davon veröffentlichen, da es wirklich ein gutes Meßinstrument für Ströme von der Stärke Deiner Muskelströme ist. Als Vorsitzender hast Du ja wohl die Protokolle der Gesellschaft bei Dir und wirst mir daher leicht Auskunft geben können.

Mir ist es persönlich im ganzen gut gegangen, nur war meine Frau den ganzen Winter hindurch am Halse leidend. Jetzt geht es ihr besser, und wir haben uns nach dem endlichen Eintritt warmer Witterung in eine Sommerwohnung vor das Tor begeben. Ich werde hier nun zunächst 4 Wochen brach liegen müssen, weil ich Marienbader trinken soll meiner häufigen und heftigen Kolikanfälle wegen und geistige Beschäftigung dabei untersagt ist. Doch hoffe ich, zuvor noch die Verzögerung der sekundären Zuckung vom Nerven aus zu ermitteln, d. h. also die Verzögerung des Eintritts des elektrotonischen Zustandes. Meine Arbeit über Stromverteilung in körperlichen Leitern soll im Juniheft von Poggendorff erscheinen.[2] Die Arbeit über Adaptation, welche, wie ich hoffe, sich nun ganz in das Reine wird bringen lassen, ruht bis zur Vollendung eines neuen Meßinstruments.

[a] Infolge Korrektur unsichere Lesung. Möglich ist auch: 27. Mai 1853.

Werther ist hier eingetroffen und hat sich provisorisch eingerichtet. Er verkehrt sehr viel bei uns, und es war uns sehr angenehm, durch ihn einmal wieder ausführlich von den Berliner Freunden und Zuständen zu hören, er scheint sich bisher hier ganz gut zu gefallen und ist, wie er immer war, ein sehr angenehmer Gesellschafter. – Einen höchst närrischen Beweis für die Unsterblichkeit der Seele, hergenommen aus der negativen Schwankung des Nervenstroms, der aus einem neuen Journal von Gutzkow, Unterhaltungen am häuslichen Herd, entnommen war, erfuhr ich durch eine gelehrte Dame. Beim Table moving[3] hat ja die tierische Elektrizität auch stark herhalten müssen. Wir haben hier nicht sehr dadurch gelitten, aus Berlin hörten wir aber manches über die Plagen, welche daraus für die Physiker entstanden sind.

Hast Du Dich noch nicht entschlossen, für Karstens projektiertes Handbuch der Physik[4] die tierische Elektrizität zu bearbeiten? Ich hoffte eigentlich, es würde Dir sehr gelegen sein, da Du die Absicht gehabt hattest, einen Auszug in französischer Sprache auszuarbeiten und Du dann ganz gut dieselbe Abhandlung in beiden Sprachen herausgeben könntest. Dazu kommt, daß bei den schwachen Stromanordnungen doch eine etwas veränderte Darstellung wird eintreten müssen, welche nicht wohl jemand anders als Du wird ausführen können. Es wäre sehr schade um das Werk, wenn Du es ganz ausschlügest, Du könntest Dir aber wohl sehr gut einen späteren Termin der Ablieferung als Ende 1856 ausbedingen, bis wohin die anderen Manuskripte eingeliefert sein sollen.

Lebe wohl, auf fröhliches Wiedersehen in England oder Berlin.

Dein H. Helmholtz

Nr. 42

An H. von Helmholtz

Berlin, 30. Mai 1853

Lieber Freund,
ich habe selbst an Bence Jones geschrieben, um die Zeit der British Association[1] zu erfahren, da ich gern mit Dir dort zusammen gewesen wäre. Bence Jones hat an Sabine (the highest authority) geschrieben, und der Anfang ist der 7. September. Du brauchst also deshalb nicht an Tyndall zu schreiben, dessen Adresse bis jetzt war

Dr. John Tyndall
Queenwood College
Stockbridge
England.

Soviel ich weiß, ist er indes soeben im Begriff nach London überzusiedeln, wo ihm Bence Jones, durch mich auf ihn aufmerksam gemacht, eine Stellung an der Royal Institution verschafft hat. Du kannst ihm daher auch sicher schreiben:

Royal Institution
Albemarle Street
London,

oder Care of Dr. H. Bence Jones
30 Grosvenorstreet
Grosvenor square
London.

All that will do. Bence Jones habe ich schon geschrieben, daß Du kommst, und so wird es Tyndall auch wissen. Was unser Zusammentreffen dort betrifft, so paßt mir die Zeit sehr schlecht. Ich heirate aller Wahrscheinlichkeit nach etwa am 20. August und verspüre wenig Lust, mich noch am 7. September mit meiner jungen Frau nach Hull zu begeben. In England werde ich wohl alsdann noch sein, in London entweder oder in Folkstone in Bence Jones Strandvilla. Aber wenn Du von Hull zurückkommst nach dem Süden oder kommst (ich rate Dir, direkt Hamburg Hull zu gehen), so bin ich im Begriff, England zu verlassen. Du müßtest also *vor* Hull noch mit mir irgendwo zusammentreffen. Genug, es geht schlecht.

Deine Priorität wegen der Gaugainschen Bussole ist unrettbar verloren. Das Protokoll des Jahres 1849, dem Deine Mitteilung angehört, ist leider verlorengegangen. In dem Vossischen Zeitungsartikel, der auch in den Jahrgang 1849 des Berichtes aufgenommen ist, steht bloß: 16. März. Helmholtz, Prinzip bei der Konstruktion der Tangentenbussolen. Mehr hat auch gewiß nicht im Protokoll gestanden. Es ist schade drum und von neuem eine Warnung, keine [sic] Pfunde zu vergraben. Laß Dich doch aber ja nicht abhalten, das Instrument doch zu beschreiben.

Müller meint, Du solltest gegen Kolik Opium brauchen und nicht Marienbader.

Es ist leicht vorherzusehen, daß die Geschwindigkeit, mit der sich der elektrotonische Zustand im Nerven ausbreitet, auf keinen Fall größer sein wird als die der Reizung; ob gleich oder kleiner, wird aber sehr interessant sein zu erfahren. Ich kann aus Deinem Satz nicht herauslesen, ob Du schon einige Vorversuche gemacht hast oder nicht; ich muß nämlich gestehen, daß ich an der Möglichkeit zweifle, und zwar aus folgenden Gründen. Um die sekundäre Zuckung vom Nerven aus beobachten zu können, muß die ableitende Strecke sehr kurz sein. Es gelingt dessen ungeachtet, sich zu überzeugen, daß die Zuckung wirklich keinen anderen Ursprung hat als den von mir angegebenen. Aber in Deinen Versuchen erwächst daraus natürlich eine große Schwierigkeit. Ferner, wenn die beiden Nerven einander anliegen, weißt Du ja gar nicht, an welchem Punkte ihrer einander berührenden Strecken die Erregung stattfindet, oder, mit anderen Worten, die Grenze zwischen ableitender und abgeleiteter Strecke am primär erregten Nerven ist unbestimmt. Dieser Umstand ist sehr erheblich aus dem Grunde, daß bei diesen Versuchen die Längen der beiden genannten Strecken zueinander meistens in einem von der Einheit nicht allzu entfernten Verhältnis stehen. Endlich sind die Erscheinungen überhaupt dabei kapriziös über die Maßen, so daß ich verzweifeln würde. Aber bei Dir ist kein Ding unmöglich.

In bezug auf England bemerke ich noch, daß ich Recht gehabt habe und daß Deine Erhaltung der Kraft in den Scientific Memoirs[2] steht.

Ich beabsichtige nach wie vor, eine kurze, verbesserte Darstellung meiner Untersuchungen herauszugeben, sehe aber durchaus nicht ein, aus welchem Grunde ich sie als Teil des Karstenschen Lehrbuches[3] drucken lassen sollte. Ich habe keinen Vorteil davon, sondern nur Schaden; da ich natürlich für mein eigenes Buch einen viel vorteilhafteren Kontrakt machen kann und außerdem hinsichtlich aller Einrichtungen, Ausstattung, Zeit usw. freies Spiel habe. Ich empfinde aber nicht den geringsten Patriotismus für ein solches Sammelwerk, da ich die Überzeugung habe, daß es nicht im deutschen Geiste liegt, so etwas gut zu Ende zu führen. Ich sehe nicht, worin das Karstensche Unternehmen bessere Garantien darbietet als der Gehler, der Rud. Wagner, die Berliner medizinische Enzyclopädie, Sömmerings Anatomie, die sämtlich, als Total-Unternehmen, in den Sand verlaufen sind, Jeder von uns hat Henles Anatomie, Webers Muskelbewegung in Händen, keiner kennt als Ganzes Sömmerings Anatomie, Rud. Wagners Handwörterbuch.[4] Daraus folgt, daß gute Arbeiten, die naturwüchsig hervorgebracht sind, ohne solch ein Buch subsistieren, ja vielleicht, trotzdem, daß sie in solchem Buch vergraben sind, sich Bahn brechen. Zu dem allem kommt noch, daß ich nicht sehe, weshalb Elektrophysiologie in einem physikalischen Lehrbuch abgehandelt werden soll. Weshalb dann nicht auch Astronomie? Wo ist überhaupt die Grenze? Und ich fange an, das Leben so kurz zu finden, daß ich mich nur im äußersten Notfall entschließe, etwas zu schreiben, was nicht unbedingt in den Gang meiner eigenen Entwicklung gehört. Bei Dir ist das etwas anderes, da Du in einer Viertelstunde mehr begreifst, als ich in einer Woche, und unendlich viel mehr gelernt hast, so kannst Du auch nur bei gleicher Arbeitskraft, vollends bei größerer und bei mehr Zeit, auch eine Menge Dinge tun, von denen ich mich fern halten muß, wenn ich noch etwas vor mich bringen will.

Hol' der Teufel das Tischrücken. Ich habe darüber hier in acht Tagen mehr Grobheiten mündlich und schriftlich ausgeteilt als bloße Notwehr, als sonst in Jahren von Verkehr mit vier Jung-Hegelianern und zwei Ansaugern von Goethes Farbenlehre zu Tage gekommen wären. Ich sage Dir, der Berliner Mensch war wirklich gefährlich geworden, man durfte sich nicht mehr sehen lassen, ohne gesteinigt zu werden. Mit Vergnügen vernehme ich, daß die Stadt der reinen Vernunft sich dem Unsinn fern gehalten hat.

Deiner Rede über Goethe als Naturforscher habe ich noch immer nicht habhaft werden können.

Auch Du schweigst über Ludwigs Physiologie[5] – ? Willst Du mir gefälligst über diese Auseinandersetzung bei Gelegenheit einiges sagen? Hast Du Baumert über Ozon[6] gelesen? Derselbe hat über die Atmung von Cobitis eine meisterhafte Arbeit gemacht. Ich muß ein Ende machen, ein andermal wissenschaftliche Neuigkeiten.

Dein
E. du Bois-Reymond

Grüße Deine Frau und Werther.

Nr. 43

An E. du Bois-Reymond

Königsberg, 13. Juni 1854

Lieber Freund,
beiliegend übersende ich Dir eine kleine Notiz für die Akademie.[1] Für das physiologische Institut in Gießen wird jetzt hier ein Froschzeichenapparat oder, wie ich ihn künftig pompös benennen werde, ein Myographion[2] gebaut, und wenn das erst in

Eckhards Händen ist, möchte mir dieser manches von dem wegnehmen, was ich schon gefunden habe. Den Winter über habe ich noch neue Apparate für Menschenzeitmessungen gebaut, und während dieses Sommers werde ich doch noch nicht dazu kommen, sie auszuführen, weil ich mein neues Laboratorium im Anatomiegebäude zwar bezogen habe, aber Schränke, Tische, Stühle usw. noch erst gebaut werden sollen. So mache ich denn allerei physiologisch optische Flickversuche, welche aber das Gute haben, daß sie die Fassungskraft des wissenschaftlichen Publikums nicht übersteigen und diese würdige Körperschaft daher vielleicht bewegen werden, an meine Zeitmessungsversuche wenigstens zu glauben; wenn sie sie auch nicht verstehen. Das also zur Entschuldigung, daß meine Zeitmessungsversuche so langsam fortschreiten.

Ist es nicht möglich, von den Notizen in den Monatsberichten Eurer Akademie einige wenige Abdrücke zu bekommen, damit ich Brücke und Ludwig damit versorgen könnte?

Übrigens geht es mir gut, meine Kolikanfälle haben nach dem Marienbader im vorigen Sommer aufgehört. Ich trage in diesem Jahre den Scharlachmantel des Dekans; leider ist in pekuniärer Beziehung ein Königsberger Dekanat nicht mit einem Berliner zu vergleichen. Auch meine Frau hat den Winter ohne Rückfall ihres Halsleidens überstanden. Werther ist viel bei uns im Hause und läßt Dich grüßen. In den nächsten Wochen wird derselbe Frau Tuczek, geschiedene Rott, heimführen als Gattin, quod bonum faustum felixque ist. Vielleicht weißt Du noch nicht, daß für Kirchhoff Aussicht ist, an Jollys Stelle nach Heidelberg als Physiker berufen zu werden. Bunsen hatte sich zu dem Zwecke von Neumann und mir Empfehlungsschreiben erbeten; wünscht aber, daß die Sache nicht viel besprochen werde. Von Ludwig und Brücke habe ich kürzlich Briefe bekommen, wonach es beiden gut geht. Meine Schwägerin Puhlmann, welche Du kennst, die im vorigen Jahr ihren Mann durch ein Aneurysma Aortae verloren hat und seitdem mit ihrer Mutter bei uns wohnte, wird den Nachfolger ihres verstorbenen Mannes nächstens heiraten und nach Dahlem zurückkehren.

Ich hoffe, Dein Frau vermißt die romantische Ländlichkeit von Ambleside nicht zu schmerzlich in der großen Stadt und äquilibriert deren Staub mit dem Steinkohlenqualm und Nebel ihrer vorletzten Heimat. Wenn ich bei ihr noch in freundschaftlichem Andenken stehe, so bestelle ihr meine ehrerbietigsten Grüße.

Dein H. Helmholtz

Nr. 44

An H. von Helmholtz

Berlin, 21. Juni 1854

Lieber Helmholtz,
vorigen Donnerstag am Morgen empfing ich Deinen Brief und sogleich am Nachmittag trug ich Deine Mitteilung in der Akademie vor.[1] Es wird leider ziemlich lange dauern, bis sie im Druck erscheint, denn der alte greuliche Schlendrian ist wieder eingerissen, und die Monatsberichte sind um bald zwei Monate verspätet. Was den Inhalt Deines Aufsatzes betrifft, so versteht es sich von selbst, daß es keinen zweiten Menschen gibt,

den er so interessieren kann wie mich, und daß es keinen zweiten Gegenstand gibt, der mich so interessieren kann wie dieser. Schreibe mir doch, wenn es Deine Zeit erlaubt, was der Preis eines Myographions ist. Ich möchte Müller dahin bewegen, eins für das Museum, d. h. für mich, anzuschaffen. Bei Deiner Auseinandersetzung über das Eintreten der sekundären Zuckung vom Nerven aus vermisse ich das ausdrückliche Hervorheben eines Punktes, der mir gleichwohl aus Deinem Wortlaut zu folgen scheint, daß nämlich der *elektrotonische Zustand* im Nerven schneller fortschreiten würde als die *Reizung*. Aber ich sollte glauben, daß die Fortpflanzungsgeschwindigkeit beider doch wenigstens außerhalb der Elektroden dieselbe sein müßte. Zwischen den Elektroden muß die Fortpflanzungsgeschwindigkeit des elektrotonischen Zustandes mit der des Stromes zusammenfallen. Welche Partei nimmst Du in dem Streite Omnes versus Pflüger? Ein hübsche Episode, denselben betreffend, hat sich jüngst hier zugetragen. Volkmanns Sohn Alfred hatte die Pflügerschen Aalversuche[2] seiner Angabe nach an 200mal mit genau entgegengesetztem Erfolge wiederholt. Dies machte mich stutzig, und ich bat Pflüger, mir die Versuche zu zeigen, die dann auch sowohl in seiner Hand als in meiner unter seiner Anleitung stets und unzweifelhaft das von ihm verkündigte Ergebnis lieferten. Dies erzählte ich der Partei Volkmann, die darob neben sich geriet, bis sich das Rätsel folgendermaßen löste. Pflüger legt seinen Aal auf den Tisch und läßt ihn sich, dem Einfluß der Schwere entzogen, waagerecht bewegen, die Volkmänner hängen den Aal auf, und da der Schwerpunkt eines Bogens auf der konkaven Seite liegt, sieht sich der Aal, um sich vom Feuer zu entfernen, genötigt, die Muskeln derselben Seite zusammenzuziehen, statt, wie bei waagerechter Lage, die der entgegengesetzten Seite. So eröffnete ich Herrn Alfred Volkmann zu seinem großen Befremden, daß er, falls seine Versuche richtig seien, das schlagendste und eleganteste Experimentum crucis *für* die Pflügersche Lehre angegeben habe, was sich irgend erdenken ließe. – Meine Ausbeute, seit ich wieder angefangen habe zu experimentieren, wird Dir ziemlich karg scheinen. Indessen handelt es sich um Versuche von ausnehmender Schwierigkeit, und ich bin zufrieden mit dem, was ich erlangt habe. Behalte es einstweilen für Dich. 1. Es gibt eine Polarisation an der Grenze ungleichartiger Flüssigkeiten, bald dem ursprünglichen Strome gleichgerichtet, bald ihm entgegengesetzt. 2. Es gibt außerdem, was ich innere Polarisation nenne, d. h., jeder durchströmte Punkt eines porösen, mit einem Elektrolyten getränkten Körpers wirkt sekundär elektromotorisch. Von dieser letzteren Art der Polarisation sind die Peltierschen Ladungen der Muskeln ein einzelnes Beispiel. Allein das Phänomen ist viel zu allgemein. Alle erdenklichen Teile der Pflanzen und auch strukturlose Dinge, wie Seife, Gips, Bildhauerton, besitzen innere Polarisation. Bis jetzt habe ich sie mit Sicherheit erst negativer Art, d. h. dem ursprünglichen Strom entgegengesetzt, gleich der der Metalle beobachtet. Übrigens kann ein poröser Körper sie mit der einen Flüssigkeit getränkt zeigen, mit der anderen nicht. Z. B. Papier (wo die Erscheinung mit der von Munk am Kondensator beobachteten zusammenfällt) zeigt sie mit Wasser, aber keine Spur mit Salzlösung. Du errätst leicht, daß diese Studien Vorarbeiten sind für die ähnlichen Polarisationsversuche an Muskeln und Nerven. In der Tat bin ich bei Verfolgung dieser auf die Aufklärung immer elementarerer Punkte zurückgeworfen worden, so daß ich mich zuletzt habe entschließen müssen, den umgekehrten Weg zu gehen und die Sache hübsch beim Anfang anzufangen. Da hat sich dazu ein unendliches Detail aufgedrängt, aus dem ich mich allmählich mit mehr oder minder Erfolg herausarbeite.

Ich habe Brücke zum Korrespondenten der Akademie für Anatomie und Physik ernennen lassen. Nimm es mir nicht übel, daß ich nicht auch zugleich Dich vorschlug, allein es ging nicht. Ich hatte nur eine Stelle in meiner Gewalt und Brücke das ältere Anrecht, sofern er mich in Wien hat ernennen lassen. Indessen ist die Stimmung für Dich hier so, daß ich hoffe, es bei nächster Gelegenheit bewirken zu können.

Fast vergaß ich, Deine Rede über die Wechselwirkung der Naturkräfte[3] zu erwähnen, die mir Dein Bruder überbrachte, der ja ein wahres Enakskind geworden ist. Ich finde sie einzig, namentlich Anfang und Ende, und bewundere, wie Du Dich in stilistischer Hinsicht entwickelt hast. Überall ist sie mit großer Wärme aufgenommen worden. Deinem Streit mit Clausius[4] kann ich nicht folgen.

Kürzlich ist in den Comptes rendus eine elektro-physiologische Arbeit von Jules Regnauld[5] erschienen, die aussagt, in den Muskelstromversuchen mit Erfolg die Polarisation verbannt zu haben. Sein Rezept ist Zink in gesättigter, schwefelsaurer Zinkoxydlösung. Der Gedanke ist nicht schlecht. Du hast damals nur negative Metalle versucht. Möglicherweise geht es mit dem positiven Zink. Ich habe indes Grund, zunächst bei meinen gewohnten Platinplatten zu bleiben.

Meine Frau erwidert freundlich Deinen Gruß und bittet, sie unbekannterweise Deiner zu empfehlen. Sie erwartet binnen weniger Wochen ihre Niederkunft, und seit gestern ist meine Schwiegermutter unser Gast. Unter diesen Umständen werde ich dieses Jahr wohl unbewegt in Berlin bleiben. Hoffentlich sieht man Dich hier.

Werther ist wahnsinnig. Ich bedaure Dich wegen der Verlegenheit, in die Du Dich versetzt finden wirst, denn das „brave Weib" ist in der Tat nicht hoffähig unter ehrsamen Bürgersleuten. Es ist eine rechte Hundstagstollheit.
Und somit gute Nacht, denn es ist halb zwei.

Dein
E. du Bois-Reymond

Nr. 45

An E. du Bois-Reymond

Königsberg, 7. Juli 1854

Lieber du Bois,
auf Deine Anfrage wegen des Myographion antworte ich Dir, daß mein Mechanikus Rekoß den Preis auf 150 Taler gestellt hat. Das ist allerdings viel, aber ich glaube nicht, daß er dabei sehr überteuert. Für mein eigenes Instrument, welches ich stückweise hintereinander anfertigen ließ, hat er im ganzen nicht viel bekommen, beschwerte sich aber nachher auch sehr darüber, daß er durch die Arbeit eher Nachteil als Vorteil gehabt habe.

Die Beschreibung meines Versuchs über den Eintritt der sekundären Zuckung vom Nerven aus scheint nicht deutlich gewesen zu sein, da Du daraus schließest, daß der elektroton[ische] Zustand schneller sich fortpflanze als die Reizung. Die Anordnung war so:

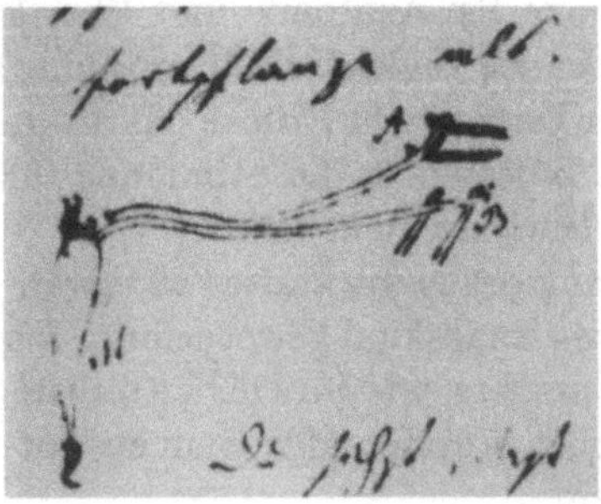

A die Stelle, wo der Strom durchgeht, welcher den elektrotonischen Zustand hervorruft.
B die Stelle, wo der Muskelnerv direkt gereizt wird.
M der Muskel.
Du siehst, daß bei dieser Anordnung die Länge der Nervenleitung eliminiert ist, die Kurven fielen dabei so gut wie ganz zusammen. Bei einer anderen Anordnung traten die Kurven um etwa so viel auseinander, als der Nervenleitungslänge *AB* entsprechen würde. Aber diese Distanzen sind überhaupt zu klein, als daß es geraten scheint, auf ihre Größe Spekulationen zu bauen. Es scheint allerdings aus den Versuchen zu folgen, daß der elektrotonische Zustand ebenso schnell fortschreitet als die Reizung. Schneller kann er doch wohl kaum fortschreiten, da er selbst wohl reizende elektrische Ströme erregen müßte. Jedenfalls schreitet er auch nicht beträchtlich langsamer fort, wie sich aus meinen Versuchen ergibt.

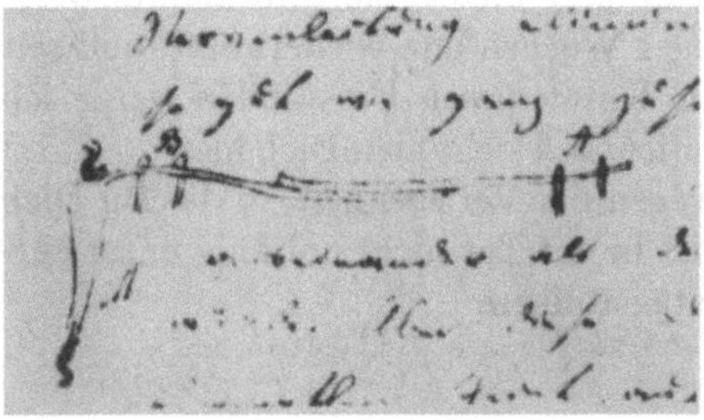

Was Pflüger betrifft, so habe ich schon in meinem Kolleg in diesem Semester versucht, die Lehre von den Zentralteilen in seinem Sinne umzubilden. Ich meine, daß er im wesentlichen durchaus Recht hat. Die Geschichte mit Volkmann junior ist sehr gut. Lotzes Abhandlung habe ich noch nicht gelesen, nur Pflügers Antwort gegen ihn. Ich liebe Lotze nicht sehr mit seinen fruchtlosen und wortreichen Vermittlungsversuchen zwischen Materialismus und Supranaturalismus.

Da Du jetzt im Töpferton die elektromotorischen Eigenschaften der Muskeln gefunden hast, kannst Du ja ein neuer Prometheus werden. Wenn Dich diese Untersuchungen auch etwas weit vom Wege abgeführt haben, so sind sie doch gewiß von großer Bedeutung, namentlich da die Theorie der durch Flüssigkeiten erregten Ströme noch sehr im Argen liegt und doch sowohl für die Physik wie für die Elektrophysiologie von der größten Wichtigkeit ist.

Ein höchst ausgezeichnetes Lehrbuch der Physiologie (das heißt, die 1. Abteilung des 2. Bandes) hat mir Donders vor einiger Zeit zugeschickt: Handleiding tot de Naturkunde van den gezonden Mensch door F. C. Donders en A. F. Bauduin. Utrecht, Amsterdam 1853. Mich wundert, daß noch keine deutsche Übersetzung davon da ist.

Für die erwartungsvolle Zeit, welche in Deiner Familie herannaht, wünsche ich Euch alles mögliche Glück. Ich weiß aus Erfahrung, daß es eine Zeit etwas ängstlicher Spannung ist, auch wenn alles vorher so gut wie möglich steht. Empfiehl mich und meine Frau der Deinigen und mich auch unbekannterweise Deiner Frau Schwiegermutter mit dem besten Dank für die freundlichen Absichten, die sie im vorigen Sommer für meine Aufnahme in Ambleside gehabt hat und die ich leider nicht benutzen konnte, und laß bald gute Neuigkeiten von Dir hören.

Dein Helmholtz

Nr. 46

An H. von Helmholtz

Berlin, 16. August 1854

Lieber Helmholtz,
Du erhältst anliegend 20 Separatabdrücke von Deiner Mitteilung in den Monatsberichten,[1] wofür Du mir die Summe von ganzen $12^{1}/_{2}$ S[ilber]g[roschen] schuldig bist. Es ist eigentlich schade, daß Du nicht Holzschnitte der Kurven hinzugefügt hast, namentlich von denen bei doppelter Reizung, da es nicht ganz leicht ist, die Sache vorzustellen. Du würdest mich beglücken, wenn Du mir solche Kurve schicktest oder in Ermangelung wenigstens eine Kopie. Was mir anstößig bleibt, ist in der Figur, auf

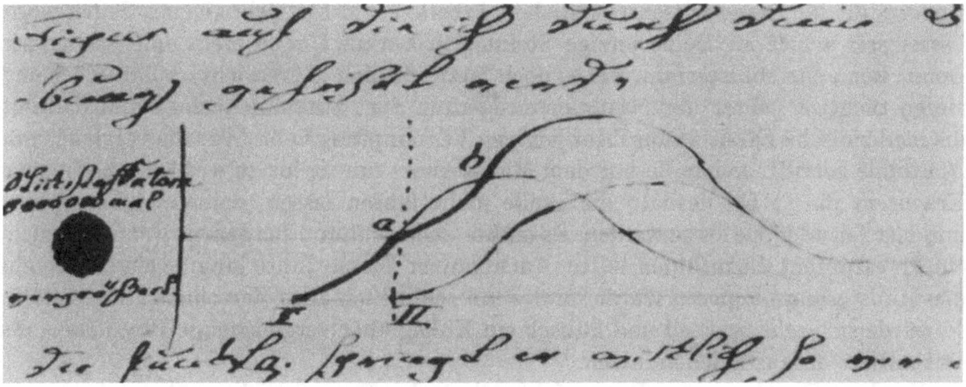

die ich durch Deine Beschreibung geführt werde, der Punkt *a*. Springt er wirklich so vor, wie ich es angebe, und ist also die Folge der doppelten Reizung während des Stückes *a b* Verminderung statt Vermehrung der Zusammenziehung?

Ich bin jetzt bereits seit vier Wochen Vater eines wohlgebildeten und starken kleinen Mädchens,[2] woran ich viel Freude habe. Meine Frau ist sehr wohl, und alles ist aufs beste gegangen.

Dein Apparat ist denn doch zu teuer, als daß ich Müller veranlassen konnte, ihn fürs Museum zu kaufen. Wenn ich zum Professor der Physiologie gemacht werden sollte, werde ich wohl mit der Zeit einen Fonds für Versuche und Apparate erlangen, um solche Ausgaben zu bestreiten. Da ich mir gerade keine eigenen Versuche mit jenem Apparat vorsetze, kann ich auch nicht die Akademie behelligen.

Ich habe sonst nichts zu melden. Aus Mangel am Nervus rerum muß ich zu Hause bleiben und arbeiten die Ferien über. Vielleicht sieht man Dich hier. Inzwischen leb' wohl, viele Grüße von meiner Familie.

Dein
E. du Bois-Reymond

Nr. 47

An E. du Bois-Reymond

Königsberg, 5. November 1854

Lieber Freund,
ich höre durch Deinen Bruder[1], den ich mich sehr gefreut habe, hier eintreffen zu sehen, daß Du noch immer mit dem Ministerium wegen Bonn in Verhandlung stehest und Dich vorläufig noch nicht mit ihm einigen kannst, weil sie von Dir Vorlesungen über vergleichende Anatomie verlangen. Da ich nun einen Teil Deiner Stellung in Berlin aus eigener Erfahrung kenne und ebenso die Stellung eines Professors an einer kleineren Universität, so glaube ich, mit ziemlicher Sicherheit urteilen zu können, daß eine ordentliche Professur an der kleinsten und entlegensten deutschen Universität für Deine wissenschaftlichen Arbeiten und für Dein eigenes Selbstgefühl besser sein würde als Deine jetzige Stellung in Berlin. Um so mehr eine Stellung in Bonn, wenn das Ministerium, wie es doch jetzt wirklich die Absicht zu haben scheint, einige tüchtige Lehrer der Naturwissenschaften dort zusammenbringt und dadurch die medizinische Fakultät aus ihrer jetzigen Versumpfung hebt. Was die vergleichende Anatomie betrifft, so handle mit dem Ministerium, um sie los zu werden, aber meines Erachtens darfst Du deshalb die Stelle nicht fahren lassen, denn es gibt nachher hundert Auswege, sie los zu werden. Es müßte doch schlimm hergehen, wenn sich nicht ein Privatdozent dazu finden sollte. Auch kannst Du sie Jahre lang liegen lassen, ehe das Ministerium monieren würde, und wenn schließlich alles Verschieben nicht hülfe, so würde sich sehr passend und hübsch ein Kolleg über vergleichende Physiologie der Wirbeltiere daraus machen lassen.

Hier hast Du also guten Rat aufoktroyiert, den Du gar nicht verlangt hast; nun sollst Du auch zweitens sehen, daß er uneigennützig gegeben ist. Wenn Du nämlich dabei beharrst, die Stelle nicht annehmen zu wollen, so möchte ich Dich bitten, mir, sobald Du einen Entschluß gefaßt hast, davon Nachricht zu geben, weil ich selbst doch auch bei einem entsprechenden Gehalte die Professur in Bonn der in Königsberg vorziehen würde und dann mit dem Ministerium in Unterhandlung treten will. Ich denke, da der alte Mayer vorläufig so lange liest, als noch kein anderer da ist, wird es mit der Bewerbung keine besondere Eile haben, und ich will daher nicht dazu beitragen, Dir Deine Bedingungen zu verderben. Meine Gründe sind Aussicht auf einen größeren Wirkungskreis in Bonn, einige, wenn auch zuerst keine große Einnahme durch Honorar und endlich die Rücksicht auf meiner Frau Gesundheit, die bei dem hiesigen Klima mir denn doch dauernd gefährdet zu sein scheint. Ich selbst verliere durch die gar nicht zu vermeidenden Erkältungen einen guten Teil meiner Arbeitskraft, wenn ich auch seit anderthalb Jahren von den gefährlichen Kolikanfällen verschont geblieben bin.

Meine Gründe sind also nicht so dringend, daß ich Dir nicht zunächst von ganzem Herzen die Stelle gönnen sollte, aber ich würde sie keinem anderen gönnen. Sollte der bezeichnete Fall eintreten, daß Du darauf verzichtetest, so schreib mir doch auch, welche Bedingungen Dir übrigens geboten sind, ob mit Budge irgend etwas beabsichtigt ist. Ich würde dann wohl selbst nach Berlin kommen müssen, um in der Sache zu verhandeln.

Einliegend mit vielem Danke 13 S[ilber]g[roschen] in Postmarken für die Abdrücke meiner Notiz. Hätte ich gewußt, daß ich der Akademie Holzschnitte von den Kurven anmuten dürfte, hätte ich Zeichnungen derselben mitgegeben. Originalkurven kann ich Dir nicht mitschicken, weil ich nur immer eine Zeichnung für jeden einzelnen Wert des Zeitunterschieds zwischen den beiden Schlägen habe und daher die Kurven bis zur vollständigen Ausarbeitung der Sache bewahren muß. Ich kann Dir also nur eine schematische Zeichnung davon geben. Ich habe in der Notiz gesagt, daß die Kurve der doppelten Reizung von dem Augenblick ab, wo die Latenz der zweiten Reizung aufhört (*a*, *a*), sich *über* die der ersten Reizung erhebt und ihr *ziemlich* parallel verläuft. Der Parallelismus findet für das erste kurze, nach oben konkave Stückchen der Kurve der zweiten Reizung nur dann statt, wenn *a* mit dem Gipfel der Kurve der ersten Reizung zusammenfällt. Die Kurven gehen allmählich, nicht mit einer Ecke ineinander über. So viel zur Beantwortung Deiner Frage.

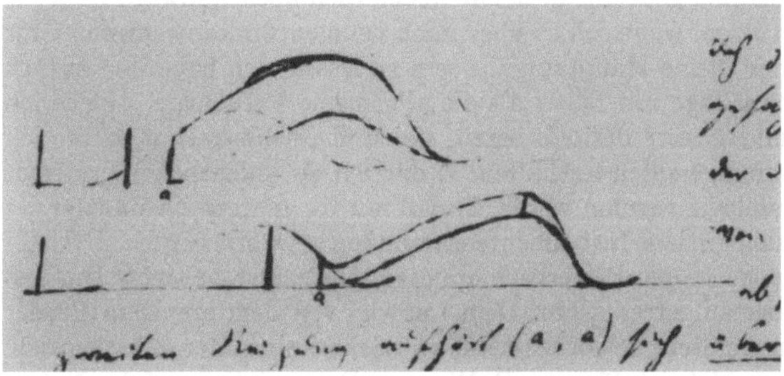

Was soll das Rätsel mit dem Stickstoffatom in Deinem letzten Briefe? Wer hat es gemessen?

Ich habe Dir und Deiner Frau noch nicht zu Eurem Töchterchen gratuliert. Von Deinem Bruder wird das Kleine sehr gelobt, und er erzählt, daß es als das einzige aller Babys auch Deine Zufriedenheit sich errungen habe. Empfiehl mich freundlichst Deiner Frau und behalte in gutem Andenken

Deinen H. Helmholtz

Nr. 48

An E. du Bois-Reymond

Königsberg, 23. Dezember 1854

Lieber Freund,

ich schreibe Dir, um Dir den Stand der Bonnenser Angelegenheiten zu melden, soweit es mich betrifft. Ich hatte immer gehofft, von Dir eine Mitteilung über den Stand der Dinge zu erhalten, da aber eine solche ausblieb und das Halsleiden meiner Frau, welches sich mit einer bedenklichen Hartnäckigkeit von Ende August bis Anfang Dezember hinzog, mir den Gedanken an eine Veränderung meines Aufenthalts sehr an das Herz legte, schrieb ich endlich an Joh. Schulze, setzte ihm auseinander, daß ich früher gemeint habe, die Stelle werde Dir zufallen, und mich deshalb nicht um sie beworben hätte, und warum ich jetzt wünschen müßte, nach einem südlicheren vom Meere entfernteren Orte mich überzusiedeln, und bat ihn um Nachricht über die Bedingungen, welche das Ministerium stellte. Er antwortete, dem Ministerium komme es eigentlich darauf an, einen Anatomen hinzuschicken, weil die vorhandenen physiologischen Vorträge noch als „befriedigend" angesehen würden, das Ministerium habe an Bischoff, Gerlach, Luschka gedacht (er nennt weder Dich noch Ludwig). Er wolle meinen Wunsch unterstützen, wenn ich es über mich nehmen wollte, wenigstens für den Anfang die Anatomie meine Hauptaufgabe sein zu lassen. Ich habe ihm zurück geantwortet, die Anatomie läge mir näher als die allgemeine Pathologie, welche ich hier vortragen muß, und ich wäre deshalb bereit, sie zu übernehmen, nur müßte ich zwei Bedingungen als unumgänglich festhalten, 1) daß ich als ordentlicher Professor der Anatomie *und* Physiologie berufen werde, 2) daß mir die nötigen Geldmittel zur Beschaffung einer physiologischen Instrumentensammlung gewährt werden.

Wenn Du Dich also noch zu den Bewerbern um die Stelle zählst, so siehst Du, daß ich als Dein Mitbewerber aufgetreten bin. Dem Ludwig, von dem mir Dein Bruder erzählte, daß er sich um die Stelle beworben habe, und der es mir später selbst schrieb, habe ich es ebenfalls gemeldet; ich fürchte, R. Wagners Denunziation auf der Naturforscherversammlung hat ihm bei unserer Regierung Schaden getan.[1] Ich hoffe, daß er in Bischoffs Stelle in Gießen einrückt, da er sich in Zürich sehr unbehaglich zu fühlen scheint.

Dein Bruder besucht uns zuweilen; er ist jetzt ganz in Neumanns mathematische Physik vergraben und scheint die Physiologie aufgeben zu wollen. Für seine spätere Laufbahn tut er, glaube ich, nicht wohl daran, denn als Physiolog wird er immer noch eher ein Unterkommen an einer Universität finden denn als Physiker; und er wird doch hoffentlich nicht den Ehrgeiz haben, Physiker und Mathematiker an einem Gymnasium zu werden. Ich freue mich übrigens sehr, wie gut er sich entwickelt hat; er hat in der Tat ungewöhnlich reiche Anlagen, und was ihm an Schule noch fehlt, wird ihm Neumann schon geben.

Empfiehl mich Deiner Gattin und lebe wohl.

Dein Helmholtz

Nr. 49

An H. von Helmholtz

Berlin, 26. Dezember 1854

Lieber Helmholtz,
ich komme endlich dazu, Dir zu schreiben, wozu ich in den letzten acht Wochen wörtlich nicht die Zeit gehabt habe, da ich im anatomischen Kursus bin und eine vollständige Experimental-Physiologie zum ersten Male lese, wobei der gewöhnliche Verlauf ist, daß ich, wenn ich ins Kolleg gehe, noch in Todesängsten über den Ausgang meiner Vorlesung schwebe.

Ich konnte Dir auch nicht eher etwas Gewisses auf Deinen ersten Brief antworten und kann es auch jetzt noch nicht. Ich habe, genau genommen, nie mit dem Ministerium wegen Bonn in Unterhandlung gestanden. Sondern Ostern vor einem Jahr brachte ich es durch C. G. Mitscherlichs, damals medizinischen Dekanes, Vermittelung dahin, daß die hiesige Fakultät, auf Grund besonderer, äußerst günstiger Vota von Müller und Ehrenberg, mich zum außerordentlichen Professor dem Ministerium vorschlug. Ich reichte gleichzeitig eine Eingabe ein und sah den Minister, Lehnert, Knerck und Joh. Schulze.[1] Von den ersteren erhielt ich ausweichende Antworten, der letztere behandelte mich, in gewohnter Weise, wie einen Schuljungen und schnitt mir jede Aussicht hier ab, versprach aber, sich für meine Anstellung in Bonn zu verwenden. Ich habe nie daran gedacht, Bonn auszuschlagen wegen der vergleichenden Anatomie, vielmehr bin ich entschlossen gewesen, die Stellung anzunehmen, wofern mir nur ein einigermaßen anständiges Gehalt geboten würde; denn ich habe das hiesige Leben völlig satt, wobei es mir täglich mehr unmöglich gemacht wird, meine Arbeiten zu verfolgen. Jetzt liegen dieselben beiläufig seit Ende des Sommers vollkommen brach, da das Kolleg und der Kursus mit der Künstleranatomie mir alle Zeit nehmen. Gleichviel nunmehr, seit jener Zeit hat weder die Fakultät noch habe ich selber vom Ministerium ein Sterbenswörtchen Antwort auf unsere Eingaben erhalten. Lehnert hat mir seitdem den Kursus verschafft, doch ist diese Maßregel außer allem Zusammenhang mit der andern Angelegenheit. Auf verschiedenem Wege habe ich zweierlei vernommen. Erstens, daß Schönlein[2] es ist, der die Entscheidung von all solchen Dingen zuletzt in Händen hat. Zweitens, daß der Ton meiner Eingabe Schönlein oder dem Minister oder beiden mißfallen habe. Abermals gleichviel, vor ungefähr drei Wochen begegnet mir Joh. Schulze auf der Straße, redet mich freundlich an, und zeigt mir an, daß er, was an ihm liege, getan habe, um mir die Stelle in Bonn zu verschaffen,* und daß die Angelegenheit nur noch bei Schönlein hänge. Hieraus magst Du zuvörderst entnehmen, daß einer von uns beiden belogen ist. Ich hoffe, daß ich es bin; denn ich habe in diesem Augenblick noch andere Aussichten. Ich werde zu Ostern in London Vorlesungen über tierische Elektrizität halten gehen und alsdann vielleicht oder vermutlich als Physiolog an die Royal Institution berufen werden. Ich werde vielleicht oder vermutlich, den Ruf annehmen. Natürlich werde ich dort viel vermissen und mich über manches Abstoßende hinwegsetzen müssen. Ich werde stets verhältnismäßig ein *ἀγλώσσος* sein, während ich hier verhältnismäßig la langue bien pendue habe. Ich werde mir den Bart abschneiden müssen.

Allein, daß hierzulande mein Weizen nie blühen wird, ist mir täglich klarer. Auf Regierungs- und Ministerwechsel zu rechnen, ist so unweise, als auf Erbschaften zu zählen, und für langes Warten bin ich zu alt. Was ich in den nächsten zehn Jahren nicht ausführe, dürfte überhaupt unausgeführt bleiben. Faradays Kollege geworden zu sein, ist zuletzt auch ein „Sort", wie man hier zu sagen pflegt. Einstweilen weiß ich indes nicht, was ich tun werde, falls man mir Bonn anbietet. Ich verspreche, Dich von allem Wichtigen, was sich in dieser Beziehung ereignen sollte, in Kenntnis zu erhalten, wenn auch vielleicht durch meiner Frau Feder, da ich, wie gesagt, aufs äußerste in Anspruch genommen bin. Es tut mir außerordentlich leid, daß Deiner Frau Gesundheit es ist, die Dich zwingt, an das Verlassen Königsbergs zu denken. Hoffentlich wird es ja nichts Ernsteres sein und auf alle Fälle einem Aufenthaltswechsel weichen. Bei dem

* Es muß in denselben Tagen gewesen sein, wo er Dir schrieb.

Namen, den Du Dir auch als Lehrer erworben hast, kann es Dir nicht fehlen, in kurzer Zeit irgendeinen anderen Ruf zu erhalten. Ich werde, wie gesagt, vermutlich außer Konkurrenz treten. Zunächst freilich spiele ich noch mit. Anbieten werde ich mich indessen nicht und auch nicht meine Anfrage erneuern.

Von wissenschaftlichen Dingen habe ich Dir nichts zu melden. Ich bin beschäftigt, die ungeheuren Lücken in meinem Wissen auszufüllen, die eine zehn Jahre lang und länger unausgesetzte Beschäftigung mit einem Gegenstande in meinem Wissen erzeugt hat. Wenn mein Buch[3] nur in irgendeiner Gestalt fertig vorläge, würde mich dies sehr ergötzen, und ich würde diese Art der Tätigkeit als eine Erholung betrachten. Ich fühle auch den guten Einfluß einer solchen Tätigkeit bereits, indem ich wieder Interesse an einer Menge von Dingen und Leuten nehme, die mir gleichgültig geworden waren. Einstweilen kann ich nur mit Ingrimm meine verlassenen Apparate und Handschriften sehen, und es ist mir unbegreiflich, wie Du in dem ersten Jahr Deines Königsberger Aufenthaltes hast können so riesenhafte eigene Arbeiten ausführen. Aber natürlich, „Du gleichst dem Geist, den Du begreifst". Was meinen Bruder anlangt, so beklage ich gleichfalls seine Richtung sehr, sich von der Physiologie abzukehren der reinen Physik zu, wo er au deuxième rang stehen wird, während er in der Physiologie pourrait briller au premier. Von seinem Aufenthalt in Königsberg erwarte ich für ihn nächst der Schulung durch Neumann noch einen anderen Nutzen, daß er nämlich an Dir und an Neumann ein richtigeres Maß seiner Kräfte erhalte, als er sich an Ludwig und Fick in Zürich entnommen zu haben scheint.

Ich werde ihm übrigens dieser Tage schreiben, bitte sag ihm das.

Grüße Werther und empfiehl mich Deiner Frau. Deine Kinder sind hoffentlich wohl, mein Baby ist in seinem geistigen Furchungsprozeß begriffen und gibt mir Stoff zu vielen Bemerkungen. Lebe wohl und laß mich meine Schreibträgheit nicht entgelten.–

Dein
E. du Bois-Reymond

Heintz, der seinen gewöhnlichen Weihnachtsbesuch hier macht, läßt Dich grüßen und Dir sagen, er möchte gern einmal wieder Deine Handschrift zu sehen bekommen. Ich habe Deinen Bruder diesmal hier gesehen. Welch ein Enakskind ist der geworden. Von dem Tode Deiner Mutter habe ich zur Zeit mit inniger Teilnahme für Eure Familie gehört.

Nr. 50

An H. von Helmholtz

Berlin, 16. März 1855

Lieber Helmholtz,
es wird Dich interessieren, wenn auch auf einem Umwege, etwas von dem Stande der Bonner Angelegenheit zu vernehmen. Die Entscheidung derselben scheint leider noch in ziemlich weitem Felde zu sein. Humboldt schreibt mir: „On me presse de m'agiter

pour Helmholtz que j'affectionne et estime comme Vous. Sa femme, dit-on, est cruellement éprouvée par la Météorologie hivernale de Königsberg. Je ne puis dire un mot avant que vous en m'ayez rassuré sur vous-même. Schulze (Jo-annes, la machine à vapeurs) (?) assure, dit-on, que le Ministre veut Helmholtz, mais qu'il est contrarié par Schönlein* qui veut Luschka de Tubingen. Pourquoi chercher ailleurs? Faites-moi l'amitié de m'écrire un mot sur Vous-même. Si rien ne vous presse et que vous pouvez attendre, ne quittez pas la Capitale ou... vous devez avoir un grand avenir."[1]

Ich habe Humboldt geschrieben: „Je vous prie d'agir pour Helmholtz comme s'il ne pouvait être question de moi"[2] und wünsche Dir allen Erfolg; aber es scheint, daß bei der Geschichte noch etwas anderes Unergründliches mitspielt. Katholisches vom Rheine her?[3] Will Müller sich für alle Fälle den Platz offen halten? Ich weiß es nicht, aber sicher ist, daß er stets behauptet: An die Besetzung der Bonner Stelle sei noch lange nicht zu denken.

Ich habe in diesem Augenblick nicht Zeit, Dir mehr zu schreiben. Auch ist kein hervorragender Stoff vorhanden.

Grüße meinen Bruder und Werther, empfiehl mich Deiner Frau und laß einmal wieder von Dir hören. Dein

E. du Bois-Reymond

Nr. 51

An E. du Bois-Reymond

Königsberg, den 22. März 1855

Lieber Freund,
ich danke Dir herzlich für die Nachrichten, welche Du mir gegeben hast, und habe unter diesen Umständen gleich an Humboldt geschrieben, ohne dabei Deinen Brief weiter zu erwähnen, um ihm, wenn er für mich etwas tun will, wenigstens die Tatsachen an die Hand zu geben, welche dabei in Betracht kommen. Ich glaube, daß die Kriegsaussichten und die dadurch gebotene Sparsamkeit des Staates die Erledigung der Sache wesentlich verzögern müssen.[1]

Übrigens weiß ich nicht, wer mit Humboldt in dieser Sache gesprochen haben kann. Ich habe in dieser Absicht nur an Schulze geschrieben, und außerdem hat Werther, der mit Lehnert sehr genau bekannt ist, diesem von der Sache geschrieben und ihn um Nachricht im Falle einer Entscheidung gebeten. Aber Lehnert ist wohl kaum mit Humboldt in Verkehr, auch paßt darauf nicht die Stelle von Humboldts Brief: Schulze rassure, dit on, que le Ministre etc. Ich habe sonst niemanden um seine Verwendung ersucht; es scheint sich also noch irgendein unbekannter Freund meiner angenommen zu haben.

Wenn Du noch zu Ostern nach England gehen solltest, empfiehl mich Bence Jones und seiner Gemahlin. Im Laufe des vorigen Jahres bekam ich zwei Hefte der Sitzungs-

* Schönlein hält Budge für ausreichend für die Physiologie.

berichte der Royal Society zugeschickt, schwerlich von einem Autor eines darin enthaltenen Aufsatzes; da ich nun aber nicht wußte, ob es ein Geschenk der Gesellschaft sei oder vielleicht eine Art Einladung zur Subskription von der Buchhandlung, so konnte ich niemandem antworten und habe auch weiter nichts erhalten. Du teilst dies vielleicht an Bence Jones mit, und falls es von der Gesellschaft ist, sage ihm meinen Dank. Ich weiß nicht, ob es nötig ist, für diese Zuschickung immer eine Empfangsanzeige zurückzusenden.

An Tyndall habe ich kürzlich meine Aufsätze aus dem Januar- und Februarheft von Poggendorffs Annalen[2] abgeschickt. Für Dich und J. Müller liegen Abdrücke bereit, welche ein Student mitnehmen sollte, der inzwischen krank geworden ist. Übermorgen nimmt sie einer unserer Privatdozenten, Dr. Friedländer, mit und wird sie im anatomischen Museum abgeben. Ich scheute mich, sie mit Kreuzband zu senden, weil Dedikationen drauf stehen und unsere Postbeamten jetzt hier auf jedes unerlaubte geschriebene Wort auf Kreuzbänden lauern und Kontraventionsstrafen verhängen.[3]

Einen populären Vortrag habe ich auch wieder halten müssen; er wird jetzt gedruckt.[4] Da er zum Besten von Kants Denkmal bestimmt war, habe ich die Subjektivität der Sinnesempfindungen, deren Analogie mit Kants Lehre und die psychischen Prozesse beim Verständnis der Sinnesempfindungen darin behandelt. Sonst schreibe ich physiologische Optik. Es wird ziemlich dickleibig. Die erste Hälfte wird wohl Ende April zum Druck abgehen. Ein Aufsatz über Mechanismus der Akkommodation[5] ist schon gedruckt in von Graefes Archiv für Ophthalmologie, aber noch nicht ausgegeben, und die Tafeln dazu sind noch nicht ganz fertig. Ich habe darin Messungen der Krümmungen der Hornhaut, vorderen und hinteren Linsenfläche und ihrer Entfernungen am lebenden Auge nach neuen Methoden ausgeführt, das heißt nicht so ausgeführt, wie ich es tun würde, um die erreichbare Genauigkeit zu erreichen, sondern nur so, um den Leuten zu zeigen, daß es geht; denn ich überzeugte mich bei der Ausführung, daß es unnütz sein würde, große Mühe daran zu verschwenden. Das menschliche Auge ist nicht einmal richtig zentriert, die Größe der Hornhautexzentrizität scheint ganz regellos und zufällig zu sein usw. Aus diesem Gesichtspunkte beurteile die Arbeit, wenn Du sie erhältst, was, wie ich denke, bald der Fall sein wird.

Mit meiner Frau ist es in der zweiten Hälfte des Winters noch schlechter gegangen als in der ersten. Sie bekam die Grippe, die hier epidemisch ist, lag daran 14 Tage, war dann vier Wochen fast stimmlos, jetzt geht es wieder besser, obgleich ihre Stimme noch nicht ganz frei ist und sie noch immer hustet. Deinen Bruder habe ich lange nicht gesehen, Neumann ist sehr zufrieden mit ihm. Mit Werthers Frau geht es leidlich, sie beträgt sich ziemlich vernünftig, nur etwas Kunstreiter-Toilette. Die Leute wissen hier nichts Sicheres zu ihrem Nachteile zu sagen; wenn sie sich also eine Weile solide beträgt, wird es sich mit der Zeit machen. Vorläufig sind sie aber doch etwas vereinsamt, weil jedermann einige Vorsicht nötig findet.

Empfiehl mich Deiner Gemahlin. Anfang August werde ich wohl nach Berlin kommen; hoffentlich bist Du dann noch nicht nach England übersiedelt.

Dein Helmholtz

Teil 2 Von 1855 bis zu Helmholtz' Berufung nach Berlin, 1871

Nr. 52

An E. du Bois-Reymond

Bonn, den 14. Oktober 1855

Lieber Freund,
einliegenden Brief bitte ich Dich an den Mechanikus Sauerwaldt (so heißt ja wohl der Verfertiger der Sirenen und der großen Multiplikatoren) zu adressieren und in den Briefkasten werfen zu lassen; ich bestelle darin eine neue etwas kompliziertere Sirene für das hiesige Institut und weiß den Namen des Mannes nicht sicher und seine Adresse gar nicht.

Bisher haben wir hier das schönste Sommerwetter gehabt mit Ausnahme der letzten Woche, so daß wir den Rhein noch in seiner Pracht genießen konnten; unsere Sachen sind sehr gut angekommen, und wir haben uns durch die Mühen einer neuen Einrichtung glücklich hindurchgearbeitet. Das anatomische Institut, welches ich übernommen habe, ist in einem schauerlichen Zustande. Physiologische Instrumente sind wenige, und diese hat Budge im Dreck umkommen lassen. Der Kollege M. Weber scheint sich wenigstens durch Ordnung und Reinlichkeit vor den übrigen auszuzeichnen. Jetzt ist mir auch das Rätsel gelöst, wodurch Budge Ordinarius geworden ist. Es ist die innere Mission[1], in welcher er Viertelsmeister ist, und deshalb hat Kleist-Retzow im Ministerium[2] gegen Schulze es durchgesetzt. Budge ist übrigens erst getauft worden, als er heiraten und Dozent werden wollte.

Johannes Müller war bei mir und hat mir die wahrhaft scheußliche Geschichte seines Schiffbruches[3] erzählt.

Sehr leid hat es mir und meiner Frau getan, daß wir Euch in Berlin nicht getroffen haben. Ich war auch später noch einmal allein da, ohne Euch zu finden.

Brücke hat jetzt definitiv für Königsberg abgelehnt. Ich hatte eventualiter für den Fall Eckhard dem Kurator und auch Schulze'n empfohlen. Sollte nicht Müller, der nun wohl wird Vorschläge machen müssen, für ihn zu interessieren sein?

Empfiehl mich Deiner Gemahlin und denke freundlich an

Deinen
Helmholtz

Nr. 53

An H. von Helmholtz

Berlin, 27. April 1856

Lieber Helmholtz,
es ist eine ewige Zeit her, daß ich Dir nicht geschrieben und nichts von Dir gehört habe, ausgenommen durch Lehnert, der mich fragte, ob es wohl möglich sei, wie dem Ministerium sei hinterbracht worden, daß Du in Deiner anatomischen Vorlesung Femur und Humerus verwechselt habest. Ich erwiderte, daß, obschon, wie Perlep in Freiburg/Br. zu sagen pflegt, alles möglich, das Dumme aber wahrscheinlich sei, dies nicht nur nicht wahrscheinlich, sondern sogar unmöglich sei, und daß der Minister[1] es sogar nicht zu glauben brauche, wenn es Budge nachgesagt werde, anstatt daß es hier vermutlich Budge sei, der es Dir nachsage. Lehnert bat mich, gelegentlich dies persönlich dem Minister zu versichern, den Gewissensbisse folterten, in Bonn schlecht für den anatomischen Unterricht gesorgt zu haben, ich versprach es, habe aber noch keine Gelegenheit gehabt, Dich zu protegieren.

Wissenschaftliche Neuigkeiten habe ich Dir nicht zu geben, da ich den ganzen Winter über keinen Strich an meinen Arbeiten habe machen können. Ich besitze nicht Deine beneidenswerte und mir unbegreifliche Gabe, zehn Arbeiten gleichzeitig zu zeitigen und nebenher noch zwei oder drei Collegia zu lesen; die Vorlesung über allgemeine Physiologie, die Künstleranatomie und der anatomische Kursus haben mir den ganzen Winter geraubt, und ich darf kaum hoffen, wenn meine Vorlesungen zustande kommen, daß ich im Sommer etwas Vernünftiges zustande bringe. Es kommt, um dies zu erklären, in Betracht, daß ich hier nicht, wie in einer kleinen Universität, wo die Studenten bei mir hören müßten, lesen kann, wie es eben geht, sondern ich habe hier die Aufgabe, das Publikum, welches seit 23 Jahren an Müller gewöhnt ist, zu mir herüberzuziehen. Dies kann ich nur durch Experimente, die schon dann viel Zeit kosten, wenn man über alle Mittel gebietet, vollends mir, da ich weder Kabinett noch Fonds habe. Ihr könnt mich also vor der Hand dreist als wissenschaftlich tot registrieren, und Du kannst Dir denken, daß dies für mich keine angenehme Verfassung ist. Ich bin ein Esel gewesen, daß ich nicht meinem Vorsatz treu geblieben und mich konsequent des Lesens enthalten habe, bis ich mit meinem Buch fertig war; aber die Stelle am Museum[2] war denn doch auch zuletzt unerträglich geworden, und ohne Ersatz konnte ich sie nicht aufgeben.

In meinem Hause steht es so gut wie möglich. Seit dem 21. Dezember vorigen Jahres erfreue ich mich eines kräftigen Söhnchens. Er ist Claude getauft, aber nicht zu Ehren der fonction glycogénique, sondern um an seiner Mutter Geschlechtsnamen zu erinnern. Ich hätte übrigens nichts gegen einen Claude Gellée oder Claude Perrault. Den Sommer über wird meine Familie in Potsdam wohnen, wo ich am Mühlenberg neben dem Chinesen, wenn Dir das Haus bekannt ist, eine freundliche Sommerwohnung gemietet habe. Ich werde alle Sonntage hinüber gehen und hoffe, die Bekanntschaft Deines Vaters, den ich sehr lange nicht gesehen, zu erneuern. Bonn ist im Sommer ein Paradies, und ich beneide Dich sehr um die Aussicht auf das Siebengebirge und den Garten vor der Vinea Domini.[3]

Inliegende Mitteilung von Kölliker wird Dich interessieren und zeigt einmal wieder recht, wie es darauf ankommt, in der organischen Natur die richtigen Objekte zu finden. Ich hoffe, daß die Beobachtung von Kölliker mir noch den Weg zu einem außerordentlich wichtigen Aufschluß bahnen soll, nämlich über das wahre Verhalten des Muskelstromes bei der Zusammenziehung. Ich beabsichtige, den sekundär zuckenden animalen Muskel den Kreis herstellen zu lassen für den Strom des primär zuckenden Herzmuskels. Ich habe, außer den Untersuchungen, die ich methodisch verfolgender verfolgen möchte, noch einen andern Versuchsplan, der Dich interessieren kann, weil Du die Ausführung des Versuches auf theoretische Gründe hin für unmöglich hieltest. Nämlich den Nachweis des elektrotonischen Zustandes in der unmittelbar betroffenen Strecke: Du meintest, es sei unmöglich, die elektromotorische Kraft von einer Verminderung des Widerstandes zu unterscheiden. Indessen ist es klar, daß man unter gewissen Voraussetzungen, den Versuch so anstellen kann, daß man zum Nerven bei großem Widerstande des übrigen Kreises eine Nebenschließung anbringt; in dem Augenblick, wo man diese entfernt, müßte, des vermehrten Widerstandes halber, die Stromstärke sinken, wenn man sie nun trotzdem wachsen sieht, kann dies von nichts herrühren, als von der elektromotorischen Kraft der unmittelbar betroffenen Strecke. Diesen Versuch hoff' ich nächstens einmal auszuführen, da ich in diesen Tagen frische Frösche erwarte.

Was hast Du zum physiologischen Examen[4] gesagt; ich bin stolz, dies durchgesetzt zu haben, denn unter uns gesagt, Du kannst in Gedanken Lehnert und du Bois-Reymond darunter schreiben. Ich habe bei der Gelegenheit Müllers Charakter genauer kennengelernt. Hirschwald hat sich absolut wollen ins Verderben stürzen und hat mein Bild anfertigen lassen. Es ist nach dem Urteil aller sehr gelungen, und ich werde Dir nächstens eins zuschicken.

Ich möchte wohl von Dir zwei paar Kurven haben, ein gutes Paar primäre und sekundäre Zuckungskurven und ein Paar sich summierender Zuckungskurven bei schnell wiederholter Reizung. Rätst Du mir ein Myographion bei Rekoss auch nach Deiner Entfernung zu bestellen, oder bei Fessel. Könntest Du wohl das Myographion so modifizieren, daß man auch Kurven mit Belastung zeichnen könnte? Es scheint mir leicht.

Grüße Deine Frau. Mein einziger Bekannter in Bonn ist Argelander.

Dein
E. du Bois-Reymond

Nr. 54

An E. du Bois-Reymond

Bonn, den 3. Mai 1856

Lieber Freund,
zuerst die herzlichsten Glückwünsche zu dem jungen Milchphysiologen, der sich bei Dir eingestellt hat und der ja nun schon das erste dumme Vierteljahr überstanden hat und sich wahrscheinlich schon mit den schwierigen Fragen, wie sich Raum- und

Zeitvorstellungen bilden, praktisch beschäftigt und davon jetzt mehr weiß als alle gelehrten Physiologen der Welt.

Die Nachrede, welche man mir beim Minister gemacht hat, hat mich deshalb geärgert, weil man sie nicht einmal für eine Übertreibung wirklich vorgekommener Facta gelten lassen kann, sondern sie eine reine Erfindung ist, die auf die Gesinnung dessen, der sie vorgebracht hat, kein schönes Licht wirft. Etwas anderes, als daß ich mich vielleicht öfter versprochen habe, kann ihr in der Tat nicht zugrunde liegen. Ich habe mir nicht verschwiegen, daß der Erfolg meiner anatomischen Vorlesungen zweifelhaft sein könnte und daß ich mich zusammennehmen müßte. Es waren Leute genug da, die nur aufpaßten und die mir mit Vergnügen darüber hätten Sticheleien zukommen lassen. Ich erhielt auch Andeutungen, daß man fände, ich zöge in die Anatomie manches Physiologische und Chemische hinein, was der ganz gemeinen eigentlichen Anatomie den Platz verengerte, und man machte sich darüber lustig, daß in der physiologischen Optik einmal ein Kosinus vorgekommen war. Übrigens erhielt ich häufige Beweise von Anerkennung und Interesse für meine Vorlesungen von den älteren Studierenden und schließlich auch von meinen Kollegen. Das Ende vom Liede ist gewesen, daß jetzt die jüngeren Studierenden, welche Physiologie hören müssen und welche von mir doch weiter nichts kennen als meine Vorlesung über Anatomie, sämtlich in meine Vorlesung gekommen sind und nur ein einziger zu Budge gelaufen ist, so daß letzterer in seiner Physiologie nur einen zahlenden und drei nicht zahlende repetierende Zuhörer hat und sein physiologischer Kursus gar nicht zustande gekommen ist.[1] Dieses Ergebnis, denke ich, beweist schlagend, daß ich in den Vorlesungen über Anatomie mich weder blamiert haben kann noch durch meine Vortragsweise mißfallen habe. Da es ein sehr undankbares Geschäft ist, sich gegen Verleumdungen selbst zu verteidigen, und in diesem Falle der weitere Verlauf der Dinge den Minister aufklären wird, so halte ich es nicht für geraten, selbst etwas weiteres zu tun. Da indessen jetzt die vorläufigen Schritte für den Neubau der Anatomie und eines physiologischen Instituts geschehen sollen[2] und man möglicherweise infolge dieser Verleumdungen geneigt sein könnte, dem Budge mehr Einfluß einzuräumen, als wenn man die Wahrheit kennt, so würde es mir sehr lieb sein, wenn Du Gelegenheit fändest, dem Minister oder Lehnert oder Joh. Schulze, den Du ja wohl in der Akademie öfter siehst, die vorstehenden Tatsachen mitzuteilen.

Im ganzen ist es mir gut gegangen, wenn der Winter auch etwas mühsam war. Ich werde nächstens eine Arbeit über die Tartinischen Töne[3] loslassen, aus welcher mir eine kaum gehoffte Vereinfachung der Lehre von der Kombination der Gehörsempfindungen zu Konsonanz und Dissonanz hervorzugehen scheint. Sauerwalds Sirene ist sehr gut geworden.

Mit der Gesundheit meiner Frau ist es vollständig gut gegangen, und sie hat sich schon sehr erholt. Unter den Professoren ist hier ein kurioses Treiben, sie suchen weniger durch Wissenschaft zu glänzen als durch ihre Verbindungen mit den Prinzen,[4] was um so mehr auffällt, wenn man aus dem strengen und ehrenhaften Königsberg mit seinen einfachen Sitten kommt. Mit dem Knochenweber (M. I. Weber) bin ich sehr gut durchgekommen; er hat dieselben Fähigkeiten und Unfähigkeiten wie Schlemm in Berlin, und da er im ganzen einsieht, daß er höhere Ziele nicht erreichen kann, ist er als fleißiger Einpauker der ganz gemeinen Anatomie immer ein nützliches Mitglied der Universität. Den Kollegen Bugde will ich lieber nicht genauer schildern; die schwachen Seiten der semitischen Nationalität sind in ihm noch zu mächtig, als daß er gegen mich, der ich ihn in seinen pekuniären Interessen verletzt habe und durch dessen Erfolge sein maßloser Eigendünkel vielleicht den ersten heftigen Stoß bekommen hat, gerecht zu denken und zu handeln geneigt sein könnte. Es würden sich vielleicht auch andere in seinem Falle zu unschönen Mitteln verleiten lassen. Doch stehen wir noch so miteinander, daß wir uns nicht gegenseitig zur Türe hinausschmeißen, und vielleicht fügt er sich, wenn er sieht, daß es nicht anders geht, oder vielleicht läßt sich Bayern oder Österreich bewegen, ihn zu berufen. Köllikers Versuch (oder eigentlich wohl H. Müllers) habe ich gleich nachgemacht; es ist ein vortreffliches Schauspiel, und ich stimme Dir bei, daß Du viel davon hoffst.[5] Meine Originalkurven der sekundären Zuckung und doppelten Reizung möchte ich noch nicht aus den Händen geben, weil ich nur wenige von jeder Art habe und noch auf ein neues Myographion warte. Ich habe zwei der besten mit Bleistift nachgezogen und lege Dir die Kopien bei. Wünschest Du sie zu einem bestimmten Zwecke durchzusehen, so stehen Dir auch die Originale für eine Zeit zu Gebot. Ein Myographion würde Dir Rekoss jedenfalls auch ohne meine Aufsicht ganz gut anfertigen können und wohl schneller als Fessel, der alles erst neu wieder ausstudieren müßte. Belastungen und Überlastungen lassen sich leicht anbringen. Ich habe es noch nachträglich mit einer Reihe von Hebeln versehen, welche bewirken, daß, sowie die Schwungkugeln anfangen sich zu heben, die Maschine selbst den Zeichenapparat auslöst und dies nicht mehr vom Experimentator abhängt. Dadurch habe ich noch eine größere Regelmäßigkeit erzielt.

Deinen Plan zum Nachweis des elektrotonischen Zustandes in der unmittelbar erregten Strecke, verstehe ich ihn folgendermaßen richtig? *a* die erregte Nervenstrecke, *b* die Nebenschließung, *c* der Multiplikatorkreis, *d* die erregende Kette. Dann fürchte ich, wird die Vermehrung des Stromes in *c*, wenn man *b* wegnimmt, doch nicht genügen, eine elektromotorische Kraft in *a* nachzuweisen, weil der Strom von *d*, der sich zuerst auf *a*, *b* und *c* verteilte, jetzt nur durch *c* und *a* geht und dabei jedenfalls auch ohne elektrotonischen Zustand in *a* eine Vermehrung des Stromes in *c* eintreten müßte. Auf Dein Bild freue ich mich und zu dem physiologischen Examen klatsche ich Beifall. Abdrücke meiner physiologischen Optik[6] habe ich noch immer nicht bekommen, aber ich werde in diesen Tagen Voß schreiben und Dir einen schicken lassen.

Empfiehl mich Deiner Frau

Dein H. Helmholtz

Nr. 55

An E. du Bois-Reymond

Bonn, 15. Oktober 1856

Lieber Freund,

diesen Brief überbringt Dir Dr. Lange, der erst in Zürich Schüler von Ludwig und dann von mir war, ein fähiger und fleißiger junger Mann. Er will in Berlin kursieren, wobei Du, denke ich, ihn nicht zu schonen brauchst. Er wird sich wohl später auf die Chirurgie werfen; da er aber Liebe zu den physikalischen Methoden und Anschauungsweisen hat, so wünschte er bei Dir eingeführt zu sein.

Ich habe gehört, daß Du in der Schweiz gewesen bist, und bedauert, es nicht früher gewußt zu haben, da ich von Mitte August bis Anfang September auch dort war und mich um den Montblanc herumgetrieben habe. Ich würde gern mit Dir dort zusammengestoßen sein.

Meine Stellung hier fängt an, sich aufzuklären, namentlich dadurch, daß nun endlich Budge es geraten gefunden hat, sich zu verziehen, obgleich ich es andrerseits bedaure oder wenigstens für meine Pflicht halte zu bedauern, daß das Ministerium, obgleich überzeugt von seiner wissenschaftlichen Untüchtigkeit, doch Verdienste um die innere Mission hoch genug schätzt, um ihm eine solche Stelle zu geben.[1] Da ich nun jetzt hier der Hauptrepräsentant der Physiologie und menschlichen Anatomie bin, welche beiden Fächer ich mit Vergnügen lese, so kann das Ministerium jetzt keine Anforderungen mehr an mich wegen mikroskopischer und vergleichender Anatomie stellen, was mir doch lästig gewesen sein würde. Mikroskopische Anatomie habe ich im letzten Sommer zu meinem eigenen Unterricht gelesen und um eine Präparatensammlung zu erhalten und werde sie später nur in die menschliche Anatomie einflechten. Daß Budge Gelegenheit haben würde, von hier wegzugehen, würde ich nie zu hoffen gewagt haben. Denn eine außerpreußische Universität würde ihn nicht genommen haben, und innerhalb Preußens versendet das Ministerium nicht gern seine Professoren. Nur die innere Mission konnte glücklich dieses Rätsel lösen.

Wenn Ihr in Berlin einen jungen Gelehrten haben solltet, der sich für mikroskopische vergleichende Anatomie oder Entwicklungsgeschichte zu habilitieren wünschte, so würde sich für einen solchen hier in Bonn ein ganz hübscher Wirkungskreis finden. Denn mein Kollege, der sogenannte Knochen Weber, steht in dieser Beziehung mit Schlemm ganz auf einem Standpunkte, und unser Extraordinarius Schaaffhausen betrachtet die Wissenschaft vom Standpunkte eines reichen Mannes nur als ein Mittel des Amüsements und als einen Gegenstand, über den sich schönrednerische Perioden bilden lassen.

Hoffentlich hast Du die erste Lieferung meiner physiologischen Optik von Voß erhalten, wenigstens sind an mich und meinen Vater die Sendungen gekommen, welche Voß unverhältnismäßig lange vertrödelt hatte.

Mit den besten Empfehlungen für Deine Gemahlin

Dein Helmholtz

Nr. 56

An H. von Helmholtz

Berlin, 26. Oktober 1856

Sonntag

Lieber Helmholtz,
ich beabsichtigte längst, Dir meine Briefschuld abzustatten, ich wünschte Dir aber dabei als fait accompli melden zu können, daß Du auf meinen Vorschlag zum Korrespondenten der Akademie[1] gewählt seiest, was nun noch nicht geschehen ist, weil die Ferien dazwischen gekommen sind. Du kannst es indessen als abgemacht betrachten.

Heute morgen war Dr. Lange bei mir und brachte mir Deinen Brief. Ich fürchte, Du tust dem Ministerio zu viel Ehre an, indem Du ihm die Unterscheidungskraft beilegst, Budge nur wegen seiner frommen Tätigkeit befördert zu haben. Ich glaube, sie halten ihn bona fide für ein Lumen. Ich werde dem jungen Lachmann hier, jetzt Assistenten am Museum, den Vorschlag machen, sich in Bonn zu habilitieren. Ich weiß aber nicht, ob seine Mittel es ihm erlauben, ich meine, sich der 200 Taler zu entschlagen, die ihm hier das Museum bringt. Wenn Du mir gelegentlich brauchbare Studenten schicken kannst, um mir in meinen Vorlesungen zu assistieren, wirst Du mir einen großen Gefallen tun. Es fehlt mir stets daran, nur ungeschickte Juden drängen sich dazu.

Ich war in der Tat in der Schweiz mit meiner Frau, und es tut mir sehr leid, daß wir uns nicht getroffen. Auf dem Col de Balme war ich nur wenige Tage nach Dir, und auch sonst hab' ich mehrmals Deinen Namen gefunden. Wir haben, vielfach durch schlechtes Wetter gehemmt, eine vollständige Schweizer Reise, mit Inbegriff der italienischen Seen und von Mailand, gemacht. In Zürich habe ich Moleschotts Bekanntschaft gemacht, und die Wahrnehmungen reichlich bestätigt gefunden, die Du in Heidelberg angestellt und mir mitgeteilt hattest. Eine Bedeutung als Lehrer konnte er wohl nur aus der Opposition schöpfen. Er wird verschwinden, sobald es sich um ernste wissenschaftliche Anleitung handelt.

Nächstens erhältst Du zwei Abhandlungen von mir über Polarisation an feuchten Leitern.[2] Du wirst leicht merken, worauf die Dinge für mich hinauslaufen, zugleich aber wird Dir nicht entgehen, daß ich bei meinem Bohren jetzt auf eine Schicht gekommen bin, die ganz verwünscht zähe ist. Indessen bin ich über das Schlimmste hinaus und eben im Begriff, die sekundären elektromotorischen Erscheinungen der Muskeln völlig zu bewältigen. Vergiß gefälligst bei Beurteilung meiner Resultate nicht zu veranschlagen, daß seit vier Jahren Experimentieren für mich heißt, vor allen Dingen einmal 30–50 Groves aufzubauen und den Nervenmultiplikator auf Null zu haben. Du wirst mich aber vielleicht tadeln, daß ich mich auf Durchführung so schwieriger Punkte einlasse. Indessen liegt es in der ganzen Anlage meiner Untersuchungen, daß ich nun einmal hindurch muß, ohne das Angenehme und Ergiebige wählen zu können, wie Du und Brücke und andere es nach Gelegenheit tun; und ich habe wenigstens den Vorteil, nie um ein Thema in Verlegenheit zu sein.

Im vorigen Sommer hab' ich das Problem des wahren Verhaltens des Muskelstroms während der Zusammenziehung wieder angepackt, mit Hilfe meiner Maschine, in der ein Gastroknemius in dem Augenblick, wo er anfängt sich zusammenzuziehen, eine Nebenschließung hinwegräumt, die während seiner Rohe den Strom vom Multiplikator wegblendet. Durch Deine Entdeckung des Zeitpunktes, in dem die sekundäre Erregung stattfindet, hatte dies Verfahren freilich nicht mehr die Aussicht, zu einem entscheidenden Ergebnis zu führen, auch in dem Fall, wo keine negativen Wirkungen beobachtet würden; da aber die Maschine einmal da war und in höchster Vollkommenheit arbeitete, so lohnte es sich der Mühe immer noch, den Versuch anzustellen. Der Erfolg war, daß es unter diesen Umständen nur eben gelingt, Stromabnahme nachzuweisen. Nur ein- oder zweimal in zahlreichen Versuchen schien ein absteigender Ausschlag sich ganz zu Anfang zu zeigen. Also die negative Schwankung dauert noch, nachdem der Muskel angefangen hat, sich zu verkürzen, und somit ist der Sachverhalt doch immer um einen Schritt mehr eingeengt. Ich habe übrigens schon wieder eine neue Maschine in Arbeit, mit der ich dieser Geschichte definitiv beikommen werde. Mit dem projektierten Herzversuch ist es nichts.

Auch einen schematischen Nerven aus 51 Nadelpaaren hab' ich im Bau, der Schönes zu leisten verspricht. Und einen anderen aus beweglichen elektromotorischen Molekeln.

Meinen Plan, um den Elektrotonus in der unmittelbar betroffenen Strecke nachzuweisen, hast Du nicht ganz richtig aufgefaßt.

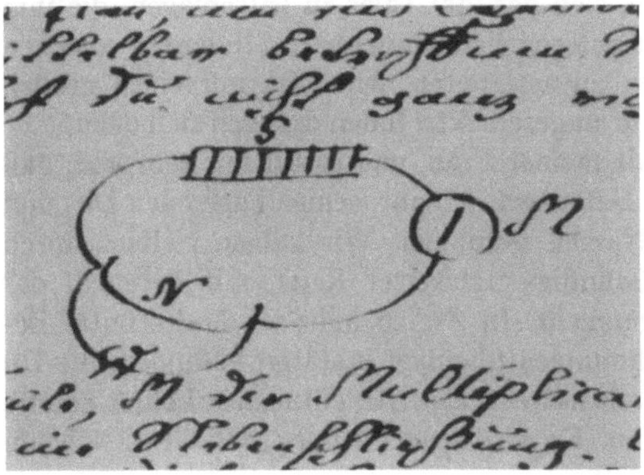

S ist die Säule, *M* der Multiplikator, *N* der Nerv, *W* eine Nebenschließung. Wenn Du die Rechnung ausführst, indem Du die im Nerven entstehende elektromotorische Kraft $= n \frac{IL}{Q}$ setzest, wo *I* die Stärke des erregenden Stromes,
L die Nervenlänge
Q der Querschnitt
n die sekundär elektromotorische Kraft
für die Einheit der Länge etc., so findest Du eine Relation zwischen dem Widerstand des Säulen- und Multiplikatorkreises, dem der Nebenschließung, der Nervenlänge und dem Querschnitt, wobei das Fortnehmen der Nebenschließung statt einer Verminderung der Stromstärke eine Vermehrung bedingt. Leider ist jene Relation so verwickelt, daß nicht daran zu denken ist, sie im Versuch zu verwirklichen.

Soviel von meinen Studien. Leider beginnt jetzt wieder für mich die Plage der Vorlesungen, eine Plage, weil ich mit Versuchen lesen muß, ohne die Mittel dazu zu haben, doch hoff' ich, soll dieser Winter das letzte Semester sein, wo meine Arbeiten ernstlich durch die Vorlesungen leiden. Ich lese im Winter spezielle Physiologie und Elektrizität für Ärzte.

Ich bin sehr begierig, ob Virchow mir mehr Zuhörer verschaffen wird. Im vorigen Semester hatte ich 10 in der allgemeinen Physiologie, aber gegen 40 im Publicum über Diffusion; da ich nicht mein Leben lang den Künstlern pauken mag, also hab ich den Entschluß gefaßt, den Dienst zu quittieren, um so mehr, als das Institut sich aus der Erschlaffung, in der Du es gekannt hast, auch nicht im entferntesten gehoben hat.[3] Paukmüller wird wohl unser glücklicher Nachfolger sein. Ich werde schon diesen Winter die Plage los werden und dadurch gegen frühere Winter außerordentlich an Zeit gewinnen.

Anderentags

Heut habe ich von Lehnert gehört, daß bereits 60 Mediziner mehr im Vergleich zum vorigen Semester inskribiert sind. Beneidest Du nicht Virchow um diese Ziehkraft?

Eben bin ich auf Joh. Müllers Treppe Budge begegnet, der mich glücklicherweise nicht erkannte. Ich habe Deine physiologische Optik erhalten, wofür ich Dir meinen Dank sage. Sie soll mir diesen Winter Dienste leisten, wenn sie nur bereits ganz da wäre. Zu meinem Ärger hast Du mein Bild noch nicht. Ich hatte es vor meiner Abreise gepackt, und es sollte zu Hirschwald gebracht werden, ist aber liegengeblieben. Du wirst es jetzt sehr bald haben. Ich bin im Begriff, ein Myographion zu bestellen. Zu einem Kymographion[4] kann ich mich noch nicht entschließen. Es ist offenbar Torheit, einen rotierenden Zylinder anzuwenden, ein mit annähernd gleichförmiger Geschwindigkeit fortgeführter Streifen wie am Morse wäre viel besser, und ein Laufwerk mit Windflügeln ist zweifellos ausreichend. Ich spekuliere auf etwas wie einen ausrangierten Bratenwender.

Sei so gut und geh' zu Krantz und kaufe mir für einliegenden Taler einen Dichroit oder Pelion oder Cordierit. Ich weiß nicht, unter welchem Namen sie Krantz hat. Ich möchte ihn bald haben, um bei Gelegenheit des Blutes ihn vorzeigen zu können. Laß Dir eine Quittung geben. Für das physiologische Laboratorium des Königlichen Anatomischen Museums zu Berlin. Krantz kann ihn ja nebst Quittung schicken.

Schließlich bring' ich einen Gegenstand zur Sprache, der mir viel Kopfbrechens macht. Die Hirschwaldsche Buchhandlung verfolgt mich seit geraumer Zeit mit Anträgen, eine Physiologie zu schreiben. Aus Gründen, die ich Dir nicht auseinandersetzen brauche, habe ich diese Anträge von der Hand gewiesen. Nun aber ist der Plan aufgetaucht, es solle ein Lehrbuch der Physiologie von mehreren Verfassern geschrieben werden, jedes Kapitel von dem, der am besten darin Bescheid weiß. Ich soll die Redaktion übernehmen. Honorar 4 Friedrichsd'or.[5] Denk erst in zwei Jahren zu beginnen. Ich habe Traube Atmung, Pflüger Nervenphysiologie (spezielle), Brücke Diffusion, allgemeine Sekretions-, Ab- und Resorptionslehre, Blut angetragen. Ich würde übernehmen allgemeine Muskel- und Nervenphysik. Für allgemeine Beschreibung der Organismen hab' ich die Augen auf Schwann, für Kreislauf auf E. H. Weber, für Ernährung auf Frerichs geworfen. Nun frage ich Dich: Willst Du daran teilnehmen und zwar die Sinne übernehmen? Und vielleicht noch das 2. Kapitel der allgemeinen Physiologie, welches unter dem Titel: Von den in den Organismen wirksamen Grundkräften, zur Verbindung des ersten, Schwann zugedachten Kapitels, und des dritten vom Stoffwechsel, wozu wohl Moleschott tauglich wäre. Doch hab' ich selber auch Lust auf das Kapitel von den Grundkräften, um meine Äußerungen in der Vorrede zu meinem Werk in gereifterer Form vorzubringen. Es wird Dir natürlich sehr langweilig sein, die Optik noch mal zu schreiben, indessen würde sie doch ganz anders, womöglich ohne Analysis, bloß geometrisch, darzustellen sein. Von Deiner, Brückes und Frerichs Zustimmung hängt das Zustandekommen des Unternehmens ab. Traube und Pflüger wollen, und ich will, wenn Ihr wollt, aber werde mich, unter uns gesagt, nicht sehr grämen, wenn der Plan zerrinnt, denn die Gründe, die mich bestimmen, die Hand dazu zu geben, sind doch natürlich mehr äußerliche. Wenn Deine Antwort ablehnend lautet, so fasse sie bitte so ab, daß ich sie Hirschwald vorlegen kann.
Meine Grüße Deiner Frau

Dein
E. du Bois-Reymond

Nr. 57

An E. du Bois-Reymond

Bonn, 8. November 1856

Lieber Freund,
beifolgend erhältst Du den größten Dichroit, welchen Krantz hatte, für 15 S[ilber]-g[roschen] nebst Quittung. Von dem Rest des Geldes habe ich noch 3 S[ilber]g[roschen] als Paketporto zurückbehalten, welche ich dem Berliner Museum nicht schenken will; 12 S[ilber]g[roschen] kommen mit zurück. Auf Dein Bild und die neuen Abhandlungen freue ich mich, weil ich sehr neugierig bin, den jetzigen Stand Deiner Untersuchungen daraus zu erfahren. Betreffs der Sache mit der Akademie[1] habe vorläufig den besten Dank für Deine freundschaftlichen Bemühungen. Wenn das Resultat günstig ausfällt, wird es außer der innerlichen Ermutigung, die jede Anerkennung urteilsfähiger Leute gibt, auch für meine gesellschaftliche Stellung hier in Bonn von Wichtigkeit sein. In Königsberg würde es in letzterer Beziehung wenig Einfluß gehabt haben; aber hier sind leider die meisten Kollegen stolzer auf Äußerlichkeiten als wissenschaftliche Bedeutung und beurteilen die letztere nur nach dem Erfolge. Daß ich Budge in die Flucht geschlagen habe, der bisher Mayer, Weber und Schaaffhausen in Schach gehalten hatte, scheint schon einigen Eindruck gemacht zu haben.

Daß Du an den Künstlerlektionen nicht lange Freude haben würdest, wenn nicht ein ganz andrer Geist in die Berliner Akademie[2] fährt, konnte ich mir denken. Paukmüller ist gut genug dafür. Ich freue mich auch, daß Du es Dir erlauben darfst, diesen Dienst zu quittieren. Ich schließe daraus, daß Deine äußerliche Lage sich wesentlich gebessert hat.

Zum Arbeiten habe ich nicht viel Zeit gehabt; die zerstreuten freien Stunden habe ich zur Fortsetzung meiner akustischen Versuche verwendet. Auch will ich nun wieder an die Ausarbeitung der physiologischen Optik gehen, die bisher liegen geblieben ist.

Die Antwort wegen des Lehrbuchs der Physiologie erfolgt hier nebenbei, damit Du sie Hirschwald abgesondert vorlegen kannst. Empfiehl mich Deiner Frau und den Berliner Freunden

Dein Helmholtz

Nr. 58

An E. du Bois-Reymond

Bonn, 11. November 1856

Lieber Freund,
auf Deine Anfrage betreffs meiner Geneigtheit, einen Teil eines von Dir zu redigierenden Lehrbuchs der Physiologie zu übernehmen, muß ich leider erwidern, daß ich noch für einige Zeit, mindestens ein Jahr, wahrscheinlich aber noch länger, von der Aus-

arbeitung der physiologischen Optik für das von Karsten redigierte Handbuch der Physik[1] in Anspruch genommen bin, so daß ich nicht wohl noch eine zweite Arbeit ähnlicher Art übernehmen kann. Auch würde es für mich zu ermüdend werden, denselben Gegenstand so kurz hintereinander zweimal zu bearbeiten, wie ich es müßte, wenn ich die Physiologie der Sinne übernehmen wollte, deren Hauptteil doch die physiologische Optik ist. Übrigens glaube ich auch, daß es keine erheblichen Schwierigkeiten machen wird, für die physiologische Optik einen anderen Bearbeiter zu finden. Solltest Du dagegen nicht eine zu weit gehende Zersplitterung darin finden, mir die physiologische Akustik und vielleicht die Einleitung für die Physiologie der Sinne zu übertragen, falls deren Unterbringung Schwierigkeiten machen sollte, so will ich das nicht gleich ganz abweisen. Das heißt, wohlverstanden, ich kann jetzt keinerlei Versprechen geben und mich etwa erst nach einem Jahr darüber erklären. Solltest Du bis dahin keinen Bearbeiter für die ganze Physiologie der Sinne gefunden haben, was mir jedenfalls besser scheinen würde, so können wir dann weiter darüber verhandeln. Für das Kapitel von den im Organismus wirkenden Grundkräften fühle ich gar keine Lust und Fähigkeit in mir, daher wirst Du es jedenfalls viel besser selbst übernehmen.

Dein H. Helmholtz

Nr. 59

An H. von Helmholtz

Berlin, 15. Januar 1857

Donnerstag
aus der Gesamtsitzung der Akademie

Lieber Helmholtz,
Du bist heut vor 14 Tagen in der Sitzung der physikalisch-mathematischen Klasse (21 anwesend) einstimmig und heut in der Plenarsitzung (37 anwesend) ebenfalls einstimmig zum korrespondierenden Mitgliede für Anatomie und Physiologie gewählt.[1]

Dein
E. du Bois-Reymond

Nr. 60

An E. du Bois-Reymond

Bonn, 18. Mai 1857

Lieber Freund,
Bunsen hat mir geschrieben – und ich denke, Du wirst einen ähnlichen Brief erhalten haben –, daß das Badensche Ministerium[1] willens ist, bedeutende Opfer zu bringen,

um einen ordentlichen Physiologen nach Heidelberg zu ziehen. Die Auswahl der Kandidaten ist lauter physikalisches Vollblut, Brücke, Ludwig, wir beide; die Fakultät, schreibt er, würde wohl uns beide vorschlagen. Da ich nun weiß, daß Du sonst den Wunsch aussprachest, nach Heidelberg gehen zu können, und für mich zwar einige, aber keine fundamentalen Vorteile daraus entspringen würden, daß ich ginge, so will ich vor allen Dingen Dir nicht hinderlich sein, und habe Bunsen in diesem Sinne geantwortet. Ich habe ihm geschrieben, für den Augenblick hätte ich eine gewisse Verpflichtung persönlicher Dankbarkeit gegen das preußische Ministerium, welches mich um der Gesundheit meiner Frau willen hierher versetzt hätte, und die hiesigen Zustände seien im Augenblick noch zu unentwickelt, als daß mich das viele Mangelhafte darin für den Augenblick berechtigte, mich über jene Rücksicht fortzusetzen. Ich bat ihn, zunächst allein mit Dir zu unterhandeln, da ich entschlossen sei, Deine Wünsche in dieser Beziehung nicht zu kreuzen.[2] – Demgemäß möchte ich für den Fall künftiger Ereignisse wissen, wie Du darüber denkst.

In den hiesigen Verhältnissen ist vieles leider sehr faul. Die Aussicht auf den Neubau eines Anatomiegebäudes scheint jetzt ganz geschwunden zu sein.[3] Die Hauptschuld dabei trägt der wohlweise Senat unserer Universität, welcher im vorigen Sommer aus verschiedenen, teils dogmatischen, teils sehr praktischen und persönlichen Gründen sich weigerte, irgend etwas für den Bau des Anatomiegebäudes zu tun. Unter diesen Umständen fühlt sich das Ministerium natürlich auch gerechtfertigt, wenn es nichts tut. So sitze ich denn vorläufig in dem alten Schmutzloche fest und fühle mich auch gerechtfertigt, wenn ich mir meine Zeit nicht damit verderbe, daß ich für die anatomischen Sammlungen mich abmühe, was ich noch dazu ohne die Hülfe eines brauchbaren Assistenten tun müßte. Am widerlichsten sind die ewigen Verhandlungen über die Leichenlieferungen,[4] gegen welche die katholische Geistlichkeit im Verborgenen intrigiert und wobei man keine Gelegenheit vorbeigehen läßt, uns möglichst unanständig zu behandeln.

Da das Ministerium auch für das chemische Laboratorium jede auch nur provisorische Verbesserung abgeschlagen hat, hat Baumert jetzt seinen Abschied gefordert, und es hört auch die organische Chemie bei uns auf zu existieren.[5]

Ebenso sind die Fakultätsverhältnisse äußerst unerfreulich. In Königsberg herrschte darin ein gewisser würdiger Anstand, man schämte sich, niedrige Motive durchblicken zu lassen. Seitdem Budge fort ist, der wenigstens wissenschaftlichen Ehrgeiz besaß, wenn auch übel gerichteten – aber auch schlechter Ehrgeiz kann vergleichsweise als Tugend erscheinen –, und mit mir und Busch die Fortschrittspartei in der Fakultät bildete, sind wir beiden letzteren der kompakten Reaktionspartei gegenüber machtlos und widerstreben vergebens dem System wissenschaftlicher Polizei, welches hier namentlich gegen die konkurrierenden Privatdozenten geübt wird. Übrigens ist die medizinische Fakultät nicht die einzige, die dergleichen tut; in der philosophischen sind mir unter den Naturforschern zwei Fälle bekannt, wo Privatdozenten vor der Habilitation dem betreffenden Professor das formelle Versprechen ablegen mußten, seine Collegia nicht zu lesen, ehe sie zugelassen wurden; in einem dritten Falle sind dem Dozenten gleich Drohungen mit auf den Weg gegeben, für den Fall, daß er so etwas wagen solle. Solche scandalosa lassen einen gewissen moralischen Widerwillen gegen die hiesigen Zustände nicht ausgehen, um so mehr, da die öffentliche Meinung sie kaum als scandalosa betrachtet, und machen mir die Möglichkeit einer Hebung der Universität sehr zweifelhaft.

Auch der Studienplan der Mediziner ist gründlich verfahren; denke, daß meine Zuhörer meist die Physiologie gleichzeitig mit der anorganischen Chemie hören müssen und daß dagegen wegen allerei persönlicher Interessen gar nicht aufzukommen ist. Sobald Busch und ich von Änderung des Stundenplans reden, ist allgemeiner Widerspruch. Kilian verlangt 4 Semester Besuch der geburtshülflichen Klinik usw.

Es bleibt hier nichts übrig, als daß man sich entschließe, die Welt laufen zu lassen, wie sie läuft; dann kann ich ein ausreichendes Einkommen in der reizenden Umgebung behaglich verzehren und mir auch Zeit zum Arbeiten verschaffen.

Ich habe allmählich ziemlichen Stoff zur Reform der physiologischen Akustik angesammelt und warte auf Instrumente, um es nach und nach fertig zu machen. Von den Resultaten will ich eines erwähnen, was mir für die Nervenphysiologie von Interesse scheint, daß nämlich die Fasern des Acusticus, welche die höheren Töne empfinden, imstande sein müssen, bis 150 Wechsel von Erregung und Ruhe (150 Schwebungen) in der Sekunde von einer kontinuierlichen Erregung zu unterscheiden, während in Sehnerv und Muskel schon 10–15 Wechsel in der Sekunde als kontinuierliche Wechsel wirken. Es ist das in Übereinstimmung mit dem schnellen Wechsel der elektrischen Anordnungen in den Nerven, und es scheint daraus zu folgen, daß die Trägheit jener Wirkungen in den Muskelfasern und den lichtempfindlichen Teilen der Retina liegt. Inzwischen schreibe ich wieder physiologische Optik[6]; bin aber noch nicht sehr weit vorgeschritten. – Ich mache Dich aufmerksam auf stereoskopische Photographien der Grindelwaldgletscher, die käuflich zu haben sind (Ferrier, Paris), und höchst interessant, weil jede einzelne Photographie, ohne Stereoskop gesehen, an Stelle der Eismassen nur unverständliche und wüste graue Flecken zeigt, welche im Stereoskop zur herrlichsten Anschauung der Gletscherspalten werden.

Kannst Du mich vielleicht wissen lassen, wieviel Heidenhains Hammerapparat zur Tetanisierung kostet und ob Siemens und Halske eine Bestellung annehmen würden.

Willst Du nicht einmal den Schwindel einer Naturforscherversammlung[7] mitmachen? Wenn ja, so lasse es mich wissen, und nimm Quartier bei uns. Wir bereiten drei Quartiere für Naturforscher, und Du würdest mit Deiner Gattin zu den Erstberechtigten gehören. Empfiehl mich dieser.

Dein Helmholtz

Nr. 61

An H. von Helmholtz

Berlin, 24. Mai 1857

Lieber Helmholtz,
Dein Brief ist dem meinigen zuvorgekommen. Ich stehe in der Tat schon seit Weihnachten mit Kirchhoff in Verhandlung über die Heidelberger Stelle und habe gleich Dir (und Brücke) kürzlich ein Schreiben von Bunsen erhalten, in dem er mich ersucht, ihm meine Bedingungen bekannt zu machen. Ich habe 2000 Fl [Gulden][1] persönlichen Gehalts und 700 Fl [Gulden] Fonds verlangt. Bekomme ich dies nebst ausschließlicher

Direktion des physiologischen Instituts und sagt mir nach Besichtigung die Örtlichkeit zu oder werden mir in bezug darauf befriedigende Zusagen gemacht, so bin ich entschlossen zu gehen, wenn ich nicht hier entsprechende Bedingungen, ein anständiges Gehalt, einen jährlichen Fonds und einige andere Punkte bewilligt kriege, worauf aber so wenig zu rechnen ist, daß ich, sobald ich den Ruf erhalten sollte, die Sache eigentlich für abgemacht ansehe. Berlin zu verlassen, ist für mich zwar eine Art Niederlage, da ich, genau genommen, dem Wunsche, hier zu bleiben, früher schon bedeutende Opfer gebracht habe; aber es wird mir leichter, mich darüber hinwegzusetzen, weil wirklich die Verhältnisse hier mit jedem Tage kläglicher werden. Berlin hat die Bedeutung eines Zentralpunktes eingebüßt, und die Akademie ist ein so unwirksames Institut, daß ich, abgesehen von den 200 Talern jährlich (die aber von dem Universitätsgehalt bei Berufungen im voraus abgezogen zu werden pflegen!) keinen Vorteil davon kenne, wohl aber den Nachteil von viel Langeweile und von dem Zwang, am gegebenen Tag eine Abhandlung bereit zu haben und sie in den Monatsberichten drucken lassen zu müssen. Die Werkstatt von Siemens und Halske, die physikalische Gesellschaft und die großen Berliner Frösche fesseln mich am meisten. Ich bin aber, wie gesagt, entschlossen zu gehen, wenn ich den Ruf erhalte, und muß dies auch schon deshalb sein, weil, wenn Du etwa nach Heidelberg kämst, ich doch nicht vermeiden könnte, Berlin für Bonn zu verlassen. Bonn und Heidelberg werden sich aber ziemlich gleich bleiben. Ich glaube, daß die Heidelberger Einnahmen geringer als die Bonnenser sind, daß aber nach allem, was ich höre, die Fakultät in Heidelberg reichlich so schlecht ist wie die in Bonn. Ein Vorteil ist, daß die Stelle rein physiologisch wird; ich vermute wenigstens, daß auch Du dich nicht darauf einlassen würdest, pathologische Anatomie zu lesen, was lächerlicherweise gewünscht wird. Höchst fatal ist für mich, daß ich hier eben eine neue größere Wohnung gemietet und mit sehr großen Kosten eingerichtet habe.[2]

Ich bin mit meinen Arbeiten an einen Punkt gelangt, der mich beinahe zur Verzweiflung bringt. Die positive Polarisation im Muskel ist in verschiedener Richtung verschieden stark, nämlich in jeder Hälfte stärker in der Richtung des Pfeiles als in

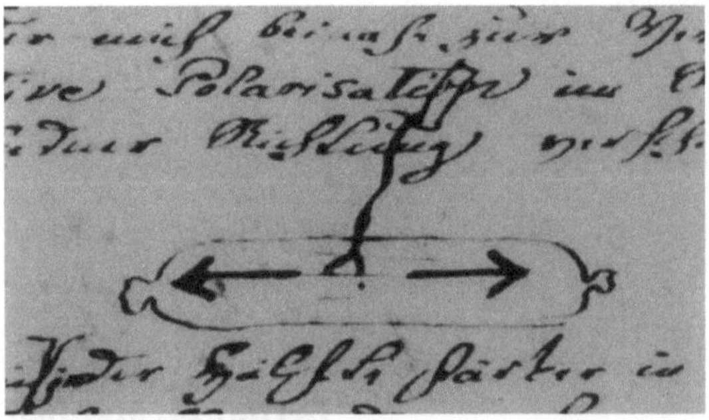

der entgegengesetzten. Nachdem ich dies mit unsäglicher Mühe entwirrt (denke Dir, daß es absolut unmöglich ist, eine Kombination einer Flüssigkeit mit 2 Elektroden herzustellen, die in beiden Richtungen den Strom gleich schwächt), bin ich auf die Frage gestoßen, ob dies von der Nervenausbreitung herrühre, die die Richtung des Pfeils hat, oder ob es einen Bezug auf den Muskelstrom habe und dergleichen mehr und kann nicht von der Stelle.

Die Gletscherphotographien, oder ähnliche, hab' ich bereits gesehen.

Heidenhains Apparat (unter uns: von mir angegeben) ist hier von Halske leicht zu bekommen, aber ziemlich teuer; der Unterbrecher kostet 20 Taler, der Hammer etwa 8 Taler. Es ist aber ein Schauspiel. Ich habe mich überzeugt (was ich nächstens bekannt machen werde), daß der mechanische Tetanus dem elektrischen nur um eine unmerkliche Größe nachsteht.

Meine Frau sieht binnen etwa 14 Tagen abermals einer Verfälschung der statistischen Tabellen entgegen, befindet sich indessen so wohl und kräftig, daß unsere Reue und Scham nicht sehr groß sind. Sie wird aber im Herbst als Amme (hoffentlich nicht im Steenstrupschen Sinne noch Knospen treibend) fungieren und also in Bonn nicht naturforschen können. Ich muß bekennen, daß ich keine große Lust habe, die Zeit, die ich für eine Reiseerholung abmüßige [?], mit den unerquicklichen Förmlichkeiten einer solchen Versammlung totzuschlagen. Es kommt gar zu wenig dabei heraus.

Wenn aber Brücke, Ludwig, Eckhard, Wittich, Donders etc. sich verbänden, zusammenzukommen, so daß die jüngere physiologische Richtung einmal massenhaft repräsentiert wäre und the lead nähme, würde ich mich natürlich nicht entziehen und in diesem Fall Dein Anerbieten mit Dank annehmen. Aber ich bezweifle, daß Brücke und Ludwig kommen.

Rekoss hat noch immer nicht das Myographion geschickt.

Du hättest mir, närrischer Kerl, wohl ein Wort des Danks für die Ernennung zum Korrespondenten, die ich Dir aus der Donnerstag-Sitzung mitteilte, zukommen lassen können. Du weißt, was meine Meinung in Betreff von uns beiden ist, wem es zukommen würde, in der Akademie zu sitzen; wenn es sich sonach auch von selbst verstand, daß ich, sobald als möglich, Dich zum Korrespondenten ernennen ließ, so ist das doch immer eine persönliche Schererei, die der Rede wert ist.[3] Ich habe den alten Knasten zum Trotz die Erhaltung der Kraft bei dieser Gelegenheit in den dem Stillstand der Wissenschaft geheiligten Räumen widerhallen lassen. Was sagst Du wohl zu Krönig und Clausius Gummiball-Theorie?[4] Und was zu Webers mit der Lehre von Zentralkräften und der Erhaltung der Kraft unverträglichem Grundgesetz?[5] Leb' wohl, empfiehl mich Deiner Gattin und gelegentlich Argelander. Dein

E. du Bois-Reymond

An Lachmann in Poppelsdorf hast Du ja in morphologischer Beziehung eine wünschenswerte Erwerbung gemacht. Er macht wunderschöne mikroskopische Präparate.

Nr. 62

An E. du Bois-Reymond

Bonn, 26. Mai 1857

Lieber Freund,
zuerst bitte ich Dich feierlichst und reumütig um Verzeihung wegen der versäumten Danksagung, aber ich war der Meinung, ich hätte Dir damals unmittelbar nach Emp-

fang des Briefes, wo Du es mir anzeigtest, darüber geschrieben, oder mindestens habe ich es gewiß getan nach Deiner ersten Meldung, daß die Sache in Aussicht stände. Glaube also nicht, daß ich die Mühe, welche Du dabei gehabt, und die Freundschaft, die Du bewiesen hast, gering schätze. Ich habe Dir schon früher geschrieben, daß die Ernennung für mich wegen der äußeren Stellung hier in Bonn von großem Werte sein würde, und das hat sich auch ganz richtig herausgestellt.[1] Aber auch für das eigene Bewußtsein ist eine solche Anerkennung immer eine Stärkung und Ermunterung, namentlich, wenn man unter Volk leben muß, die meistens gar keinen Sinn für wissenschaftliche Wirksamkeit haben; wenigstens unter unsern Naturforschern ist dies sehr der Fall, unter den philologisch historischen Leuten sind allerdings achtbare Köpfe und Charaktere, deren Studien den meinigen aber zu fern liegen.[2] Unter diesen habe ich mir meine Freunde suchen müssen; von den Ärzten und Naturforschern ist es nur Busch, mit dem ich ein näheres Verhältnis habe.

In der Heidelberger Sache ist mir der Empfang Deiner Antwort sehr lieb gewesen, denn inzwischen war schon Professor Delffs, als Prodekan von der Fakultät gesendet, hier, um mit mir zu verhandeln. Ich gab ihm dieselbe Antwort, wie früher an Bunsen, und rechnete ihm vor, daß, wenn ich nichts an meiner hiesigen Einnahme verlieren sollte, ich bei dem viel geringeren Honorar dort, ein Gehalt von 3400 bis 3600 Gulden haben müßte. Ich sagte ihm, ich könnte mir nicht denken, daß das Badische Ministerium Lust haben würde, bloß für Physiologie so viel zu zahlen, und auch wenn sie es geben wollten, könnte ich nicht wissen, ob mir die Rücksichten, die ich auf das Preußische Ministerium nehmen müßte, erlauben würden, mich darauf einzulassen.

Inzwischen werde ich diese Gelegenheit zu benutzen suchen, um mich in Besitz des vollen Gehalts meiner Stelle, von dem ich erst 3/4 habe, zu setzen, und einige Zusicherungen für den Neubau der Anatomie[3] zu erlangen. Tu mir also den Gefallen, einstweilen in Berlin von Deiner Absicht nichts verlauten zu lassen, oder, wenn etwas verlautet ist, es so unwahrscheinlich als nur möglich darzustellen, daß Du nach Heidelberg gehst, bis Du definitive Anerbieten hast und Deine Forderungen stellen willst.

Sei vorsichtig mit Arnold. Dieser hat dem Ministerium gegenüber erklärt, er werde weder die Physiologie noch das physiologische Institut abgeben, weil dies sein verbrieftes Recht sei. Der Fakultät dagegen hat er gesagt, er werde alles abtreten, wenn ihm der neue Physiologe genehm sei. Übrigens hat er an den Vorschlägen der Fakultät teilgenommen, welche auf uns beide lauten. Kannst Du also gut mit ihm auskommen, so ist es besser, übrigens verklausuliere Dich möglichst.

Du kannst Dir wohl denken, daß die Menschen der Praxis sich über Deine Art, Physiologie vorzutragen, stellenweise ereifern. Das Unglück führte in meinem Collegium einen jungen Russen, der im Winter bei Dir gehört hat, mit Professor Delffs zusammen, der über uns beide Erkundigungen einzuziehen, von der Fakultät beauftragt zu sein schien, und der erstere hat dem letzteren die gewöhnlichen Vorwürfe, der die physikalische Physiologie ausgesetzt ist, in gesteigertem Maße vorgetragen, was mir Delffs nachher mitteilte. Dieser war für solche Bedenken sehr empfänglich und rückte auch damit heraus, daß man in der Fakultät die gleichen Bedenken gegen Dich habe. Ich überlasse es Dir zu beurteilen, ob Du durch größere Verkürzung der tierischen Elektrizität in der Physiologie Dir eine bessere Meinung der Fakultät zu erwerben, der Mühe für wert achtest.

Rekoss baut auch für mich ein Myographion. Ende April habe ich ihn getreten, und er hat die Lieferung für Ende Mai versprochen. Ich denke, daß er wohl beide gleichzeitig fertig machen wird.

Krönigs Gummiballtheorie ist witzig und mir interessant als ein Beispiel, daß jede auch die unwahrscheinlichste mechanische Annahme auf gewisse allgemeine Folgerungen führt. – Webers Grundgesetz (Du meinst doch das elektrodynamische) kann kein definitives Grundgesetz sein. Für geschlossene Ströme stimmt es mit Neumanns Gesetzen und der Wirklichkeit. Für ungeschlossene Ströme differiert es mit Neumanns Gesetzen, welche letztere dem Prinzip der Erhaltung der Kraft genügen, aber es fehlt die Entscheidung durch den Versuch, die auch sehr schwer zu gewinnen sein wird.

Mit den besten Wünschen dafür, daß die Verfälschung der statistischen Tabellen glücklich gelingen möge, empfehle ich mich Dir und Deiner Gattin

Dein H. Helmholtz

Nr. 63

An E. du Bois-Reymond

Bonn, 14. Juli 1857

Lieber Freund,
ich habe jetzt vom Preußischen Ministerium 400 Taler Gehaltszulage erhalten und eine erneute Zusicherung für den Neubau der Anatomie und habe infolgedessen in Heidelberg angezeigt, daß ich mich definitiv entschlossen hätte, hier zu bleiben.

Durch eine Zeitungsannonce, welche meine Schwiegermutter hersendete, habe ich erfahren, daß das jüngste du Bois glücklich einpassiert ist, wozu ich herzlich gratuliere, hoffentlich geht es Deiner Gemahlin dabei ebenso gut wie früher.

Ich sitze und warte auf die Mechaniker und schmiede inzwischen physiologische Optik zusammen. Eine optische Spielerei, die ich unter dem Namen Telestereoskop (Stereoskop für die fernen Teile der Landschaft) in der niederrheinischen Gesellschaft beschrieben habe, macht, wie ich höre, die Runde durch die politischen Zeitungen, nach dem Sitzungsberichte in der Kölner Zeitung abgedruckt, ich werde deshalb nächstens eine kurze Notiz darüber an Poggendorff schicken.[1]

Bonn ist reich an Skandal. Jetzt haben wir einen Privatdozenten Dr. Schauenburg, berüchtigt und Dir auch wohl bekannt als Verfechter der wahrsagenden Tische und ferner berüchtigt durch einen infamen Prioritätsstreit gegen Donders wegen der stenopäischen Brillen[2], aus der Fakultät removieren müssen, weil er eine ganz niederträchtige Denunziation auf Prokuratio abortus mit einem gemeinen Weibsbild zusammen geschmiedet hatte gegen einen anderen Dozenten der Chirurgie, Otto Weber, einen sehr talentvollen Menschen, der schneller als Schauenburg zum Extraordinarius vorgerückt war. Das Weibsbild war notorisch Schauenburgs (der übrigens verheiratet ist) eigne Geliebte. Zweimal haben die beiden edlen Seelen versucht, ihre Klage anzubringen und sind beide Male vom Gerichte abgewiesen worden. – Wegen der im Publikum spukenden Reste der Tischklopferei ist es doch gut, dergleichen Charakteristiken ihrer Vertreter zu kennen.

Radicke, der für den physikalischen Jahresbericht schreibt oder schrieb, ist bekanntlich in sehr elenden Umständen. In diesem Frühling war er durch Hunger so herabgekommen, daß er nicht mehr die Gedanken zum Lesen und Arbeiten zusammenhalten konnte und deshalb die Dozenten für ihn gesammelt haben, um ihn nicht im strengen Wortsinn verhungern zu lassen. Es war soweit gekommen, daß er lange Ohnmachten und Schwäche hatte. Jetzt ist er wieder soweit herausgefüttert, daß er Stunden geben kann. Könnt Ihr ihm bei der Redaktion des Jahresberichts also etwas mehr Geld in irgendeiner Weise zuwenden, so verdient Ihr Euch einen Platz im Himmelreich dadurch, was Euch doch sehr anlockend sein muß.

Deine Abhandlungen über Polarisation flüssiger und poröser Leiter[3] habe ich erhalten, sie haben mich auf die endliche Lösung der Muskelladungen sehr neugierig gemacht.

Ich hoffe auf baldige gute Nachrichten von Dir und künftige gute Nachbarschaft am Rheine.[4] Wenn Du schreibst, melde mir doch auch, ob Du etwas von der Beschaffenheit der Mikroskope von Wappenhaus in der Besselstraße weißt.

Empfiehl mich Deiner Gemahlin
Dein H. Helmholtz

Nr. 64

An H. von Helmholtz

Berlin, 26. Juli 1857

Lieber Helmholtz,
das Glück, an dem Du mir Deine Teilnahme aussprichst, ist bereits auf grausame Art zerstört. Alles ging aufs beste, meine Frau sollte eben wieder ausgehen, und wir freuten uns des wohlgebildeten, vortrefflich gedeihenden Schwesterchens für unser älteres Mädchen, als es sich eines Morgens mit Stippchen bedeckt fand, über deren Natur nicht lange ein Zweifel sein konnte. Es war eine bösartige livide confluierende Variola[1], der die arme kleine Maschine noch zehn Tage lang energischen Widerstand leistete, um dann endlich für immer still zu stehen. Wie diese scheußliche Krankheit unser Kind erreicht hat, wissen wir nicht. Möge Euch andern das Schicksal gnädig sein und Erfahrungen der Art ersparen, welche herber sind, als man es sich träumen läßt.

Also Du bleibst in Bonn, und nun steht zu erwarten, daß die Reihe an mich kommt. Ich weiß sehr wohl, daß meine Art, Physiologie vorzutragen, dem Pöbel nicht zusagt, aber ist dem abzuhelfen? Ich habe genug zu ändern an dem, wovon ich sehr gut selber weiß, daß und wie schlecht es ist, um dem Pöbel zu gefallen, an dem zu ändern, was ich nach bester Überzeugung für gut halte. Ist übrigens der Pöbel je zufrieden? Haben sie nicht ganz ebenso auf Müller geschimpft, als er von seinem Standpunkt aus die Physiologie wissenschaftlich lehrte? Sie können es ja übrigens noch *bei ihm* genießen, wenn ihnen stundenlange Expositionen über Seeigelmetamorphose praktischer erscheinen als Wellenlehre, Regnaults Atemapparat oder das Ophtalmometer.

Wenn übrigens der Russe erzählt hat, daß ich mich weitläufig über tierische Elektrizität auslasse, so hat er ganz einfach gelogen. Ich trage nämlich tierische Elektrizität im Winter gar nicht vor, sondern sie kommt nur am Schluß meines Sommerkollegs über „Allgemeine Physiologie mit Inbegriff der allgemeinen Nerven und Muskelphysik" vor. Außerdem glaube ich, daß es schwerlich irgendwo ein im anderen Stil gehaltenes physiologisches Kolleg geben möchte, in dem die tierische Elektrizität nicht ausführlicher behandelt würde als in meinem. Ich trage Sachen nicht gern vor, die ich so genau kenne, daß ich allerwegs Lücken und Gebrechen in meinem Vortrag gewahre. Ich breche Dinge nicht gern übers Knie, die mir am Herzen liegen wie die hier spielenden Probleme.

Namentlich aber nehme ich nicht gern meine zu eigenen Versuchen zusammengestellten Vorrichtungen auseinander, um den Leuten Versuche zu zeigen, die sie zuletzt doch nicht verstehen, wenn man nicht erst wochenlange Vorbereitungen mit ihnen vornehmen will. Ich stecke leider noch immer tief drin in den Ladungsphänomenen. Doch hoffe ich, noch in diesen Ferien damit fertig zu werden. Es ist ein bösartiges Stück Arbeit und muß nun doch durchgeackert werden.

Wer hat recht, Eduard Weber oder Volkmann?[2] Sonderbar, ehe E. Weber seine Abhandlungen veröffentlicht hatte, schien mir nicht nur Volkmann sehr im Rechten zu sein, sondern mir schien auch diese seine Arbeit das Beste zu sein, was ich noch von ihm gelesen. Nun freilich bin ich irre gemacht, aber ich traue auch E. Weber nicht, dessen Arbeit über Muskelbewegung[3] unter dem Schein der absoluten „Exaktität" manchen groben Schnitzer birgt.

Ich mache Dich aufmerksam auf eine demnächst in Moleschotts Journal erscheinende Arbeit eines talentvollen hiesigen Studierenden Rosenthal.[4] Er zeigt, daß bei gleicher Stromdichte die Nerven leichter als die Muskeln erregt werden und daß die Behauptung Bernards und Köllikers falsch ist, daß Wurali-Muskeln[5] erregbarer als gesunde Muskeln seien.

Heidenhain hat gefunden, daß Wurali-Muskeln nichts mehr vom Gesetz der Zuckungen wahrnehmen lassen.

Hast Du die Abhandlung über das Myographion von Boeck in Christiania gelesen? Herr Boeck hatte dies Myographion, welches das Deine, aber unerlaubt verballhornt ist, in Paris auf der Ausstellung und hat dafür einen Preis erhalten. Auch hat Herr Pouillet die namenlose Ausverschämtheit besessen, irgendwo zu drucken, daß dies Myographion das Deine in mehreren wesentlichen Punkten übertreffe.

Willst Du nicht einmal den Physiologen eine gnadenvolle Hand reichen, um sie aus dem Abgrund von Konfusion hervorzuheben, in den sie Deine Arbeiten über die Bildung von Weiß aus homogenen Farben[6] gestürzt haben? Es ist so jämmerlich, sie sich winden zu sehen, wenn ihnen mit ein paar Zeilen auf die Beine könnte geholfen werden.

Lebe wohl, empfiehl mich Deiner Frau; schreib mir gelegentlich, wo Du jetzt in Bonn wohnst, da ich ja die Stadt kenne, damit ich mir Dich vorstellen könne, und protestiere, wenn Du kannst, in meinem Namen gegen das Befreiungskriegsmonument errichtende Gesindel, was den Drachenfels[7] ruinieren will.

Dein
E. du Bois-Reymond

Du hast kein ungeimpftes Kind; indessen glaube ich auch nicht, daß Du noch etwas von diesem Papier zu fürchten hättest. Ich habe energisch mit Chlor gearbeitet, wie Du Dir denken kannst, da ich ja für das nächste Kind fürchten mußte.

Nr. 65

An E. du Bois-Reymond

Bonn, 5. März 1858

Lieber Freund,
nach langem Verhandeln, Schwanken, Zögern ist es endlich dahin gekommen, daß ich den Ruf nach Heidelberg angenommen habe. Heut habe ich mein Abschiedsgesuch an Raumer abgesendet.[1] Ich habe Dir im vorigen Sommer geschrieben, daß ich die Berufung abgelehnt hatte. Ich glaubte sicher, die Badische Regierung würde nun so vernünftig sein und Dich ohne Zögern berufen; auch die Zeitungen meldeten es, und war nicht wenig erstaunt, Ende Oktober ein zweites Mal eine Berufung nach Heidelberg zu bekommen. In der Fakultät ist nämlich im Ganzen ein großer Gegensatz gegen die physikalische Physiologie, und man tut mir die sehr zweifelhafte Ehre an, ich weiß nicht warum, mich für weniger physikalisch als die übrigen unserer Freunde zu halten, so daß Arnold, wie mir nun gesagt ist, mich allein vorgeschlagen hat, vielleicht auch in der Hoffnung, daß ich nicht annehmen würde. Arnold, welcher vertragsmäßige Rechte auf die Physiologie hat, konnte der Regierung große Schwierigkeiten machen, und deshalb scheint diese gezögert zu haben. Unterdessen war ich hier jämmerlich betrogen worden. Als ich im Sommer den Ruf hatte, wurde mir noch einmal vom Minister zugesagt, was schon früher geschehen war, daß die Anatomie neu gebaut werden sollte. Aber der Minister hatte schon früher verlangt, daß der akademische Senat einige Stückchen Land, die jetzt nichts einbringen, aber als Bauplätze für Private einen hohen Wert haben, verkaufen sollte, um einen Teil der Kosten dadurch zu decken. Der Senat hatte das abgeschlagen, teils aus privaten Interessen einiger Mitglieder, teils aus einem theoretischen Begriffe von dem unersetzlichen Werte des Grundeigentums. Meine Berufung im Sommer war die Veranlassung geworden, daß der Senat von Neuem diese Frage in Beratung nahm und so tat, als wollte er nun den Wünschen des Ministers nachkommen, um mich zu halten. So wie ich den Heidelberger Ruf abgelehnt hatte, beschloß diese wohlweise Körperschaft indessen, daß ja nun

nichts mehr nötig sei für mich zu tun. Darauf erklärte der Minister ganz offen, wenn der Senat nichts tun wolle, werde er gar nichts tun und überhaupt sich auf die Sache gar nicht mehr einlassen.

Auf der Naturforscherversammlung hier[2] wurde dieses scandalosum natürlich eifrig besprochen, und so kam es nach Karlsruhe,[3] und man schloß dort daraus, daß ich nun vielleicht kommen würde. Der Senat war neu konstituiert, ich selbst war hineingewählt, und ich hatte deshalb die Gelegenheit, die Sache noch einmal anzuregen. Ich war noch nicht klug genug geworden. Ich ersuchte die Badische Regierung, nicht auf mich zu warten, sondern ihre Verhandlungen mit anderen Kandidaten fortzusetzen, indessen wäre es wohl möglich, daß mir die hiesigen Unterhandlungen mißglückten, woran ich eigentlich nicht glaubte, dann würde ich mich melden. Nun gab der Senat nach, Anfang November, wenn auch die Gegner dem Beschlusse eine Form gaben, wodurch die Ausführung verzögert wurde. Im Ministerium aber blieb die Sache ganz ruhig liegen bis Ende Februar, und da kam ein Reskript, worin die Grundstücke bezeichnet wurden, welche der Senat verkaufen möchte; wenn das geschehen sei, würde der Minister versuchen, den Rest des Geldes vom Finanzminister zu bekommen, falls das nicht ginge, verspräche er, das Geld der Universität nicht fortzunehmen, sondern ihr zu lassen.

Inzwischen hatte ich um Weihnachten eine dritte Aufforderung von Baden erhalten, die Verhandlungen angefangen, anfangs zögernd. Nachdem die Antwort aus dem Ministerium da war, gab ich hier alles verloren. Ich sah voraus, was auch eingetreten ist, daß danach auch der Senat wieder unlenksam werden würde, reiste selbst nach Heidelberg, um mir die Lokalien selbst zu besehen, und machte alles schnell ab. Die Badische Regierung hat mir alles bewilligt, was ich nur fordern konnte, um mir eine ungestörte Wirksamkeit zu sichern.

Ich werde nun hier alles daran setzen, daß Du primo loco vorgeschlagen wirst. Auch wenn Du nicht herkommen willst, denke ich, wird es gut sein. Für den Fall, daß Du solltest herkommen wollen, bemerke ich, daß mein Gehalt 1600, die Honorareinnahmen des letzten Jahres etwa 1060, Examinationsgebühren auch etwa noch 100 Taler betragen haben. Ich lese im Sommer Physiologie, publice Generation und Entwickelung, im Winter die halbe Anatomie (in zwei Wintern die ganze), Sezierübungen mit M. J. Weber, und publ[ice] Phys[iologie] der Sinne. Aber ich rate Dir, nicht ohne das bestimmte Versprechen einer neuen Anatomie zu kommen. Seit ich in Bonn bin, habe ich fast nur in meiner Wohnung experimentieren können; meine Schüler müssen die Auditorien dazu benutzen, in Stunden, wo diese nicht benutzt werden. Daher habe ich mich hier auf mathematische Arbeiten geworfen, von denen eine über Wirbelbewegung[4] schon im Druck ist im Crelle, einige akustische noch restieren. Außerdem ist die Anatomie ein Saustall, wo aus dem Schmutz und der Unordnung gar nicht herauszukommen ist, und ich bin deshalb fortdauernd bemüht gewesen, jeden Fremden von ihrem Besuche zurückzuhalten. Natürlich ist dessen ungeachtet viel auf meine Verantwortung gefallen, woran ich nicht schuld bin. – Ferner lastete auf mir, daß für das Museum nichts geschehen konnte. Ich selbst hatte wenig genug Zeit dazu und besseres zu tun. M. J. Weber ist ein alter geschickter Prosektor, im Genre von Schlemm, aber zurückgesetzt und gekränkt hat er natürlich keinen großen Trieb zu arbeiten. Die Zahl der Zuhörer ist, seit ich hier bin, von 40 auf 60 gestiegen; die Zahl der älteren Mediziner ist aber erbärmlich klein.

Dies wird vorläufig genügen, Dich zu instruieren, wenn Du daran denken solltest, herkommen zu wollen. Der Ort ist reizend, und es sind auch einige wackere Leute hier, wir haben uns sonst sehr gut hier gefallen.

Auf einige, freilich sehr veraltete Punkte aus Deinem letzten Brief antworte ich noch.

Von Boecks Myographion weiß ich nichts und habe nichts darüber erfahren; ebensowenig über Herrn Pouillets Urteil darüber.

Die Farbenlehre habe ich eben in der physiologischen Optik von Karstens Enzyklopädie fertig gemacht und hoffe, sie wird nun klar sein.

Ich wohne an der nach Godesberg führenden Eisenbahn in einem Hause von M. J. Weber (an der Maarfläche, oder am Eselssteig 128) mit Aussicht auf Godesberg und die Vorberge ganz im Grünen, nicht weit von der Anatomie.

Über Volkmann und Weber muß man neu experimentieren. Ich habe früher bei andern Versuchen gelegentlich Dinge gesehen, die mich glauben machen, daß V[olkmann] nicht ganz Unrecht hat.

Empfiehl mich Deiner Frau; die meinige ist in diesem Winter infolge wiederholter Anfälle von Grippe wieder leidend.

Dein H. Helmholtz

Nr. 66

An H. von Helmholtz

Berlin, 15. März 1858

Lieber Freund,
Dein Brief, den ich statt des gehofften Rufes nach Heidelberg erhielt, war für mich keine sehr angenehme Überraschung. Einen Ruf nach Heidelberg brauchte ich nicht anzunehmen, sondern konnte ihn hier ausbeuten, wenn ich es vorzog – bei Bonn bleibt mir nur die Wahl zwischen Hingehen und mich mit dem Ministerium überwerfen. In Heidelberg war ich an meinem Platz als Physiolog, in Bonn werd' ich auch den Anatomen spielen sollen, was ich nicht mag, oder mich dazu bilden sollen, wozu ich keine Lust habe. In Heidelberg fand ich meine Freunde Kirchhoff und Bunsen vor, in Bonn ist keine Seele, um die ich mich kümmere oder die sich um mich kümmerte. Auch liegt für mich etwas Niederdrückendes darin, daß ich nach den grenzenlosen Anstrengungen so vieler Jahre und nachdem ich jetzt wiederum meine Tätigkeit als Forscher der Lehrtätigkeit fast geopfert habe, ich es zu keiner Anerkennung bringen kann. Doch lassen wir das. Unter den bewandten Umständen muß ich Dich freilich bitten, mich als Deinen Nachfolger vorzuschlagen. Du kannst Dir indes leicht denken, daß ich nach Bonn nur gehen werde unter Bedingungen, unter denen Du auch ge-

blieben wärst; ja, ich werde vermutlich in meinen Forderungen noch weiter gehen als Du. Da ich vollkommen unabhängig bin, so werde ich natürlich Berlin nur verlassen, wenn ich sicher bin, mich anderwärts mehr als hier gefördert zu sehen. Ich habe hier 1400 Taler Einnahme, und meine Kollegiengelder sind im Wachsen begriffen. In Bonn werde ich ebensoviel oder mehr als hier zu tun haben, dafür fallen drei Dinge ins Gewicht: 1) die Gegend, 2) die Stelle als Ordinarius, 3) nach Deinen Angaben etwa 1300 Taler Einnahme mehr. Für die Gegend gebe ich die große Stadt auf, für das Ordinariat die Akademie, und was die 1300 Taler betrifft, so sind sie natürlich nicht zu verachten, aber ich existiere doch jetzt sehr gut ohne dieselben. Wenn ich also nicht ein reichlich dotiertes physiologisches Institut mit Assistenten, Diener etc. außer einer neuen Anatomie loseisen kann, so können sich die Leute mein Bild kaufen, mich aber kriegen sie nicht.

Ich habe in der letzten Zeit geringe Fortschritte gemacht, da mich die Kälte in meinem Laboratorium am Arbeiten verhinderte. Jetzt sind die Ferien angegangen, und ich hoffe, aus der Stelle zu kommen. Nächstens schick' ich Dir einen in der öffentlichen Sitzung der Akademie am 28. Januar gehaltenen Vortrag über die Zitterwelse.[1] Ich freue mich sehr auf die Fortsetzung der physiologischen Optik. Wie schade, daß Du sie in der fehlgeschlagenen Enzyklopädie[2] hast drucken lassen. Ich bedaure, von Deiner Frau leidendem Zustand zu hören. Die meinige will ich mit den Kindern den Sommer über nach Thun[3] schicken, wodurch auch zugleich mein Herbstplan vorgezeichnet ist.

Empfiehl mich Deiner Frau und halte mich, wenn auch nur mit wenig Worten, au fait der Dinge, die da kommen werden.

Dein E. du Bois-Reymond

Nr. 67

An E. du Bois-Reymond

Bonn, 19. März 1858

Lieber Freund,
die Fakultätssitzung zum Vorschlag meines Nachfolgers ist gehalten und sehr stürmisch abgelaufen. Die schwachen Köpfe, welche keine Ahnung haben, wie es in einem wissenschaftlichen Kopfe aussieht, haben die selben Sachen gegen Deine Kandidatur vorgebracht, welche in Heidelberg eingewendet sind; man hat dagegen Kandidaten wie Victor Carus vorgeschlagen. Endlich ist eine Majorität und eine Minorität zustande gekommen, von denen erstere eine Stimme mehr hatte als letztre. Jene schlägt nur Brücke und Ludwig vor, letztre gibt ein Separatvotum ein, worin Du primo loco

und dann die beiden anderen vorgeschlagen werden. Es ist also so gut, als hätte die Fakultät gar nichts vorgeschlagen, oder, wenn das Ministerium darauf Rücksicht nimmt, wird es hoffentlich auf Autorität und nicht Majorität sehen, wo denn die beiden Fachmänner der Fakultät, M. I. Weber und ich, sich in der Minorität finden. Über die Einzelheiten berichte ich Dir weiter nichts, damit Du Dich nicht von vornherein gegen Deine eventuellen künftigen Kollegen erbitterst. Übrigens sind sie daran gewöhnt, daß das Ministerium auf ihre Meinung keine Rücksicht nimmt.

Ich schreibe Dir jetzt gleich, weil wahrscheinlich M. I. Weber bald nach Berlin kommen und dann auch wohl Dich aufsuchen wird. Er möchte gern Direktor der anatomischen Anstalt werden, wie das wohl natürlich ist, da er seit 39 Jahren an der Anstalt Prosektor und seit geraumer Zeit auch Prof[essor] ord[inarius] ist. Möglicherweise könnten Deine Wünsche, Dich hier von den anatomischen Geschäften nicht zu sehr binden zu lassen, mit den seinigen bis zu einem gewissen Grade zusammenfallen. Damit Du Dir dieses überlegen kannst, will ich Dir hier betreffs seiner berichten. Er ist in vielen Beziehungen dem alten Schlemm sehr ähnlich, nur kräftiger und weniger langweilig im Vortrage als letztrer. Er ist sehr sattelfest in der menschlichen Anatomie; präpariert die großen Präparate sehr gut und schnell, feine Sachen unter der Loupe gar nicht, ist übrigens ebenso eingeschränkt wie Schlemm in seinem wissenschaftlichen Gesichtskreise und ebenso nach dem Gelde. Die Präparate zu meinen Vorlesungen wurden unter seiner Aufsicht von Studenten ganz gut gefertigt, aber für das Museum hatte er kein Interesse, und wenn ich ihn aufforderte, etwas zu arbeiten, machte er Ausflüchte. Sonst ist er gegen mich immer äußerst bereitwillig gewesen und zuvorkommend. Aber allerdings wußte er auch wohl, daß ich, wenn ich wollte, die ganze Anatomie lesen könnte, statt sie mit ihm zu teilen, und dann wäre es mit seinen Vorlesungen wohl ziemlich vorbei gewesen.

Weber möchte nun von der Prosektur entbunden sein und einen jüngeren Prosektor angestellt haben; das liegt auch in Deinem Interesse. Dann wäre es vielleicht möglich, ihm als Mitdirektor des Instituts die spezielle Verantwortung für die Unterhaltung des Museums aufzulegen, welche mir wenigstens unter den bisherigen Bedingungen eine große Last gewesen ist, und das höchst ekelhafte Geschäft, die Korrespondenzen und Unterhandlungen wegen der Leichen zu führen. Das Museum ist seit langen Jahren ganz vernachlässigt, und ich, ohne rechten Gehülfen, mußte mich zunächst darauf beschränken, das für den Unterricht notwendige von feineren Präparaten über die Resultate neuerer Forschungen herbeizuschaffen. Bei den Leichensendungen hat man ebenfalls mit der Geistlichkeit und dem Magistrate von Köln die aller ärgerlichsten Verhandlungen. Kannst Du Dir das vom Halse schaffen, so würde es ein großer Vorteil sein.[1]

Aber Du mußt Dir wahren: Geld für Physiologie und das Recht auf die anatomischen Vorlesungen und Sezierübungen. Mein Honorar für Physiologie im Sommer war 250 Taler, für Anatomie (Neue mir 2 Friedrichsd'or, ebenso an Weber; Repetenten jedem $^1/_2$) und Sezierübungen (an jeden 1 Friedrichsd'or), für jedes circa 500 Taler. Weber hat die Teilung der anatomischen Collegia mit dem alten Mayer unter Autorität des damaligen Kurator ausgeführt, aber das Ministerium erklärte diesen Vertrag als für mich nicht verbindlich. Ich habe ihn aus freiem Willen eingehalten und mich dabei gut gestanden. Auch glaube ich, daß Weber unter diesen Umständen den Studierenden verhältnismäßig sehr nützlich gewesen ist. So viel zu Deiner Instruktion. Poggendorff hat mir keine Abdrücke von meinem Aufsatze über das Telestereoskop[2] geschickt; wenn Du ihn in der Akademie siehst, erinnere ihn doch daran.

Dein
H. Helmholtz

Nr. 68

An H. von Helmholtz

[Berlin, o. D.]

Lieber Helmholtz,
M. I. Weber ist hier und stellt mir die Gesinnungen der Fakultät als mir günstig dar für den Fall, daß Deine Stelle gespalten würde. Er hat mir aus den Akten den Beweis zu führen gesucht, daß mit Ausnahme von Kilian die Mitglieder der Fakultät sich dafür erklärt hätten. Hätten sie die Spaltung der Stelle im Sinn gehabt, so würden sie allerdings mich in erster Reihe vorgeschlagen haben. Sei so gut und schenke mir reinen Wein darüber ein. Busch, der hier ist, hat sich nicht um mich gekümmert und sogar heute, als ich ihn bei Weber traf, sich entfernt, ohne an der Verhandlung, um die er wohl wußte, sich zu beteiligen. Doch mutmaßig mehr Abneigung, bestenfalls Gleichgültigkeit, als Bescheidenheit.

M. I. Weber hat mich zu der Äußerung vermocht, daß ich unter gewissen Bedingungen und Verhältnissen, die ich noch nicht näher auseinandergesetzt habe, allerdings als *Physiolog* und Direktor des physiologischen Instituts nach Bonn gehen würde. Um nun imstande zu sein, meine Forderungen zu stellen, muß ich Dich bitten, Dir einmal die Situation zu vergegenwärtigen und Dir zu überschlagen, wieviel Honorar Du glaubst, daß ich wohl einnehmen würde, wenn ich Winter und Sommer Physiologie (d. h. in 2 Semester verteilt) lese und physiologische Übungen halte, jedoch ohne histologische Vorlesungen. Du schreibst mir, daß das Honorar im Sommer 250 Taler war; würde man es wohl im Lauf des Jahres auf das Doppelte anschlagen können, oder wie stellst Du Dir den Lauf der Dinge vor? Lege es mir ferner nicht als eine Indiskretion aus, wenn ich Dich bitte, mir zu schreiben, was Du in Heidelberg bekommst, 1. an persönlichem Gehalt, 2. an Fonds, 3. an Dienstpersonal (und deren Emolumente) 4. an Lokalitäten, 5. an Geld, um die ersten Einrichtungen und Anschaffungen zu bestreiten.

Da ich jetzt hier 1400 Taler Einkommen habe, da es mir auf ein paar hundert Taler mehr oder weniger nicht ankommt, sondern nur darauf, für dasselbe Geld weniger zu arbeiten oder für dieselbe Arbeit mehr Geld zu ernten, da ich voraussichtlich in Bonn trotz der verminderten Examina doch ebensoviel als hier werde zu arbeiten haben, da ich hier die Akademie aufgebe, da ich eben im Begriff bin, einen Fonds hier zu erhalten, Müller mir neue Räumlichkeiten bewilligt hat und sie mich nach meinem Wohlgefallen einrichten läßt, da ich überhaupt gerade jetzt hier das Ziel langer Bestrebungen zu berühren scheine, bei Studenten, Fakultät und Ministerium als ebenbürtig neben Müller anerkannt zu werden, so werde ich mich nach Bonn hin teuer verkaufen müssen, um den richtigen Preis für das Opfer, was ich bringe, herauszuschlagen. Ich bezweifle, daß das Ministerium gesonnen sein wird, den Preis zu zahlen; denn es scheint selber zur Einsicht gelangt zu sein, daß es auch hier meiner bedarf. Wenigstens hat Schulze sich in diesem Sinn gegen Müller und Weber geäußert. Ich warte nun ruhig ab. Einstweilen aber sei mir behülflich, die genaueste Kenntnis der Lage mir zu verschaffen. Was mag der Grund für Kilians Animosität sein? Ich kenne ihn gar nicht. Empfiehl mich Deiner Frau, von der ich mit Bedauern höre, daß sie noch immer leidend ist.

Dein E. du Bois-Reymond

Nr. 69

An E. du Bois-Reymond

Bonn, 15. April 1858

Lieber Freund,
was Deine Frage wegen der Fakultät betrifft, so ist das richtig, was Dir Weber berichtet hat. Ich schrieb Dir das letzte Mal, so viel ich weiß, unmittelbar nach der Sitzung der Fakultät, in welcher nur fünf Leute anwesend waren. Busch war schon verreist, Mayer u. E. Bischoff krank. M. I. Weber und ich stimmten primo loco für Dich, Naumann und Wutzer waren von unserem Hauptintriganten Kilian gegen Dich eingenommen und stimmten in der Sitzung gegen Dich. Auch den Vorschlag, gleich eine Trennung der Anatomie und Physiologie zu beantragen, als das Beste für die Fakultät, wußte Kilian zu beseitigen. So kam das damals gemeldete Resultat heraus. Da Du durch Weber dieses alles weißt, so nehme ich nun keinen Anstand mehr, die Personalien zu erwähnen, während ich sonst in dem klatschsüchtigen Bonn es mir zur Regel gemacht habe, solche Nachrichten nicht zu verbreiten, es auch Dir gewünscht hätta, daß Du den Leuten hier, deren Schwächen leicht abzusehen sind, unbefangen gegenüber getreten wärest. Glücklicherweise gelang es, die Ausarbeitung des Gutachtens dem alten Wutzer zu übertragen und nicht an Kilian kommen zu lassen. Nachträglich scheint denn nun doch, was ich in der Sitzung vorgebracht hatte, auf Wutzer und Naumann Eindruck gemacht zu haben, so daß beide in das Gutachten einen Passus aufnahmen, worin sie andeuteten, daß sie Dich für den Fall einer Trennung der Physiologie vorgeschlagen haben würden. Du bist nicht genannt, aber durch das Separatvotum, wo Du genannt bist, ist der Sinn deutlich. Dagegen protestierte Kilian, so daß schließlich das Gutachten der Fakultät wie das Separatvotum auch nur von zwei nicht protestierenden Stimmen unterschrieben ist.

Was Kilians Motive betrifft, so glaube ich, folgendes annehmen zu dürfen. Gegen Dich persönlich kann er höchstens das haben, daß Du im Rufe eines entschiedenen Charakters stehst, der ihm die Herrschaft in den Fakultätssitzungen verkümmern würde, wie ich es schon zu tun mich bemüht habe. Der Kerl hält nämlich durch sein unbeschreiblich böses Maul unsre alten Herren in steter Furcht, und sie parieren ihm, obgleich sie ihn alle verachten. Kilian sucht noch immer, den Verkauf der Universitätsgrundstücke zu hintertreiben, weil eins derselben, welches seinem Hause gegenüberliegt, von ihm selbst spottwohlfeil gepachtet ist. Würde dort gebaut, so verlöre sein Haus die Aussicht nach dem Hofgarten und dadurch auch an Wert. Jetzt ist seine letzte Hoffnung, um noch eine Weigerung des Senats herbeizuführen, die, daß das Ministerium jemanden gegen den Wunsch der Fakultät schickt, und da wir alle wissen, daß Du die Stelle bekommen wirst, wenn Du sie haben willst, so streitet er gegen Dich, trotzdem es sonst seine Art ist, die Sache desjenigen am eifrigsten zu unterstützen, der die meiste Aussicht auf Erfolg hat.

Busch ist ein guter Mensch und guter Kliniker, ein warmer Anhänger von Brücke. Seine übermäßige Höflichkeit macht die Leute ohne Grund gegen ihn mißtrauisch. Jetzt schwärmt er dafür, Brücke herzubringen. Das Urteil des alten Mitscherlich imponiert ihm unbedingt. Ob Du mit letzterem in *ganz* freundlichem Verhältnisse stehst, wirst Du selbst am besten wissen. Soviel über die Fakultät. Übrigens ist es in diesem Falle ja ganz gleichgültig beim Ministerium, wen sie vorgeschlagen haben, und es wird auch ganz gleichgültig für Deine künftige Stellung zu den Gliedern der Fakultät sein, ob Du mit oder gegen ihren Willen kommst. Ich bin auch gegen ihren Willen gekommen, ebenso Busch.

Wie es werden würde, wenn Du nur Physiologie übernimmst, ist schwer zu berechnen. Schaaffhausen wird fortfahren, halbjährig für 2 Friedrichsd'or das Kolleg zu lesen, und, da er außerdem von den Katholiken begünstigt wird,[1] immer einige Zuhörer an sich ziehn, obgleich er wesentlich nur ein Schönredner ist. In diesem Winter (ich lese im Sommer) hatte er 7, und 40 junge Mediziner haben Anatomie gehört, mit 19 älteren, so daß im nächsten Sommer vielleicht 33 bei mir hören werden. Im Sommer 1857 hatte ich 23 Neue und 3 Repetenten. Wenn Du nun einen jährigen Kursus und teurer liesest, werden sich noch einige mehr von Dir abwenden; indessen meine ich doch, daß Du mit den physiologischen Übungen 500 Taler Honorar zusammenbringen würdest, wenn sich die Zahl der jüngeren Mediziner erhält, wie sie jetzt ist, oder steigt. Aber ich glaube, annehmen zu müssen, daß die jüngeren Mediziner durch die Anatomie mehr angezogen werden als durch die Physiologie, und Weber ist zwar ein sehr guter Kenner und Einpauker der menschlichen Anatomie, aber geistige Interessen regt er in seinen Zuhörern nicht an. Die Physiologie ist den jungen Medizinern törichterweise immer Nebensache. Und wie wenig die übrigen Dozenten der praktischen Wissenschaften herziehen, geht aus dem einfachen Faktum hervor, daß in diesem Winter 88 Mediziner hier sind, und von diesen 59 Anatomie gehört und 63 seziert haben, während 20–25 in den Kliniken waren.

Als ich hergekommen war, nahm die Zahl der jüngeren Mediziner ziemlich schnell zu, aber sie kamen keineswegs alle, um bei mir Physiologie zu hören, denn Budges und Schaaffhausens Winterkolleg blieb ziemlich besetzt, mehr als im letzten Winter. Im Sommer fielen die Zuhörer freilich mir zu. Ich schließe daraus, daß viele nach Bonn kamen, welche bei mir Anatomie hören wollten, denen aber nachher die Physiologie doch zu unwichtig erschien, um sie im Sommer statt im Winter zu hören. Dieser Punkt erscheint mir deshalb bedenklich in Deinem Plane. Mindestens würdest Du für einen sehr guten jungen Prosektor sorgen müssen, der berechtigt sein müßte, einen Teil der Anatomie zu lesen, und woher einen solchen finden?

Mein Gehalt in Heidelberg beträgt 3600 Gulden (2055 Taler). Es ist bewilligt ein Assistent mit 300 Gulden, ein Diener mit 150, 600 Gulden zu wissenschaftlichen Zwecken (daneben noch für Heizung, Baureparaturen usw. besonders). Das Mobiliar stellt der Staat fertig her; für erste Anschaffung von Instrumenten ist nichts ausbedungen, da ich eine mäßige Sammlung vorfinde. Lokalien sollen in dem neu zu errichtenden Gebäude folgende sein:
1) Auditorium, 2) großes Arbeitszimmer für den Dirigenten, 3) Saal für die Arbeiten der Studierenden, 4) Arbeitszimmer für Assistenten, 5) Für Bibliothek, Wagen usw. 6) Für Sammlungen 7) chemische Küche, 8) Ställe, Holzgelaß, 9) Dienerwohnung.

Auf Kosten des Königs von Bayern habe ich mir jetzt einen komplizierten Apparat zusammengebaut, um Stimmgabelschwingungen durch Elektromagnetismus nach Willkür zu dirigieren, Intensität und Phasenunterschiede vollständig zu beherrschen und will damit Klangfarben zusammensetzen.

Empfiehl mich Deiner Frau freundlichst und lebe wohl.

Dein H. Helmholtz

Nr. 70

An H. von Helmholtz

[Berlin, 26. April 1858]

Montag, 26. abends

Lieber Helmholtz,
ich unterlasse nicht, Dich davon zu benachrichtigen, was ich aus gutem Quell vernommen, daß der Prinz von Preußen in scharfen Ausdrücken Bericht über die Gründe Deines Abgangs gefordert hat, und die Absicht zu haben scheint, sich persönlich nach Baden hin dafür zu verwenden, daß man Dich dort Deines Kontrakts entbinde und Dir zu neuen Verhandlungen mit der diesseitigen Regierung Raum gebe.[1] Ich vermute, daß dies das Werk von Curtius[2] ist, der gerade hier anwesend war, als ich die erste Nachricht Deines Abgangs in die Akademie und den Magnus'schen Kaffee brachte. Es scheint jedoch, daß das Ministerium nicht aufgelegt ist, den Absichten des Prinzen in bezug auf Dich entgegenzukommen, denn sie beabsichtigen, Dich als einen Undankbaren darzustellen, der der diesseitigen Regierung für seine wissenschaftliche Erziehung verpflichtet sei und nun die heiligsten Pflichten mit Füßen trete. Über mich kann ich Dir noch nichts Bestimmtes sagen. Mit besten Grüßen von Haus zu Haus in Eile.

Dein E. du Bois-Reymond

Nr. 71

An H. von Helmholtz

Berlin, 28. April 1858

Mittwoch

Lieber Helmholtz,
heute Morgen um 7 Uhr ist Johannes Müller vom Schlage getroffen tot in seinem Bette gefunden worden. Er litt seit längerer Zeit an Schwindel, Mattigkeit und Beängstigungen. Doch hat niemand ein solches Ende geahnt. Um 5 Uhr befand er sich noch wohl. Er war 56 Jahre alt, indem er erst am 14. Juni oder Juli 57 wurde.

Die Veränderung, die dieser erschütternde Zwischenfall in unseren Angelegenheiten hervorbringen wird, läßt sich noch nicht mit Bestimmtheit ermessen. Ich glaube, daß es mir gelingen wird, hier das Ordinariat der Physiologie und die Direktion des physiologischen Instituts zu erlangen. Was Dich betrifft, so wird man nach einem so schweren Verlust um so weniger geneigt sein, Dich gehen zu lassen; auf der andern Seite wird man nun hier bedeutend Geld brauchen, so daß es in Bonn wieder knapper werden mag. Doch weiß ich nicht, ob dies etwas miteinander zu schaffen hat.

In Eile
Dein E. du Bois-Reymond

Nr. 72

An H. von Helmholtz

Berlin, 6. Mai 1858

Lieber Helmholtz,
ich schreibe Dir heute in betreff der Bonner Stelle[1] unter der Voraussetzung, daß dieselbe geteilt wird, daß Du nach Heidelberg gehst und ich hier bleibe. In diesem Falle wollte ich Dich bitten, die Kandidatur von Pflüger zu unterstützen. In wissenschaftlichem Bezuge brauche ich ihn Dir wohl nicht zu rühmen. Seine letzte Arbeit über die örtlichen Veränderungen der Erregbarkeit der Nerven durch den Strom[2] wird Deine Achtung vor ihm noch erhöhen als eines, der in unsere Fußtapfen tritt, ohne ein Nachbeter zu sein. Ich kann Dir auch sagen, daß er einen guten Vortrag hat, da ich ihn in der physikalischen Gesellschaft habe vortragen hören. In betreff seines Charakters könntest Du Bedenken haben von wegen seiner Streitigkeiten mit Eckhard.[3] Indessen mußt Du nicht übersehen (so wenig ich Pflügers fortgesetzte Angriffe billige), daß er durch Eckhards vornehm-verächtliche Art in seiner Nervenphysiologie[4]

bedeutend gereizt worden war und daß auch die friedfertigsten Menschen in ihrer literarischen Existenz eine solche Epoche des Sturmes und Streites durchmachen. Ich kann Dich versichern, daß Pflüger im gewöhnlichen Verkehr keine Spur von jener Akrimonie besitzt. Auf alle Fälle dürfte er in dieser Beziehung nicht mehr zu fürchten sein als Meissner, von dem ich gehört habe, daß er ein Kampfhahn sei.

Wir haben am Sonnabend Johannes Müller mit umflorten Schlägern und Fackeln nach alter akademischer Sitte zu Grabe getragen. Heute hab' ich seine Vorlesung über Physiologie eröffnet. Nach allem, was ich höre, beabsichtigt man hier in Fakultät wie im Ministerium, die Teilung durchzuführen. Für die anatomische Stelle ist die Rede von Henle, Kölliker, auch Max Schultze.

Wie es sich wendet, ist gar nicht vorherzusehen, da man keine Mittel hat, die Stärke der Parteien zu schätzen.

Lebwohl und laß bald einmal von Dir hören.

Dein
E. du Bois-Reymond

Nr. 73

An E. du Bois-Reymond

Bonn, 29. Mai 1858

Lieber Freund,
ich habe Dir noch meinen Dank zu sagen für die beiden Nachrichten, welche Du mir eiligst geschickt hast, die eine über die Vermittelung des Prinzen von Preußen und die andere von J. Müllers Tod. Die letztre hat mich, wie wohl alle, die ihn kannten, sehr überrascht und erschreckt. Dir zeigt sich jetzt endlich die Erreichung Deiner langjährigen Wünsche als möglich, eine Professur in Berlin zu erhalten,[1] und ich kann mir nicht denken, daß man Dir ernsthafte Schwierigkeiten in dieser Beziehung in den Weg legen wird. Ich wünsche Dir Glück, daß Du endlich in eine Deiner würdige Stelle wirst einrücken können.

Was die Nachricht von der Vermittelung des Prinzen von Preußen betrifft, so war ich anfangs wohl geneigt zu glauben, daß er dem Ministerium einige unangenehme Dinge gesagt hat, aber nicht, daß man wirklich mit Baden in diplomatische Verhandlung würde treten wollen. Aber auch das letztre scheint sich als wahr zu erweisen. Wenigstens ist hier in der Woche vor Pfingsten Geheimrat Knerck erschienen und hat mit mir über diese Eventualität verhandelt.[2] Er ließ mir Bewilligung gleicher Bedingungen und eine gleiche Stellung wie in Heidelberg bieten. Ich erklärte indessen bestimmt, daß ich mich durch mein Wort an die Badische Regierung als gebunden betrachte, und wies alle Anmutungen zurück, selbst irgendeinen Schritt zu tun, um mich von Heidelberg zu lösen, gab nur zu, daß, wenn die Badische Regierung ohne mein Zutun es der Preußischen zu Gefallen täte, ich bereit sei, in Bonn zu bleiben. Darauf ist man eingegangen, und ich muß nun den Erfolg der diplomatischen Verhandlungen abwarten, welche über mein Schicksal entscheiden werden. Ich sehe nur nicht ein, was die Badenser bewegen soll, darauf einzugehen, und werde doch wohl nach Heidelberg gehen, was mir zwar etwas unbequemer und vielleicht weniger lukrativ sein wird, aber in wissenschaftlicher Beziehung eigentlich wohl besser. – Eventualiter würde mir Pflüger für die Physiologie in Bonn auch als der geeignetste Kandidat erscheinen, aber von hier aus wird sich nichts mehr für ihn tun lassen, da die Fakultät nicht mehr Gelegenheit haben wird, sich zu äußern; das müßt Ihr in Berlin besorgen.

Solltest Du mir in der nächsten Zeit schreiben, so sage mir doch, was Du von Dr. Wundt in Heidelberg hältst. Er wollte mein Assistent werden und hat mir persönlich gut gefallen; auch sein Buch über die Muskeln[3], soweit ich hineingesehen habe, scheint ganz vernünftig und talentvoll zu sein. Meine Frau ist nur leider diesen ganzen Frühling hindurch wieder an Brust und Hals leidend gewesen und noch nicht ganz wieder erholt.

Gegenwärtig ist von hier ein Dr. Schelske nach Berlin gegangen und wollte sich Dir vorstellen; ein junger Mann, an dem sich Moleschott und R. Wagner versündigt haben, indem sie ihm eingeredet haben, er sei ein bedeutender Physiolog. Letztrer hatte ihn auch nach Jena zu einer Art vorläufiger Anstellung empfohlen. Talent und Verstand hat er, aber ich hoffe, er wird sich unter meiner Leitung überzeugt haben, daß man durch ein bißchen blasiertes Spielen mit physikalischen Instrumenten noch kein großer Physiolog wird. Für die Übersendung Deiner beiden akademischen Notizen über die Zitterfische[4] bedanke ich mich. Meine Aufsätze über Vokale[5] und Telestereoskop[6] wird Dir M. J. Weber überbracht haben, über Wirbelbewegung der Flüssigkeiten[7] habe ich durch den Buchhändler abgeschickt.

Freundlichste Empfehlungen Deiner Frau,
Dein H. Helmholtz

Nr. 74

An H. von Helmholtz

Berlin, 14. Juli 1858

Lieber Helmholtz,
ich komme endlich wieder etwas zu mir, nachdem ich geraume Zeit durch die Gedächtnisrede auf Müller[1] so absorbiert war, daß ich für nichts anderes Zeit hatte.

In Deinem Brief vom 29. Mai ist ein Punkt, der zur Beantwortung auffordert, nämlich die Frage nach Wundt. Wundt ist ein höchst anständiger und netter Mensch im Laboratorium um sich zu haben, besitzt große Ausdauer, die ihn stufenweise zum Zweck und zwar weiter führt, als man es nach seinem ersten Eindruck erwarten sollte. Eine große technische Gewandtheit kann ich ihm nicht nachrühmen. Er hatte sich bereits an mich gewandt, um eventuell mein Assistent zu werden; ich würde ihn indes nicht genommen haben oder nur faute de mieux, da ich bei der Wahl eines

Assistenten immer von dem Grundsatz ausgehen werde, daß er mich in den Dingen ergänze, in denen ich schwach bin; ich brauche einen Assistenten, dessen Spezialität physiologische Chemie und Histologie sei; Du hast diese Rücksichten nicht zu nehmen, da Du überall zu Hause bist. Von Herrn Dr. Schelske nichts gesehen.

Meine Situation hier ist jetzt wirklich scheußlich. Obschon das Ministerium nicht daran denkt, Brücke zu rufen, dessen Gehalt von 2000 Gulden beiläufig (wie er mir schrieb) soeben verdoppelt worden ist, und obschon es auf Dich schimpft, wovon nachher ein mehreres, steht es doch an, mich zu ernennen, angeblich weil Schönlein, der mich stets gehaßt hat, was ich ihm redlich vergelte, dem Minister einredet, ich besäße weder Lust noch Talent zum Lehren.[2] Lust, passe pour cela, ich weiß in der Tat noch etwas Besseres zu tun; aber daß gegen mich der Grund geltend gemacht werden könne, ich besäße keinen Vortrag, und das in dem Augenblick, wo alles, was sich in Berlin für dergleichen Dinge interessiert, von meiner Gedächtnisrede spricht, ist doch wirklich ein starkes Stück.

Du, teurer Freund, hast aber entschieden einen fauxpas gemacht, oder, was freilich wahrscheinlicher ist, Herr von Savigny ist ein Esel und hat sich dupieren und ins Bockshorn jagen lassen. Genug, man klagt Dich an, nachdem Du Knerck die Versicherung gegeben habest, Du würdest gern in Bonn bleiben, Dich hingesetzt und dem Badischen Minister[3] geschrieben zu haben, Du wollest lieber nach Heidelberg. Ich habe Dich gegen Lehnert und Knerck, auch Schulze, aufs beste verteidigt, indem ich sagte, Du habest aus Besorgnis, daß man in Karlsruhe von Deinen neuen diesseitigen Verhandlungen höre, dem Minister geschrieben, am liebsten gingest Du freilich nach Heidelberg; indessen, wenn man Dich nun einmal à tout prix in Bonn behalten wolle, und er Dich fahren lassen wolle, sähest Du es als eine Pflicht gegen das engere Vaterland an zu bleiben etc. – Sie wollen aber nichts hören, und Du wirst, wenn Du es nicht schon bist, zur Verantwortung gezogen werden. Es scheint übrigens, daß der Plan ist, Dich gehen zu lassen, um Dich zu Ostern wieder zu rufen. Schwere Mobilien kannst Du also gleich in Bonn lassen. Du bist ein glücklicher Mensch, daß man sich so um Dich reißt.

Meine Frau ist mit den Kindern in Thun, wohin ich ihr am Ende des Semesters folgen werde. In Heidelberg hörte sie äußern, Du meintest, ich sei Dir böse wegen der Heidelberger Geschichte. Das nun wohl nicht; wenn Du Dir aber den Verlauf überlegst, wirst Du gestehen, daß ich einigermaßen Grund hatte, befremdet zu sein, als ich statt des monatelang erwarteten Rufes die Nachricht des Abschlusses mit Dir erhielt. Nachdem die ersten Verhandlungen mit Dir zum Schluß gediehen waren, durfte ich, da ich von Wien aus gut unterrichtet war, in der Tat gewärtigen, daß man sich an mich wenden würde, und was hätte es Dir, als Du die Verhandlungen wieder aufnahmst, gekostet, mir dies in ein paar Zeilen zu melden?

Ich spreche dies um so williger aus, als es mir unerträglich ist, solche geheime Wolken zwischen mir und einem Freunde, wie Du es mir stets sein wirst, sich lagern zu lassen. Ich muß hier beinah täglich Leute Lügen strafen, welche Dich beschuldigen, Du verfolgtest jetzt den Zweck, mich hier zu verdrängen. Ich tue das und hasse diese Zwischenträgereien; sie beneiden Deinen ungetrübten wissenschaftlichen Glanz und suchen nun, etwas an Dir als Mensch zu mäkeln. Was aber jenen Punkt betrifft, so hattest Du unrecht, obschon ich natürlich eben nur glaube, daß Schreibfaulheit Dein ganzer Fehler war.

Ich möchte, alles dieses wäre vorüber; es war eine bessere Zeit, als unsere Briefe noch voll von wissenschaftlichen Diskussionen und leer von dergleichen Stellenbesetzungsgeträtsch waren. Ich hoffe, daß Deine Frau sich den Sommer über erholt hat, und bitte Dich, mich ihr in Erinnerung zu bringen.

Dein
E. du Bois-Reymond

Nr. 75

An E. du Bois-Reymond

Bonn, 21. Juli 1858

Lieber Freund,
ich habe jetzt endlich von J. Schulze in einem übrigens sehr freundlich, sogar herzlich gehaltenen Briefe die Anzeige erhalten, daß Raumer nicht mehr zu verhandeln gedenke mit Baden und daß mein Abschied im Kabinett liege. Ich habe deshalb schon eine Wohnung in Heidelberg[1] gemietet und werde zum 1. September etwa dahin übersiedeln, und denke auch nicht so leicht von dort wieder fortzugehen, wenn man mir nicht sehr ernsthaften Grund zur Klage geben sollte, was ich nicht für wahrscheinlich halte.

Die letzten Verhandlungen mit Preußen haben mir so reichlichen Ärger eingetragen, daß ich froh bin, endlich fortzukommen. Mit der Bitte, daß Du mich bei unsern wissenschaftlichen Freunden in Berlin gegen die falschen Angaben, die wahrscheinlich von anderer Seite kommen werden, verwahrest, gebe ich Dir hier noch einen Bericht darüber.

Ich hatte Anfang März des Jahres meinen Abschied erbeten und keine Antwort erhalten, weil, wie ich jetzt aus bester Quelle weiß, der Prinz von Preußen Einspruch getan, was der Freiherr J. von Bunsen veranlaßt haben will. In der Woche vor Pfingsten erschien hier Geheimrat Knerck und wußte, indem er selbst tat, als wenn dem Ministerium der Gedanke daran, mich hier zu halten, gar nicht beigekommen sei und indem er stramm ableugnete, daß der Prinz von Preußen sich je darum bekümmert habe, den Rektor der Universität Hälschner zu bestimmen, seinerseits neue Verhandlungen einzuleiten. Anfangs suchte man mich dahin zu bringen, daß ich einfach mein den Badensern gegebenes Wort brechen sollte, und tischte mir allerlei Fälle auf, wo Professoren dergleichen getan haben – ich besitze noch einen Brief der Art –, indem Knerck diplomatische Verhandlungen in dieser Sache für ganz undenkbar erklärte. Da ich diese Zumutungen sehr scharf abwies, war man plötzlich zu diplomatischen Verhandlungen bereit, von denen das Gerücht über die Einmischung des Prinzen ja schon gesprochen hatte. Aber nun sollte es so geschehen, daß ich wünschen sollte, von meiner Verpflichtung loszukommen, dann sollte die Preußische Regierung mein Gesuch befürworten. Man legte mir eine in diesem Sinne abgefaßte Erklärung zur Unterschrift vor, welche ich nur unterschreiben sollte, damit Knerck dem Minister gegenüber sich ausweisen könnte. Ich verweigerte diese Unterschrift und unterschrieb erst, nachdem die Erklärung dahin abgeändert war, daß meine Wünsche und Interessen ganz daraus entfernt waren und die Erklärung nur dahin lautete, daß ich bereit sei in Bonn zu bleiben, wenn die Preußische Regierung die Badische dahin bewegen könnte, mich meines gegebenen Wortes zu entbinden. Dabei setzte ich dem Rektor, der mit mir verhandelte, und später auch gegen Knerck, ganz bestimmt auseinander, daß, wenn es mir auch in mancher Hinsicht angenehmer und bequemer sei, in Bonn zu bleiben, ich es doch durchaus nicht für schicklich fände, der Badischen Regierung mit einer solchen Zumutung zu kommen und meine Privatinteressen dabei keineswegs der Art wären, um mich dazu zu berechtigen. Ich müßte es ganz den beiden Regierungen überlassen, das unter sich auszumachen. Glücklicherweise kann man mir jetzt das Faktum, daß jene Erklärung eine veränderte Fassung erhalten hat, nicht ableugnen, und dadurch ist der Standpunkt, den ich dem Rektor und Knerck gegenüber eingenommen habe, genügend festgestellt.

Ich mußte nun den Heidelbergern anzeigen, daß ich in den Pfingstferien nicht, wie verabredet, kommen könnte, um die Einrichtungen für das provisorische physiologische Institut zu beraten, weil die Preußische Regierung neue Verhandlungen beabsichtige. Als Antwort darauf wurde mir mein Ernennungspatent zugeschickt, welches ich sonst erst nach erhaltenem Abschied bekommen haben würde. Dies durfte ich nicht stillschweigend annehmen, sonst hätte ich mich auch gesetzlich Baden gegenüber gebunden, während ich bisher nur moralisch gebunden war. Ich mußte also den Badischen Minister von dem inzwischen Vorgefallenen in Kenntnis setzen, was ich genau der Wahrheit gemäß getan habe, wobei ich natürlich keinen Grund hatte zu verschweigen, was in der von mir eingenommenen Stellung bei diesen Verhandlungen dem Badischen Interesse günstig war. Ich erwähnte, daß ich die Verhandlungen nicht veranlaßt hätte, daß ich erklärt hätte, mein an Baden gegebenes Wort zu halten, wenn ich nicht davon entbunden würde, daß ich abgelehnt hätte, im eigenen Interesse den betreffenden Antrag bei der Badischen Regierung zu stellen, gab aber durch die Fassung des Satzes doch zu erkennen, daß meine Wünsche dahin neigten, in Bonn zu bleiben. Nun ist, wie man in Heidelberg behauptet, Herr von Savigny gekommen und hat erklärt, ich hätte die Preußische Regierung angefleht, mich von meinem Versprechen loszumachen usw. Darauf hat der Badische Minister seine Verwunderung darüber ausgesprochen und sich auf meinen Brief berufen, worin davon gar nicht die Rede sei. Ich erfuhr davon zunächst wieder durch einen Brief von Raumer, durch den ich wohl, wie Du es nennst, zur Verantwortung gezogen werden sollte. Darin war gesagt, daß der Badische Minister geantwortet, in dem betreffenden Briefe sei gesagt, daß ich unter allen Umständen nach Heidelberg zu kommen entschlossen sei; er fragte an, wie sich das zu der von mir abgegebenen Erklärung verhielte.

Glücklicherweise war ich imstande, ihm eine genaue Abschrift meines an den Badischen Minister geschriebenen Briefes zu senden, aus dem er sich die Erklärung holen konnte. Gleichzeitig benutzte ich die Gelegenheit, ihm genau meine Stellung zu den Unterhandlungen auseinanderzusetzen, wozu ich früher nicht gekommen war, weil die ganze Verhandlung mit Ausnahme jener von mir unterschriebenen Erklärung, welche die Form einer telegraphischen Depesche hatte, mündlich geführt worden ist, wenigstens zwischen mir und Knerck, und ich zu meiner Verwunderung keinerlei direkte Aufforderung, meinen Standpunkt und meine Forderungen ausführlich schriftlich festzustellen und zu motivieren, erhalten hatte. Ich habe daraus die Lehre gezogen, wichtige Verhandlungen ihren Hauptteilen nach künftig nur schriftlich zu führen.

Ich weiß nun nicht genau, da ich die Verhandlungen beider Regierungen nur auszugsweise kenne, wer die Wahrheit am meisten gebogen und verdreht hat.[2] Ich selbst habe mir mein Verfahren vielfach überdacht, aber glaube, daß ich nicht wohl anders handeln konnte, abgesehen von der Unvorsichtigkeit der rein mündlichen Verhandlung. Man sieht, daß die Schreibseligkeit der Verwaltungsbeamten auch ihr Gutes hat.

Was die Heidelberger Berufungsgeschichte betrifft, so ist es mir lieb, daß Du mir den Grund Deiner Unzufriedenheit, die ich aus einem früheren Briefe gemerkt hatte, bezeichnest. Ich war der Meinung, daß es eine ungerechtfertigte Unterschätzung Deiner wissenschaftlichen Stellung war, die Dich kränken mußte, als die Badische Regierung, statt auf Deine Berufung einzugehen, jeden Strohhalm von Aussicht, mich dorthin zu ziehen, festhielt. Ich wollte Dir dies ersparen und verhindern, daß Dir die Heidelberger Stelle dadurch verleidet würde; deshalb schrieb ich Dir nichts, so lange noch mehr oder weniger Aussicht war, daß Du die Stelle bekommen könntest. Noch im Februar, als ich in Heidelberg war und der Badische Minister Schwierigkeiten wegen meiner Forderungen machte, nahm ich Gelegenheit, Deine Berufung dringend zu empfehlen in einem Briefe, den ich damals vor meiner Abreise von Heidelberg schrieb und von dessen Inhalt ich damals dem Professor Hesse Kenntnis gegeben habe. Ich suchte noch wieder auseinanderzusetzen, daß die gegen Dich vorgebrachten Einwände ganz nichtsnutzige Vorurteile seien, wie ich das schon den Sommer vorher bei Gelegenheit meiner Ablehnung des ersten Rufes der Fakultät gegenüber, und in einem zur Vorlage beim Ministerium bestimmten, an Bunsen gerichteten Brief[3] getan hatte. Bald darauf erhielt ich die Anzeige, daß meine Forderungen genehmigt seien, und zeigte es Dir gleich an. Ich glaubte früher, Du argwöhntest, daß ich auf Kosten Deiner Aussichten die Verhandlungen verschleppt und hingezogen hätte; deshalb bat ich Kirchhoff, Dir bei Gelegenheit eine genaue Darstellung des Verlaufs zu geben, damit Du wüßtest, daß ich mich redlich für Deine Berufung bemüht hätte und daß die späteren Wiederholungen meiner Berufung ganz ohne mein Zutun eingetreten sind.

Wenn Dir Leute zuraunen, daß ich Pläne machte, Dich aus Berlin zu verdrängen, so kannst Du sie mit voller Zuversicht der Lüge strafen. Es ist zwischen mir und dem Ministerium bisher auch noch mit keiner Silbe die Rede gewesen von der Möglichkeit, daß ich nach Berlin berufen werden könnte, es handelte sich immer nur darum, daß ich in Bonn bleiben sollte. Da ich das zweifelhafte Verdienst habe, mich bei den praktischen Ärzten einer größeren Popularität zu erfreuen, so haben Privatpersonen mir allerdings vielfach – vielleicht um mir Angenehmes zu sagen – die Vermutung geäußert, daß ich nach Berlin berufen werden würde; ich habe auf dergleichen Reden stets auseinandergesetzt, was auch meine wirkliche Meinung war, daß es ganz unmöglich sei, daß Dir die Stelle entginge, und daß es eine der größten Ungerechtigkeiten gegen Dich sein würde, sie Dir vorzuenthalten. Ich habe mich in solchen Fällen sorgfältig gehütet, auch nur den Wunsch anzudeuten, daß so etwas eintreten könne, so daß, wenn Dir irgend jemand etwas anderes sagt, es nichts als eine reine, ganz aus der Luft gegriffene Lüge ist.

A. von Humboldt, der Dich stets beredet hat, in Berlin auszuhalten, ist ja doch jetzt bei seiner Ehre verpflichtet, für Dich alle Kräfte aufzubieten. Schönleins Feindschaft ist allerdings, so lange er über die Regentschaftsfrage[4] zu entscheiden hat, ein erhebliches Hindernis; aber diese Frage muß doch endlich und bald entschieden werden, und dann ist sein Einfluß gebrochen; und was Humboldt bei meiner Berufung nach Bonn gegen ihn für mich durchgesetzt hat, wird er dann doch für Dich können. Laß Dich also nicht von schwarzen Gedanken unterkriegen.

Wenn Du mit den Deinigen aus der Schweiz zurückkommst, hoffe ich, Dich in Heidelberg zu sehen, wo ich im September schon sein werde. Mit meiner Frau geht es sehr viel besser, aber immer noch nicht ganz gut.

Dein
H. Helmholtz

Nr. 76

An H. von Helmholtz

Berlin, 20. Oktober 1858

Lieber Helmholtz,
Du hättest ein Recht, auf mich zu zürnen; denn ich bin vor etwa 8 Tagen durch Heidelberg durchgefahren, ohne Dich zu sehen. Ich denke indes, Du wirst Gnade ergehen lassen, wenn ich hinzusetze, daß ich in Begleitung von vier Weibchen, zwei Jungen und 14 Stück Gepäck mich befand, ein Reisezustand, wo alles aufhört.

Ich habe hier meine Ernennung zum Ordinarius der Physiologie mit 1200 Talern Gehalt vorgefunden, womit meine persönlichen Wünsche fürs erste gestillt sind.[1] Was das Institut betrifft, so wollen wir sehen. Schon früher hatte ich mir für diesen Winter Urlaub erbeten, um meine Arbeiten einigermaßen zum Abschluß zu bringen, so daß ich diesen Winter nicht lesen werde. Soviel von mir, bei nächster Gelegenheit mehr. Ich schreibe Dir soeben nur in großer Eil', um Dich zu bitten, wenn es Deine Lage erlaubt, etwas für Schachts Berufung an die in Heidelberg zu besetzende botanische Stelle zu tun. Ich setze voraus, daß Ihr nicht an Pringsheim denkt, der natürlich jetzt lange princeps der Pflanzenphysiologen ist. Aber er ist Jude. Schacht ist ein Autodidakt und hat manche Mängel eines solchen; er ist aber entschieden ein Talent für die mikroskopische Untersuchung, macht Schnitte, zeichnet und malt über alle Begriffe schön, hat Feuereifer, ist eine durch und durch anständige, feine, norddeutsche Natur und braucht die Berufung dringend. Sie wird eine Art von Rettung für ihn sein, nicht allein in allgemein menschlichem, sondern auch in wissenschaftlichem Bezuge, da seine bedrängte Lage es ist, die ihn zu den kompilatorischen populären Schriften zwingt, die wenig zu seinem Ruhme beigetragen haben. Übrigens ist er in Heidelberg schon einmal im Vorschlag gewesen. Wenn Du also keine anderen Interessen in dieser Angelegenheit hast, so bitte ich Dich, an ihn zu denken.

Ich hoffe, nächstens zu hören, daß Deiner Frau das mildere Klima bereits wohltätig gewesen ist. Die meinige bereitet sich vor, binnen kurzem den Verlust, den wir im vorigen Jahr erlitten, wieder gutzumachen.

Dein
E. du Bois-Reymond

Nr. 77

An E. du Bois-Reymond

Heidelberg, 29. Oktober 1858

Lieber Freund,
meine herzlichsten Glückwünsche zu der endlich erfolgten Entscheidung über Deine Berliner Stellung. Ich habe zwar nie gezweifelt, daß es dahin kommen würde, aber nach so vielem Zögern und Hin- und Herreden ist es doch beruhigend, daß es endlich geschehen ist, da man in Berlin doch nicht recht sicher war, ob sie nicht auch auf den Blutschulzen oder eine andere solche Persönlichkeit fallen könnten zur größeren Ehre preußischer Wissenschaft.

Du wirst wissen, daß in Bonn Pflüger primo loco in Vorschlag gebracht ist; mein Protest gegen Funke war vergebens, er bewirkte nur, daß er in secundum locum zurückversetzt wurde. Er war Kilians Hauptkandidat, welcher alle selbständigen Leute haßt. In Karlsruhe war übrigens Dr. Reclam bei mir und hatte die Keckheit, um meine Empfehlung für diese Stelle zu bitten, wobei er versicherte, im Ministerium sei man ihm geneigt. Ich wies ihn natürlich gänzlich ab. Wirklich ist in Bonn eine Anfrage des Ministers eingelaufen, was man über Reclam denke. Allerdings war diese Sache von letzterem zum Teil erschwindelt. Der Bursche hatte nämlich gleichzeitig an Busch nach Schlangenbad und an Naumann nach Bonn geschrieben, jeden um seine Stimme gebeten und ihm gleichzeitig gemeldet, der andere wolle ihn empfehlen. Nachdem beide höflich ausweichend, aber wahrscheinlich nicht bestimmt genug geantwortet hatten, schrieb Reclam an den Minister und berief sich darauf, daß ihm zwei zustimmende Briefe von Busch und Naumann vorlägen, welches Schreiben dann vom Minister an die Fakultät gesendet wurde.

In Schachts Sache habe ich gar keinen Einfluß. Der Vorschlag der Fakultät war schon abgegangen und lautete auf Caspary, den ich persönlich kenne und den ich allerdings für einen sehr tüchtigen Mann halte. Indessen ist Caspary auch in Königsberg in Vorschlag und wird des Geldes wegen wohl das letztere vorziehen müssen. Für Schacht ist auch eine sehr blühend geschriebene Empfehlung von Humboldt eingelaufen, worin der alte Mann jedenfalls mehr behauptet, als er verantworten kann. Bunsen, dem sie zukam, hat sie nach Karlsruhe geschickt.

Bisher läßt sich hier alles gut an. Ich habe natürlich viel Unruhe gehabt mit der Einrichtung des interimistischen Laboratoriums, und das wird auch den Winter so fortgehen, weil ein verhältnismäßig zu großer Zudrang von Laboranten ist, die des Examens wegen den praktischen Kursus durchmachen müssen, und bisher nicht Gelegenheit hatten. Ich fürchte, daß die gesetzliche Bestimmung, welche das physiologische Praktikum zu einem Zwangskolleg für die Badenser macht, eine Übertreibung aufklärerischer Prinzipien ist und für mich sehr lästig werden kann. Der erste Winter wird am schlimmsten sein. Wundt ist mein Assistent geworden und muß sich mit 26 examenspflichtigen Badensern herumschlagen; dazu kommen noch 3 Aspiranten reiner Wissenschaft, ein nur mäßig ausreichendes Lokal und eine bis jetzt natürlich noch sehr mäßige Instrumentensammlung. Am meisten Hoffnung setze ich auf die Mäßigkeit des Eifers bei den Examenpflichtigen.

Die Naturforscherversammlung in Karlsruhe[1] war in seltener Weise gelungen, davon werden Dir noch Dove, Magnus, Poggendorff etc. zu erzählen wissen.

Mit meiner Frau geht es hier in Heidelberg viel besser, aber noch nicht ganz gut; sie muß vorläufig ihren Verkehr mit den Leuten sehr beschränken. Wir hatten bisher noch meist schönes Wetter und haben in den wundervollen Bergen geschwelgt. Die besten Empfehlungen Deiner Frau und die besten Wünsche für die Familie.

Dein H. Helmholtz

Ludwig schreibt mir, daß Knerck mit ihm ein ähnlich schiefes Verfahren wie mit mir eingeschlagen hat.

Nr. 78

An H. von Helmholtz

Berlin, 11. November 1858

Lieber Helmholtz,
auch heute kann ich Dir nur wenige Zeilen schreiben, und abermals komme ich mit einer Bitte. Das ist nämlich für den Fall, daß Du eigne Arbeiten oder Arbeiten Deiner Schüler zu drucken hast, Dich, wenn es Dir ansteht, an das Archiv[1] halten zu wollen. Ich kann Dir versprechen, daß Du zu solchen Beschwerden, wie Du sie früher gehabt hast, nicht mehr Grund finden wirst. Bei Übernahme der Redaktion des physiologischen Teils habe ich mir ausbedungen, daß physiologische Arbeiten, als weniger Kupfer bedürftig, vorausgehen sollten und daß außerdem auch Halbhefte ausgegeben werden sollen. Da nun auch der Jahresbericht aufhört, indem Reichert, der letzte der Erstatter, auch die Lust verloren hat, so können wir statt 5 eventuell 12 Hefte herausgeben und folglich eine viel schnellere Veröffentlichung zusichern. Die physiologischen Kupfer besorge ich, und Du weißt, daß Du früher darin mit mir zufrieden warst.

Bei uns stockt jetzt natürlich alle Verwaltung, und man muß abwarten, was in unserm Fach mit dem Ministerwechsel[2] gewonnen sein wird. Ich soll 600 Taler Fonds, einen Assistenten mit 300 Talern Gehalt und Diener mit 20 Taler monatlich bis zur Errichtung eines Gebäudes, in dem ein definitiv angestellter Diener wohnen kann, erhalten. Ich habe einen Plan eingereicht, und die Absichten scheinen gut.

Reclam ist der unverschämteste Schwindler, der mir bis jetzt nahe gekommen ist.

Ich danke Dir für Deine Auskunft in Angelegenheiten Schachts.

Die 26 Zwangslaboranten, die Du alle zu Hallers und Joh. Müllers machen sollst, sind nicht übel. Man muß sagen, daß die preußischen Universitäts-Institutionen doch einen merkwürdigen Fonds von Liberalismus in sich haben; bei uns ist es nicht einmal Zwang, daß einer Physiologie höre. Die Zwangscollegia, von denen wir als Studenten sprachen, sind ein Mythus [sic!].

Meine Frau ist vorigen Freitag eines gesunden kleinen Mädchens[3] genesen und befindet sich so wohl wie möglich.

Lebewohl und laß gelegentlich von Dir hören.

Dein E. du Bois-Reymond

Nr. 79

An H. von Helmholtz

Berlin, 4. Januar 1859

Mein ärmster Freund,
ich brauche Dir nicht zu sagen, mit welchem Leidwesen meine Frau und ich den Berichten über die wachsende Krankheit Deiner Frau gefolgt sind und nun den letzten entscheidenden Schlag vernommen haben.

Trostsprechen ist seit Hiobs Zeiten ein eitles Beginnen, und ich hoffe also nur, daß Du bald in der Arbeit wieder mögest eine Zerstreuung inmitten der Verödung Deines Hauses finden können und daß Du jemand hast (ich vermute Deine Schwägerin), der Dich der Sorge um die Kinder überhebt. Wenn Du Dich wieder aufgelegt fühlst und mir ein paar Worte schreibst, so laß mich doch wissen, was an R. Wagners Erzählung ist, der mir schreibt, er habe Dich nach Göttingen mit Dirichlets ganzem Gehalt berufen, Du habest aber 2mal abgelehnt. Lebe wohl, alles hier nimmt den größten Anteil an Deinem Verlust.

Dein
E. du Bois-Reymond

Nr. 80

An H. von Helmholtz

Berlin, 6. August 1860

Lieber Helmholtz,
schreibe mir womöglich umgehend, ob Bunsen bereits med. doctor ist oder nicht. Ich habe eben nicht Zeit, mehr zu schreiben. Du errätst leicht, daß ich ihn zu einem Ehrendoktor beim bevorstehenden Jubiläum[1] machen lassen möchte.

Dein
E. du Bois-Reymond

Neuen Abschnitt Deiner Optik[2] dankend erhalten.

Nr. 81

An H. von Helmholtz

Berlin, 26. Februar 1861

Lieber Helmholtz,
Deine Anzeige hat meiner Frau und mir große Freude gemacht. Möge das Glück an Dir nachholen, was es Dir schuldig geworden ist, und mögest Du das herzkränkende Leid vergessen lernen, mit dem Du vor uns allen heimgesucht worden bist! Wir möchten wohl etwas Näheres über Deine Verlobte vernehmen, da wir nur raten, daß sie eine Tochter Roberts von Mohl sei. Aber ich begreife, daß Du zum Schreiben darüber nicht sehr aufgelegt bist. Ich selbst und die Meinigen befinden uns wohl, ich habe nur zu unmenschlich zu tun. Das ewige Examinieren, was man nicht loswerden kann, ohne seine Stellung zu untergraben, reibt mich geistig auf, wegen der Unmöglichkeit, anhaltend einen Gedanken zu verfolgen, was gerade für mich die einzige Art ist, zu irgend etwas zu gelangen. Einige Separatabdrücke erhältst Du nächstens. Die Arbeit über den sekundären Widerstand[1] enthält das klägliche Ergebnis fast jahrelanger Anstrengung, aber sie war nötig, wie die Folge lehren wird. Ich werde jetzt endlich von diesen Vorbereitungen, wie der Polarisation der Elektrolyte, der inneren Polarisation u.s.w. zu meinen eigentlichen Zielen zurückkehren. Der Hobelspan zur Theorie der astatischen Nadelpaare[2] hat mir zur Erholung gedient inmitten jener Öde. Du wirst zugeben, daß meine Transformation gelungen ist.

Ich habe kürzlich Deine Klangfarbentheorie[3] in der Vorlesung vorgetragen und möchte sehr gern Dir ein paar Fragen vorlegen, aber dazu werde ich besser nach Heidelberg kommen. Wann wirst Du heiraten?

Grüße an Kirchhoff. Mit derselben Post schreibe ich an Bunsen als Empfangsbescheinigung für eine Mitteilung über sein neues Metall.[4]

Lebewohl, Dein
E. du Bois-Reymond

Wie ist es mit dem Aufsatze für das Archiv über Fortpflanzungsgeschwindigkeiten?

Nr. 82

An E. du Bois-Reymond

Heidelberg, 2. März 1861

Lieber Freund,
indem ich Dir meinen Dank für Deine und Deiner Gemahlin freundliche Wünsche für meine Zukunft zurücksende, will ich Dir noch über meine Verlobung einige nähere Nachrichten senden. Meine Braut ist in der Tat die Tochter R. von Mohls; sie war

mir von Anfang an in Heidelberg als ein sehr aufgewecktes Mädchen aufgefallen, ich war aber wenig mit ihr zusammengekommen. Sie war auch lange abwesend in Paris im Hause ihres Onkels von Mohl, des Professors der persischen Sprache am Collège de France. Dessen Frau ist eine Engländerin und hat meine Braut mehrere Male auf längere Zeit bei sich gehabt in Paris und in England und hat ihr ein gut Teil von den besseren Seiten der englischen und französischen Sitte und Bildung beigebracht. Ich muß sagen, daß ich im vorigen Sommer Anna von Mohl noch mehr vermieden als gesucht habe, weil ich fühlte, daß ein Mädchen ihrer Art für mich gefährlich sein würde, und ich mir eigentlich nicht einbildete, als Witwer mit zwei Kindern und über das Jünglingsalter weit hinaus noch um die Hand einer viel jüngeren Dame werben zu dürfen, die alle Eigenschaften hatte, um in der Gesellschaft eine hervorragende Rolle zu spielen. Während des Winters stellte sich aber deutlich heraus, daß meine Schwiegermutter auf die Dauer unfähig sein würde, meinen Hausstand zu leiten und die Kinder zu beaufsichtigen, mit wieviel Eifer und Ausdauer sie das auch tat. Nachher hat sich's schnell gemacht, und ich sehe jetzt mit neuen, glücklichen Aussichten der Zukunft entgegen. Zu Pfingsten soll Hochzeit sein.

Wegen Deines angemeldeten Besuchs in Heidelberg muß ich bemerken, daß ich während der Osterferien in London sein werde. Ich hatte im vorigen Herbste Dr. Carpenter erzählt, daß ich die Absicht hätte, dies zu tun. Später hat mich Bence Jones eingeladen und aufgefordert, Vorlesungen an der Royal Institution[1] zu halten über Erhaltung der Kraft. Das Thema gefiel mir nicht für diesen Zweck, da meine frühere Vorlesung im Philosophical Magazine[2] übersetzt ist. Ich schlug vor zwei Vorlesungen über physiologische Theorie der Musik, diese wurden akzeptiert, aber B. Jones und Faraday bestanden auf einer Abendvorlesung über Erhaltung der Kraft.[3] Da erstere Vorlesungen honoriert werden, letztre nicht, konnte ich nicht abschlagen, auch diese zu halten. Ich werde am 16. März hier weggehen, 20. April wiederkommen. Da Eure Ferien etwas länger dauern, kannst Du vielleicht am Ende derselben hier sein, so daß ich Dich noch sehen kann.

Du wünschtest eine Kopie des Plans unseres neuen physiologischen Instituts zu haben. Ich habe bisher eine solche noch nicht erlangen können, da die Pläne erst vor kurzem aus Karlsruhe zurückgekommen sind und jetzt hier noch bei den interessierten Leuten zirkulieren.

Zur Ausarbeitung meiner Zeitmessungsversuche habe ich noch nicht kommen können, weil ich mein Buch über physiologische Akustik[4] geschrieben habe. Die erste Ausarbeitung ist so gut wie fertig, aber noch viel zu ändern; und die Gemütszustände, welche einer Verlobung vorausgehen, sind den Arbeiten nicht sehr nützlich.

Bunsen ist durch seine neuen Metalle sehr beschäftigt und aufgeregt, etwas hypochondrisch, wie immer. Kirchhoff ist leider durch angegriffene Augen sehr gehindert und hat sich jetzt entschlossen, das bisher fertig gewordene seiner Spektralzeichnungen und Sonnenanalyse als erste Lieferung herauszugeben, um das Weitere beliebig verschieben zu können.[5] Mit den besten Empfehlungen für Deine Gemahlin

Dein
H. Helmholtz

W. Thomson ist auf dem Eise gefallen und hat sich den Schenkelhals gebrochen liegt seit Neujahr in Largo [?], wo er zu Besuch war, und kann das Glied noch nicht bewegen.

Nr. 83

An H. von Helmholtz

Berlin, 20. April 1861

Zur Kenntnisnahme an Herrn Kommandeur Bunsen[a]

Sonnabend,

Lieber Helmholtz,
auf die Gefahr hin, Euch im Anfang Eurer Vorlesungen lästig zu werden, haben Magnus und ich beschlossen, Euch noch einen Besuch von ein paar Tagen im Laufe der nächsten Woche abzustatten. Wir reisen morgen früh, bleiben 24^h in Göttingen und gedenken Dienstag bei Euch einzutreffen, um uns mit Obertönen und Spektrallinien regalieren zu lassen.[1] Ich melde Dir dies, damit Ihr nicht für die nächste Woche zu tugendhafte Vorsätze faßt, sondern die gehörige Fassung besitzt, Euch stören zu lassen. Grüße Kirchhoff und Bunsen. Ich freue mich, die Bekanntschaft Deiner Braut[2] zu machen.

Dein
E. du Bois-Reymond

Nr. 84

An E. du Bois-Reymond

Heidelberg, 15. März 1862

Lieber Freund,
ich habe Dir zu berichten, daß meine Frau am 3. Mai von einem gesunden Knaben[1] entbunden ist. Es war leider eine ziemlich schwere und langwierige Geburt, zuletzt mit der Zange beendet, und auch nacher haben wir viel Sorge mit ihr gehabt. Es traten die Symptome beginnender Peritonitis ein; als diese geschwunden waren,

[a] Notiz, egh. von H. von Helmholtz.

Eiterungsfieber, und erst jetzt dürfen wir sie wohl als Genesende betrachten. Das Kind ist gesund und läßt nichts zu wünschen übrig. Da Vater und Mutter dicke Köpfe haben, mußte er nach Darwin einen noch dickeren haben. – Du bist wohl so gut, diese Nachricht in der Akademiesitzung (nicht als wissenschaftliche Mitteilung, sondern privatim) meinen Freunden Magnus, Dove, Olshausen, Weierstraß, Borchardt mitzuteilen.

Ich schmiede noch an meinem akustischen Buche: „Physiologische Grundlagen für die Theorie der Musik"[2]. Vieweg hat den Verlag übernommen. Er entschloß sich, 30 Taler Honorar für den Bogen zu zahlen; die Holzschnitte sind in Arbeit, ich erwarte sie jeden Augenblick fertig zu erhalten, und dann soll der Druck beginnen. Das Manuskript des letzten Drittels ist noch druckfertig zu machen. Im Verlaufe dieser Ferien hoffe ich endlich diese siebenjährige Arbeit zu beendigen, womit ich sehr zufrieden sein werde.

Das Buch Deines Vaters,[3] welches mich in Anbetracht seines hohen Alters nicht wenig überrascht hat, behandelt einige gleiche Kapitel, namentlich über Vokalbildung. Ich habe darin eine viel ausführlichere Darstellung sowohl der Zusammensetzung des Klanges als auch des Mechanismus, der diese Zusammensetzung hervorbringt, gegeben, als in meinen früheren vorläufigen Notizen. Ich stimme mit ihm in den wesentlichen Gesichtspunkten vollkommen überein, wenn auch die Deutung der einzelnen Erscheinungen zum Teil anders ausfällt wegen der abweichenden physikalischen Deutung, welche er für die Natur des Klanges angenommen hat. Auf das Linguistische habe ich mich dabei natürlich gar nicht eingelassen. Mein Zweck bei Behandlung dieser Aufgabe war nur zu erweisen, daß der musikalische Teil des Klanges auf der Existenz der Obertöne beruht. Alles andre war für mich Nebensache. Soviel vorläufig zur Beantwortung der Fragen, welche er in seinem Buche über meine Arbeit stellt.

Ich freue mich, daß in ihm mein Buch einen Leser zu erwarten hat, welcher regen Anteil an der Sache nimmt, und hoffe, daß ich in den Hauptsachen seine Billigung finden werde.

Deinen Aufsatz über Jodzersetzung durch elektrische Fische[4] habe ich erhalten. Arbeitet Kronecker junior bei Dir? Ich möchte wissen, warum er seine schon fertige Preisarbeit nicht eingeschickt hat. Zum Sommer will ein andrer meiner Laboranten, Dehn, zu Dir ins Laboratorium kommen. Es ist ein eifriger und verständiger Mensch, wenn er auch nicht Kroneckers eisernen Eifer besitzt.

Den letzten Winter habe ich scheußlich viel an Migräne gelitten; schließlich habe ich Einreibungen von Veratrinsalbe (veratr.; Ungt. simph. si.) [?] sehr nützlich gefunden, in der Schläfe des schmerzenden Auges eingerieben, was ich Dir zu eignen Versuchen mitteile.

Mit den besten Empfehlungen für Deine Frau
Dein H. Helmholtz

Nr. 85

An H. von Helmholtz

Berlin, 25. März 1862

Lieber Helmholtz,
zuvörderst meine und meiner Frau herzliche Glückwünsche zu der Geburt Deines Knaben, an dem die Erblichkeit der Eigenschaften von beiden Seiten her wohl noch etwas besseres als große Schädeldurchmesser, deren Bedeutungslosigkeit uns ja R. Wagner kennen gelehrt hat, zu Wege bringen wird. Hoffentlich hat sich Deine Frau rasch und vollständig wieder erholt.

Ich danke Dir demnächst außerordentlich für die Milde, mit der Du das altersschwache Machwerk meines Vaters beurteilst. Dein Brief hat ihn ausnehmend erfreut, wenn auch nicht so sehr, wie er gesollt hätte, da er von den wissenschaftlichen Verhältnissen gar keine deutliche Vorstellung hat und nicht weiß, welche Autorität Du bist.

Ich wünsche Glück zur Vollendung der physiologischen Akustik und zum Vertrag mit Vieweg. Ich öffne nie Deine Optik[1], ohne mich zu ärgern, daß Du Dich damals von dem totgebornen Karstenschen Unternehmen bemuttern ließest, wodurch das Buch erstlich so sehr an Verbreitung eingebüßt hat, zweitens Dir eine Form aufgedrungen worden ist, die das Verständnis und die Übersichtlichkeit nicht gerade erleichtert. Die kolossalen Seiten des engsten Druckes, auf dem die schwersten Sachen stehen, geben gar keinen Ruhepunkt; und wenn Du etwas schreibst, ist ja gar kein Grund, es klein zu drucken.

Ich habe mich in der letzten Zeit, veranlaßt durch die Moleschottschen Torheiten[2], mit der Theorie der Magnetelektromotorströme beschäftigen müssen. Als Ausgangspunkt diente mir Deine Abhandlung über den zeitlichen Verlauf der Induktionsströme[3], in der Du aber von Nebenströmen nur den einfachen Fall berücksichtigt hast, wo in der Nähe eines geschlossenen Leiters ein durchströmter Leiter geöffnet wird. Der Fall, wo der letztere wieder geschlossen wird, erhält seinen vollen physikalischen Sinn natürlich nur dann, wenn man die Rückwirkung des induzierten Leiters auf den Induzenten mit in Betracht zieht. Dies führt, für den induzierten und für den induzierenden Strom, zu zwei simultanen Differentialgleichungen mit konstanten Koeffizienten, die sich daher ohne Schwierigkeit behandeln lassen, obschon die Bestimmung der willkürlichen Konstanten sehr langweilige elementare Entwicklungen nötig macht. Diese laufen zwar zuletzt auf eine überraschende Vereinfachung hinaus, trotzdem bleibt die allgemeine Form der schließlich für die beiden Ströme erlangten primitiven Zeitgleichungen so bösartig verwickelt, daß sich nur das dürftigste damit aufstellen läßt. Der Induktionsstrom ist ein Schlitz zwischen 2 *e*-Kurven von gleichem Anfangswert und verschiedener Steilheit.

Es ist aber nicht einmal herauszubringen, wie sich die Kurve *omt* mit dem Potential der primären Rolle auf sich selbst ändert.

Demnächst habe ich eine Untersuchung auf den Fall ausgedehnt, wo man den Strom in der primären Rolle nicht durch Öffnen oder Schließen derselben, sondern durch Schließen oder Öffnen einer Nebenschließung in Schwanken versetzt. Dabei stößt man auf weiter kein Hindernis, nur daß die Konstanten sich noch bedeutend verwickelter

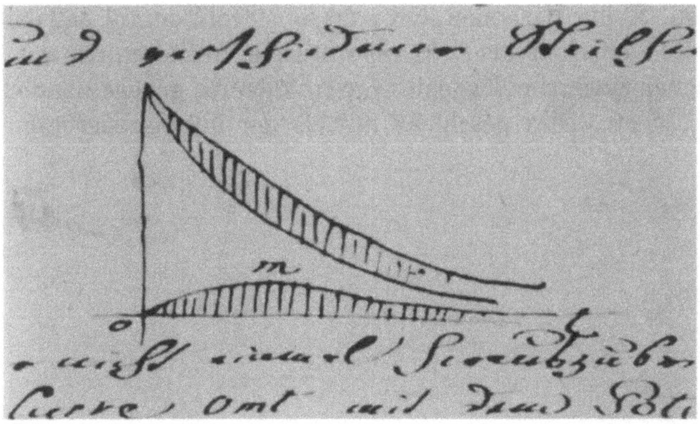

gestalten. Mit den Endgleichungen ist zuletzt, wenn man sie nicht numerisch diskutieren will, kaum etwas anzufangen. Inzwischen geht doch ein Ergebnis mit aller Sicherheit hervor, und dies ist es, was mich bestimmt, Dich mit dieser Sache zu langweilen. Nämlich Wundt hat publiziert,[4] daß bei Deiner Einrichtung des Magnetelektromotors die Ströme kongruent werden, wenn der Widerstand der Nebenschließung verschwindet. Ich finde dies nicht, sondern die Ströme kongruieren nur dann in der Zeit und bleiben zugleich endlich*, wenn entweder w_k (der Widerstand der Kette) und w_n (der der Nebenschließung) zugleich gegen w_s (den der primären Rolle) verschwinden oder wenn $w_n : w_k = 0$, $w_k : w_s = 0$. Das letztere ist vorteilhafter, da es einen stärkeren Strom liefert.

Ich möchte nun von Dir wissen, ob die Angabe Wundts auf einer von Dir ausgeführten Rechnung beruht oder bloß auf Anschauung; ferner, ob schon Deines Wissens irgend jemand die Rückwirkung des induzierten Leiters auf den Induzenten mit betrachtet hat; endlich, ob Du etwas dawider hast, daß ich gelegentlich mein Resultat veröffentliche. Um dasselbe zu kontrollieren, brauchst Du übrigens nicht einmal die sekundäre Induktion zu berücksichtigen, da die Bedingungen der Kongruenz dadurch nicht affiziert werden können.

An verschobenen Muskelmodellen habe ich diesen Winter sehr eigentümliche Wirkungen, die sich am Gastroknemius zeigen, mit großer Treue reproduziert. Unter gewissen Umständen (natürlich handelt es sich hier nicht um Budges Mißverständnisse) erhält man am Gastroknemius Ströme vom Quer- zum Längsschnitt. Dasselbe erfolgt an entsprechend zugeschnittenen Muskelstücken von Oberschenkelmuskeln, nämlich von *a* zu *b*, *a'* zu *b'*. Ein verschobenes Modell aus CuZn-Molekeln tut es auch; im Widerspruch

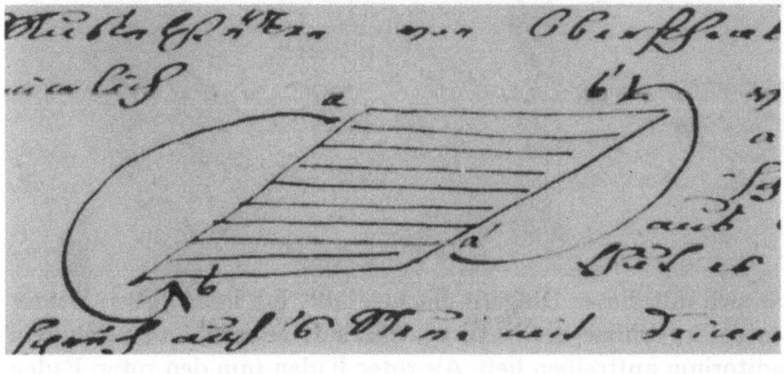

* $w_k = 0$ gibt auch Kongruenz, aber natürlich verschwindet die Induktion mit der Stromschwankung.

aufs neue mit Deinen Theoremen. Meine Methoden sind jetzt so vervollkommt, daß ich imstande bin, mit vollkommener Sicherheit das elektromotorische Verhalten der verschiedenen Punkte des natürlichen Querschnittes eines Gastroknemius gegeneinander zu prüfen, z. B. 0 gegen *a, b, c, d,* etc. Dies geschieht mittels der unpolarisierbaren

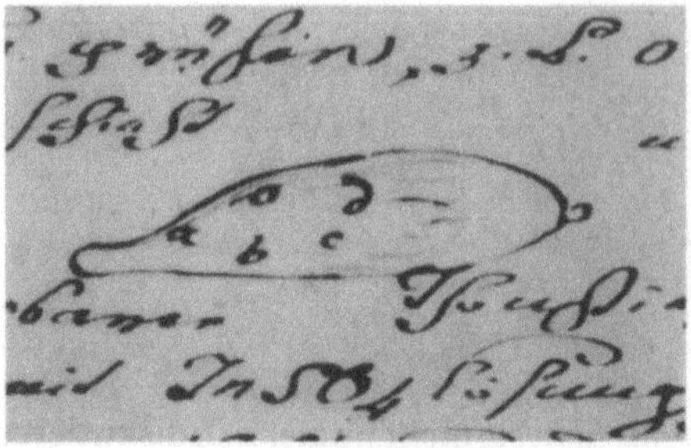

Tonstiefel, nämlich Röhren, die mit $ZnSO_4$-Lösung gefüllt sind, ein Zn-Blech enthalten, und denen unten eine Spitze aus Bildhauerton angeknetet ist, welcher mit einer $1^0/_0$igen NaCl-Lösung angemacht wurde. Z. B.

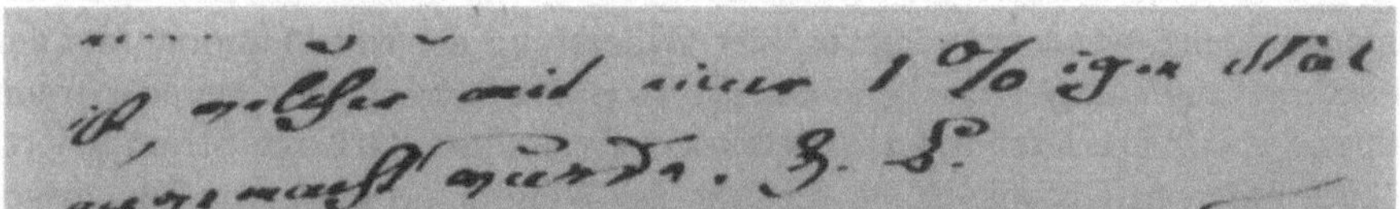

Es ist unglaublich, was sich mit diesen Dingern machen läßt. Ich habe diesen Winter ein Publicum über neuere Ergebnisse der Naturwissenschaft gelesen, wozu sich kein hinreichend großes Auditorium auftreiben ließ. Als roter Faden (um den roten Faden Ottiliens einmal wieder anzubringen) zog sich natürlich die Erhaltung der Kraft hindurch. Im allgemeinen ging es vom Himmel (Kirchhoff und Bunsen) durch die Welt zur Hölle; denn zuletzt ärgerte ich die Theologen, indem ich mich zwar beschied, von unserem Standpunkt aus das Problem der persönlichen Freiheit zu lösen, jedoch mit Berufung auf Calvin de praedestinatione et providentia zeigte, daß sie es nicht besser von dem ihrigen aus vermöchten. Du spielst natürlich eine große Rolle.

Die Vorgänge hier sind in der Nähe noch empörender und entmutigender, als sie sich aus der Ferne machen mögen.[5] Wir rächen uns in hergebrachter Weise durch Witz. Was bedeutet die Flagge, die bei des Königs Anwesenheit auf seinem Palast weht? – Na, daß die Berliner ooch wissen, daß er bei sich ist.

Die Ristori ist ein göttliches Weib und wert, daß man ihr auf ein paar Eisenbahnstunden entgegenfahre, um sie zu sehen. „La réciprocité est le principe de la visitocartomanie." Übrigens melde ich, daß ich mit meiner Frau von Album geschieden bin und keine präsentable Photographie von ihr existiert. Ich schicke mich doppelt.

Grüße an alle Heidelberger Freunde und -innen.

Dein E. du Bois-Reymond

Nr. 86

An E. du Bois-Reymond

Heidelberg, 13. April 1862

Lieber Freund,
vielen Dank für Deinen Brief vom 25. 3. Ich habe in den letzten 6 Wochen seit der Geburt meines Kleinsten viel Sorge gehabt. Erst drohte bei meiner Frau Peritonitis und Eiterungsfieber, nachher bekam der Kleine eine wandernde Rose, die im Anfange der vorigen Woche seinen Zustand einige Tage sehr bedenklich machte. Jetzt ist glücklicherweise alles überstanden, und Mutter und Kind sind im besten Wege der Besserung.

Wundts Angabe über die Induktionsströme in dem Magnetelektromotor beruht auf keiner von mir ausgeführten Rechnung. Kongruent können die Ströme natürlich nur sein, wenn der Widerstand, den sie zu durchlaufen haben, für beide gleich ist, zu welchem Ende allerdings nötig ist, daß Nebenschließung und Kette zugleich gegen die induzierende Spirale verschwinden. Mein Zweck bei der Konstruktion des Apparats war auch nicht, die beiden Ströme kongruent zu machen, sondern nur zu vermeiden, daß der eine so unverhältnismäßig viel kürzer und intensiver ist als der andre. Für das, was Wundt in der Notiz gefehlt hat, ist er allein verantwortlich, also geniere Dich meinetwegen nicht, wenn Du darüber etwas schreiben willst. Über die mathematische Theorie der Rückwirkung des induzierten Leiters auf den Induzenten entsinne ich mich nicht, etwas gelesen zu haben. Meinen eigenen Aufsatz habe ich nicht hier; doch meine ich, muß darin das allgemeine Prinzip für beliebig viele Stromumläufe angegeben sein, wenigstens weiß ich, daß ich erwähnt habe, daß nach einem Satze von Cauchy folge, daß die Exponentialfunktionen nie imaginär werden können, daß also nie Stromesoszillationen eintreten. Ich habe damals verschiedene Fälle durchgerechnet und weiß wohl, daß man in Deinem Falle auf zwei Exponenten kommt, welche die beiden Wurzeln einer Gleichung zweiten Grades sind, mit denen nachher schlecht zu rechnen ist. Wenn Du aber die Rückwirkung des induzierten auf den induzierenden Strom als sehr klein setzest, was wohl meist praktisch zutreffen wird, kannst Du vielleicht übersichtliche Ausdrücke bekommen, welche praktisch genügen.

Was die Ströme an Deinen schiefgeschnittenen Muskeln betrifft, so fallen sie theoretisch offenbar mit unter den Begriff der schwachen Ströme, und wenn man sich die äußerste Schicht der Molekeln etwas geschwächt denkt, kann man ihre theoretische Erklärung wohl geben. Man muß sich die Muskelmasse in solche Teile zerschnitten denken.

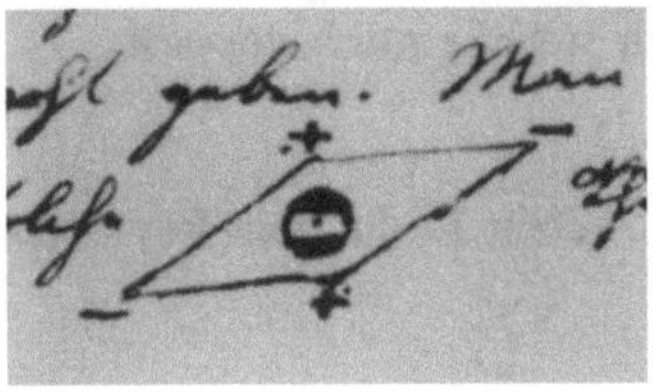

Wie aber bei den Kupferzinkmodellen die schwachen Ströme zustande kommen, ob durch Polarisation, darüber habe ich immer noch keine klare Idee. Das läßt sich auch nur durch Versuche entscheiden. Man könnte sich denken, daß die in der Nähe der Elektroden gelegenen Molekeln bessere Leitung haben, also stärkere Ströme geben, folglich durch Polarisation schwächere Kraft bekommen, ähnlich, wie ich für die oberflächlichen tierischen Molekeln voraussetzte; aber einen klaren und bestimmten Beweis dafür, weiß ich nicht zu führen.

Von Deinem Winter-Publicum hatte ich schon gehört; ich werde versuchen, hier etwas ähnliches zu unternehmen, da ich für den Winter nicht genug Stoff habe.

Der größte Teil meines akustischen Manuskripts[1] ist abgeschickt, ich flicke noch am Reste. Mit vielem Dank für Deine beiden vortrefflichen Porträts schicke ich hier das neueste von mir; von meiner Frau haben wir im Augenblick keines. Das bleibe ich noch schuldig.

Am Ostermontag muß ich das Prorektorat übernehmen,[2] das wird mir viel Zeit kosten. Ein Bravo dem Berliner Senate! Beste Grüße Deiner Frau und ebensolche von der Meinigen.

Dein H. Helmholtz

Nr. 87

An H. von Helmholtz

Paris, 22. April 1863

Lieber Freund,
ich bin mit meiner Frau hier gewesen, und wir beabsichtigen, über Straßburg und Heidelberg zurückzukehren. Wir rechnen darauf, etwa Sonntagabend in Heidelberg zu sein, wo wir aber nur 24 Stunden oder so zu bleiben gedenken. Ich kann Dir dann mündlich den Dank für Dein Buch[1] abstatten, den ich Dir noch schuldig bin. Ich will

Dir nicht Gewalt antun, aber wenn Du mich könntest die Vokale an Deinen Stimmgabeln[2] hören lassen, was vor zwei Jahren nicht ging, würde ich sehr erfreut sein. Ich hoffe, wir treffen Euch alle in erwünschtem Wohlsein, und bei dem schönen Frühlingswetter sehen wir dieser Zusammenkunft sehr vergnügt entgegen. Paris ist entzückend in diesem Augenblick, und es bummelt sich um so besser hier, als man wissenschaftlich wirklich sehr wenig abgezogen wird. Dein König ist aber ein reizender Kerl.[3]

Lebewohl und grüße einstweilen Kirchhoffs und Bunsen, und empfiehl uns Deiner liebenswürdigen Gattin.

Dein
E. du Bois-Reymond

Verzeih' dies gekniffte Papier, aber meine Couverte sind zu Ende und ich habe erst experimentieren müssen, wie es in die meiner Frau hineingeht.

Nr. 88

An H. von Helmholtz

o. O., 10. August 1863

Lieber Helmholtz,
Überbringer dieses ist Dr. Argyll Robertson aus Edinburgh, der Assistent an dem dort unter Bennetts Leitung einzurichtenden physiologischen Laboratorium, und herübergekommen, um im Auftrage sich von unseren physiologischen Methoden und Vorrichtungen zu unterrichten. Dir wird er außerdem noch besonders interessant sein durch den Anteil, den er an der Entdeckung der myotischen Wirkungen der Kalabarbohne genommen hat. Laß ihn Dir also wärmstens empfohlen sein.

Dein
E. du Bois-Reymond

Nr. 89

An H. von Helmholtz

Berlin, 9. Dezember 1863

Liebster Freund,
vergangene Ostern schieden wir mit der Verabredung, daß Du vielleicht mit Deiner Frau die Weihnachtsferien hier bei uns verleben könnest. Ich weiß nun nicht, ob es Dir in diesem Jahre ansteht, und schäme mich überdies, die Tochter des Holsteinischen Bundestagsgesandten in das Lager des Landesverrats einzuladen.[1] Jedenfalls

wollte ich Dir noch ausdrücklich wiederholen, mit wie großer Freude wir Eurem Besuch entgegensehen würden, und Dich versichern, daß von unserer Seite kein Hindernis im Wege steht.[2]

Meine Frau hat seitdem, zu Ende Oktober, ein Knäblein geboren,[3] was bei ihr ein periodisches Phänomen ist; und meine Schwester hat sich mit dem Geologen Ewald verlobt, dessen Du Dich wohl aus der physikalischen Gesellschaft her erinnerst.

Mitscherlich ist gestorben und Encke verrückt geworden; Kummer ist an des letzteren Stelle zum Klassen-Sekretar ernannt, wer die Sternwarte bekommen soll, wissen vielleicht die Sterne, hienieden weiß es niemand, denn es scheint keine Astronomen mehr zu geben. Der Neuchateller Astronom, Dr. Hirsch, stellt am Hippschen Chronoskop[4] Beobachtungen über die Geschwindigkeit des Nervenagens nach Deinem Plane am lebenden Menschen an und findet eine etwas andere Zahl. Was Mitscherlich betrifft, so hoffen wir jetzt, an seine Stelle Hofmann aus London zu bekommen und mit ihm endlich wieder diese Seite des naturwissenschaftlichen Lebens bei uns in Gang kommen zu sehen. Du kennst und schätzest ihn gewiß von Deinen Londner Aufenthalten her.

Ich habe ersehen, daß Du zu Ostern dort wieder vortragen gehst. Ich muß bekennen, daß mir die Lust vergangen ist, mir fernere Mühe zu geben, der physikalischen Physiologie in England Eingang zu verschaffen. Trotz den Vorträgen und Demonstrationen, die ich zu wiederholten Malen dort gehalten, trotz Bence Jones Anstrengungen und mehrerer Schriften ist auch nicht eine Seele drüben, welche versteht, worum es sich in Deinen, meinen, Pflügers usw. Versuchen handelt. Nicht ein einziger meiner Aufsätze ist im Phil[osophical] Mag[azin] erschienen, obschon ich sie stets dem großen Tyndall zuschicke. Ich kann nicht leugnen, daß mich dies in meinen wissenschaftlichen Sympathien für England etwas abgekühlt hat. Wenn ich populäre Vorträge hier in Berlin anzeigte, wo ich sie mit dem zehnten Teil der Mühe halten würde von der, die ich dort aufwenden muß, könnte ich tausend Zuhörer haben und würde gewiß auch objektiv mehr bewirken als in London. Ich setze Dir dies auseinander, damit Du, wenn Bence Jones sich über meinen geringen Eifer, in der Royal Institution vorzutragen, gegen Dich äußern sollte, meine Anschauung kennst.

Ich drucke jetzt eine lange Untersuchung über den Muskelstrom,[5] in der ich zu recht merkwürdigen Ergebnissen gelangt bin. Ich schrieb Dir schon einmal von den Strömen, die man erhält, wenn man einen Muskel schräg durchschneidet, z. B. einen Rhombus daraus macht: Ich habe eine vollständige Theorie dieser Ströme gefunden, welche, im Anschluß an meine frühere Molekularhypothese, dieselben bis in alle Einzelheiten umfaßt und unter anderm auch begreiflich macht, daß die diesen Strömen zugrunde liegende elektromotorische Kraft die des gewöhnlichen Muskelstromes von Längsschnitt zu senkrechtem Querschnitt übertrifft, so daß das Schrägdurchschneiden der Muskeln sich sonderbarerweise als ein Mittel erwiesen hat, ihnen stärkere elektromotorische Wirkungen zu entlocken als bisher.

Aber heraus aus der tierischen Elektrizität komm' ich nicht, während Du von Eroberungen zu Eroberungen fliegst. Soeben hab' ich Deine Abhandlung über die Augenbewegungen[6] erhalten, kann Dir aber nicht versprechen, sie bald zu lesen, da es die schlimmste Zeit des Jahres für mich ist.

Beifolgender Knabe ist mein zweiter, heißt Alard, und ist ein kleiner Gaucho, deshalb mit seinem Roß vorgestellt. Wird Euch als Probe unserer Zucht eingesandt.

Lebewohl, grüße nächst Deiner Frau, Bunsen und Kirchhoff, iß keinen rohen Schinken* und schreibe bald einmal wieder Deinem

E. du Bois-Reymond

Nr. 90

An E. du Bois-Reymond

Heidelberg, 26. Februar 1864

Lieber Freund,
ich komme jetzt erst dazu, Dir meinen Dank für Deine freundliche Einladung zu Weihnachten zu sagen. Es war uns leider unmöglich zu kommen; den Hauptgrund wird meine Frau in ihrer Beantwortung verschwiegen haben, der ist, daß wir in den letzten Tagen des April ein neues Mitglied unserer Familie erwarten und daß sie daher zu Weihnachten nicht so frisch und unternehmend gestimmt war, wie man es sein muß, wenn man eine Winterreise nach Berlin unternehmen und in 14 Tagen dort alles sehen und genießen will, was zu sehen und genießen ist, Ich habe diesen Winter dem Publicum gefröhnt, und die Erhaltung der Kraft als nährende Kuh behandelt, um die Kosten unserer neuen Einrichtung in den stattlichen Räumen des neuen naturwissenschaftlichen Instituts zu decken. Ich habe erst in Karlsruhe einen Kursus von 8 Vorlesungen, wöchentlich eine, gehalten und werde dieselben auf 6 zusammengezogen in der Royal Institution vortragen.[1] Außer dem schnöden Mammon folgt zwar auch noch mancher bessere Nutzen aus solchen Vorlesungen, aber ohne die äußere Veranlassung würde ich mich doch nicht so tief damit eingelassen haben und werde mich künftig hüten, es wieder zu tun. Die in London betrachte ich hauptsächlich als eine billige und vorteilhafte Weise in enge Verbindung mit Londoner Gelehrten und englischen Verhältnissen zu kommen; und den Aufenthalt in England überhaupt als eine Art geistiger Badekur, um die Aktivität des Geistes aufzurütteln, wenn sie in dem bequemen Süddeutschland anfängt, einzuschlafen. Sonst gebe ich Dir recht, daß für die Ausbreitung der Experimentalphysiologie in England damit nicht viel zu gewinnen ist.

Übrigens habe ich im letzten Jahre auch die wesentliche Arbeit an der letzten Abteilung meiner physiologischen Optik[2] durchgemacht, freilich wird wohl noch der Sommer darüber hingehen, ehe sie druckfertig sein wird. Ich habe noch manche Versuche und Beobachtungen machen müssen, ohne die gar kein Zusammenhang in dieses sehr verzwickte Kapitel zu bringen gewesen wäre. Auch ist es sehr entmutigend,

* In Hettstädt bei Aschersleben sind am 18. Oktober 126 Menschen durch eine landrätliche Sau vergiftet worden, von denen 28 bis jetzt gestorben sind.

daß, sowie man an das psychologische Gebiet streift, man gar nicht mehr darauf rechnen kann, die Leute zu überzeugen, weil die Abstraktionen viel schwerer werden und sie sich vom sinnlichen Schein viel weniger frei machen können. Einen Abschnitt der Optik habe ich eben noch separat zusammengeschrieben und an Graefes Archiv abgeschickt, betreffend den Horopter[3], worin einige ganz merkwürdige neue Verhältnisse erörtert sind.

Infolge von Schelskes Messung der Nervengeschwindigkeit habe ich meine alten Protokolle aufmerksam durchgesehen, ob ich irgendwo den fehlenden Faktor 2 auffinden könnte, aber nichts gefunden. Leider kann ich einige der Beobachtungen nicht wiederholen. Die Froschnervengeschwindigkeit ist ganz nach denselben Methoden und Apparaten bestimmt, und bei der stimmen meine elektrischen Messungen mit denen am Myographion, soweit die Genauigkeit der letzteren eben geht, ganz gut überein. Ich muß mir also vorbehalten, neue Beobachtungen zu machen, und will es einmal versuchen nach einer Methode, die vielleicht noch besser zum Ziel führt als die bisherige, von Schelske veränderte.

Mit meiner Gesundheit ist es mir erträglich gut gegangen bis Ende des Semesters, wo Migräne wieder häufiger eintrat. Meine letzte Schweizer Reise, wo ich jeden Tag einen Paß überschritt, und ganz kalte Waschungen jeden Morgen haben mir den größten Teil des Winters den Kopf freigehalten. In meiner Familie ist im wesentlichen alles gut gegangen; meine Frau hält sich nach Umständen tapfer. Die Politik freilich ist wie der Geier des Prometheus und frißt einem jeden Morgen die Leber ab.[4]

Ich wünsche Dir noch Glück zu dem Sprößling und dem Schwager; Ewald ist ein wackerer und nobler Kerl, den ich immer gerne gehabt habe. Das niedliche Bild Deines kleinen Alard hat bei uns großen Beifall gefunden. Empfiehl mich freundlichst Deiner Gemahlin.

Dein H. Helmholtz

Nr. 91

An E. du Bois-Reymond

Heidelberg, 15. Mai 1864

Lieber Freund,
einliegende Notiz bitte ich Dich der Akademie zu übergeben. Willst Du sie vielleicht auch in Deinem und Reicherts Archiv abdrucken lassen und mir von dem einen oder andern Orte 25 Separatabdrücke zukommen lassen? Sie enthält nur die Resultate gelegentlich angestellter Versuche, die aber doch vielleicht hier oder da nützlich werden können.[1]

Ich bin am 23. nachmittags 4 Uhr von London zurückgekommen, und in der darauffolgenden Nacht 2 1/2 Uhr erschien ein Töchterchen[2]. Da der Termin meiner letzten Vorlesung in London und meiner Rückkehr schon ein halbes Jahr vorher bestimmt war, so denke ich, wirst Du mit dieser Präzision physiologischer Vorhersagung zufrieden sein.

Ich war sechs Wochen in England, meist in London, in der Osterwoche auch in Oxford, Glasgow und Manchester.[3] Ich habe viel Interessantes gesehen und finde von Zeit zu Zeit einen Aufenthalt in London immer wieder anregend und angenehm. Was die populären Vorlesungen in der Royal Institution betrifft, so muß ich Dir aber in der Tat recht geben, daß man sich immer mehr wird besinnen müssen, ehe man dergleichen wieder übernimmt. Ich habe durchaus keine Ursache, mit dem äußeren Erfolge der meinigen unzufrieden zu sein, da ich fortdauernd ein Publikum von 300 Leuten und darunter eine Menge wissenschaftlich gebildeter Männer hatte. Aber die Konkurrenz der populären Vorlesungen in London ist so groß, daß sie im Begriff sind, in die allergemeinste Effekthascherei herabzusinken. Die englischen Physiker beschuldigen namentlich Tyndall, daß er in dieser Beziehung den schlechten Neigungen des Publikums zu viel nachgebe, und die R[oyal] Institution auf das Niveau der Polytechnic[al] Inst[itution] bringe, in welcher letzteren man denn doch für glänzende optische Experimente und elektrisches Feuerwerk noch größere Mittel aufbringen könne, und ich muß sagen, daß ich eine Friday evening lecture von ihm hörte, die allerdings zu einer solchen Beschuldigung viel Gelegenheit bot. B. Jones entschuldigte ihn für dieses Mal mit der Anwesenheit des Prinzen von Wales, auf den man hätte Rücksicht nehmen müssen. Es ist um so mehr schade darum, als er in der Tat ein ausgezeichnetes Talent für populäre Vorträge hat und im Publikum sehr anerkannt ist. Ein Medium für Klopfgeister[4] ließ neulich seinen Namen im Himmel buchstabieren, welcher war: Poet of Science. Ich muß Dir auch wohl mitteilen, daß in der letzten Zeit meiner Anwesenheit die Frage wegen Deiner Erwählung zum auswärtigen Mitglied der R[oyal] S[ociety][5] lebhaft diskutiert wurde. B. Jones agitierte für Dich. Die Gegner Deiner Kandidatur hatten Matteucci als Gegenkandidaten aufgestellt, nicht um ihn wirklich zu erwählen, wie B. Jones meinte, sondern um Deine Arbeiten als zu sehr bestritten erscheinen zu lassen. Ich selbst habe sehr viel Gelegenheit gehabt, Fragen wegen Eurer relativen Würdigkeit mit großer Entschiedenheit zu beantworten, und, da ich fand, daß die Meinung ganz verbreitet war, Deine Versuche seien zu subtil, um sicher zu gelingen, so habe ich Gelegenheit genommen, in meiner letzten Vorlesung noch einige Deiner Fundamentalversuche zu zeigen.

Aber mit der englischen Physiologie sieht es in der Tat mißlich aus. Der alte Sharpey, der nie ein Experiment gemacht hat, ist noch einer der vernünftigsten; Beale ist ein prinzipmäßiger Obskurant. Rawlstone, der jetzt in Oxford für Anatomie und Physiologie angesetzt ist, ist ein gescheuter und intelligenter Mann, aber vorläufig noch ohne eigene Ideen und weiß nichts zu tun als die Pes hippocampi in Affengehirnen zu untersuchen. Lister in Glasgow, ebenfalls ein gescheuter und fähiger Mann, muß sich durch medizinische Praxis sein Brot erwerben. So ist auch noch gar keine Aussicht, daß es besser wird.

Es ist überhaupt ein wunderbar einseitiges Volk; aber was sie angreifen, machen sie ordentlich, und darum läßt sich trotzdem immer noch viel bei ihnen lernen.

Meiner Frau und der Kleinsten geht es gut; aber unser kleiner Robert macht uns Sorge, weil er seit einiger Zeit in der Hüfte lahm ist und deshalb jetzt gar nicht gehen darf. Mir selbst ist es in der letzten Zeit im ganzen besser gegangen als früher und am besten eigentlich in der Londoner Hetzjagd von Arbeiten und Vergnügungen.

Meine besten Grüße Deiner Frau

Dein H. Helmholtz

Nr. 92

An H. von Helmholtz

Berlin, 24. Mai 1864

Lieber Helmholtz,
vor allen Dingen meinen und meiner Frau herzlichen Glückwunsch zu dem mit solcher Pünktlichkeit eingetroffenen frohen Ereignis. *Wir* machen *das* auch so, haben indessen doch auch schon ein Haar darin gefunden, uns zu sehr auf physiologische Theorien zu verlassen.

Deine Versuche über das Muskelgeräusch habe ich gestern in der Akademie verlesen, da gerade Klassensitzung war.[1] Sie haben mich natürlich sehr interessiert, um so mehr, als ich selber eine darauf bezügliche Beobachtung mit abweichendem Erfolge gemacht habe. Du findest sie in meiner Abhandlung über Muskelsäure, Monatsberichte 1859, S. 318.[2] Ein aufgespanntes Kaninchen, vom Rückenmark aus tetanisiert, gibt einen tiefen, weit hörbaren Ton, etwa wie ein Zentrifugalventilator einer Fabrik. Es kann sein, daß ich mich darin getäuscht habe, daß der Ton tiefer ist als der des Magnetelektromotors, da die dem letzteren beigemengten Geräusche die Beurteilung seiner Höhe erschweren. Sollte ich mich aber nicht getäuscht haben, so hat also entweder das von Dir beobachtete Verhalten eine Grenze, was sehr gut möglich ist, oder, was interessanter wäre, der Rhythmus wird durch die Übertragung im Rückenmarke geändert.

Die verlangten Separatabdrücke werde ich Dir natürlich senden. Du wirst nächstens, auf buchhändlerischem Wege, einen Separatabdruck meiner größeren Arbeit über das Gesetz des Muskelstromes[3] erhalten und wirst es hoffentlich billigen, daß ich einmal aus der Gesellschaft Budge, Schiff, Moleschott und Genossen mir einen Hauptsünder herausgelangt habe, um ein Exempel zu statuieren. Ich denke, der Patient wird genug haben. Abgesehen von der Polemik steckt übrigens, wie Dir nicht entgehen wird, eine Menge Arbeit in dieser Abhandlung; ich habe unter anderem versucht, darin die Ergebnisse Deiner Untersuchungen über die Fortpflanzung des Stromes in körperlichen Leitern[4] zu verwerten. Die Theorie der Neigungsströme wird Dir, denk' ich, Vergnügen machen. Jetzt steht es mir noch bevor, die Sache mit der positiven Schwankung Meissners ins Reine zu bringen; und dann endlich wird es mir vergönnt sein, den eigentlichen Faden der Entdeckung wieder aufzunehmen, nämlich die sekundärelektromotorischen Erscheinungen der Muskeln und Nerven zu ergründen, in bezug auf die ich mich seit zwanzig Jahren im Besitz so wichtiger Aperçus befinde, daß Czermak daraus mindestens einige Dutzende vorläufiger Anzeigen eines Planes zu einer Untersuchung usw. gemacht hätte. Ich habe dergestalt noch Jahre von Arbeit vor mir, ehe ich aus inneren Gründen daran denken kann, dieses Feld der Tätigkeit zu verlassen, auf dem es mir doch manchmal angst und bange wird, wenn ich sehe, wie andere nach allen Richtungen über mich hinausgebaut haben.

Was Du über die Vorlesungen in England schreibst, bestätigt mich in meinem Widerwillen, den Versuch zu erneuern, indem es zu den persönlichen Gründen, die mich in diesem Sinne bestimmten, noch allgemeingültige hinzufügt. Tyndall ist eigentlich zu beklagen. Er befindet sich in einer falschen Lage. Er will durchaus, er muß ein großer Mann sein, und das ist er doch nun in keiner Art. Seine Vacation-Tour ist förmlich geeignet, den Verdacht auf Größenwahn zu erwecken. Das Austrinken der Milchsatte ist eine wahre Parodie. What next? Es bleibt ihm nächstens nichts übrig, als an den Dampfschornsteinen emporzuklettern und seine Erlebnisse dabei in gebundener Rede zu feiern.

Ich bin Dir und Bence Jones natürlich äußerst dankbar für Eure Anstrengungen, mich der Royal Society als Korrespondenten zu empfehlen, und es würde mich auch freuen, trotz Grove und Wheatstone über den Lump Matteucci zu siegen. Ich bin mir aber vielleicht Dir gegenüber die Erklärung schuldig, weshalb Bence Jones sich gerade jetzt so ins Zeug legt, um mir die Ehre zu verschaffen. Er hat mich sichtlich mißverstanden. Ich schrieb ihm nämlich, um meine geringe Neigung, vor dem Publikum der Royal Institution mich über elektrische Fische hören zu lassen, zu motivieren, alle meine Leistungen in diesem Fache hätten mir in England nichts genützt; schon zweimal hätte ich dort Versuche gezeigt, einmal eine ganze Reihe von Vorlesungen gehalten usw., und ich sei nicht einmal, obschon Faraday mich vorgeschlagen habe, zum korrespondierenden Mitglied der Royal Society ernannt worden, was Du doch ohne alle populäre Vorlesungen geworden seiest.[5]

Ich fürchte, Bence Jones hat dies so aufgefaßt, als ärgere ich mich darüber, nicht Korrespondent zu sein, und doppelt, weil Du es seiest. Für den Fall, daß er etwas der Art sollte gehistet[6] haben, was ich ihm übrigens nicht zutraue, will ich nur gesagt haben, was freilich bei Dir auch kaum nötig sein wird, daß der Sinn meiner Klage nur war, die Vorlesungen in England seien für meine besonderen wissenschaftlichen Zwecke unersprießlich, der Same falle dort auf unfruchtbaren Boden. Davon bist Du ja auch auf das stärkste überzeugt, und ich brauche es für Dich nicht weiter auszuführen.

Der Zustand hierzulande ist scheußlich über alles dagewesene. Jetzt läßt man Pringsheim nach Jena gehen, einen reichen Mann, der auf alle persönlichen Vorteile verzichtete und nichts verlangte als die Gründung eines pflanzenphysiologischen Laboratoriums unter seiner Leitung. Zu einem Laboratorium für mich ist keine nahe Aussicht, der Krieg hat 40 Millionen gekostet, und inter armas silet toga. Inzwischen habe ich 112 Zuhörer in einem Auditorium, worin nur etwa 80 ordentliche Plätze.

Ich bin jetzt wieder Junggeselle, da meine Frau mit den Kindern in unserem Hause am Pfingstberg wohnt. Wenn Du Deiner Frau einmal Deine Vaterstadt zeigen willst, so rechnen wir darauf, daß Du uns dem Einsiedler vorziehen wirst. Lebewohl, grüße Kirchhoff und Bunsen, und entdecke nicht zu viel, damit uns armen Teufeln auch was übrig bleibt.

Dein
E. du Bois-Reymond

Ich vergaß, für die angenehme Bekanntschaft des Soretschen Ehepaars zu danken, die Deine Gattin uns verschafft hat. Madame Soret ist ein reizendes Geschöpf; er muß einen sehr guten Redakteur abgeben.

Nr. 93

An H. von Helmholtz

[Berlin, Ende Mai 1864]

Lieber Helmholtz,
hier hast Du die Korrektur Deiner Notiz[1] für den Fall, daß Du etwas ändern oder zusetzen willst, mit der Bitte um baldige Zurücksendung. Bitte sage Schelske, seine Habilitation schreite nicht vorwärts, weil Langenbeck am Kriegsschauplatz[2] verweile. Ich hörte gestern, daß eine Korrektur seines Aufsatzes noch nicht zurückgekehrt sei, wenn er selbe noch nicht geschickt hat, wird er hiemit dringend ersucht, es zu tun. Mit besten Grüßen von Haus zu Haus.

Dein
E. du Bois-Reymond

Nr. 94

An E. du Bois-Reymond

Heidelberg, 5. Juni 1864

Lieber Freund,
hierbei erfolgt der Korrekturbogen mit Dank zurück. Deine Bemerkung über das vom Rückenmark aus tetanisierte Kaninchen ist sehr merkwürdig; das Mark scheint in diesem Falle seine eigene Erregungsperiode beibehalten zu haben. Ich werde bald den Versuch nachmachen und sehn, wie es zusammenhängt.

Schelske hat vor 8 Tagen Heidelberg verlassen, um Dr. Frantzius in Münster am Stein bei Kreuznach zu besuchen, und wird wahrscheinlich gleichzeitig mit diesem Briefe in Berlin eintreffen.

Matteucci glaubt sich unrechtmäßig hintangesetzt durch einige Ausdrücke, die in dem Report meiner letzten Vorlesung in der R[oyal] Institution (British Medical Times No. 724)[1] vorkommen, und schickte mir Abschrift einer Reklamation, die er an den Editor des Journals gesendet hat. Ich habe eine möglichst höfliche Antwort verfaßt, worin ich ihm zugebe, was ihm zukommt, und auseinandersetze, warum ich nur Dich und nicht ihn genannt habe.

Viele Grüße
Dein Helmholtz

Nr. 95

An H. von Helmholtz

Berlin, 29. November 1864

Lieber Helmholtz,
die nächste Veranlassung zu diesem Schreiben ist, daß Euer Desaga mich im Stich gelassen hat mit Deinem Apparat zur Blutentgasung. Er hatte ihn mir damals zur Mitte des November zugesagt, das Ende des Monats ist da, der Zeitpunkt vor der Tür, wo ich diese Versuche im Kolleg brauche, aber kein Apparat. Sei so gut und laß ihn durch Sittel erinnern. Ich wende mich deshalb an Dich, weil ich annehme, daß er in der Furcht des Herrn lebt.

Wir sind, nachdem wir bei Euch waren, glücklich hier eingetroffen und haben alles gut vorgefunden. Kurz darauf habe ich den Schmerz gehabt, meine Mutter zu verlieren. Du hast das schon früher durchgemacht. Mein Papa, der jetzt 82 ist, führt nur noch, obschon bis auf etwas Taubheit ganz gesund, ein klägliches Dasein.

Die gehäuften Prüfungen machen diese Zeit des Jahres für mich zu einer toten Saison, ich komme zu keiner zusammenhängenden Tätigkeit. Außerdem habe ich mir, um mit den Ergebnissen der Naturforschung abwechseln zu können, für diesen Winter noch die Ausarbeitung eines neuen Publicums oder Zugstückes unter dem Titel „physische Anthropologie“[1] aufgebürdet, welches mir zwar keine große Mühe macht, mich aber doch in Spannung erhält und mindestens den Montag, an dessen Abend ich es halte, zerstört. Dies zur Entschuldigung, wenn ich noch nicht wieder mit etwas Neuem da bin, mit Hülfe des nulla dies sine linea hoffe ich aber doch, bald wieder soweit zu sein.

Pflügers Brochure über die Blutgase[2] hat einen betrübend megalomanischen Charakter.

Ich habe mich bei dem Fesselschen Verkauf vergeblich um den Stimmgabelapparat und ein Telestereoskop beworben. Fräulein Fessel schrieb mir, sie seien schon verkauft.

Ich hoffe lebhaft, daß Du mit Deinem Kinde außer Sorgen sein mögest. Mit besten Grüßen an Deine Frau von mir und der Meinigen, wie auch an Kirchhoff und Bunsen

Dein
E. du Bois-Reymond

Nr. 96

An E. du Bois-Reymond

Heidelberg, 3. Januar 1865

Lieber Freund,
die verlangten Apparate von Desaga wirst Du erhalten haben; ich ließ sie Dir ohne Schläuche schicken, da Du die in Berlin besser wirst haben können, als wir sie hier auftreiben können.

Wir haben in den letzten beiden Monaten Krankheit über Krankheit im Hause gehabt; außer dem kleinen Robert, der immer noch liegt und wohl auch noch eine Weile wird liegen müssen, wenn auch jetzt allmählich die Empfindlichkeit seines Beinchens nachzulassen anfängt, haben alle Kinder nacheinander die Masern durchgemacht, trotz unserer Versuche sie voneinander abzusperren, was unsere Häuslichkeit eine Weile sehr unbequem machte und schließlich doch nichts half. Noch am Weihnachtsabend brachen die Masern bei den beiden Jüngsten aus. Meine älteste Tochter Käthe war recht krank daran und machte uns viel Sorge. Meine Frau ist durch die lange Sorge auch angegriffen und liegt im Augenblick ebenfalls mit einem leichten rheumatischen Fieber darnieder.

Ich selbst arbeite, so viel es geht, am dritten Teile meiner physiologischen Optik; das ist ein heilloses Kapitel, weil man notwendig stark in das Psychologische hineingerät und man gar nicht darauf rechnen kann, durch die bestüberlegten Gedanken die Leute zu überzeugen. Dabei wird im Augenblick sehr lebhaft in dieser Abteilung gearbeitet und zwischen vielem Unkraut schießen doch auch alle Augenblicke die unerwartetsten neuen Tatsachen auf. Ich selbst muß allmählich auch bei physiologisch optischen Versuchen auf meine Augen Rücksicht nehmen und mich also entschließen, den letzten Teil so gut fertig zu machen, als es im Augenblick eben geht, ohne ihn zu meinem eigenen Genügen fertig zu machen. Daneben habe ich vorläufig alle andren Versuche liegen lassen.

Heut früh war Dein Bruder bei mir; ich freue mich, daß er sich herausgerafft hat und wieder an eine wissenschaftliche Laufbahn denkt; ich wünschte ihm nur einen dankbareren Boden als, ich fürchte, der Heidelberger im Anfang für seine Bemühungen sein wird.

Dann bekam ich heut einen Brief von Deinem Vater mit 15 Talern Inhalt. Aus dem Briefe scheint hervorzugehen, daß ich dieses Geld früher einmal Deinem Bruder geborgt habe, was wohl möglich ist, wovon ich aber kein Sterbenswörtchen mehr weiß. Vielleicht aber mißverstehe ich den Brief. Du würdest mich sehr verpflichten, wenn Du ermitteltest, wie der Zusammenhang ist, und, wenn meine Hypothese richtig ist, Deinem Vater meinen Dank abstatten möchtest, andernfalls mich benachrichtigst, was mit dem Geld geschehen solle.

Deinem armen Vater muß das Leben jetzt recht einsam und schwer werden; von dem Verlust, den er und Du erlitten hat, hörte ich schon vor einiger Zeit durch den Astronomen Hirsch von Neuchatel.

Ich erfuhr zu spät, daß ein Herr Claude, der sich bei mir als Zuhörer einschrieb, ein Bruder Deiner Frau ist; er sagte selbst nichts davon, und ich erfuhr erst später, daß meine Frau wußte, ein Schwager von Dir würde kommen; dann kamen die Krankheiten in unser Haus, und jetzt höre ich zu meinem Bedauern, daß er Heidelberg und Europa schon verlassen hat.

Hoffentlich geht bei Euch alles gut; empfiehl mich Deiner Frau und behalte lieb

Deinen
H. Helmholtz

Nr. 97

An E. du Bois-Reymond

Heidelberg, 13. Februar 1865

Lieber Freund,
ich möchte bei Dir anfragen, ob Du unter Deinen Laboranten irgend einen jungen Mann hast, der geneigt und geeignet wäre, von Ostern ab die Assistentenstelle bei mir zu übernehmen. Dr. Wundt wünscht, sie niederzulegen, und obgleich ich früher mehrmals geeignete Nachfolger für ihn hier hatte, so ist im Augenblicke keiner da. Das Gehalt beträgt freilich nur 300 Gulden (172 1/2 Taler) jährlich. Das Hauptgeschäft des Assistenten ist, daß er vormittags da ist und den jüngeren Studenten bei ihren Nervenversuchen und kleinen chemischen Arbeiten hilft und daß er mir, wo möglich, auch Froschpräparate für die Vorlesung macht und Vivisektionen an Kaninchen vorbereitet bis zur Ausführung des Versuches selbst. Seine Zeit ist dabei nicht sehr in Anspruch genommen, er hat ein eigenes Arbeitszimmer hier im Institut und kann sich da sehr gut mit eigenen Versuchen beschäftigen.

Übrigens geht es uns wieder erträglich gut; unser kleiner Robert liegt zwar immer noch mit seinem kranken Hüftgelenk, doch scheint die Entzündung desselben mehr und mehr nachzulassen.

Ich schmiede noch immer an der letzten Abteilung meiner physiologischen Optik, was während des Semesters freilich auch viele Unterbrechungen erleidet; doch hoffe ich, nun in den Osterferien endlich mit dieser undankbaren Arbeit fertig zu werden. Herr E. Hering hat mich sehr geärgert mit seiner unverschämten Weise, über andrer Leute Arbeiten abzuurteilen, die er zum Teil sich nicht einmal die Mühe genommen hat, ordentlich zu verstehen.[1] Ich möchte ihn aber doch nicht unbillig behandeln, da er ein intelligenter Mensch ist in seiner Weise, wenn er sich vorläufig auch auf sehr queren Wegen befindet, und wenigstens seinen Standpunkt konsequent ausarbeitet. Dazu ist er, wie ich höre, früher geisteskrank gewesen, und das hat mich bisher zurückgehalten, ihn abzutrumpfen, wie er es stellenweise verdient hätte.

Im Sommer hoffe ich, den Muskelvibrationen weiter nachgehen zu können, wozu ich jetzt gar nicht kommen kann.

In Deiner Familie geht hoffentlich alles wohl. Möchtest Du vielleicht Kronecker fragen, was sein Bruder macht, und ob der nicht vielleicht soweit hergestellt und geneigt ist, bei mir als Assistent einzutreten?

Mit besten Grüßen, auch an Deine Frau
Dein H. Helmholtz

Nr. 98

An H. von Helmholtz

Berlin, 18. Februar 1865

Lieber Helmholtz,
ich hätte Dir umgehend geantwortet, hätte mich nicht Dein Brief krank getroffen; ich habe ein paar Tage aus heiler Haut gefiebert wie ein Hund, dann ist das Fieber abgezogen ohne andere Lokalisation als etwas Husten und Heiserkeit. Ich habe aber zum ersten Male, seit ich doziere, meinen Zuhörern eine Woche Ferien geben müssen. Da Du auf den jungen Kronecker reflektierst – er absolviert gegenwärtig seinen Kursus dahier und will sich dann hier ärztlich niederlassen – so sehe ich, daß Du keine Apprehension vor der vetus fides[1] hast, und dann kann ich Dir mehrere junge Leute empfehlen: Dr. Ludimar Hermann, Dr. Bernstein, Dr. Hermann Munk. Welchen derselben mehr, ist äußerst schwer zu sagen. Es sind alles drei sehr ernste, kenntnisreiche, strebsame, talentvolle, zuverlässige, gewissenhafte Leute, die das, was Du verlangst, in der größten Vollkommenheit zu leisten vermögen und mit allen Hunden in meinem und Virchows Institut gehetzt worden sind.

Munk ist darunter der (wenigstens scheinbar) jüngste, frischste, von vermögenden Eltern (in Bromberg), angenehmem Äußeren und ausgezeichnet guten Manieren. Er hat gewaltiges Sitzfleisch, aber ich halte ihn für minder produktiv als die anderen. Du wirst bemerkt haben, wenn Du seine Arbeiten lasest, daß er sich in Haarspaltereien zu verlieren geneigt ist. Bernstein ist der Sohn des bekannten Publizisten. Er ist vergleichsweise langsam und ein wenig unscheinbar, kommt aber plötzlich mit sehr tief geschöpften Einfällen ans Licht, wie denn das neueste Heft des Archivs eine ungemein schöne Arbeit von ihm[2] bringt (das Zentrum für die Hemmungswirkung der Vagi wird von den vasomotorischen Nerven aus reflektorisch erregt, der adäquate Reiz für die zentripetalen Enden in den vasomotorischen Nerven ist der Seitendruck – daher Selbststeuerung des ganzen Gefäßsystems. Dieser letzte Schluß wird noch durch unmittelbare Versuche geprüft und ist nicht gedruckt; behalte ihn einstweilen noch für Dich). – Hermann ist der Verfasser des kleinen Dir bekannten Lehrbuches,[3] Redakteur des Zentralblattes, etc. Er ist wohl der bedeutendste der drei und besitzt auch die größte Mannigfaltigkeit von Kenntnissen. Er würde, glaube ich, am besten geeignet sein, Dir die Direktion des Laboratoriums möglichst zu erleichtern; aber eine äußerlich sehr angenehme Erscheinung ist er nicht, sondern sieht aus, wie ein jüdischer Kantor. Er ist der Sohn eines hiesigen Buchdruckers. Von ihm weiß ich übrigens nicht, ob er geneigt sein würde, die Stelle anzunehmen, das Gehalt ist doch zu wenig auskömmlich, und eine neue Auflage seines Lehrbuches wirft ihm gewiß auf einmal ebensoviel ab. Bernstein aber und Munk würden sich gewiß bereit finden. Dann weiß ich noch von einer Persönlichkeit, die nach einer solchen Stelle sucht, das ist der Schwager Bezolds, Engelmann, der Sohn des Leipziger Verlegers. An Kronecker würde ich an Deiner Stelle nicht denken, der ist schlaff und verwöhnt durch Reichtum und Kränklichkeit. Was soll ich nun tun? Soll ich die Stelle zwischen den Leuten ausbieten, so daß Du den bekommst, der sie nehmen will? Oder hast Du irgend ein Motiv, Dich zuvörderst mehr zum einen als zum anderen zu neigen, sei's aus früherer Kenntnis, sei's nach obiger kurzer Schilderung? Oder magst Du keinen von meinen Propheten? Hierüber sehe ich Deinerseits noch einer Erklärung entgegen. Ich bemerke noch, was mein Verhältnis zu den dreien betrifft, daß Hermann die älteste Anwartschaft auf Empfehlung hätte, dann Munk, dann Bernstein.

Es hat uns sehr gefreut zu hören, daß Ihr aus dem häuslichen Ungemach etwas herausgekommen seid und daß es Eurem kleinen Robert besser geht. Du wirst ja jetzt an O. Weber einen zuverlässigen Freund und Helfer bei Dir haben.

Ich habe diesen Winter sehr wenig zustande gebracht und bereits rasende Zeit mit den Vorarbeiten zum Bau des Laboratoriums[4] verloren.

Lebewohl, ich sehe jetzt Deinen Weisungen entgegen. Mit besten Grüßen von meiner Frau

Dein
E. du Bois-Reymond

Nr. 99

An E. du Bois-Reymond

Heidelberg, 27. Februar 1865

Lieber Freund,
vielen Dank für die Auskunft, die Du mir betreffs der Assistenten-Kandidaten gegeben hast. Ich würde von den drei vorgeschlagenen am liebsten Herrn Dr. Bernstein nehmen, wenn er die Sache übernehmen will; und sollte er es ausschlagen, wüßte ich nicht, wen von den beiden andern ich bevorzugen soll. Willst Du also vielleicht so gut sein, den Erstgenannten zu fragen, ob er es annehmen wolle. Wenn er will, kann er selbst ja an mich schreiben, dann hast Du weiter keine Mühe davon. Sollte er nicht wollen, so bitte ich Dich, die beiden andern zu fragen. Damit Du mit Deinen Rücksichten auf die einzelnen Persönlichkeiten nicht in das Gedränge kommst, sage ihnen, ich hätte Dich gebeten, Bernstein zu fragen oder mir eventualiter einen andern vorzuschlagen. Die Bedingungen der Stelle habe ich Dir schon neulich geschrieben.

Hoffentlich ist Dein Unwohlsein wieder ganz vorüber. Dein Bruder sollte heut hier sein Kolloquium halten. Ich will in den Osterferien zu Haus bleiben und hoffe, dabei meine physiologische Optik endlich fertig zu machen.

Bezolds Schwager Engelmann ist hier in Heidelberg, will aber erst seine medizinischen Kliniken absolvieren, ehe er eine Stelle annimmt, worin er auch ganz recht hat.

Es freut mich, daß Du endlich wieder Aussicht auf ein neues Institut hast, wie aus Deinem Briefe hervorgeht.

Viele Empfehlungen an Deine Frau

Dein H. Helmholtz

Nr. 100

An H. von Helmholtz

Berlin, 8. Januar 1866

Lieber Helmholtz,
ich komme erst nach den Weihnachtsferien so weit mit meinen Rückständen, daß ich Zeit finde, Dir zu schreiben. Der Zeitmangel ist jetzt hier wirklich ein sehr ernster Übelstand geworden, um so ernster, als gar nicht abzusehen ist, wie es damit besser werden soll, im Gegenteil weitere Ansprüche an meine Zeit noch fortdauernd von mehreren Seiten drohen. Ich komme über Examina, Sitzungen u. d. m. gar nicht mehr zu zusammenhängenden Arbeiten, und die Ferien bringen auch so viele Störungen, daß ich manchmal verzweiflungsvoll glaube, es ist mit meiner wissenschaftlichen Produktion zu Ende. Es gibt Leute, welche inmitten eines solchen Troubles jeden Augenblick zu benutzen verstehen und noch etwas vor sich bringen; ich gehöre nicht dazu, und ich glaube auch nicht, daß Arbeiten von der Art der meinigen sich unter solchen Umständen führen lassen. Wie beneide ich Euch um Eure Ruhe. Ich gäbe jetzt, wo Berlin fast alle seine Vorteile eingebüßt, seine Nachteile aber höher entwickelt hat,[1] manchmal viel darum, wäre ich beizeiten nach einem hübschen kleineren Ort gegangen. Inzwischen muß man ausharren und das Beste aus der Sache machen. Aussichten auf ein Laboratorium habe ich aber immer noch nicht. Das Ministerium erklärt gemächlich, es anerkenne wohl die Dringlichkeit des Bedürfnisses, könne sich aber mit dem Bau nicht befassen, bis das chemische Laboratorium fertig sei. Reizend ist, daß sie sich auch auf die Kammer berufen, diese bewillige ja kein Geld, also etc. Als ob sie sich in anderen Dingen genierten und als ob je die Kammer für solche Zwecke etwas abgeschlagen habe. Du siehst, ich bin etwas rabiat; das ist stets der Fall, wenn ich mit meiner Arbeit nicht vom Fleck komme, namentlich wenn ich dann noch dazu andere so eine schöne Sache nach der anderen aus dem Ärmel schütteln sehe wie Dich. Dein Versuch mit dem luftleeren Kolben am Schluß des ersten Heftes Deiner gemeinfaßlichen Vorträge, welche denen Bessels ebenso an Schärfe gleichkommen, wie sie sie an Schönheit des Ausdruckes und an Umfang des Vorstellungsgebietes übertreffen,[2] – erfüllt mich mit jenem Neide, der in die Bewunderung überschlägt. Der gute Tyndall wird sich nicht wenig wundern, selbst in Gletschersachen seinen Meister an Dir zu finden. *Er* ist in seinen populären Vorträgen wirklich etwas zu geschmacklos. Sein „Matterhorn of heat" und das Ansingen durch die Natur in der Lecture on Radiation mißfallen mir höchlich.[3] Ich bin übrigens von Bence Jones für die nächsten Osterferien so gut wie eingefangen; da ich nun 11 Jahre nicht drüben war und ihm so viel schuldig bin, habe ich nicht seinem Drängen länger zu widerstehen vermocht und werde hinübergehen und ihm ein paar Vorträge halten, in vita Minerva. Zu einer Friday Evening Lecture dachte ich Deine Messungen der Geschwindigkeit des Nervenagens in Verbindung mit Donders neueren Versuchen zu benutzen.[4] Du würdest mir einen Gefallen tun, wenn Du mir schriebest, ob Du diesen Gegenstand vielleicht dort bereits abgehandelt hast oder ob Du ihn noch einmal künftig dort abzuhandeln gedachtest, in welchem Falle ich ein anderes Thema wählen würde. Ursprünglich sollte ich über elektrische Fische lesen, aber die Malapterurus, welche Bence Jones im Herbst erhielt und welche ich absichtlich nicht

herüberkommen ließ, um sie nicht zu gefährden, sind bald in London an schlechter Pflege, trotz meinen Anweisungen, gestorben, so daß es nun nicht möglich sein wird, welche zu den Vorlesungen zu beschaffen, und ich also einen anderen Gegenstand suchen muß.

In meiner Häuslichkeit geht es mir sehr gut, alle meine sieben Kinder gedeihen körperlich und geistig nach Wunsch, und meine Frau nährt das jüngste mit unverminderter Frische. Wir haben eine neue, viel geräumigere Wohnung bezogen, in einer Stadtgegend, die Dir wohl kaum bekannt ist, leider sehr weit von der Universität.[5] An dem Zwang, nach London zu Ostern zu gehen, ist mir nicht das am wenigsten Fatale, daß, wie Schelske uns sagte, Du einigermaßen die Absicht hattest, zu Ostern mit Deiner Frau zu uns zu kommen. Dies wird nun wohl verschoben werden müssen, obschon im Grunde nichts verhinderte, daß Ihr auch in meiner Abwesenheit bei uns wohntet.

Kirchhoffs Rektoratsrede[6] habe ich mit großem Interesse gelesen; es macht mir viel Vergnügen zu beobachten, wie die Lehre von der Erhaltung der Kraft sich in verschiedenen Köpfen spiegelt oder bei welchem Ausdruck derselben die verschiedenen Köpfe sich am meisten befriedigt fühlen. Ich ziehe noch immer Deine Deduktion jeder anderen vor, und wie ich glaube deshalb, weil sie die ist, die sich dem philosophischen Gedankengange am genauesten anschließt.

Lebewohl, herzlichen Gruß von Haus zu Haus, und laß bald einmal von Dir hören.

Dein E. du Bois-Reymond

Nr. 101

An E. du Bois-Reymond

Heidelberg, 11. Januar 1866

Lieber Freund,
ich habe mich sehr gefreut, von Dir wieder einmal zu hören und gute Nachrichten zu empfangen. Ich bin vielleicht noch ein schlechterer Briefschreiber geworden als Ihr andern Freunde, weil mir die Tage, wo man etwas müde zur Arbeit oder etwas unwohl ist, regelmäßig durch Migräne ganz und gar weggenommen werden, so daß ich zum Briefschreiben nur noch durch eine besondere Anstrengung komme. Es ist mit der Zeitverschwendung am Ende hier nicht sehr viel besser als in Berlin; ich habe schon oft darüber nachgedacht, ob ich nicht vornehm werden und nur gewisse Stunden für Audienzen festsetzen soll.

Ich bin jetzt nahe dem Gipfel eines großen Berges, der mir immer als Hindernis im Wege stand, nämlich der Physiologischen Optik. Der größte Teil des Manuskripts ist schon abgeschickt, und nur der letzte Paragraph, freilich ein häkeliger, den Wettstreit der Sehfelder betreffend, zu überarbeiten. Ich weiß noch gar nicht, wie ich, wenn dies vorbei ist, die Freiheit, arbeiten zu können, was ich will, benutzen werde.

Diese letzte Abteilung der Optik hat mich schändlich gequält, weil die Sache gar noch nicht so weit bearbeitet ist, daß man sie rund zusammenfassen könnte, und weil ein einzelner außerdem mit seinen eigenen Beobachtungen die meisten Sachen gar nicht fertig machen kann, weil die individuellen Unterschiede hier eine große und wesentliche Rolle spielen. Dabei gibt es wenig eingeübte Beobachter, die frei sind von theoretischen Vorurteilen, und jeder glaubt natürlich seinen eigenen Augen mehr als denen der andern.

Ich bin sonst gewohnt, meine Sachen mir fertig und klar zu machen, bis ich nichts Wesentliches mehr zu machen sehe; hier kann ich das nicht, und deshalb habe ich keine rechte Freude an der Arbeit gehabt.

Über Fortpflanzungsgeschwindigkeit in den Nerven habe ich in England noch nie gesprochen und hatte es auch zunächst noch nicht in Absicht, es zu tun. Nimm Du das Thema immerhin. Ich weiß überhaupt nicht, ob ich wieder in der R[oyal] Institution lesen werde. Vor meinem letzten Zyklus habe ich dem B. Jones auseinandergesetzt, daß das Thema der Erhaltung der Kraft sehr gut von verschiedenen englischen Gelehrten behandelt werden könnte und daß ich besser ein anderes nähme. Aber er bestand darauf und war schließlich enttäuscht, als eingetroffen war, was ich ihm vorhergesagt hatte. Bei einem ganz neuen Gegenstande kann man die Schwerfälligkeit der Sprache eines Fremden wohl übersehen; jenes Thema erforderte aber einen Redner, der die Sprache vollkommen beherrschte. Und dann glaubte er, wie es viele Leute tun, daß unsereiner über jeden beliebigen Gegenstand ganz neue und enorm geistreiche Dinge zu sagen haben müsse, statt zu bedenken, daß, wenn wir dergleichen zu sagen haben, wir es auch schon haben drucken lassen. So war ich denn selbst unzufrieden mit meinen Vorträgen, während ich mich übrigens in London sehr gut amüsiert habe, und B. Jones schien es mir auch zu sein.

Mit meiner Gesundheit ist es mir übrigens diesen Winter besser gegangen als in den letzten Jahren; die Kopfschmerzen kamen seltner und waren leichter, obgleich sie doch immer allen Gebrauch der Augen unmöglich machen. Meine Bergtour in der Schweiz mit ziemlich scharfen Märschen hat mir darin sehr gut getan. Da wir in diesem Jahre zu Ostern doch nicht hätten nach Berlin kommen können (meine Tochter Käthe wird eingesegnet, und ihre Tante aus Dahlem kommt dazu her), so paßt es recht gut, daß Ihr auch abwesend seid. Einstweilen also danke ich Dir und Deiner Frau für Eure gastlichen Anerbietungen und behalte mir spätere Benutzung vor. Mit unserem kleinen Robert sind wir trotz zweimaliger gewaltsamer Extension und Gipsverband immer noch nicht viel weiter. Seit einem Jahre steht ziemlich unverändert ein Kongestionsabszeß am Schenkel, der jetzt erst allmählich Vorbereitungen zum Aufbruch macht. Das Gelenk scheint vernarbt zu sein, ist aber wenig beweglich, und der Knabe stützt sich nur sehr wenig darauf. Er geht bisher nur an den Wänden und Stühlen umher, da er Krücken zu gebrauchen noch nicht begriffen hat. Die anderen Kinder sind alle gesund.

Seltsamerweise sind Kirchhoff und ich jetzt die Chefs zweier feindlicher Parteien, des Senats und der Medizinischen Fakultät, die sich gegenseitig ärgern und verklagen, und wir beide müssen diese Akten immer in unserem Namen erlassen; vertragen uns übrigens persönlich sehr gut dabei.

Deinen Bruder haben wir einige Male gesehen; er scheint sich hier ja zu gefallen und wird, wenn er ausharrt, sich auch einen Wirkungskreis schaffen können.

Mit Dr. Bernstein bin ich sehr gut zufrieden; er ist sehr eifrig und intelligent; er tut etwas verwöhnt in bezug auf die Reichlichkeit der äußeren Hilfsmittel beim Experimentieren; den jungen Leuten ist es aber sehr nützlich, wenn sie sich nach der Decke strecken lernen, das schärft den Erfindungsgeist.

Beste Grüße Deiner Frau; möge es Dir in Deinem Hause immer so gut gehen wie bisher.

Dein H. Helmholtz

Nr. 102

An H. von Helmholtz

Berlin, 16. Mai 1866

Lieber Helmholtz,
ich bin aus London zurück und ich vermute, daß Du etwas neugierig bist in betreff des Erfolgs der Vorlesung über die Fortpflanzungsgeschwindigkeit des Nervenprinzips. Die Sache lief ganz gut ab, den Text werde ich, da es eine Friday Evening Lecture war, drucken lassen müssen, und Du wirst sehen, wie ich Dich herausgepaukt habe. Die Pointe war aber, daß ich faktisch den Versuch in der Vorlesung anstellte, mit Hülfe eines Apparats, den ich dazu konstruiert hatte und der wirklich sehr empfehlenswert ist, daher ich ihn im Archiv oder im Poggendorff in einem an Dich gerichteten Brief ausführlich zu beschreiben gedenke.[1] Es ist, mit kurzen Worten, ein Federmyographion d. h., es wird eine Glasplatte durch eine gespannte Feder am Stift eines sogenannten Pflügerschen Myographions (!!) vorbeigeschossen. Außerdem ist eine Vorkehrung getroffen, um die Nerven abkühlen zu können. So bekam ich in der Vorlesung Kurven, die um eine Viertelmeile auseinanderlagen, und diese wurden mittels der elektrischen Laterna magica an die Wand geworfen. Es war ein Wagnis, namentlich da der Versuch des Abends bei Gaslicht und ohne Assistenten, mit Präparation vor der Vorlesung, angestellt werden mußte; es gelang aber vortrefflich, und wenigstens Wheatstone, der zugegen war, wird auch wohl kapiert haben, worum es sich handelte.

Hier sieht es jetzt wahrhaft scheußlich aus, die allgemeine Entmutigung des wider seinen Willen zur Schlachtbank geschleppten Volkes, die Verwirrung der Gemüter, die bereits eingetretene Entwertung des Papiergeldes, das Einziehen des letzten Mannes noch vor dem ersten Flintenschuß, alles macht einen grauenhaften Eindruck, und es ist beschämend zu denken, daß das alles das Werk eines einzigen leichtsinnigen Abenteurers ist.[2] Ich sehe sehr düster in die Zukunft; eine verlorene Schlacht, und Preußen ist zerschlagen, ohne die Aussicht auf eine Erhebung wie nach der Schlacht von Jena.

Ich höre, Du warst in Paris, und bin neugierig zu wissen, wie Du mit den Leuten dort fertig geworden bist. Beste Grüße Deiner Frau. Meine Frau hat neulich Deine Tochter auf der Bahn getroffen. In Potsdam haben wir die Masern im Hause. Grüße auch Kirchhoff und Bunsen und schreib gelegentlich.

Dein E. du Bois-Reymond

Nr. 103

An E. du Bois-Reymond

Heidelberg, 2. Oktober 1866

Lieber Freund,
ich danke Dir bestens für Deine freundliche Einladung, wenn ich auch für den Augenblick keinen Gebrauch davon machen kann. Meine Tochter Käthe ist allerdings den Sommer über in Dahlem bei Berlin gewesen, aber wir erwarten sie heut zurück und haben für dieses Jahr den Plan, nach Berlin zu kommen, aufgeben müssen, da die Einquartierungen und Kriegssteuern[1] die überflüssigen Fonds aufgezehrt haben. Übrigens ist Käthchen auch schon zu Ostern hier eingesegnet worden.

Dagegen behalten wir die Berliner Reise für das nächste Jahr in Hoffnung; vielleicht so, daß meine Frau während des Sommers mit den Kindern nach Dahlem geht und ich sie im Herbste abhole.

Eine Zeitlang drohte uns hier die Möglichkeit eines Kampfes um den Neckarübergang;[2] da dies aber nicht eintrat, sind wir ohne größere Schwierigkeiten durch die Kriegszeit gekommen. Freilich war es eine aufgeregte Zeit, die die Gedanken sehr gefangen nahm, und wir hatten hier ziemlich schroff einander gegenüberstehende Parteien. Die Frankfurter Geldjuden warfen uns ihre schwarzgelbe Demokratie hierher, unsre Ultramontanen waren auch sehr aufgeregt und drohten bis zur Schlacht bei Königgrätz mit Aufständen gegen den Großherzog, der hierbei mehr Einsicht als seine Ratgeber, aber nicht den nötigen Mut bewiesen hat, seine Meinung durchzusetzen.[3] Dadurch ist Baden allerdings in eine sehr schiefe Lage gekommen.[4] Von der Cholera sind wir glücklicherweise hier verschont geblieben; sie hat sich überhaupt bisher noch nie in Heidelberg festgesetzt.

Ich bin drei Wochen in Engelberg gewesen, wo ich Wiedemann und Clausius traf, und habe dort mein Gehirn etwas zu erfrischen, meine Taille etwas schlanker zu machen gesucht. Meine Frau war leider durch unseren kleinen lahmen Robert, dessen Hüftgelenk immer noch schwach forteitert, verhindert, eine weitere Strecke mitzukommen, und war nur 10 Tage nach Frankfurt zu ihren Eltern gegangen, welche nun nach München übersiedeln werden, wo mein Schwiegervater Gesandter wird. Von wissenschaftlichen Arbeiten kann ich nicht viel berichten; der Druck der Physiologischen Optik, deren Manuskript längst fertig ist, schreitet sehr langsam fort.[5] Herr L. Voß scheint auch gegenwärtig zu sparen. Eine französische Übersetzung[6] wird davon auch gedruckt, wovon ich Korrekturbogen erhalte, und die nun in vielen Beziehungen besser werden wird als das Original. Daneben habe ich allerlei versucht über die Muskeltöne und die natürliche Vibrationsdauer des Rückenmarks, ohne bisher erheblich vorwärts zu kommen. Kleine darauf bezügliche Notizen werde ich Dir nächstens zusenden.

Im Anfang der Ferien war Ludwig hier, sehr zufrieden unter diesen Umständen, daß er von Wien fort war. Der hat mir viel von neuen Arbeiten erzählt; ich habe ihn bewundert, wie er mitten in allem Kriegslärm ungestört fortgearbeitet hatte.

Für die angekündigte Übersendung der englischen Vorlesung und der übrigen Arbeiten danke ich im voraus bestens und freue mich, daß Du etwas hast arbeiten können. Meine letzte Abteilung von der physiologischen Optik erhältst Du erst, wenn das ganze Ding fertig ist, was in 6 oder 8 Wochen der Fall sein könnte, wenn es ordentlich voranginge.

In Engelberg war auch der Berliner Mediziner Mitscherlich nebst Frau; er hat mir einige Schilderungen über Eure Fakultätsverhältnisse gemacht, und ich verstehe also einigermaßen die Bedeutung Deiner Dekanatswahl[7] und gratuliere dazu. Ich habe dieses Amt eben mit großer Freude abgegeben.

Mit Kirchhoffs Fuß geht es erträglich. Er geht mit Stock auch kurze Enden und langsam über die Straße, bekommt aber immer noch wieder stärkere Schmerzen, wenn er etwas weitere Wege zu machen versucht. Er war vier Wochen in Wildbad, dort ist es ihm besser gegangen, da hat er große Spaziergänge machen können.

Heintz mit Frau, Tochter und Schwiegermutter war vor und nach seiner Schweizer Reise auch hier. Er ist noch ganz die alte treuherzige, etwas langweilige Seele, Frau Elise fand ich mehr als nötig gesteigert in ihrer Lebhaftigkeit, und Frl. Minna scheint in ihrem gebildeten Herzen kaum noch eine natürliche Regung aufkommen zu lassen. Im ganzen haben sie mir einen traurigen Eindruck gemacht.

Ich hegte immer noch die Hoffnung, Du würdest Dir eine kleine Ferienerfrischung machen und nach Heidelberg kommen, muß sie nun aber wohl aufgeben.

Beste Grüße Deiner Frau von mir und der Meinigen.

Dein treuer
H. Helmholtz

Nr. 104

An E. du Bois-Reymond

Heidelberg, 22. April 1867

Lieber Freund,
beiliegend eine Mitteilung für die Akademie,[1] welche ich Dich zu übergeben bitte. Darf ich um Zusendung von 50 Abdrücken bitten?

Wenn der Krieg oder andere Hindernisse nicht dazwischen kommen, so hoffe ich zu Pfingsten meine Frau und Kinder nach Berlin, beziehlich nach Dahlem zu bringen, und bei dieser Gelegenheit Dich und die Deinigen zu sehen. Meine Frau will bis zum August dort bleiben, ich kann freilich nur auf 8 Tage von hier fort. Es ist uns übrigens gut gegangen; freilich ist unser kleiner lahmer Robert immer noch nicht imstande, auch nur an Krücken herumzugehen, sondern nur auf Kriechen angewiesen. Die physiologische Optik wirst Du erhalten haben; sie hat mir den Winter über noch viel zu tun gemacht, d. h., nur mechanischen Zeitverderb, Korrekturen, Index etc., daneben noch Korrekturen einer französischen Übersetzung derselben, so daß ich wenig zu eigenem Arbeiten gekommen bin und eigentlich nur in verschiedenen Dingen, zuletzt an der Schalleitung im Ohre, gediftelt habe, um zu sehen, ob sich etwas Vernünftiges machen lasse. Es will mir vorkommen, als ginge einem mit fortschreitendem Alter die Erfindungskraft aus.

Nachdem unsere Universität kürzlich durch Häussers Tod einen unersetzlichen Verlust erlitten, hat uns auch Bunsen einen großen Schreck gemacht. Er war mit A. Pagenstecher nach der Insel Malorka gegangen, hat sich dort bei Sonnenaufgang die Aussicht von dem höchsten Berge der Insel besehen, wobei es sehr kalt war, nachdem er sich vorher die „großen roten Krebse", nämlich Hummer, und in Öl gebratene Artischocken sehr gut hatte schmecken lassen. Darauf bekam er eine schwere Peritonitis in einem Dörfchen, wo es nur Orangenbäume gibt, mußte sich unter großen Schmerzen auf einem Rumpelkarren nach Palma transportieren lassen, wo er zum Glück unter Pagenstechers Aufsicht gegen die Heilversuche der spanischen Ärzte geschützt blieb und 14 Tage gelegen hat, ehe er nach Barcelona hinüber und langsam nach Hause reisen konnte. Er ist aber immer noch nicht ganz frei von Schmerzen und muß noch liegen. – Kirchhoff hinkt noch etwas, kann aber doch wieder lange Spaziergänge machen.

Bernstein arbeitet sehr fleißig über die Dauer der negativen Schwankung und des elektrotonischen Zustandes im Nerven und macht gute Fortschritte.

Mit den besten Empfehlungen an Deine Frau und von der Meinigen
Dein H. Helmholtz

Nr. 105

An H. von Helmholtz

Berlin, 25. April 1867

Lieber Helmholtz,
Dein Brief ist meiner Absicht zuvorgekommen, Dir in diesen Tagen zu schreiben und Dir zur Beendigung Deines großen Werkes Glück zu wünschen, wie auch Dir für Übersendung der Schlußlieferung den schuldigen Dank auszusprechen. Das Buch wird jetzt erst den größeren Teil seiner Wirkung entfalten, nun es frei und ungeteilt in den Buchhandel kommen wird. In meinem Laboratorium z. B. kannten es die jungen Leute wie Rosenthal und Hermann fast nicht, da es eben auch kein Buch ist, welches man in der Zeit durcharbeiten kann, für die man mit Anstand Bücher leiht. Daher z. B. in Hermanns kleiner Physiologie eine falsche Angabe über die drei Farben, welche die Retinaelemente empfinden.

Die Abhandlung, die Du mir für die Akademie geschickt, werde ich heute über acht Tage dort vortragen.[1] Es ist sehr schön, daß Du die Sache noch einmal angegriffen und abgemacht hast. Über das Seneszieren der Ganglienkugeln in Deinen großen Hemisphären kannst Du vorläufig ruhig sein. Ich habe jetzt gar keine Gelegenheit, die meinigen darauf zu prüfen, da ich als Dekan mit einer sehr geringen Portion Verstand auskomme, diese aber so unablässig zur Anwendung gelangt, daß die Erfindungs- und Zergliederungs-Kugeln gar nicht zur Tätigkeit herbeigezogen werden. Ich finde nicht einmal Zeit, Sachen auszuarbeiten, die vollendet sind oder an denen ich experimentell wenigstens nichts mehr tun will und die längst des Druckes harren. Die einzige Genugtuung, die ich dafür habe, ist, daß ich im Rigorosum 8 1/3 % habe durchfallen lassen und daß der alte Jängken meine administratiuven [sic] Talente rühmt. Mais c'est quelque chose, cela. Monsieur Marey beglückt uns jetzt; es ist alles ganz schön und gut, aber nichts wesentlich Neues, und es fehlt so denn doch der Hauch des physikalisch-mathematischen Verständnisses, durch den unsere Generation die Physiologie in Deutschland auf eine in der Idee nicht zu übersteigende Stufe gehoben hat. Man wird nach uns noch sehr viel finden, hoffentlich, aber nicht außerhalb der Form, in der wir schon gedacht haben. Das trennt uns und unsere besseren Schüler von unseren Lehrern und von den ausländischen Physiologen allzumal, und deshalb kommt man mit Leuten wie Bernard und Marey zu keiner durchsichtigen Communion d'esprit oder Geistesgemeinschaft. Bichats Vitalismus lauert stets im Hintergrunde. Lächerlich ist des kleinen schwarzen Kerls Besorgnis um sein geistig Hab und Gut. Ich sagte ihm: Ah c'est le mécanisme des sonettos pneumatiques, die ich seit 7 Jahren hier in Berlin kenne; in England sind sie natürlich noch älter. Oui, seulement que mon appareil est un peu plus ancien. Mit anderer Leute Eigentum geht er natürlich nicht so ängstlich um, aber Hermann sitzt ihm gehörig auf dem Nacken.

Bernsteins Sachen sind herrlich und erfrischen meinen Mut, meine Untersuchungen weiter zu führen, bis an einen längst vorbestimmten Punkt, wo es mir möglich sein wird, mein Werk buchhändlerisch abzuschließen.[2]

Bunsens Krankheitsgeschichte habe ich mit dem größten Anteil gelesen, dessen ich Dich bitte, ihn gelegentlich zu versichern. Von Häussers letzten Tagen hat mir der junge Meyer oder Ewald Dinge erzählt, die an antiken Stoizismus erinnern.

Für die Pfingstferien, es wird mir sehr schwer, es niederzuschreiben, kreuzen sich leider diesmal unsere Pläne. Meine Frau ist seit 2 1/2 Jahren nicht gereist; ich selbst nicht seit einem Jahr, die paar Tage, die wir im vorigen August in Thüringen waren, nicht gerechnet; und der Aufenthalt in London war auch nicht für mich, was ich körperlich brauchte. So hatten wir beschlossen, am Freitag vor Pfingsten uns auf die Bahn zu setzen und in den Schwarzwald zu fahren; da ich erst am 2. Dienstag nach Pfingsten notwendig zurück zu sein brauche, läßt sich das ganz gut machen, wofern man nur sich nicht scheut, zu Anfang und Ende 24 Stunden Eisenbahnfahrt in Kauf zu nehmen. Meine Frau sehnte sich lange schon, Berg und Tal einmal im Frühjahrsblumenschmuck zu sehen. Das wird nun mit Euren Plänen schlecht zu vereinigen sein. Denn bei uns in der Stadt im leeren Hause zu wohnen, würde Euch schwerlich zusagen und wäre zweckwidrig, bis auf den Vorteil einer kleinen Ersparnis. Wie schade ist es, daß Ihr nicht jetzt habt herkommen können oder mögen. Ich fürchte übrigens, es ist vergeblich, hierüber jetzt zu verhandeln oder zu klagen, denn der Krieg wird alle unsere Pläne vernichten. Ich weiß, daß er hier in offiziellen Kreisen für gewiß angesehen wird, und es scheint ja, als ob auch die Franzosen auf gar keine andere Art zur Vernunft gebracht werden können, als indem man ihnen beweist, daß sie nicht mehr die stärksten sind. Ich gehöre nicht zu denen, welche bereits Elsaß und Lothringen in Gedanken wieder germanisiert haben und auch Holland als Strafe für das

Einrühren der Luxemburger Geschichte beanspruchen; aber das muß ich doch sagen: aus Luxemburg ging' ich an Bismarcks Stelle nicht heraus und ließe es darauf ankommen. Und das wird er tun.[3]

Mit besten Empfehlungen von mir und meiner Frau an die Deinige, auch Grüßen an Kirchhoffs,

Dein E. du Bois-Reymond

Nr. 106

An H. von Helmholtz

Berlin, 1. Juni 1867

Lieber Helmholtz,
ich rechnete darauf, daß ich nur zum Buchhändler zu gehen hätte, um ein halbes Dutzend Schwarzwaldbücher zu bekommen, aus denen es mir leicht sein würde, mich zu orientieren und einen vorschriftsmäßigen Plan auszuziehen; aber nein, ich muß erfahren, daß es hier nichts der Art auf Lager gibt, und es soll 8 Tage dauern, bis man mir irgend ein obskures Machwerk verschrieben hat. Griebens „Deutschland", 2. Teil,[1] ist so konfus im Artikel „Schwarzwald", daß es einem vielbeschäftigten Menschen unmöglich ist, sich herauszuwinden. Da Du mehrmals dort warst, wende ich mich nun an Dich mit der Bitte, mir, wenn Du kannst und magst, eine Tour auf eine Woche aufzusetzen und sie mir noch hieher zu schicken, oder sie mir in Heidelberg heute über acht Tage beim Durchgange des Schnellzuges nach Baden zu übergeben oder übergeben zu lassen. Lieber wäre es mir, Du schicktest sie mir noch hieher; ich reise hier fort am Freitagabend, es muß also gut gehen, daß ich Deinen Brief noch Freitagfrüh erhalte. Bedingung der Tour ist, daß sie von Baden ausgehe, da nämlich meine Frau am Sonnabend und Sonntag aus physiologischen Gründen noch der Ruhe und Schonung bedürfen wird. Es muß möglichst wenig Fahren dabei sein, welches ich hasse; dagegen ist Reiten für meine Frau zweite Natur und kann immer Anwendung finden. Es geht mir körperlich schlecht, ich habe eine Menge kleiner Leiden und bin erschöpft und blasiert. Est modus in rebus. Ich muß heraus, acht Tage Bergluft und Umhersteigen werden mich wieder auf die Beine bringen. Zurück mit „wenn wir durch Heidelberg" durchfahren, aber wir müssen die Zeit zu Rate halten, wenn aus den acht Tagen etwas werden soll; Montag den 17. muß ich abends hier wieder eintreffen. Wir hätten nichts dagegen, Heilbronn und Weinsberg zu sehen. Vielleicht läßt sich die Rückreise so leiten.

Lebewohl und empfiehl mich Deiner Frau, grüße Kirchhoff und Bunsen.

Dein E. du Bois-Reymond

Nr. 107

An E. du Bois-Reymond

Heidelberg, 2. Juni 1867

Lieber Freund,
beifolgend schicke ich Dir das relativ beste der Schwarzwaldbücher, obgleich es kaum gut zu nennen ist und man sich schwer orientiert. Ein Reiseplan wäre etwa:

Montag von Baden über Forbach nach Schönmünzach; das Mürgtal aufwärts, welches hier sehr schön ist.
Dienstag über Hornisgrinde Mummelsee, Seebach nach Allerheiligen, welches letztre ausgezeichnet schön ist.
Mittwoch abwärts zur Bahn und nach Freiburg.
Donnerstag über den Schauinsland zum Feldberg.
Freitag abwärts nach Schönau und Badenweiler; vielleicht auf den Belfen.
Sonnabend zum Blauen und Bürglan, zurück nach Badenweiler.

Ich bemerke, daß es im allgemeinen schwer sein wird, Reitpferde zu haben, wenn man sie nicht von Baden oder Badenweiler mitnimmt; Fahrwege und Fahrgelegenheit sind aber fast überall. Lange heiße Wege zu Fuß zu machen, wenn man fahren könnte, ist meist ärgerlich und würde für Deine Frau wohl sehr ermüdend sein. Bei jetziger Temperatur, glaube ich, wird es lohnender und erquickender sein, sich einige Tage in Baden, einige in Badenweiler, einen vielleicht in Allerheiligen hinzusetzen und von da längere Spazierwege zu machen.

Könnt Ihr nicht am Sonnabend, wenn Ihr hier passiert, einen Zug überschlagen und bei uns Mittag essen? Dann könnte ich Dir ausführlicheren Bescheid geben über das, was ich weiß.

Unsere Berliner Reise haben wir aufgeben müssen der beiden Söhne wegen, von denen Richard ein Schleimfieber gehabt hat mit Lungenaffektion und nun in die Berge soll, um Molken zu trinken; der kleine Robert hat ebenfalls in der letzten Zeit wieder etwas stärkere Eiterung gehabt, und ich fürchte für ihn die lange Eisenbahnfahrt. Wahrscheinlich werde ich mit meiner Frau am Pfingstmontag nach Badenweiler gehn, um dort Quartiere zu suchen, und am Mittwoch zurückkehren. Es wäre sehr schön, wenn wir dort zusammentreffen könnten.

Wollt Ihr bei uns über Nacht bleiben, so würde uns das noch mehr erfreuen; wir können auch hier einen kühlen Abend auf der Höhe zubringen, ebenso gut wie in Baden. Das Zimmer mit zwei Betten, auch reichlichem Waschwasser und Sitzbädern ist in jedem Fall bereit.

Mit besten Grüßen
Dein H. Helmholtz

Nr. 108

An E. du Bois-Reymond

Heidelberg, 20. April 1868

Lieber Freund,
beifolgend übersende ich Dir als Sekretar der Akademie eine Notiz über Hydrodynamik, zu deren weiterer Ausarbeitung ich noch Zeit behalten möchte, ohne die Grundgedanken, die mir von großer Tragweite zu sein scheinen, zu verlieren.[1]

Darf ich Dich bitten, mir bei dem Drucker 40 Abzüge zu bestellen und wenn es angeht, mir eine Korrektur zuzuschicken? Diese Art Aufsätze kann ein andrer kaum mit Sicherheit korrigieren, wenn er sich nicht ganz in das Ding hineinarbeiten will oder das Manuskript vorzüglich schön geschrieben ist.

Deine Festrede[2] haben wir hier mit vielem Vergnügen gelesen; daß sie der Kreuzzeitung und den Demokraten nicht gefällt, ist begreiflich und dient ihr nur zum Ruhme. Meine Aufsätze aus den Preußischen Jahrbüchern[3] habe ich kürzlich an Dich abgeschickt; ich habe sie geschrieben, um eine Zusammenstellung der allgemein interessanten Resultate der Optik zu geben und einige Mißverständnisse betreffs der vielbestrittenen unbewußten Schlüsse zu beseitigen. Die Philosophie ist übrigens ein heilloses Wespennest, an dem man gar nicht rühren sollte; ich konnte es nur diesmal nicht ganz vermeiden.

Übrigens geht es mir und den meinigen nach Umständen gut. Meine Frau soll mit den kleinen Kindern in ein Seebad gehen; wir denken an Heringsdorf und ziehen deshalb Erkundigungen ein. Im Falle etwas daraus würde, wird sie wohl in der zweiten Hälfte des Juni einen kleinen Aufenthalt in und bei Berlin machen. Mein ältester Sohn Richard ist gestern konfirmiert worden, Käthe hat im Winter schon Bälle besucht. Der kleine Robert ist viel kräftiger in seiner Gesundheit, aber leider arg verkrümmt, übrigens ein kluger und aufgeweckter Bube.

Dr. Bernstein leidet noch arg an Hypochondrie; woran er eigentlich gelitten hat, habe ich nicht herausgebracht. Auf Ludimar Hermann hatte ich nach dem Eindruck seiner ersten Schriften bessere Hoffnungen gebaut, als daß er in diese Difteleien und unreifen Verallgemeinerungen versinken würde. Dahinter steckt doch viel vorschnelle Großmannssucht.

Ich höre, daß die Würzburger Pflüger primo loco vorschlagen wollen und stark auf sein Kommen rechnen.

Wenn das Zollparlament[4] Diäten hätte, würdet Ihr vielleicht den Kollegen Wundt in Berlin sehen; er macht jetzt überwiegend in Politik, Arbeitervereinen etc.

Beste Empfehlungen, auch von meiner Frau und an die Deinige.

Dein
H. Helmholtz

Nr. 109

An H. von Helmholtz

Berlin, 25. April 1868

Lieber Helmholtz,

Dein Brief hat feurige Kohlen auf mein Haupt gesammelt. Ich war zwar im Begriff, Dir zu schreiben, als ich ihn erhielt, allein ich kann nicht ohne Beschämung daran denken, daß ich Dir kein Lebenszeichen gegeben habe, seit dem Sonnabend vor Pfingsten im vorigen Sommer, wo wir Euch als höchst unliebenswürdige und rücksichtslose Gäste erschienen sein müssen. Aber ich lebe in solcher Hetze, daß ich nicht zum Schreiben komme außer an gewissen Ruhepunkten nach Fertigmachen einer Arbeit, und an solchen hat es im letzten Jahre mir mehr denn je gefehlt. Deine hydrodynamische Arbeit[1] habe ich sogleich am Donnerstag der Akademie vorgelegt. Ich bedaure, Dir sagen zu müssen, daß es mit dem Druck nicht sehr geschwind gehen wird; wir sind sehr im Rückstande, und es liegt in der ganzen Organisation, daß wir niemals au courant kommen können. Es wird erst jetzt der Februar fertig. Die Korrektur sollst Du zugeschickt erhalten, und ich werde für 50 Separatabdrücke sorgen; wenn der Satz einmal steht, ist ja die Ausgabe für Druck und Papier ganz verschwindend. Deine Aufsätze aus den Preußischen Jahrbüchern habe ich kürzlich auf einer Eisenbahnfahrt zu und von Ludwig mit großem Genuß gelesen. Gegen die streng empiristische Anschauung scheint mir immer zu sprechen, daß sie eben durchaus konsequent müßte durchführbar sein, was, wie Du selbst zugibst, der Fall nicht ist; denn wenn dem Kälbchen angeboren ist, dem Euter des Geruchs halber nachzugehen, was kann ihm dann nicht noch alles angeboren sein? Mir scheint immer noch soviel Nativismus übrig zu bleiben, den man nicht loswerden kann, daß es auf eine Handvoll mehr oder weniger nicht ankommt. In der Bewegungssphäre z. B. sind doch zahllose Fälle der schwierigsten Art, wo er nicht hinwegzuleugnen ist. Du wirst sagen, daß man wenigstens versuchen solle, ihn nach Möglichkeit einzuschränken, und das will ich nicht verkennen. Übrigens haben wir über diesen Gegenstand schon vor 20 Jahren verhandelt, als ich behauptete, das Gefühl für die Schönheit sei uns eingeboren, und Du meintest, wir nenneten schön nur das zweckmäßige, die weibliche Brust z. B. nur, weil wir ihr ansähen, daß sie gut zum Säugen sei. Ich muß gestehen, daß in diesem Punkte mein Kausalitätsbedürfnis einer größeren Resignation fähig ist als das Deinige. –

Zu Hermanns Größenwahn hat sich jetzt auch noch Verfolgungswahn gesellt; er schreibt Ludwig, ich hätte Virchow bestimmt, ihm nicht Kühnes Stelle zu geben, die Liebreich bekommen hat, und auf meine Drohungen hin habe Hirschwald ihm abgeschlagen, eine zweite Schrift wider mich zu drucken, die er vorbereitet und worin er mich, aber von einer ganz neuen Basis aus, zu vernichten unternimmt; beides einfach unwahre Behauptungen, wie Du Dir leicht denken kannst. Edel ist das alles nicht von ihm, in Erwägung, daß ich ihm vom Beginn seiner physiologischen Studien an alle Mittel des Laboratoriums und auch sonst alles, womit ich ihm helfen konnte, unbeschränkt gegönnt habe. Seine Schrift war wohl eine der schlechtesten Arbeiten, die geschrieben worden sind.[2] Charakteristisch für die Urteilslosigkeit der Physiologen aber war der Eifer, mit dem sie überall aufgenommen wurde, sogar von dem armen Bezold, der es doch hätte besser wissen können.

Pflüger habe ich selber primo loco nach Würzburg empfohlen; ich höre aber, daß Meissner nicht unbedeutende Chancen hat, der um jeden Preis aus Preußen fort will und für den in München sein Schwiegervater von Kobell arbeitet.

Etwas Schlechteres als die Darstellung der Elektrizität in Wundts medizinischer Physik[3] ist selten dagewesen. Vielleicht ist die Politik das geeignete Feld für ihn. Als unbegabt für die experimentelle Richtung hab' ich ihn an dem Tage erkannt, wo er in meinem Laboratorium ein Stück Holz an nasse Pappe mit Siegellack anzukleben versuchte und wo er meinen schönen L[on]dner Drillbohr[er] verdarb, indem er ihn mit der Hand drehte, weil er den Mechanismus übersah oder nicht verstand, der ihn in Rotation versetzt.

Ich bin jetzt mit Meissners positiver Schwankung bei der Zusammenziehung des Gastroknemius beschäftigt, die ich aber nur soweit studieren will oder kann, als die zeitlichen Verhältnisse nicht in Betracht kommen; alsdann will ich die Angelegenheit Bernstein übergeben, der inzwischen hoffentlich ganz genesen sein wird.

Ludwig fährt fort in gewohnter Art zu arbeiten, die mir so unbegreiflich ist. Er hat neuerdings erstaunlich interessante Sachen gemacht, von denen zu reden ich indeß nicht autorisiert bin. Sein neues Laboratorium[4] ist in dem Stadium, daß vorigen Montag der Grundstein sollte gelegt werden. Es ist ungeheuer, ein Hufeisen von 150 Fuß Seite, zweistöckig.

Brücke ist in Rom und Neapel gewesen; am letzteren Orte zugleich mit Traube, der seiner sehr erschütterten Gesundheit halber hingegangen war.

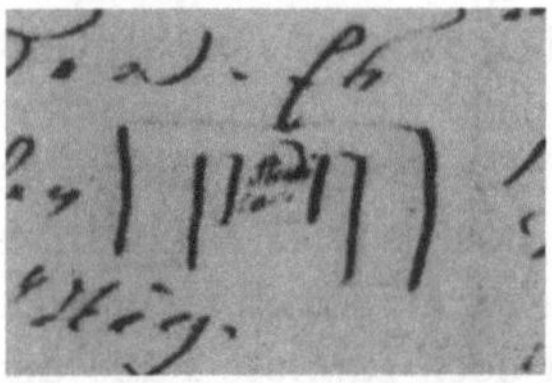

Was die Meinigen anlangt, so kann ich nur (unberufen) von Glück sagen. Mein ältester Knabe, Claude, ist jetzt in Untertertia im Wilhelmsgymnasium hieselbst und verrät eine so leidenschaftliche Neigung für die Naturwissenschaften, wie sie ohne ein bißchen Talent schwerlich vorkommt. Mein jüngster, René, scheint auch ein sehr glücklich begabter Knabe. Mein Fräulein ist bereits nach Potsdam gezogen, und in der Tat schreibe ich Dir von dort am Abhang des Pfingstberges. Die Aussicht, Deine Frau hier zu sehen, erfüllt uns mit Freude, und wir rechnen sehr bestimmt darauf, daß sie unser Haus, soweit es ihr selber bequem ist, als das ihrige betrachtet. Einstweilen senden wir ihr wie Deinem Fräulein Tochter und Deinem Sohn freundliche Grüße.

Dein E. du Bois-Reymond

Was sagst Du zu Pflügers Journal-Unternehmen?[5] Vermutlich wie ich, daß es ihm gelingen möge, die Zahl der physiologischen Zeitschriften zu vermindern, statt sie nur um eine zu vermehren.

Von Kirchhoffs Leiden hast Du mir nichts gesagt. Ich hätte gern einmal etwas Authentisches aus medizinischem Munde darüber gehört. Grüße ihn doch herzlich von mir, wie selbstverständlich auch Bunsen.

Nr. 110

An H. von Helmholtz

Berlin, 22. Oktober 1868

Lieber Helmholtz,
ich freue mich der glücklichen Geburt Deines Söhnchens[1] und benutze diese Gelegenheit, um Dir mitzuteilen (natürlich im Vertrauen), wie hier Deine Bonner Angelegenheit steht. Der Unter-Staatssekretär hat mir ganz aus freien Stücken gesagt, daß nach langem Kampfe für das nächste Etatsjahr eine Summe zur Vermehrung der Dotation der Universitäten beantragt und so gut wie durchgesetzt sei, von der aber ein ansehnlicher Posten sogleich durch Deine Besoldung würde absorbiert werden.[2] Man sei entschlossen, Dich zu haben, beinahe coûte que coûte; und wenn Du nicht kämest, würde es Dein Wille sein. Er bat mich, ihm etwas von Dir zu lesen zu geben, und ich schickte ihm die Königsberger Vorlesung über die Wechselwirkung der Naturkräfte und die gesammelten populären Vorträge.[3] Ich würde mich über diese Wendung Deines Geschickes aus dem Grunde ganz besonders freuen, weil, wenn Du in Bonn Physiker wärest, bei der binnen wenigen Jahren hier unfehlbaren Vakanz in diesem Fache, Du ebenso unfehlbar hiehergerufen werden würdest, und ich dies für das Gemeinwesen, wie für mich, für ein sehr großes Glück halten würde. Sei so gut und sage Deinem Sittel, daß ich seine Anzeige auf dem Umschlage des V. Hefts des Archivs abgedruckt habe und daß er mir gegen Postvorschuß Deine Gehörknöchelchen-Modelle[4] schicken solle. Mit besten Grüßen an Deine Gemahlin

Dein E. du Bois-Reymond

Nr. 111

An H. von Helmholtz

Berlin, 9. Januar 1869

Lieber Helmholtz,
ich höre plötzlich zu meiner großen Betrübnis, daß die Verhandlungen zwischen Dir und der Regierung sich zerschlagen haben, nach der einen Version, weil Du Dich nicht habest darauf einlassen wollen, eine bestimmte Summe namhaft zu machen, für die Du sicher kämest, sondern Dir immer noch die Möglichkeit erneuter Verhandlungen mit Karlsruhe offen gehalten hättest; nach der anderen, weil Du 5000 Taler verlangt hättest. Die einen wie die anderen sind bereit, Dich zu tadeln, weil sie sich ärgern, daß Preußen Dich nicht wiederkriegen kann, und weil es den Leuten immer Spaß macht, einer bedeutenden Erscheinung doch etwas anhaben zu können. Ich biete

Dir zu doppeltem Zwecke meine Vermittlung an, einmal um, falls Du noch mit der hiesigen Regierung nicht ganz auseinander wärest und irgend eine Unterhandlung anknüpfen wolltest, mit Lehnert zu sprechen und Dein Sachwalter zu sein, zweitens um, falls alles zu Ende ist, doch Deine Rechtfertigung zu übernehmen.

Ich habe scheußlich viel Geschäfte, die mich sehr vom Arbeiten abhalten, und da ich in diesem Winter mein Kolleg neu durcharbeite, bin ich nicht sehr produktiv. Vom Besitz eines neuen Laboratoriums bin ich so weit entfernt wie je und fange an, daran zu verzweifeln, jemals eins zu bekommen. Allerdings sind die Verhältnisse in Berlin jetzt so in die Höhe geschraubt, daß unter einer Viertel Million ein Laboratorium in dem Stil, wie Ludwigs neues Laboratorium in Leipzig, nicht mehr herzustellen sein würde.[1]

Du wirst mit Leidwesen vernommen haben, daß es Graefe schlecht geht. Er hat um Weihnachten Haemoptoe gehabt, und da er sich durchaus nicht schont, ist die Sache mit ihm sehr bedenklich.

Lebewohl und laß einmal wieder von Dir hören. Beste Grüße von Haus zu Haus. Wir hören, daß Deine Tochter noch hier in der Nachbarschaft weilt, aber wir bekommen sie nicht zu sehen.

Dein E. du Bois-Reymond

Es kränkt mich sehr, daß bei der jetzigen Völkerwanderung unter den Mathematikern nichts für meinen Bruder abfallen will. Der Königsberger, den Ihr Euch gekauft habt, soll nichts sehr Hervorragendes sein.

Nr. 112

An E. du Bois-Reymond

Heidelberg, 14. Januar 1869

Lieber Freund,
hier die Geschichte meiner Verhandlungen über Bonn.

Auf die Berufung nach Bonn bin ich eingegangen, weil ich sie als eine Gelegenheit betrachtete, in eine mir besser als meine bisherige passende Tätigkeit überzugehen, und ich war deshalb willens, sie unter relativ mäßigen äußeren Bedingungen anzunehmen. Nach meiner Ansicht wäre das richtige Verfahren für mich gewesen, daß ich nur Auskunft gab über meine hiesige Stellung und es der Preußischen Regierung überließ, mir Vorschläge zu machen. Nun aber drängte mich zuerst während der Fakultätsverhandlungen Professor Lipschitz, später beim Jubiläum[1] in einer von ihm herbeigeführten Unterredung Geheimrat Olshausen, eine bestimmte Forderung als Basis der Unterhandlungen zu stellen. Ich habe mich zuerst dagegen gewehrt, schließlich aber nachgegeben. Diese meine Nachgiebigkeit habe ich als ein vertrauendes Entgegenkommen betrachtet, welches man, wie ich vorauszusetzen dürfen glaubte, in Berücksichtigung meiner wissenschaftlichen und äußeren Stellung als solches anerkennen und achten würde.

Meine Forderung war 3600 Taler Gehalt; ich hielt dies meinen Verhältnissen nach für relativ bescheiden. Ich konnte mich darauf berufen, daß mir entsprechende Bedingungen wirklich schon einmal geboten waren für Wien,[2] daß ich sie damals, ohne eine Gegenbedingung in Heidelberg zu machen, abgewiesen hatte. Ich wies speziell nach, daß 3000 Taler ein kaum zureichendes Äquivalent seien für meine hiesigen Einkünfte. Der Rest sollte mich sichern für etwaige Fehler der Veranschlagung, mich entschädigen für die Mühe des Stellenwechsels.

Der Dank für meine Bereitwilligkeit waren zunächst fünf Monate tiefsten Schweigens von Berlin aus. Erst spät, nachdem ich dem durchreisenden M. Schultze bemerkt hatte, daß ich dem Andrängen der Badischen Regierung ausgesetzt sei,[3] ohne zu wissen, ob man überhaupt in Berlin an mich denke, erfuhr ich durch dritte Hand (so auch durch Dich), daß die Bewilligung des Budgets[4] abgewartet werden sollte.

Die Einmischung der Badischen Regierung habe ich mit keiner Silbe und keinem Winke hervorgerufen; daß sie eintreten würde, lag in der Natur der Dinge. Der Minister Jolly suchte mich noch im August selbst auf, und ich konnte ihm unmöglich das Versprechen weigern, mit Preußen nicht abzuschließen, ohne ihn vorher zu hören. Ich hatte jedenfalls eine große Schuld der Dankbarkeit gegen die Badische Regierung, da sie mich immer mit der ausgesuchtesten Bereitwilligkeit und Achtung behandelt hatten. Nur der Übergang in eine mir besser geeignete und voraussichtlich fruchtbarere Tätigkeit war ein Grund, der, wie auch der Minister anerkannte, mich überhaupt berechtigte, fortzugehen.

Als ich also von Beseler am 26. Dezember die Aufforderung zu einer mündlichen Unterhandlung in Mainz erhielt, wo ich zu schnellem Abschluß gedrängt werden konnte, war ich verpflichtet, das in Karlsruhe anzuzeigen. Die Antwort war, daß man mir einen Ministerialrat herübersandte, der, ohne auch nur zu fragen, von welchen Geldsummen zwischen Preußen und mir die Rede sei, und nhne von mir eine Gegenverpflichtung zu verlangen, ermächtigt war, mir sofort eine Gehaltserhöhung[5] anzubieten, die der von mir für Bonn gestellten wenigstens sehr nahe äquivalent war. Er erklärte weiter, wenn dies Einfluß auf meine Entscheidung haben könne, würde es wahrscheinlich möglich sein, sogar noch einen höheren Betrag für mich flüssig zu machen.

Letzteres lehnte ich sogleich ab; ersteres behielt ich mir vor, eventualiter zu akzeptieren. Ich muß übrigens gestehen, daß mich das in meinem schon vorher gefaßten Entschlusse bestärkte, nachdem man mich von Berlin aus so kühl behandelt hatte, mir für Bonn einige günstigere Nebenbedingungen, namentlich eine Dienstwohnung in dem neu zu bauenden Institute, auszubitten.

Um Beseler damit nicht unvorbereitet zu überraschen, machte ich ihm sogleich (28. Dezember) telegraphische Meldung und schlug ihm vor, einen Brief von mir abzuwarten. Er aber blieb bei der auf den 29. Dezember angesetzten mündlichen Verhandlung.

Daß er das tat und wie nachher die Verhandlung von ihm so geführt werden konnte, ist mir bis heut unverständlich. Ich weiß nicht, ob er durch Instruktionen von Berlin gebunden war, so zu verfahren, wie er es tat. Offenbar hatte er für mich guten Willen, und es lag ihm erheblich daran, die Sache zustande zu bringen.

Er hatte, wie schließlich herauskam, als es zu spät war, die Autorisation, mir meine Forderung von 3600 zu bewilligen, und erfuhr natürlich von mir, inwieweit meine Lage in Heidelberg jetzt günstiger sein würde als früher. Übrigens erklärte ich ihm, ich sei nicht der Bittende, und es sei nicht meine Sache, mich anzutragen; ich verlangte zu wissen, wie viel man mir anbieten wolle. Darauf verweigerte er die Antwort und setzte mir dann – vielleicht um meine Ansprüche zu dämpfen – auseinander, seine ursprüngliche Instruktion sei gewesen, mir bis zu 3000 Taler zu bieten, und erst auf seine Vorstellung, daß dies doch wohl aussichtslos sei, habe der Minister[6] ihm im letzten Augenblicke durch telegraphische Depesche erlaubt, höher zu gehen. Um wieviel, hielt er zunächst noch zurück.

Ich war der Preußischen Regierung, wie ich meinte, bereitwillig und uneigennützig entgegengekommen. Nun wurde ich gelohnt durch Mindergebote, welche durchblicken ließen, daß man meinen Angaben nicht traute, daß man glaubte, ich strebte nach der Stelle des Geldes wegen, durch ein Verfahren, durch welches meine Gutwilligkeit zu meinem Nachteil ausgebeutet werden sollte.

Unter diesen Umständen war für mich keine Verhandlung mehr möglich; ich wollte abbrechen und fortgehen. Daß ich meinem ersten Impulse nicht folgte, war ein Fehler. Ich ließ mich leider durch die Rücksicht auf den mir persönlich befreundeten Beseler verleiten, einer auffallenden Szene aus dem Wege zu gehen und zu bleiben. Es hat dies nachher eine Verkennung meiner Beweggründe möglich gemacht. Ich muß auch sagen, daß, aufgeregt und unvorbereitet auf diese Eventualität, wie ich war, ich nicht sogleich zu einer ruhigen Abwägung kommen konnte, ob es nötig und recht sei, meine eigenen bisher gehegten Wünsche und die meiner Freunde durch eine schnelle Tat des Unwillens zu vereiteln. Aber ich verweigerte von da ab jedes Eingehen auf Beselers weitere Vorschläge und versprach, brieflich zu antworten.

Infolge dieser Vorgänge lag ich am andern Tage (30. Dezember) mit schwerster Migräne im Bett, unfähig meine Gedanken zu ordnen. Am 31. mußte ich den versprochenen Brief schreiben, ohne noch den Streit widersprechender Motive überwunden zu haben. Ich muß gestehen, daß ich die Bonner Pläne doch nicht so ganz leicht aufgeben konnte, trotzdem ich schon seit dem Jubiläum[7] bedenkliche Schattenseiten derselben kannte. Ich erfuhr und fühlte dort, daß ich der Majorität der Fakultät durchaus nicht erwünscht käme; in der Tat war mein Name nur durch ein für mich sehr wenig schmeichelhaftes Kompromiß in die Liste gekommen. Man glaubte nicht an meine Berufung und zwang meine Freunde, dafür ihrerseits den Namen des katholischen Wüllner zuzulassen. Aber ich hatte immer noch geglaubt, die mir von dort drohenden Widerwärtigkeiten durchfechten zu können; nur mußte ich freilich der Achtung und Unterstützung der Regierung vollkommen sicher sein. Ich habe noch eine Weile überlegt, ob und wie ich von dieser eine Genugtuung erhalten könne, um Verhandlungen wieder für mich annehmbar zu machen. Schließlich siegte entschieden der Widerwillen, aus einer vollkommen ehrenvollen und geachteten Stellung in eine von allen Seiten angezweifelte überzugehen.

Aber ehe ich dies durchgekämpft hatte, habe ich am 31. Dezember den erwähnten Brief an Beseler abgeschickt, der noch kein formell entschiedener Absagebrief war, sondern der Preußischen Regierung, wenn sie *sehr* guten Willen hatte, noch eine von Beseler vorgeschlagene 14tägige Frist offen ließ. Darin habe ich allerdings abgelehnt, irgendwelche mich bindende Vorschläge zu machen, weil ich der Badischen Regierung gegenüber durch das erwähnte Versprechen gebunden sei, welches nach fruchtlos abgelaufener mündlicher Verhandlung wieder in Kraft träte. Dies ist offenbar der Brief, auf den sich die Dir in Berlin vorgetragene Darstellung der Sache stützte.

Am Tage darauf erst wurde ich mir klar, daß dies nicht hinreichend offen und entschieden sei; ich schickte deshalb am 2. Januar ein Telegramm mit der Bitte, auf den erwähnten Brief hin nichts zu tun und einen zweiten abzuwarten. Darin erklärte ich bestimmt, ich müßte auf die Bonner Berufung verzichten.

Ich bleibe jetzt hier, wie ich etwaiger Nachrede wegen bemerke, mit 2700 Taler Gehalt, was wegen freier Wohnung und andrer Differenzen, annähernd, wenn auch nicht ganz, äquivalent ist dem Gehalt von 3600 Talern, was ich in Bonn hätte erlangen können. – Einige Vorteile fallen auch dem Dr. Bernstein zu, der mir einiges von meiner amtlichen Tätigkeit abnehmen soll.

Von 5000 Talern ist nie die Rede gewesen.

Willst Du gelegentlich die Freunde über den Verlauf der Dinge aufklären, so werde ich Dir sehr dankbar sein. Von einer Anknüpfung der Verhandlungen kann nicht wohl mehr die Rede sein. Hier ist alles offiziell fertig gemacht, ein Fackelzug gehalten etc. und Olshausen unterhandelt schon mit Clausius, was mich freut. Denn wenn Wüllner die Stelle erhalten sollte, würde das in der Tat eine Last auf meinem Gewissen bleiben.

Mit besten Grüßen
Dein H. Helmholtz

Nr. 113

An H. von Helmholtz

Berlin, 13. Januar 1870

Lieber Helmholtz,
morgen, Freitag, abend 8^h, feiert die physikalische Gesellschaft die Feier ihres 25jährigen Bestehens. Natürlich war Euch nicht zuzumuten, dazu herzukommen; aber spät fällt uns ein, daß Ihr es Euch wohl in Heidelberg könntet ein Telegramm kosten lassen, um Eure alte Zugehörigkeit zu bezeugen.[1] Ich habe alle Hände voll zu tun. Lebe wohl und empfiehl mich Deiner Gattin.

Dein E. du Bois-Reymond

(An die) physikalische Gesellschaft (im) Lokal (der) Gesellschaft (der) Freunde, Neue Friedrichstraße 35.

Nr. 114

An H. von Helmholtz

Berlin, 4. April 1870

Lieber Helmholtz,
ich habe Deine Mitteilung[1] der Akademie erst am Donnerstag 31. März vorlegen können, weil am Donnerstag vorher öffentliche Sitzung war. Das sind ja höchst merkwürdige Dinge, eine solche Abhängigkeit von der Temperatur ist ja unerhört. Man sollte meinen, im Fieber und der Inanition müßte dann das Verhältnis der Geschwindigkeiten ein außerordentlich großes werden. Für Dich ist es sehr angenehm, und ich freue mich darüber, daß so Deine erste Angabe der $\frac{60\,\mathrm{M}}{1\,\mathrm{sec}}$-Geschwindigkeit ihre Erklärung erhält. Ich werde nicht verfehlen, Dir eine Korrektur zu senden.

Deine andere neuere Veröffentlichung über die Theorie der Elektrizität[2] geht leider über meinen Horizont. Es würde mich monatelange Arbeit kosten, die Sache zu bewältigen. Es ist nur Dir gegeben, überall zu Hause zu sein, und ich bin schon zufrieden, wenn ich nur eine ganz kleine Ecke mein nennen darf. Zu der Abhandlung über die aperiodische Bewegung folgt übrigens nächstens ein theoretischer Nachtrag,[3] zu dem mir Kronecker die Anregung gab und der eine interessante Behandlungsweise derselben Aufgabe betrifft. Du wirst die Sache, wenn Du sie der Aufmerksamkeit würdigst, mit einem Blick übersehen.

An Familiennachrichten habe, um mit Goethe zu reden, die Geburt eines Sohnes zu vermelden. Er war im vorigen Herbste auf dem Piz Lunguard [?] schon – 6 Monate [alt] und ist es jetzt ungefähr +4 Wochen. Er stellt sehr fleißige Beobachtungen über die dritte Dimension an und ist nicht ganz mit den Preußischen Jahrbüchern[4] einverstanden. Er hält es, das wird wohl erblich sein, mit der praestabilierten Harmonie. Übrigens ist er noch anonym.

An unserer Universität herrschen die apokalyptischen Reiter. Trendelenburg Hirnblutung; Graefe scheußliche Blasenbeschwerden; Braun gänzlich herunter; Jaffé gesternmorgen eine Kugel durch den Kopf; Pringsheim asthmatisch, eingesperrt von Traube, der selbst auch Anfälle von Angina pectoris hat; 2. Kassenbeamter Wellentod; endlich Magnus, unser alter Freund, am Carcinoma recti eines langsamen und qualvollen Todes sterbend.

Ich kann, bei der nahen Eventualität der Erledigung seines Lehrstuhls, natürlich nicht umhin, wieder die Hoffnung zu fassen, daß es gelingen möge, Dich hieher zu bekommen. Ich möchte mich zerfleischen, daß ich damals, als es sich um Bonn handelte, nicht zum Minister[5] ging und ihn bat, mir zu gestatten, die Verhandlung für Preußen mit Dir zu führen. Wärest Du jetzt bereits als Physiker in Bonn, so wäre die Sache weit leichter. Wie sie steht, ist zu fürchten, daß pure Dove die Sammlung überliefert erhält und Quincke, der bedeutende Kräfte im Ministerium zur Verfügung hat, die 2. Stelle bekommt. Genau genommen ist Magnus Professor der Technologie und nebenbei nur der Physik; er ist nur durch historische Entwicklung, die hier zu erzählen zu weitläufig und nutzlos sein würde, zugleich Direktor des Kabinetts und neuerdings des Laboratoriums. Dadurch wird die Frage sehr trübe und um so leichter, in diesem Trüben zu fischen.

Lebewohl und verzeih' meine Schreibfaulheit. Meine Frau grüßt die Deinige, der ich mich zu empfehlen bitte. Wann kommt Ihr einmal auf Besuch nach Berlin?

Dein E. du Bois-Reymond

Nr. 115

An E. du Bois-Reymond

Heidelberg, 7. April 1870

Lieber Freund,
die Nachricht vom Tode des armen Magnus ist Deinem Briefe ja schneller gefolgt, als ich erwartet hatte, und ich hoffe, daß Deine Befürchtung, Quincke seinen Nachfolger werden zu sehen, nicht in Erfüllung geht, auch ganz abgesehen von meinen eigenen Angelegenheiten und Wünschen. Es ist sehr freundlich von Dir, daß Du bei dieser Gelegenheit zuerst an mich denkst, und ich muß sagen, daß seit der Bonner Berufung, wo ich mich während der langen Zeit des Wartens wieder in physikalische und mathematische Studien gestürzt hatte, es mir noch klarer geworden ist, als es damals war, daß ich gegen die Physiologie gleichgültig geworden bin und nur noch eigentliches Interesse für die mathematische Physik habe. Kann ich also in einer oder der andern Weise ganz zur Physik übergehen, so soll es mir erwünscht sein. Ich mache mir nun auf eine Berufung nach Berlin nicht viel Rechnung, namentlich weil ich meine, daß eine Berufung Kirchhoffs Euch viel näher liegt und viel leichter auszuführen ist. Mit seiner Gesundheit geht es jetzt gut vorwärts, er ist jetzt frisch und heiter und braucht kaum noch die Krücken auf unebenem Boden. Ihr braucht in Berlin vor allem einen mathematischen Physiker, und da muß ich mir sagen, ist Kirchhoff eine bewährte und geschulte Kraft in diesem Felde, was ich nicht bin, eine so gute Meinung ich auch übrigens von meinen eigenen Verdiensten mir zurechtgemacht haben mag. Ich werde es ohne den geringsten Neid ansehen, wenn er berufen wird, und zufrieden sein, hier sein Nachfolger zu werden. Aber ich würde es allerdings tief beklagen, wenn die erste Stelle Deutschlands in der Physik aus Sparsamkeit an irgend einen Mann von untergeordneter Bedeutung weggeworfen würde.

Daß Du meine letzte gedruckte Notiz nicht verstanden hast, darfst Du Dir nicht zum Vorwurf anrechnen, noch Deine Zeit darauf vergeuden. Sie soll nur prendre date und ist so abgefaßt, daß nur Leute, die sich in diese Studie einmal versenkt hatten, daraus klug werden können. Übrigens ist die vollständige Ausarbeitung fertig und nur noch einmal durchzusehen. Ich habe mich bemüht, die Einleitung davon etwas verständlicher für Physiker zu machen, und mache daraus nebst einigen neuen Zusätzen vielleicht noch eine Notiz für die akademischen Berichte zurecht. Übrigens waren es die hoffnungslos scheinenden Schwierigkeiten von Herrn Baxts Versuchen, die mich in diese Arbeit verwickelt haben, auf deren Ausdehnung und Länge ich nicht gerechnet hatte.

Zu dem neuen Sprößling gratuliere ich bestens. Mein kleinster, Fritz, hat nicht an die prästabilierte Harmonie geglaubt und sich danach nach seinem Vater gerichtet.

Dein Bruder war gestern bei uns zum Abschied und wollte heut abreisen.

Herzliche Grüße auch von meiner Frau Dir und der Deinigen.

Dein H. Helmholtz

Nr. 116

An H. von Helmholtz

Berlin, 15. Mai 1870

Lieber Helmholtz,

Magnus ist also gestorben, und Du und Kirchhoff Ihr werdet als seine Nachfolger von der Fakultät dem Ministerium vorgeschlagen werden. Ich bezweifle übrigens, daß das Ministerium mit Dir verhandelt. Es wird sich, um die Mißstimmung, die es wegen der zweimal gescheiterten Verhandlungen gegen Dich hegt, zu verbergen, hinter 3 andere Motive stecken:

1) Du seiest noch nicht Physiker von Profession,

2) Du stelltest zu große Anforderungen,

3) Du seiest kein eifriger Lehrer oder kein Lehrer für den Pöbel.

Dies Gerücht ist hier verbreitet; ich habe es schon vor Jahren einmal, als von der hiesigen physiologischen Stelle, ich glaube noch bei Müllers Lebzeiten, die Rede war, den alten Quincke vorbringen hören, und gestern stand es wieder in einem zwar äußerst schmeichelhaften, im Grunde aber perfiden Artikel über Dich in der Nationalzeitung, über dessen Verfasser ich keine Vermutung habe.[1] Ich glaube also, daß die Angelegenheit die Wendung nehmen wird, daß das Ministerium mit Kirchhoff verhandelt, dem nichts im Wege steht als die Kunde seines Fußübels. Die Gefahr ist aber groß, daß die Sache verknerckt[2] wird, absichtlich oder unabsichtlich, und daß dann die Fakultät entweder sich doch dazu herbeiläßt, Quincke zu nennen (was ich aber nicht glaube), oder daß das Ministerium ohne weiteres Quincke zum Sammlungsdirektor ernennt, wie es Förster, der nicht die Sanktion der Fakultät und der Akademie hatte, zum Sternwartendirektor ernannt hat. Mein persönlicher Wunsch wäre, daß mir die Verhandlung in Heidelberg zu führen übertragen würde, und ich bin jeden Tag zur Reise auf meine Kosten bereit; allein Hofmann meint, darauf ließe das Ministerium sich nicht ein, es gäbe das Recht, allein solche Verhandlungen zu führen, nicht aus der Hand. Es knüpft sich ja auch daran die Gelegenheit zu so hübschen Reisen auf Staatskosten und zum Fêtiertwerden unterweges. Daß Ihr beide gleichzeitig gerade jetzt zu auswärtigen Mitgliedern der Akademie[3] erwählt worden seid, wie Dir mein Telegramm meldete, ist ein reiner Zufall. Die Anregung zu Deiner Ernennung ging von Magnus noch im vorigen Sommer aus. Ich erklärte mich bereit, den Vorschlag auszuarbeiten, der dann noch von Magnus auf seinem Sterbebette unterzeichnet wurde. Als ich den Vorschlag eingebracht hatte, wurde von den Mathematikern der Parallelvorschlag Kirchhoffs gemacht, kein Gegenvorschlag, da 5 Stellen offen waren. In der Klasse wurdet Ihr beide einstimmig mit 15 Stimmen gewählt. Im Plenum wurdest Du einstimmig mit 30 Stimmen gewählt, Kirchhoff bekam eine schwarze Kugel; ohne sehr tief in Herzen und Nieren zu schauen, ist leicht zu raten, daß sie von Riess herrührte, der Kirchhoff nie grün war, und ihn jetzt als gefährlichsten Konkurrenten seines Schwiegersohnes perhorresziert. Übrigens bedürft Ihr beide noch der Königlichen Bestätigung,[4] da nämlich, sobald Ihr nach Berlin kommt, Ihr aller Rechte eines ordentlichen Mitgliedes genießt und sobald eine Vakanz eintritt, den bekannten ungeheuren Akademikergehalt von 200 Talern erhaltet. Es wäre nicht zu wünschen, daß die Wahlen in die Zeitung kämen, ehe sie auf diese Weise perfekt geworden wären.

Meine Frau hat am 3. März einen sehr gelungenen kleinen Jungen geboren, der auf den Namen Percy hört. Er wird hoffentlich vor Owen Glendower mehr Respekt haben, als der langsam denkende Heißsporn.

Wir sind bereits bei schönstem Frühlingswetter am Pfingstberg. Lebewohl und empfiehl mich Deiner Gattin.

Dein E. du Bois-Remyond

Nr. 117

An E. du Bois-Reymond

Heidelberg, 17. Mai 1870

Lieber Freund,
besten Dank, wenn auch etwas verspätet, für Dein neuliches Telegramm, die akademische Stelle betreffend,[1] und für Deinen letzten Brief. Wie es auch kommen möge mit der Berliner Berufung, so wird mir durch die Wahl der Akademie und durch den nach Deinem Brief zu erwartenden Vorschlag der Fakultät von Berlin aus alles reichlich zuteil, was ich von wahrer Ehre von dorther empfangen kann. Daß Magnus es noch eingeleitet hat, ist mir eine liebe Erinnerung an ihn, den ich immer sehr gern gehabt habe; ich hatte ihn, wie ich nun sehe, mit Unrecht in Verdacht gehabt, daß er gegen meine mathematische Richtung eine gewisse Opposition fühle. Was Du über das Ministerium schreibst, ist ganz das, was ich erwartet hatte. Ich habe mir natürlich die Berliner Angelegenheit vielfach überlegt und bin durchaus zweifelhaft geblieben, ob ich eine wirkliche Berufung dahin für mich wünschenswert halten sollte. Als Lehrer würde ich natürlich eine viel breitere Wirksamkeit erhalten, auch fast nur in Berlin eine größere Anzahl von Schülern finden, denen ich das Beste, was ich könnte, zu überliefern imstande wäre. Andrerseits hätten meine produktiven Arbeiten so gut wie aufhören müssen, da namentlich die Organisation eines Laboratoriums, ohne welches die ganze Sache nicht gelohnt hätte, eine äußerst zeitraubende Arbeit ge-

wesen wäre. Auch wäre ja schwerlich, so weit ich die Verhältnisse übersehen kann, auch wenn man mir meine für Bonn einst gestellte Forderung für Berlin bewilligt hätte, eine so viel freiere Situation, als die hiesige ist, für mich herausgekommen, daß ich mich mancherlei zeitraubenden Nebengeschäften, wie sie den Gelehrten in Berlin aufgeladen werden, hätte entziehen können. Einer Verringerung meiner Einnahme kann ich mich nicht aussetzen, auch nicht um der Aussicht willen, die Physik für die Physiologie einzutauschen, so erwünscht mir dieses sonst wäre.

Unter diesen Umständen ist es nun allerdings auch mein dringendster Wunsch, daß es Euch gelingen möge, Kirchhoff hinzuziehen. Dabei liegen, glaube ich, die Hauptschwierigkeiten in ihm und in seinem Verhältnis zu Bunsen. Andrerseits liegen in seinen Familienverhältnissen manche Antriebe für ihn, seinen beiden Mädchen und seinen Schwiegereltern, die es sehr wünschen, näher zu kommen, und seine Knaben in besser disziplinierte Schulen zu bringen. Er ist hier seit dem Tode seiner Frau in einer schrecklich zerfahrenen Häuslichkeit, was er auch sehr fühlt, und eine Ortsänderung würde dafür die beste Remedur geben. Andrerseits liegt in ihm eine gewisse Scheu vor Veränderungen und vor einem Heraustreten aus seiner gewohnten Art der Arbeit, welche am ersten durch einen starken persönlichen Einfluß zu überwinden wäre. Insofern wäre es gewiß vorteilhaft, wenn Du persönlich auf ihn einwirken könntest. Wenn einer der großen Geheimräte zu ihm käme, dem das Scheitern der Unterhandlungen vielleicht nicht einmal unerwünscht wäre, scheitert es gewiß. Außerdem glaube ich, daß man von Karlsruhe aus alles aufbieten wird, ihn zu halten.

Also besten Dank für Deine Wünsche, und Deine Mühe um mich und für mich, die ich ebenso wert halte, auch wenn die höheren Mächte des Kultus[2] sie vereiteln sollten, und beste Glückwünsche für den kleinen Percy und für Deine Frau.

Dein treuer
H. Helmholtz

Nr. 118

An H. von Helmholtz

Berlin, 14. Juni 1870

„Der Bund mit Rostem kam ihm wert und teuer vor."

Lieber Helmholtz,
Entscheidendes kann ich Dir noch nicht melden, doch stehen die Sachen, wie ich glaube, zum besten. Ich war bei Olshausen, Lehnert und noch gestern (Montag) abend spät bei dem Minister; man findet Deine Forderungen zwar hoch, allein auch gerechtfertigt. Sogleich heute wollte von Mühler mit Camphausen über die Mittel verhandeln, das Geld zu schaffen.[1] Knerck hat sogar bei Viktor von Magnus angefragt, ob die Familie nicht geneigt sei, das Haus (natürlich nur als Baustelle) dem Staate zu verkaufen, hat aber keine Antwort bis heute.

Ich für meinen Teil betrachte es als ganz sicher, daß Dir alles, was Du verlangst, zugestanden wird,[2] dagegen ist es freilich zweifelhaft, ob bis zum 1. Juli eine Antwort zu erzielen sein wird, die Dich in die Lage versetzt, Dein jetziges Verhältnis lösen zu können. Darauf sind jetzt meine Bemühungen gerichtet; ich suche aus der philosophischen Fakultät heraus eine Sturmpetition zu organisieren, die Dich bereits zum 1. Oktober verlangt.

Mühler hat die notion, daß Du fast ein so großer Gelehrter wie Humboldt seiest.

Empfiehl mich Deiner Gattin und grüße die Freunde.

Der Zug war natürlich richtig; wir haben ja zusammen im Bradstran schwierigere Züge herausgebracht. Die Uhrendifferenz wegen der Länge in Betracht gezogen und ohne einen Fehler im Dienst auf der Main-Weser-Bahn, der durch Auswanderer entschuldigt wurde, bin ich in 14^{h} 43^{m} hergefahren.

Dein
E. du Bois-Reymond

Nr. 119

An H. von Helmholtz

Berlin, 23. Juni 1870

Lieber Freund,
ich bin also von Olshausen mündlich ermächtigt worden, Dir vorläufig privatim folgendes mitzuteilen, was Dir amtlich im Laufe einiger Tage zukommen wird:

Der Minister von Mühler, im Einverständnis mit dem Minister Camphausen, geht auf alle Deine Bedingungen ein.

Dein persönliches Gehalt von 4000 Talern wird sich, da ein preußischer Ordinarius nicht über 2000 Taler Gehalt haben soll, zusammensetzen aus dem um 500 Taler erhöhten Magnus'schen Gehalte von 1500 Talern und aus einem Gehalte von 2000 Talern, das Dir als Akademiker[1] gezahlt werden soll. Gleich am Montagabend nach meiner Rückkehr von Heidelberg teilte mir Mühler gesprächsweise die Absicht mit, die Sache so zu ordnen.

Wie es mit den 200 Talern gehalten werden soll, die Dir bei eintretender Vakanz als Akademiker zustehen, habe ich für zweckmäßig gefunden, vorläufig unerörtert zu lassen.

Die Neuerung, daß der Akademie ein Pensionär mit 2000 Talern Gehalt zum Geschenk gemacht wird, können wir natürlich nur mit großer Genugtuung begrüßen.

Eine Mietsentschädigung von 800–1000 Talern wird Dir bis zur Fertigstellung Deiner Dienstwohnung in dem zu erbauenden Institute versprochen; die Umzugsgelder hast Du zu bestimmen.

Alles übrige wird pure genehmigt. Allein, wie ich Dir bereits sagte, rechtlich bindende Versprechungen sind dies nicht, und die Minister bedauern, dergleichen nicht geben zu können. Es sind nur Zusagen unter Vorbehalt der Genehmigung durch den Landtag.[2] Du kannst sie indes für bar Geld nehmen. Ebensowenig haben die Minister es übernehmen wollen, Dich ohne Genehmigung des Landtages schon zum 1. Oktober kommen zu lassen. Es würde allenfalls zum 1. Januar gehen, wenn Dir damit gedient wäre. Ich muß übrigens sagen, daß, obschon es in mancher Beziehung für Dich erfreulicher wäre, schon im Herbst überzusiedeln, es doch auch seine Vorteile haben wird, mit dem Sommersemester anzufangen. Um die Direktion der Sammlung hier zu übernehmen und das Kolleg über Experimentalphysik anzufangen, würdest Du Dich ganz gewaltigen Anstrengungen haben hingeben müssen.

Wenn Du zu Ostern kommst und mit einem theoretischen Kolleg fertig in der Tasche debutierst, wirst Du viel bessere Muße haben, Dich einzurichten, zu orientieren und alles zu organisieren.

Deine Herkunft jetzt im Sommer würde zwar sehr angenehm sein, insofern sie vor der Welt die Sache besiegeln würde und Dich als künftigen Kollegen so vielen Männern, die Dich nur von fern kennen, näher bringen würde; doch muß ich sagen, daß ein direktes praktisches Ergebnis, eine nähere Verständigung über Details Deiner Stellung, jetzt noch nicht zu erreichen sein dürfte. Dagegen, wenn es sich im Laufe des Winters darum handeln wird, Wohnung und gemietetes Laboratorium für Dich ausfindig zu machen, wird natürlich Deine Anwesenheit unerläßlich sein. Ob Du also jetzt kommen willst, bleibt Deinem Gefühl anheimgestellt.

Was mich betrifft, so sind wenige Ereignisse meines Lebens für mich so beglückend gewesen, wie dieses. Das Los, welches mich am 1. August vorigen Jahres zum Rektor machte, war eine gescheite Tat des Weltgeistes.[3] Möge ich auch zu Deinem Glücke beigetragen haben, wie ich stets für Deinen Ruhm bestrebt gewesen bin.

Deiner Frau die Hand küssend

Dein E. du Bois-Reymond

Nr. 120

An E. du Bois-Reymond

Heidelberg, 25. Juni 1870

Lieber Freund,
den besten Dank für Deinen Brief und den allergrößten Dank für Deine rastlose Tätigkeit und die Liebe, die Du mir und für mich in dieser Berufungsangelegenheit erwiesen hast. So ist dieser Ruf nun so ehrenvoll und vorteilhaft ausgefallen, wie ich nur irgend verlangen kann und ohne Deine wirksame Vermittlung nie hätte erwarten können. Abgesehen von der Aussicht, meine Tätigkeit jetzt auf das mir am meisten zusagende Feld der Wissenschaft beschränken zu können, freue ich mich, bei diesem Übergange auch wieder mit Dir näher zusammen zu sein, denn so schätzenswert auch das Zusammensein mit Bunsen und Kirchhoff in den hiesigen Verhältnissen ist, so

stimmten doch unsere Lebensgewohnheiten zu wenig zusammen, um diesen Verkehr eigentlich warm werden zu lassen.

Du hast recht, daß auch die Verschiebung bis Ostern ihre Vorteile hat; wenn auch nun das Verharren in den alten Verhältnissen, nachdem man sie aufzugeben beschlossen hat, nicht gerade angenehm ist. Aber die Arbeit für die neue Tätigkeit verteilt sich allerdings besser, wenn ich im Sommer anfange. Wenn meine projektierte Fahrt nach Berlin gegenwärtig nur auf eine Höflichkeit herauslaufen würde, möchte ich sie lieber unterlassen, da ich noch ein starkes Pensum in diesem Semester vor mir habe, und nächstens schon anfangen muß zu dublieren. Im Winter muß ich sowieso nach Berlin kommen. Glaubst Du aber, daß es von irgend einer Seite erwartet wird, so gib mir einen Wink, und ich komme. Oder sollte sich irgend eine festliche Gelegenheit einstellen, wo ich einen großen Teil der künftigen Kollegen begrüßen könnte, so laß es mich wissen. Das wäre dann eine geschickte Veranlassung, es zu tun.

Nun also Glückauf! zur Erneuerung unseres alten Zusammenlebens, und beste Grüße Deiner Frau

Dein treuer
H. Helmholtz

Nr. 121

An H. von Helmholtz

Berlin, 27. Juni 1870

Lieber Freund,
Du schreibst mir in der Angelegenheit Deiner Berufung viel mehr Verdienst zu, als ich habe. Deine Leistungen und Dein darauf gegründeter Ruhm im Verein mit der Sachlage hat den Erfolg herbeigeführt, die Frucht war zum Falle reif, ein bißchen Schütteln am rechten Zweige genügte. Ich hätte noch so geschickt spielen können, hätte Camphausen nicht bereits so von Dir gewußt, wie es der Fall war, so würde die Verhandlung schwerlich so leicht vonstatten gegangen sein. Was sich aber einmal wieder bei dieser Gelegenheit in seinem Glanze gezeigt hat, das ist die Sicherheit, Richtigkeit und Unbestechiichkeit des Urteils der philosophischen Fakultät unserer Universität und der fast mit ihr sich deckenden Akademie. Daher ich auch nicht vergeblich in meiner Antrittsrede[1] die Lanze wider den Oheim Deiner Gattin brach.

Alles wohl erwogen, rate ich Dir nicht, jetzt herzukommen. Ein praktisches Ergebnis läßt sich, wie gesagt, augenblicklich jetzt hier nicht erreichen, und sogar das Zusammentreffen mit verschiedenen Leuten, die Du beim ersten Herkommen doch gern sehen würdest, dürfte durch die beginnenden Reisen vereitelt werden. Kronecker, Borchardt, Auwers sind im Begriff, Berlin zu verlassen. Hagen und Pringsheim sind fort; wer weiß, ob nach dem 1. Juli die Minister und Räte noch da sind. Dazu kommt noch, daß es nicht gute Politik wäre, den allzu Pressierten zu spielen; eine Braut muß spröde tun, und den Freier etwas zappeln zu lassen, unterhält die Glut. Wenn ich boshaft sein wollte, würde ich hinzufügen, daß Du Dich aus der Ferne vielleicht doch noch größer ausnimmst als in der Nähe, wo man sieht, daß Du ißt und trinkst wie andere Menschenkinder auch. Wir haben zwar zwei Festlichkeiten vor uns, oder gar drei, die Leibnizsitzung[2] am 7. Juli, das Stiftungsfest der Universität[3] am 3. August, welches aber in diesem Jahr auf den 2. verlegt wird, weil am 3. das große Reiterstandbild des trocknen Tapses[4] [?] vor dem Museum enthüllt werden soll. Aber dies sind eitle Zeremonien, bei denen jeder nur die Minuten zählt, die er im Ornat zu schwitzen hat.

Ich meine daher, Du wartest ruhig das Dir von mir angekündigte offizielle Schriftstück ab, und beantwortest dieses in gemessen entgegenkommender Weise dahin, daß Du nochmals und ausdrücklich Dich bereit erklärst, auf die genannten Bedingungen zu kommen, und daran erinnerst, daß Du, um zum 1. April kommen zu können, am 1. Januar in Stand gesetzt sein mußt zu kündigen. Außerdem würde ich an Deiner Stelle, um meinen guten Willen zu zeigen, das Anerbieten wiederholen, sogleich nach Berlin zu kommen, wenn Deine Gegenwart zu irgendeiner Verabredung nötig sein sollte. Anfangs des Winters werden wir zu Bancrofts Jubiläum hoffentlich ein großes Universitätszweckessen haben. Das wäre dann eine gute Gelegenheit, hier zuerst öffentlich zu erscheinen. Ich nehme als selbstverständlich an, daß Du oder Ihr alsdann bei uns wohnet, wenn es Euch nicht unbequem scheint.

Auf Deiner Frau freundlichen Brief gehörten sich einige Zeilen der meinigen, die aber für diesmal ausbleiben, da sie am Pfingstberg weilt. Sie teilt aus eigener Empfindung, nicht bloß meinetwegen, meine Freude über diese Begebnisse. Mögen wir vier lange miteinander leben!

Dein E. du Bois-Reymond

Nr. 122

An E. du Bois-Reymond

Heidelberg, 3. Juli 1870

Lieber Freund,
einliegend das Dankschreiben an die Akademie,[1] welches ich Dich ihr zu überreichen bitte. Das Schreiben des Ministers ist angekommen, und habe ich ihm sogleich meine Annahme der Berufung[2] (vorbehaltlich der Genehmigung durch die Pr[eußischen] Kammern) zurückgemeldet.

Beste Grüße
Dein
H. Helmholtz

Nr. 123

An H. von Helmholtz

Berlin, 15. Juli 1870

Lieber Freund,
ich schreibe Dir unter dem ersten Eindruck des ungeheuren Ereignisses. Ich wollte Dir heute nur melden, daß ich Dein und Kirchoffs Dankschreiben am Donnerstag in der Akademie verlesen habe, (Donnerstag vor 8 Tagen war Leibnizsitzung) [1] und Dich bitten, es Kirchhoff mitzuteilen. Heute nachmittag verbreitete sich die Nachricht von der Kriegserklärung. Ich glaube nicht, daß vor der Schlacht bei Jena die Wut größer war als jetzt. Der nichtswürdige Bluthund wird sich vermutlich in seiner Rechnung arg täuschen, denn, wenn er glaubt, daß es genügen wird, uns einmal zu schlagen, hat er sie eben ohne den Wirt gemacht. Wenn er nur nicht über Euch herfällt, die Ihr diesmal so exponiert seid und mehr als wir im Österreichischen Kriege.[2]

Wie sich nun Deine Angelegenheit weiter gestalten wird, ist gar nicht zu berechnen. Soll der Krieg für uns siegreich sein, so wird er schwerlich kurz sein dürfen. Ob während eines Krieges die Kammern einberufen werden und das Budget beraten können, ist mir unbekannt.[3]

Ich vermute, wir schweben nun in gleicher Sorge, was unsere Töchter betrifft. Es heißt, England und Amerika würden Frankreich die Blockade der norddeutschen Häfen untersagen.

Lebewohl und möge es Euch gut gehen!

In der Stadt ungeheure Aufregung, unter den Linden alles illuminiert. Ich glaube, es genügte den Leuten zu sagen, das ist Benedettis Haus,[4] so würde es gestürmt und demoliert. Es ist noch dasselbe, vor dem, wie unsere Eltern uns erzählten, die Offiziere der Gens d'armes 1806 die Säbel wetzten. Um Madame Benedetti würde es mir leid tun, wenn sie bei solcher Gelegenheit etwas abbekäme. Sie ist eine Griechin, welche als Sklavin nach Alexandrien verkauft ward, dort als 12jähriges Mädchen von einem Konsul erworben wurde, und noch Spuren einer seltenen Schönheit zeigt.

Dein E. du Bois-Reymond

Nr. 124

An H. von Helmholtz

Berlin, 13. Oktober 1870

Lieber Freund,
Du wirst in den Zeitungen gesehen haben, vielleicht ist es Dir aber auch entgangen, daß nun endlich die Angelegenheiten der Preußischen Volksvertretung für dieses Jahr in einer für Dich günstigen Weise geregelt sind. In der ersten Hälfte des November sollen die Neuwahlen zum Abgeordnetenhause stattfinden. (Das Mandat der jetzigen

Versammlung läuft am 15. November ab), und das Budget des Jahres 1871 wird somit bis zum Schluß des Jahres beraten sein.[1] Dadurch ist es gesichert, daß Du am 1. April wirst herkommen können. Was aber die Bauten[2] betrifft, so ist zu fürchten, daß durch die Zeitverhältnisse ein Aufschub in deren Ausführung wird herbeigeführt werden. Ich bin beauftragt, Dir dies anzudeuten; man hofft aber hier, daß Du so ungewöhnlichen Umständen freundlich Rechnung tragen werdest. Der Finanzminister hat dem Kultusministerium die Weisung zugeschickt, für das folgende Budgetjahr von größeren Unternehmungen abzusehen; und wenn man bedenkt, daß wir noch gar nicht einmal wissen, mit wem man in Frankreich den Frieden wird unterhandeln können, und daß man vielleicht noch jahrelang in Frankreich Okkupationstruppen zu halten haben wird, endlich, daß die verderblichen wirtschaftlichen Folgen des Krieges in Gestalt der Steuerausfälle sich jetzt erst bemerklich zu machen anfangen werden, so kann man dem vorsichtigen Finanzminister[3] nicht Unrecht geben. Auf Deine persönlichen Verhältnisse aber bezieht sich diese Restriktion selbstverständlich nicht. Ich weiß nun nicht recht, was ich Dir in betreff Deiner Wohnung im nächsten Sommer raten soll. Um eine Wohnung zu Ostern zu mieten, muß man eigentlich jetzt sich schon umtun, denn die Wohnungen, wie Du sie brauchst, pflegen halbjährige Kündigung zu haben, und Deine Wohnung ist also der Idee nach jetzt frei geworden. Vielleicht wäre es ganz passend, wenn Du im November einmal herkämest. Namentlich wenn Paris bis dahin gefallen wäre, würde es sich ganz gut machen. Eine andere Art, Dich im nächsten Sommer einzurichten, schlägt meine Frau vor. Sie besteht darin, daß Du Deine Familie in Potsdam einlogierst, und in Berlin nur für Dich selber eine Junggesellenwohnung beziehst. Als bloßes Absteigequartier stände Dir stets in unserer Wohnung ein Zimmer zur Verfügung. Die Züge sind jetzt so häufig, daß man eine solche Existenz halb hüben, halb drüben, ohne große Aufopferung an Zeit und Spannkraft durchführen kann. Freilich, das Mobiliar bildet eine Schwierigkeit.

Genug, das ist gegenwärtig die Lage der Dinge. Welche Veränderung seit den Pfingsttagen in Heidelberg! Wie haben wir in den schauerlichen bangen Tagen von Ems bis Weissenburg und Wörth oft Eurer gedacht! Ich höre, daß Du Deine alten militärärztlichen Künste hervorgesucht hast. Ich habe, abgesehen von meiner Rede am 3. August, von der die 3. Ausgabe in 2000 Abdrücken erschienen ist, dem Vaterlande nicht weiter zu nützen vermocht.[4]

Dies erinnert mich daran, daß ich Dir für die Übersendung der 3. Auflage Deiner Tonempfindungen[5] zu danken habe, was ich hiermit von Herzen tue.

Ich habe neulich Unglück gehabt, indem ich mir auf einer eisernen Wendeltreppe ausgleitend sichtlich eine Rippe, wenn auch nur im Periost, gebrochen habe. Ich habe noch heftige Schmerzen, die mich namentlich der Nachtruhe berauben.

Empfiehl mich Deiner Frau. Die empörende Vertreibung ihres Oheims aus Paris[6] hat uns tief erregt. Grüße an Kirchhoff und Bunsen.

Dein E. du Bois-Reymond

Nr. 125

An E. du Bois-Reymond

Heidelberg, 17. Oktober 1870

Lieber Freund,
Deinen Brief vom 13. habe ich gestern, von einer Erholungsreise zurückkehrend, hier vorgefunden, daher die Antwort um einige Tage verspätet worden ist.

Ich sehe vollständig ein, daß unter den gegenwärtigen abnormen Umständen eine größere Geldbewilligung für den Neubau eines physikalischen Instituts nicht zu erwarten ist und daß ich mich in einen Aufschub desselben fügen muß, vorausgesetzt, daß mir das Versprechen gegeben werden kann, die Sache solle bei wiederhergestellten normalen Geldverhältnissen des Staats sofort in Angriff genommen werden, und vorausgesetzt ferner, daß die provisorischen Einrichtungen eines Arbeitslokals für mich und einige Studierende so hergestellt werden, daß mir die Möglichkeit bleibt, experimentelle Arbeiten teils selbst auszuführen, teils zu leiten.[1]

Betreffs der Wohnung läßt sich eben nichts machen, bis ich definitive Antwort von der Regierung habe; läßt sich dann nichts Passendes mehr finden, so müssen wir uns eben einzurichten suchen, und meine Frau muß irgendwo einen Sommeraufenthalt machen.

Ich habe in der Zeit der ersten Kriegserregung nicht dazu kommen können, Dir für Deine Rede vom 3. August zu danken.[2] Sie war mir aus der Seele gesprochen, und die starke Nachfrage nach derselben zeigt, bei wie vielen andern dies auch der Fall war. Einer meiner hiesigen Freunde, der Sohn des alten Eisenlohr, des Physikers, hatte sich gleich 10 Exemplare davon kommen lassen, um sie zu verbreiten. Was soll aber aus der unglücklichen Nation noch werden? Wie weit wird sie sich in ihrer wahnsinnigen Eitelkeit und ihrem ohnmächtigen Hasse noch verzehren? Es ist eine furchtbare Tragödie und eine zermalmende Gerechtigkeit darin!

Ich selbst habe zwei Monate lang hier in Lazarettangelegenheiten gearbeitet und hatte speziell die Direktion der Aufnahme und Verteilung der Verwundeten und des Bureaus auf dem Bahnhofe, bin auch einmal mit einer Expedition von jüngeren Ärzten nach Wörth gewesen, und habe die Schauer eines Schlachtfeldes nach der Schlacht kennengelernt.[3] Eine Weile war eine solche angestrengte Tätigkeit eine Wohltat, um über die Aufregung der Zeit hinwegzukommen; schließlich aber, als die Geschäfte einen ruhigeren Gang gingen und für mich weniger zu tun war, zeigten mir häufig wiederkehrende heftige Migräneanfälle an, daß ich ausruhen müsse. Ich ging erst zu meinen Schwiegereltern nach Starnberg, wo auch unsere kleine Familie die Kriegszeit durchgemacht hatte. Da war es aber schon zu winterlich, und so ging ich dann noch auf drei Wochen nach Meran, und bin gestern über das Engadin und Chur nach Hause gekommen.

Du hättest Dir aber nach einem so angestrengten Jahre auch wohl eine andere Art von Ausruhen als einen Rippenbruch wählen können. Hoffentlich geht es Dir schon wieder besser, da diese Brüche relativ ziemlich schnell zu heilen pflegen. Immerhin machen sie eine unbequeme Zeit.

Beste Empfehlungen Deiner Frau

Dein H. Helmholtz

Nr. 126

An H. von Helmholtz

Berlin, 9. Dezember 1870

Lieber Helmholtz,
ich habe einige Zeit in Sorge geschwebt, daß der Landtag in diesem Jahre nicht mehr zusammenkommen würde, da es dann unmöglich gewesen wäre, Deine Angelegenheit bis Jahresschluß zu sicherem Ende zu führen. Die heutige Zeitung bringt den Erlaß wegen Eröffnung des Landtages am 14. dieses [Monats], so daß kein Zweifel ist, daß die Regierung die feste Absicht hat, noch vor dem 1. Januar 1871 das Budget votieren zu lassen, in welches, wie wir bestimmt wissen, die auf Dich bezüglichen Ausgaben aufgenommen sind. Es ist nicht der mindeste Grund vorhanden, anzunehmen, daß diese Position könnte angetastet werden, und es ist also höchst wahrscheinlich, nahe gewiß, daß bis Neujahr Du im Besitze des förmlichen, die diesseitige Regierung rechtlich bindenden Rufes nebst Gehaltzusage sein werdest.[1] Es müßten denn im Landtage die Prüfungen der neuen Mandate und die übrigen Förmlichkeiten eine unerwartete Verzögerung bewirken (Das Haus ist neu gewählt). Ich muß aber doch sagen, daß ich an Deiner Statt, wie die Sachen stehen, der Badischen Regierung selbst dann zum 1. April kündigen würde, wenn ich auch den Ruf am 31. Dezember noch nicht in Händen hätte.[2] Ein Aufschieben Deiner Umsiedelung um ein Semester scheint mir ein schwerer Preis für die etwas größere Sicherheit, die die Operation dadurch erhält, daß Du mit dem Kündigen wartest, bis Du das Papier wirklich erhieltest, welches nach aller menschlichen Berechnung dann doch ein paar Tage oder Wochen später eintreffen würde. Weierstraß, als Dekan der Fakultät, hat Dir ja wohl die Auskunft des Ministeriums im obigen Sinne mitgeteilt, die er sich erbitten zu müssen geglaubt hatte, weil hier das Gerücht ging und die Präsumption dafür war, daß der Landtag in diesem Jahre schwerlich noch zusammentreten würde. Olshausen sagte mir gestern in der Akademie, daß das Ministerium selber auch noch an Dich zu schreiben beabsichtige. Übrigens sagte er mir auch schon vor einiger Zeit, daß Du gegen Weihnachten herzukommen gedächtest. Das wäre freilich das Beste, und Du würdest alsdann für den Fall, daß bis zum 31. die Sache nicht zum Abschluß gelangt wäre, nach Deinem persönlichen Eindruck verfahren können. Es versteht sich, daß Du und Deine Frau uns at the shortest notice hochwillkommene Gäste sein werden.

Lebewohl, grüße Deine Gattin, Kirchhoff, Bunsen, und gib ein Lebenszeichen Deinem

E. du Bois-Reymond

Deine elektrische Abhandlung[3] habe ich mit großem Dank erhalten.

Nr. 127

An E. du Bois-Reymond

Heidelberg, 11. Dezember 1870

Lieber Freund,
von Weierstraß habe ich die Anzeige erhalten, daß er mit Lehnert gesprochen und daß die Forderungen für mich in das Budget gesetzt sind. Es ist mir das sehr beruhigend, denn ich hatte auch angefangen zu fürchten, daß ich den nächsten Sommer noch würde hier bleiben müssen, und wenn man sich schon entschlossen hat, noch einmal eine solche Verpflanzung vorzunehmen, so ist es natürlich wünschenswert, es sobald wie möglich zu tun. Wenn übrigens die Herren im Landtag noch Wahlen zu prüfen haben und vielleicht sich noch erst über Jacobys[1] Verhaftung aussprechen müssen, so ist die Sache immerhin noch etwas unsicher. Ist die Genehmigung des Landtags erfolgt und fehlt es nur noch an der Unterschrift des Königs, so würde ich die letztre allerdings nicht mehr abzuwarten brauchen.

Jedenfalls, denke ich, wird es gut sein, wenn ich gleich nach Weihnachten nach Berlin komme. Es müssen doch Vorbereitungen für das provisorische Laboratorium getroffen werden; es sind auch noch mancherlei Kleinigkeiten definitiv festzusetzen, und soweit ich die Berliner Geheimräte kenne, würde alles zu meinem Schaden entschieden werden, sowie ich mein Entlassungsgesuch abgeschickt hätte. Auch muß ich mich nach einer Wohnung umsehen, wenn auch die definitive Schließung des Kontrakts einige Tage hinauszuschieben wäre.

Hier schwankt man unter den Sachverständigen der Universität einigermaßen, ob ich bis zum 1. oder 15. Januar Frist habe. Ich werde mich darüber noch zu vergewissern suchen. Wenn es sich also nicht geradezu herausstellen sollte, daß ich um Weihnachten in Berlin nichts ausrichten kann, werde ich mit meiner Frau so frei sein, von Eurem freundlichen Anerbieten dankbaren Gebrauch zu machen.

Also beste Grüße Deiner Frau mit der Hoffnung auf baldiges Wiedersehen

Dein
H. Helmholtz

Nr. 128

An H. von Helmholtz

Berlin, 18. Dezember 1870

Lieber Helmholtz,
unsere Briefe haben sich gekreuzt. Da Du kommst, ist nichts weiter zu schreiben; übrigens scheint das Budget ja bis zum Ende des Jahres fertig zu werden. Auf Wiedersehen also, nebst Deiner Frau. Die Stätte ist Euch bereitet; Du sollst früh essen, Du sollst kein Obst zu essen bekommen, Du sollst nach Tisch verschwinden. Und so „Lebet wohl und zürnet nit".

Dein E. du Bois-Reymond

Nr. 129

An E. du Bois-Reymond

Heidelberg, 20. Dezember 1870

Lieber du Bois,
ich werde mit meiner Frau Dienstag den 27. von hier abreisen und Mittwoch früh in Berlin eintreffen, um von Eurer freundlichen Einladung Gebrauch zu machen. Zugleich mit Deinem Briefe habe ich ein Schreiben von Mühler erhalten, worin er erklärt, daß die Genehmigung meiner Kompetenzen durch den Landtag nicht zu bezweifeln sei, und mich auffordert, ihm definitiv zu erklären, ob ich willens sei, für Ostern meine Entlassung hier zu fordern, worauf ich ihm bejahend antworten, das Entlassungsgesuch selbst aber wohl erst von Berlin aus absenden werde.

Ich möchte Dich noch bitten, irgendein Vermietungsbüreau zu beauftragen für mich Adressen von Wohnungen zu sammeln bis zur Miete von 1000 Talern und in der Nähe des Tiergartens,[1] jedoch nicht allzu weit von der Stadt.

Weiteres mündlich. Beste Grüße!

Dein H. Helmholtz

Nr. 130

An H. von Helmholtz

Berlin, 11. Februar 1871

Lieber Helmholtz,
ich schreibe Dir nur, weil ich die Vorstellung habe, Du könntest erwarten, von mir zu hören, und um Dir zu sagen, daß ich Dir nichts zu sagen habe. Du bist offiziös, wenn nicht offiziell davon unterrichtet, daß die Herbariumangelegenheit vollständig geordnet ist.[1] Ich sah neulich Knerck, der mir sagte, für das von ihm damals in Aussicht genommene Grundstück würden 300000 Taler verlangt; also mehr als der Teil des Grund und Bodens der Artilleriewerkstätten kosten würde, den wir beanspruchen müßten.[2] Er sprach mit mir gar nicht so verzweifelnd von der letzteren Örtlichkeit, wie er es mit Dir getan zu haben scheint. Einstweilen, da selbst der Mann ist, habe ich mir den Situationsplan der Werkstätten verschafft und brüte darüber, wie das Terrain am besten zu verwerten sein möchte. Durch einen merkwürdigen Zufall hat der hiesige Architektenverein im vorigen Jahr einen solchen Plan anfertigen lassen als Grundlage für eine Preisaufgabe, die zum Gegenstande den Entwurf zu einer Musikakademie auf jenem Platze hat. Dies ist nichts weiter als ein architektonisches Luftschloß, und niemand denkt daran, dort eine solche Akademie

hinzubauen; es ist, wie der Verein auch ein Restaurationsprojekt für das Heidelberger Schloß oder die Alhambra verlangen könnte. Gelingt es mir, ein zweites Exemplar der Preisaufgabe zu erlangen, so schick' ich es Dir, damit Du Dir auch den Kopf zerbrechest.

Vorläufig ist in Berlin alles eingefroren. Wir haben nämlich, seit Ihr hier waret, das Thermometer nicht über Null, dagegen fast immer unter –10 °R gesehen. Heute früh ging ich bei –17 °R ins Kolleg.

Lebewohl und empfiehl mich Deiner Gattin, von der heute ein Brief an meine anlangte. Ich hoffe, Du hast Beruhigendes über Deinen Sohn vernommen.

Dein E. du Bois-Reymond

Nr. 131

An E. du Bois-Reymond

Heidelberg, 14. Februar 1871

Lieber Freund,
besten Dank für Deinen Brief. Daß das Herbarium mir eingeräumt werden würde, schloß ich aus dem Umstande, daß Knerck mir den Plan zusandte, um meine Wünsche einzutragen; übrigens schrieb er nichts über den Stand der Sache, namentlich auch nichts über die Frage, ob dasselbe schon vor dem April würde geräumt werden können, wovon die Frage über die Eröffnung meines Laboratoriums abhängt. Ich habe hier schon drei Amerikaner, welche mitgehen wollen und mich mit der Frage quälen, wann ich das Laboratorium beginnen lassen werde. Wegen des Assistenten und des Dieners bin ich auch in Unterhandlung. Wiedemanns bisheriger Assistent, ein Thüringer, Dr. Weber, der mir gut gefällt, hat sich zur Assistenz gemeldet. Aber für den Diener habe ich nur Doves Vorschlag, seinen bisherigen zu nehmen, und ich werde ihn wohl für den Anfang nehmen müssen, bis ich vielleicht irgendeinen halbinvaliden Mechaniker finden kann.

Kühne hat den Ruf erhalten; ich erwarte, ihn morgen hier ankommen zu sehen.

Auch unser Winter war relativ hart, obgleich wir schon einige angenehme Sonnentage und vollständiges Tauwetter gehabt haben, so daß wir mehr von Schmutz als von Kälte litten. Dafür hatten wir in den letzten Tagen einige Unterhaltung mit Erdbeben. Der erste Stoß am Freitag war ganz bedenklich und hat einige freistehende Gartenmauern und Schornsteine umgeworfen, und drei Tage lang fühlte man außer deutlichen Stößen fast fortdauernd ein Zittern, von dem man nicht recht wußte, ob es von den Wagen herrührte oder nicht.

Kirchhoff klagt wieder über seinen Fuß und macht seine Spazierwege nur noch in der Droschke.

Für das künftige Institut ist es jedenfalls besser, auf einem unbebauten Platze anzufangen, sonst arbeitet einem der Baumeister doch noch die alten Gebäude hinein, und das Ganze wird Flickwerk. Deshalb habe auch ich mehr Zutrauen zu den Artilleriewerkstätten, wenn sie auch etwas weiter von der Universität entfernt sind.

Von meinem Sohn weiß ich nur soviel, daß er am 25. Januar sich das Gesicht verbrannt haben soll, als eine Granate beim Einladen in die Kanone explodierte, wobei zwei seiner Kameraden schwer verletzt wurden. Es geschah vor Vesoul bei der Verfolgung von Bourbaki.[1] Er scheint aber nicht in ein Lazarett gegangen zu sein, da er in den Lazarettlisten nicht vorkommt; also wird es nicht bedeutend sein.

Viele Empfehlungen Deiner Frau und beste Grüße!

Dein H. Helmholtz

Nr. 132

An E. du Bois-Reymond

Heidelberg, 17. März 1871

Lieber Freund,

gestern erhielt ich einen Brief von Bruns mit den Vorschlägen über Besetzung der Fenster meines Instituts für die Einzugsfeier.[1] Diese waren in der Beziehung naiv, daß ich selbst an die Luft gesetzt werden sollte, wenn nicht vielleicht unten ein Fenster für mich übrig blieb. Ich habe darauf Bruns geantwortet, daß ich zunächst das Eckzimmerchen gegen die Hauptwache hin mir und den Meinigen reservieren würde, daß ich in den unteren Räumen, wo so viele ungeschützte Instrumente stehen, nur Leute zu sehen wünschte, die Achtung vor solchen hätten, daß es mir daher ganz recht sei, wenn Dove und Frau Magnus nach seinen Vorschlägen dort untergebracht würden, und daß ferner Du mit den Deinigen mir passend für die Besetzung des dritten Fensters unten erscheinen würdest, wenn Du nicht als Expromotor eine andre Stelle hättest, um die Sache anzusehen. Daß es mir ferner durchaus passend erschiene, wenn Knerck und Olshausen nach seinen Vorschlägen in den oberen Fenstern untergebracht würden. Für die übrigen Aspiranten, nämlich Braun, den Universitätsrichter und die Gemahlin des Prinzen Adelbert, die, wie es scheint, eine Patronin von Braun ist, könnte ich dann noch drei Fenster zu Gebot stellen, die er nach seiner Kenntnis des Usus und der Rangordnung beliebig verteilen möchte. Ich hielt es für nötig, meine eigene Berechtigung stark zu akzentuieren, sonst, sehe ich schon, ziehen sie mir, noch ehe ich in Berlin angelangt bin, das Fell über die Ohren, wie sich auch Dove schon in Magnus Semester und Stunde für die Experimentalphysik hatte hineinsetzen lassen.

Wenn es Dir also paßt, eines der Fenster in meinem Institute zu okkupieren, die doch wohl günstiger gelegen sind als die vom Physiologischen Institut, so melde Dich bei Bruns damit. Gegenteiligenfalls laß es mich wissen. Mir geht es gut trotz vieler Diners und Soupers, durch die ich mich durchessen muß. Wir werden hier zuguterletzt noch mit Ehren, mit Freundschaftsbeweisen und Geschenken überhäuft. Heute beginnt der Packer sein Werk.

Ich habe Dir noch nicht für Deine letzte Rede über Friedrich den Großen gedankt.[2] Dieselbe gefällt noch allgemeiner als die frühere, weil sie keine Sympathien verletzt. Die Stelle aus dem Hamlet ist äußerst glücklich angewendet.

Einige Angst habe ich vor den Eisenbahnstörungen durch die Militärzüge. Das kann leicht sehr unbehagliche Folgen für uns haben.

Vielen Dank Deiner Frau für Ihre Hilfe und beste Grüße

Dein
H. Helmholtz

Teil 3 Die gemeinsame Zeit in Berlin bis zu Helmholtz' Tod, 1871/72–1894

Nr. 133

An H. von Helmholtz

Potsdam, 5. September 1872

Lieber Helmholtz,
ich habe mich neuerlich mit dem Bauplan [1] beschäftigt und mit Herrn Zastrow und Geheimrat Knerck kommuniziert. Die Sache befindet sich in dem Stadium, daß Spieker noch nicht zurück ist, daß der Minister durch Knerck bei Zastrow Bericht eingefordert hat, daß sich aber doch nichts Entscheidendes begeben wird, bis Spieker, Du und ich wieder zur Stelle sind. Dann soll eine Konferenz unter des Ministers Vorsitz und unter Beteiligung des Geheimrats Dierberg (?) von der Baukommission stattfinden. Zum 1. Oktober wird den Pächtern der Werkstätten noch nicht gekündigt, ich habe aber von Knerck das bestimmte Versprechen, daß dies zum 1. Januar geschenen solle. Das Abbrechen wird 6–8 Wochen dauern. Über das 3. Institut [2] noch immer völlige Ungewißheit. Zastrow sprach von der Akademie, Knerck sprach davon, die Universität aufzufordern, das Bedürfnis zu nennen, welches sie dort als das dringendste befriedigt zu sehen wünschte.

Was mich treibt, Dir über diese Sache zu schreiben, das ist nun zunächst meine tiefe Unzufriedenheit mit dem Plane. Zwar hat jetzt mein Privatlaboratorium in der relativ erschütterungsfreien Mitte des Platzes eine Stelle gefunden, und die Räume um den Hörsaal sind so ziemlich in Ordnung. Im übrigen aber läßt sich doch etwas Geistloseres und an Erfindung Ärmeres nicht denken, als rund um das Grundstück ein zweistöckiges Gebäude zu ziehen, darin einen Korridor, der Gott weiß wie Licht erhält, und dann eine Abwechslung zwei- und einfenstriger Stuben, in die nachher hineingeschrieben wird: Boudoir, optisches Zimmer, Plättstube, Zimmer der Söhne, usw. Das ist die ganze Kunst. Auf Einzelheiten, die sich dabei als ganz unerträglich herausstellen, kann ich hier nicht eingehen, doch muß ich noch erwähnen, daß ich so in meinem Laboratorium, welches ich schon so groß wie nur denkbar zweckmäßig verlangt habe, etwa ein Viertel mehr Raum habe, als ich brauchen kann. Ich glaube, fast ein Drittel. Dies wäre zu ertragen, wenn es nicht die Folge des kasernen-, hotel- oder gefangenenhausartigen Planes wäre und wenn es nicht gelegentlich die sehr unangenehme Folge haben könnte, daß einem erklärt wird, man habe die und die leerstehenden Räume für die und die Zwecke abzugeben.

Ich würde dies nicht so scharf hinstellen, wenn ich nicht glaubte, daß es sehr leicht ist, die Sache zu verbessern. Vor allem muß man gegen das Spiekersche Mißverstehen des „möglichst intensiven Ausnutzens der Baustelle" protestieren. Ihm ist sichtlich möglichst intensives Ausnutzen, möglichst viel Bausteine auf der gegebenen Fläche verbauen. Man muß darauf dringen, daß möglichst intensives Ausbauen darin besteht, daß man möglichst zweckmäßig baue und daß, wenn der Zweck des 5. Gebäudes Luft und Licht erheischt, einige Hunderttausend Bausteine weniger möglicherweise einer intensiveren Ausnutzung entsprechen können.

Ich stelle also das Verlangen, daß zu einem sogenannten Gruppenbau oder wenigstens einem gemischten Gruppenbau zurückgekehrt werde.[3] An der Ecke der Wilhelmstraße und der Uferstraße, respektive der Dorotheenstraße, denke ich mir unsere Häuser bestehend aus Erdgeschoß, Bel-Étage und 2. Stockwerk, etwa von 20 m Seite. Dann denke ich mir diese Häuser im 1. und 2. Stockwerk ganz freistehend, dagegen im Erdgeschoß miteinander in der Wilhelmstraße und mit dem Mittelbau des physikalischen Institutes in der Uferstraße, sowie mit dem Mittelbau des physiologischen Institutes in der Dorotheenstraße durch eine nur die Erdgeschoßhöhe einnehmende Galerie verbunden, aus der sie und die Mittelbaue gleichsam als Pavillons hervorragen. Jedes Haus hat eigenen Eingang, in der Galerie in der Wilhelmstraße ist eine Durchfahrt. Mit dem 3. Institut in der Schlachtgasse hängen die Mittelbaue auch durch solche Galerie zusammen und sind dort durch Brandmauern abgegrenzt. Der Schönheit halber kann ja jenes Institut zwei Eckpavillons, unseren Häusern entsprechend, und einen Mittelbau haben. Ich sollte beiläufig meinen, daß solche Anordnung zu viel interessanterem Fassadenschmuck Gelegenheit bieten müßte als die Kaserne, wie sie projektiert ist.

Der ungeheure Gewinn aber ist nun dabei, daß sowohl unsere Häuser als die Institute in ihren beiden oberen Stockwerken Luft und Licht von allen Seiten bekommen. Die wurstförmige Anordnung der Wohnungen ist beseitigt, da in jedem der Häuser ein zentrales Treppenhaus an die Stelle tritt. Der Korridor in den Mittelbauen der Laboratorien wird kurz und hell, in den Galerien erhält er Oberlicht. Platz bleibt die Hülle, die Fülle um so mehr, als wir ja in bezug auf die Ausdehnung nach der Schlachtgasse auch durch nichts beschränkt sind. Es versteht sich, daß die im Innern des Grundstückes projektierten Bauten durch diese Änderung gar nicht affiziert werden.

Ich schreibe Dir nun dies alles, lieber Freund, weil es heißt, Principiis obsta, damit Du nicht vorweg *Deinen* unbedingten Konsens zu dem gegenwärtigen Projekt aussprechest und so meinen Widerspruch vereitelst. Es ist natürlich von größter Wichtigkeit, daß wir zusammen operieren. Überlege Dir einmal mit Deiner Frau meine Vorschläge, und wenn Du vor mir nach Berlin zurückkehrst, halte mindestens die Sache von Deiner Seite her offen.

Wir sind noch hier, und ich weiß noch nicht bestimmt, ob und wohin wir reisen.

Dein E. du Bois-Reymond

Nr. 134

An H. von Helmholtz

Desenzano am Gardasee, 19. September 1872

Lieber Helmholtz,
wir haben hier über Berlin Eure Briefe aus Engelberg[1] erhalten. Es freut mich außerordentlich, daß Ihr mit uns einig seid im Verwerfen der Spiekerschen Grundidee. Ich fürchte nicht, daß man uns mehr Raum wegnimmt, da wir ja leicht zeigen können, daß bei der gegenwärtig projektierten sogenannten Ausnutzung des Raumes es an Licht und Luft fehlt. Ich habe seitdem (aus Riva)[2] ein Schreiben an Spieker selbst gerichtet, der mittlerweile nach Berlin zurückgekehrt sein muß. Ich habe darin noch ein Motiv geltend gemacht, welches allmählich mir erst selbst klar geworden ist, nämlich, daß nach so langem Warten der Welt auf das physiologische Laboratorium ich mich nicht damit begnügen kann, in einem kasernenähnlichen Gebäude eine Anzahl von Räumen zugewiesen zu erhalten, sondern im Namen der Ehre und Würde des Staates verlangen muß, daß die von mir vertretene Wissenschaft eine räumlich ausgezeichnete Stätte erhalte, so daß man sagen könne: „Hier ist das physiologische Laboratorium!" Übrigens bin ich bei genauerer Untersuchung dahin gelangt, einzusehen, daß das für unsere Häuser[3] beanspruchte Areal von 20 m × 20 m doch nicht reicht; und habe deshalb den Verbindungsbau zwischen den Häusern in der Wilhelmstraße aufgegeben. In dieser Straße sollen vielmehr die Häuser etwa 26 m jedes breit sein, und sollen zwischen sich eine straßenähnliche Einfahrt von ca. 12 m Breite, nach den Straßen zu durch eine Kolonnade geschlossen, lassen; etwa so

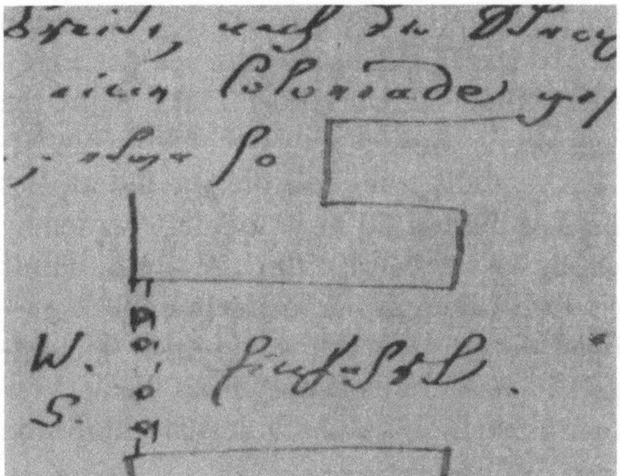

An dieser Einfahrt und mit Hülfe des ihr entlang gebauten Flügels würden wir unendlichen Raum für unsere Wirtschaftsbedürfnisse gewinnen. Ich habe auch die Möglichkeit zugegeben, daß es gut sein könnte, die Verbindungsbaue zwischen unseren Wohnhäusern und dem Laboratorium zwei Stockwerk hoch zu machen, so daß nur das 3. Stockwerk allseits frei stände.

Ich schreibe Dir dies alles, damit Du nicht von Spieker, wenn er etwa in gereizte Stimmung versetzt sein sollte, mit der Angabe empfangen werden könnest, ich hätte bereits meine Widersprüche aufgegeben oder von Grund aus geändert.

Ich hoffe umsomehr, daß wir noch schließlich ganz gut zu Stand kommen, da sich Knerck so vernünftig äußerte.

Wir haben in Rosenheim, 24^{h} mit Brücke verlebt, der bewundernswürdig gefaßt ist.

Dein E. du Bois-Reymond

Nr. 135

An H. von Helmholtz

Berlin, 26. Februar 1873

Mittwoch

Lieber Helmholtz,
da Du, wie ich höre, verreisest, habe ich mit dem Geheimrat Giersberg verabredet, daß die Kommissionssitzung zur Begutachtung der Zentralbahn[1] noch vor Deiner Abreise in nächster Woche stattfinden solle. Vorläufig ist dazu Dienstag, der 4. März, um 4 Uhr nachmittags ausersehen, und Du wirst höflichst gebeten, zu dieser Zeit Dich frei halten zu wollen. Giersberg und Wiebe sind auf unserer Seite, und nur der Handelsminister selber scheint Hartwich zu protegieren.

Dein
E. du Bois-Reymond

Nr. 136

An H. von Helmholtz

[Berlin, 3. od. 10. Dezember 1873]

Mittwoch früh

Lieber Helmholtz,
ich habe ein ähnliches Schreiben von Soret erhalten.[1] Da morgen bereits Akademie ist, scheint es mir nicht notwendig, noch vorher an die Genannten zu schreiben. Es tut mir sehr leid, daß Du unwohl bist, ich habe eine Woche lang einer scheußlichen Grippe widerstanden, habe mich aber Montag doch außerstande gefühlt, mein Publicum zu halten. Gute Besserung.

Dein
E. du Bois-Reymond

Nr. 137

An E. du Bois-Reymond

Berlin, 25. März 1874

Lieber Freund,
Mommsen hat mir einen an Helbig in Rom gerichteten Brief von Tommasi vorgelegt, dessen Inhalt durch gleichlautende mündliche Äußerungen von Sella und Blaserna bestätigt sei, daß die Teilnehmer der Poggendorff-Feier in Rom sich bitter darüber gekränkt fühlen, daß sie auf ihr Telegramm und für ihre Teilnahme keine Antwort erhalten hätten.[1] Da Du der Empfänger des Telegramms und Ordner des Festes warst, betrachten sie Dich zunächst als verantwortlich dafür. Man legte es als Hochmut von seiten der Deutschen aus, und es habe Veranlassung gegeben zu den hämischsten Bemerkungen von seiten der französischen und klerikalen Partei:

Die Freunde der deutschen Wissenschaft hätten eine schwierige Stellung den Gegnern gegenüber, und es sei unsere Pflicht, sie moralisch zu unterstützen.

Ich weiß unter diesen Umständen weiter nichts vorzuschlagen, als daß wir ein feierliches Schreiben, unterzeichnet von Poggendorff und dem ganzen Festcomité, zurücksenden, worin wir ihnen den Dank für ihre Teilnahme in möglichst warmen Worten aussprechen, und dieses Aktenstück möglichst schnell absenden.[2]

Dein
H. Helmholtz

Nr. 138

An H. von Helmholtz

Rüdersdorf, 3. Oktober 1874

In Eile

Lieber Helmholtz,
Weierstraß, mit welchem zusammen ich hier bin, hat heut einen Brief von Koenigsberger erhalten, in dem gesagt ist, 1., daß Du mit der Berufung von Kirchhoff als Akademiker einverstanden seiest, 2., daß, der ursprünglichen Verabredung und auch dem von Kirchhoff gegen Weierstraß und mich schriftlich geäußerten Wunsch entgegen, Kirchhoff bei der Akademie nur 3 (soll wohl heißen 4) 000 Taler, bei der Universität aber als Professor die übrigen 1500 Taler bekommen soll.

Dies Arrangement würde aus verschiedenen Gründen dem Ministerium vermutlich willkommen sein. Wir sind dagegen, Weierstraß, Borchardt und ich, der Ansicht, daß es für Kirchhoff wie für die Akademie vorteilhafter und wünschenswerter wäre, wenn nur die Akademie ihn als ihr Mitglied beruft. Bei jener Kombination würde es heißen, Kirchhoff komme als Physiker an die Universität, und die Akademie gebe einen Teil des Geldes dazu. Es soll aber gerade das Beispiel der Berufung eines ausgezeichneten Mannes durch die Akademie als solche für akademische Zwecke gegeben werden.[1] Wir bitten Dich also, zunächst über die Sache beim Zusammentreffen mit Göppert, Greiff und anderen von dem neuen Plan schweigen zu wollen, wie denn überhaupt noch aus anderen Gründen Sekretierung der Angelegenheit bis zur Klassensitzung am 26. Oktober empfehlenswert ist. Mündlich teile ich Dir mit, wie die Wildsche Sache sich neben der Kirchhoffschen entwickeln soll. Wir ziehen Donnerstag und Freitag von Potsdam hinein. Auf Wiedersehen alsdann; Grüße Deiner Frau. Dein

E. du Bois-Reymond

Nr. 139

An H. von Helmholtz

[Berlin, 1877]

„A. a. O." Mittwochabend

Lieber Freund,
ich konnte heut abend Deiner nicht mehr habhaft werden, um Dir beifolgendes einzuhändigen, was ich Dich zu lesen bitte, mit der Bitte, mir zu sagen, ob Du der Mühe wert hältst, es der Akademie mitzuteilen. Es scheint mir von allem Wesentlichen am Telephon[1] so einfach und vollständig, mit Hülfe einer einzigen physikalisch-mathe-

matischen Bemerkung, Rechenschaft zu geben, daß ich es für richtig halte, da sonst für theoretische Anstöße eben bei der Einfachheit der Betrachtung kaum Raum zu sein scheint. Wenn Du aber mit einer theoretischen Arbeit im selben Sinne beschäftigt wärest oder wenn die Idee sonst schon in physikalisch-mathematischen Kreisen ausgesprochen wäre, möcht ich um keinen Preis damit hervortreten.

Du schickst mir das Papier wohl bis 1 1/2 wieder herüber.

Dein
E. du Bois-Reymond

Nr. 140

An E. du Bois-Reymond

Berlin [1877]

Lieber Freund,
die beifolgende Erklärung der Wirkungen des Telephons habe ich als auf der Hand liegend betrachtet, sowie ich von dem Dinge hörte.[1] Da ich aber Jahre lang mit Fourierschen Reihen im Kopfe zu Bett gegangen und wieder aufgestanden bin, so darf ich in diesem Falle keinen Schluß von mir auf andre machen. Die Literatur des Telephons habe ich wenig verfolgt und weiß also nicht, ob eine solche Erklärung schon publiziert ist. Ein originaler Gedanke ist eigentlich nicht darin, aber sie zeugt von klarem Verständnis der physikalischen Verhältnisse, und es mag vielen Leuten damit gedient sein, wenn sie veröffentlicht wird.

Beste Grüße
Dein
H. Helmholtz

Nr. 141

An E. du Bois-Reymond

Berlin, 26. Mai 1880

Mittwoch

Lieber Freund,
die Physikalische Gesellschaft hat ihre jetzigen drei Vorsitzenden[1] beauftragt, Dir, wo möglich noch vor der nächsten am Freitag stattfindenden Sitzung, ein Diplom als bleibendem Ehrenpräsidenten der Gesellschaft zu übergeben, indem sie wohl ein-

sieht, daß sie Dir die Verpflichtungen des Amtes abnehmen muß, aber doch nicht wünscht, daß Du nach so langjähriger Wirksamkeit und bei so großen Verdiensten für das Bestehen der Gesellschaft damit auch die Ehrenrechte aufgeben sollest, auf die Du mehr Recht als irgendein andrer hast. Ich erlaube mir also die Frage, ob wir Dich am Freitag zwischen 1 und 3 1/2 Uhr treffen können, eventualiter, welche Zeit Dir am liebsten ist.

Dein
H. Helmholtz

Nr. 142

An H. von Helmholtz

Berlin, 26. Mai 1880

Lieber Helmholtz,
ich werde am Freitag von 2 Uhr ab Eures Besuches harren, wenn es sein muß. Du würdest aber mir und, glaub' ich, Dir selber einen Dienst leisten, wenn Du den Kelch einer solchen Zeremonie von uns abwendetest. Du, Kirchhoff und Professor Röber einerseits und ich andererseits können uns doch nicht zwischen vier Wänden hinstellen, und uns Komplimente machen. Die Sache ist so ganz in der Ordnung, die Gesellschaft drückt mir aus, was sie mir zu schulden glaubt, Du kommst an Deinen Dir längst gebührenden richtigen Platz, was ja unerläßlich war, damit die Umsiedlung in dem Institut stattfinden könne,[1] also suche es so einzurichten, daß wir nicht wie Auguren dastehen und einander schließlich anlachen. Es ist merkwürdig, ich kann diese Art von Feierlichkeiten gar nicht vertragen, und dies einzige Mal, wo ich mich dazu hergab, bei dem 25jährigen Jubiläum meiner Präsidentenschaft,[2] ist mir eine grauenvolle Erinnerung.

Dein
E. du Bois-Reymond

Nr. 143

An E. du Bois-Reymond

Ambach, 18. August 1880

Lieber Freund,
ich habe Bolls hinterlassenes Manuskript durchgesehen, es ist offenbar nicht nur nicht geendet, sondern nicht einmal durchgearbeitet; es ist nur ein erster Entwurf. Bei dem Versuch, niederzuschreiben, was er mir in Davos mündlich mitgeteilt hat,[1] sah ich,

daß zuviel äußerst zweifelhafte Behauptungen hingestellt werden müssen, die erst genau mit dem verglichen werden müssen, was er selbst noch unter eigner Verantwortung in den Lincei[2] publiziert hat. Ohne eine solche Vergleichung kann ich nichts fertig machen. Die Sache muß also liegenbleiben, bis ich wieder zu Hause bin.

Mir geht es im ganzen gut, meine Wunde ist per primam int[erpretationem] geheilt, aber es haben sich doch die gewöhnlich bei starker Abgetriebenheit eintretenden Symptome, intermittierender Herzschlag usw. eingestellt, und ich will also, was noch vom Sommer übrig ist, benutzen, um nach Pontresina hinaufzugehen.[3] Das ist immer das Mittel gewesen, was mir am besten geholfen hat. Dort werde ich in den nächsten drei Wochen im Hotel Savatz sitzen.

Mit vielen Grüßen
Dein
H. Helmholtz

P. S. Ich hatte noch an Auwers eine Abhandlung des Herrn Wesendonk für die Monatsberichte[4] geschickt, weiß aber nicht, ob noch vor den Ferien Plenarsitzung ist.

Nr. 144

An E. du Bois-Reymond

Berlin, 12. November 1880

Lieber Freund,
hierbei zurück das Elaborat über die Judenverfolgung.[1] Ich bitte zu entschuldigen, wenn ich ablehne, es zu unterzeichnen. Ich finde es zu schlecht redigiert. Einzelne Sätze sind unverständlich, andre von höchst zweifelhafter Richtigkeit. Der ganze Schritt erscheint mir vollkommen hoffnungslos und, solange der ganze Streit sich auf Maulheldentum beschränkt, auch unnütz. Unter diesen Umständen finde ich es nicht nötig, um des guten Zwecks willen wegzusehen über einzelne Sätze, die ich nicht mit meiner Unterschrift veröffentlicht sehen möchte.

Mit besten Grüßen
Dein
H. Helmholtz

Nr. 145

An E. du Bois-Reymond

Berlin, 20. Dezember 1880

Lieber Freund,
beifolgend sende ich den Aufsatz von Boll[1] zurück und zwei Blätter, die ich dazu niedergeschrieben habe in Form einer Anmerkung der Redaktion, deren erster Passus bis zu dem unter meinem Namen gegebenen Schreiben natürlich nur Vorschlag ist und beliebig geändert werden könnte.[2] Schließlich enthält der Aufsatz, wenn auch in zu absprechender und zuversichtlicher Form vorgetragen, doch eine zusammenhängende Auffassung, die man als gestützt durch viele gelegentliche Beobachtungen von Boll ansehen muß, auch wo es sich nur um Bestätigung der Untersuchungen andrer handelt, und stellt bestimmte Fragen, die bei weiteren Untersuchungen zu berücksichtigen sind und deren Wichtigkeit in diesem Zusammenhange einleuchtet. Von den Zeichnungen erkenne ich drei, die ich mit Bleistiftnummern versehen und auf die ich in den letzten Seiten des Textes verwiesen habe, wieder als darstellend die Mosaik der Pigmentzellen. Mit den andern, die den Pigmentzellen anheftende Stäbchen darzustellen scheinen, weiß ich nichts anzufangen. Ich lege den Brief der Frau Boll bei, und da ich diesen in den nächsten Tagen beantworten muß, bitte ich um seine Rücksendung mit der Bitte, mir zu melden, ob Du das Ganze so aufnehmen willst.

Dein
H. Helmholtz

Nr. 146

An H. von Helmholtz

Berlin, 24. Dezember 1880

Lieber Helmholtz,
es versteht sich, daß ich in allen Stücken nach Deiner Weisung handeln werde. Für Deine Mühwaltung in Sachen des Archives[1] sage ich Dir meinen herzlichen Dank. Das Schreiben der Frau Boll enthält einen Irrtum, den ich aufgeklärt zu sehen wünschte: ich habe nie Bedenken getragen, das Manuskript abzudrucken, weil ich dasselbe schon in den Lincei[2] gedruckt glaubte, um so weniger, als vielmehr zwischen Boll und mir eine Art Abkommen bestand, wonach alle seine Sachen, sogar mit Inbegriff der seiner Schüler, zugleich in den Lincei und im Archiv erscheinen sollten. Ich habe die Lincei in diesem Zusammenhange nie anders erwähnt als in dem Sinne, daß man

dort vielleicht sich Rats erholen könne, um das dem vorliegenden Manuskript Fehlende zu ergänzen.

Entschuldige, daß ich nicht schneller antwortete, ich habe von Sonnabend bis gestern nachmittag 55 Prüfungen abgehalten und 13 Bogen korrigiert.

Dein E. du Bois-Reymond

Nr. 147

An H. von Helmholtz

Berlin, 7. Mai 1881

Lieber Helmholtz,
da ich Deine Stellungnahme in der Haeckelschen Sache[1] mir nur dadurch erklären kann, daß Du seine Schriften nur von günstigem Hörensagen kennst, erlaube ich mir, Dir beifolgende Blödsinnsprobe[2] zur Information zu übersenden. Sie ist kein Jugendwerk, sondern erst eben fünf Jahre alt. Von Persönlichkeiten ist hier gar nicht die Rede; Du sollst Dir nur ein Urteil bilden, ob ein Mensch, der solches Zeug schreibt, wert ist, von der Akademie unterstützt zu werden, und ob die Akademie sich nicht auf das Empfindlichste schädigt, wenn man ihr nachsagen kann, daß sie solche Richtung stützt. Deine Furcht, daß es heißen werde, wir hätten ihn wegen der Verunglimpfung unserer Personen abgewiesen, teile ich nicht. Er selbst wird kaum wagen, sich so zu äußern, da es überall das tiefste Erstaunen erwecken wird, daß er nach dem gegen uns angeschlagenen Ton die Ungezwungenheit besessen hat, uns um Geld bitten zu kommen.

Dein E. du Bois-Reymond

Nr. 148

An E. du Bois-Reymond

Berlin, 30. Januar 1883

Verehrter Freund,
da Du Dich neulich hast beim Kaiser und Kronprinzen zur Audienz melden lassen, wirst Du mir sagen können, bei wem man die beiden Schreiben einzureichen hat. Ich habe eine sehr unerwartete Veranlassung dazu, insofern ich neulich vertraulich gefragt wurde, ob ich den Adel akzeptieren würde und daraufhin gestern schon das betreffende Dekret empfing.[1] Vivat sequens!

Mit besten Grüßen
Dein H. v. Helmholtz

Nr. 149

An H. von Helmholtz[a]

Berlin, 23. Dezember 1886

Lieber Freund,
wenn Goethe recht hat mit seinem Ausspruch: Kein Wesen kann zu nichts zerfallen, so hast Du mir, statt vier, nur drei Zeugnisse geschickt, nämlich über Benedict, Caro und Jacobson.

Ich hatte außerdem Dir noch zur Nachprüfung zugewiesen Leo Silberstein, der gestriked hat, Philipp Heymann und Albert Grünenthal. Wenn Du nur vier Nachprüflinge gehabt hast, muß also auch noch einer von diesen beiden gefehlt haben; ich erlaube mir zu fragen, welcher, und was hat der übrigbleibende Vierte für Prädikat erhalten?

Endlich der Eleve, den Du am 29. XI. schon geprüft hast, war doch wohl Carl Bauer, denn ich habe einen Nachprüfungsschein von Dir auf diesen Namen lautend, vom 30. XI., ein Beobachtungsfehler, auf welchen nichts ankommt, während unser Personalverzeichnis von keinem stud. med. Carl Bauer etwas weiß, woraus eine gesunde Induktion den Schluß gestattet, daß jener Carl Bauer ein Eleve sei.

Setze mich durch eine Zeile instand, diese Verwirrung in meinen Akten aufzuhellen, da Du denn zur Belohnung Dein Honorar bekommen sollst.

Dein E. du Bois-Reymond

Nr. 150

An H. von Helmholtz

[Berlin, 1886]

Lieber Freund,
hier schicke ich Dir verabredetermaßen das Konvolut der die Kohlrauschschen Augenblicksbilder[1] betreffenden Akten. Ich habe sie, so gut es anging, geordnet, allein ich bin nicht ganz damit zustande gekommen. Wenn Du Dich hineinarbeiten willst, mußt Du nach dem neuesten obenauf liegenden Erlaß unseren alten Bericht mit Deinem Einzelgutachten zur Hand nehmen, darauf das neue Gesuch des Kohlrausch und das Gutachten des Herrn Meydenbauer. Unter den Photographien der

[a] Das letzte Blatt des Schreibens von du Bois-Reymond enthält auf beiden Seiten mit Bleistift ausgeführte, schwer lesbare mathematische Formeln und Berechnungen von der Hand H. von Helmholtz'.

Reihe [?] fehlt die Tafel IX. Es tut mir sehr leid, Dir diese Arbeit aufladen zu müssen, allein ich folge der ministeriellen Weisung.

Mit besten Grüßen
Dein
E. du Bois-Reymond

Wenn Du mit der Sache fertig bist, über die wir übrigens am Donnerstag in der Akademie sprechen können, schicke mir die Akten zurück oder melde mir, daß ich sie abholen lassen soll.

Nr. 151

An H. von Helmholtz

[Berlin, nach dem 27. Januar 1887]

Montagabend

Lieber Freund,
wie ist es mit dem Manuskript Deines Vortrages in der öffentlichen Sitzung?[1] Wir können jetzt nicht gut länger warten, wenn es in dem auf die Sitzung bezüglichen Stück der Berichte gedruckt werden soll, weil die Pagination der Stücke VI und VII, welche zu den Klassensitzungen am vorigen Donnerstag gehören, nicht festgesetzt werden kann, folglich auch diese Stücke nicht erscheinen könnten. Wenn Du nicht morgen, spätestens übermorgen, das Manuskript liefern könntest, würde wohl zu setzen sein: Zum Schluß hielt Herr von H[elmholtz] einen Vortrag über die Geschichte des Prinzips der kleinsten Wirkung; und Dein Vortrag müßte dann in einem späteren Stück erscheinen.

Dein E. du Bois-Reymond

Nr. 152

An E. du Bois-Reymond

Berlin, 24. Januar 1888

Lieber Freund,
bei mir sind beifolgende zwei Arbeiten von A. Kundt und H. Hertz eingelaufen mit der Bitte, sie der Akademie zur Veröffentlichung in den Sitzungsberichten[1] zu übergeben. Da dies nun erst am 2. Februar geschehen kann, erlaube ich mir die Frage, ob der

Druck nicht sogleich beginnen könnte, so daß sie schon in dem Heft des 2. Februar erscheinen können. Beide Arbeiten sind sehr geschickt in der Ausführung, beide sehr wichtig in ihren Resultaten, die von Hertz ganz genial. Es scheint mir also die Annahme beider durch die Akademie nicht zweifelhaft sein zu können. Indessen erkläre ich mich bereit, die Druckkosten zu tragen, wenn sie zurückgewiesen werden sollten.

Dein
H. v. Helmholtz

Nr. 153

An H. von Helmholtz

Berlin, 8. April 1889

Lieber Freund,
ich erfülle die traurige Pflicht, Dir anzuzeigen, daß mein Bruder Paul gestern nachmittag zu Freiburg i. Br. gestorben ist. Die Ärzte telegraphierten am Vormittag schwere Erkrankung, drohendes Coma diabeticum und schon wenige Stunden darauf den Exitus. Die Leiche wird hergebracht.

Dein E. du Bois-Reymond

Nr. 154

An E. du Bois-Reymond

Charlottenburg, 29. Dezember 1891

Lieber Freund,
es ist mir unbegreiflich, warum mein am 2. Weihnachtsfeiertage geschriebener Brief nicht angekommen ist.

Ich hatte in demselben Dich gebeten, die Ritter des Ordens p[our] l[e] m[érite][1] zu einer Vorwahl zusammenzurufen, da die Bibliothek des Physiologischen Instituts bei weitem der bequemste Ort dafür ist und es sehr zweifelhaft erschien, ob ich selbst im Laufe dieser Woche so weit kommen würde, um einer solchen Versammlung beiwohnen zu können. In der Tat muß ich bei meinen Versuchen, ins Freie zu gehen, noch sehr vorsichtig sein.

Darin gab ich meine Meinung über die Wahl ab mit der Bitte, sie auch den andern Rittern mitzuteilen, wenn sie es wünschten.

Es sind bisher unter den 10 naturwissenschaftlich-mathematischen Rittern 4 Physiker gewesen, was mir als eine unbillige Bevorzugung erscheint. Ich kann mir nicht denken, daß die kaiserliche Bestimmung, einen Gelehrten desselben Fachs zu wählen, in ganz enggefaßtem Sinne erlassen sei. Ich glaube sie unbedenklich interpretieren zu dürfen durch: „einen aus dem Kreise der mathematisch-physikalischen Wissenschaften".

Nun fehlt unter den deutschen Rittern die Astronomie ganz, und die reine Mathematik ist nur durch einen Vertreter, Weierstraß, besetzt, was mir der Wichtigkeit des Fachs und der Masse von Scharfsinn, der darin aufgeboten wird, nicht zu entsprechen scheint. Ich habe deshalb an Leopold Kronecker und Auwers gedacht und würde in diesem Falle ersteren bevorzugen, weil er älter ist als Auwers und weil er mehr Arbeiten bisher durchgeführt hat und dadurch in wissenschaftlichen Kreisen der berühmtere schon geworden ist, wozu der andre noch gelangen wird.[2]

Dein
H. v. Helmholtz

Nr. 155

An E. du Bois-Reymond

Charlottenburg, 30. Dezember 1891

Deines Sohnes Notiz mit bestem Dank zurück. Seine Majestät zu ärgern bei einer Gelegenheit, wo er guten Willen gegen uns hat, fühle ich mich nicht veranlaßt. Meine Stimme werde ich als frei betrachten.

Dein
Helmholtz

Nr. 156

An E. du Bois-Reymond

Charlottenburg, 3. Februar 1892

Lieber Freund,
ich kann morgen nicht in die Akademie kommen wegen der Hochzeit von Fräulein Elly Eckardt, der ich nicht fernbleiben darf. Ich hatte gehofft, schon heut in der beabsichtigten Medaillensitzung[1] mit Dir und Auwers eine Verabredung wegen einer Orden p[our] l[e] m[érite]-Sitzung treffen zu können. Die Mehrzahl der Ritter stimmt

für Versammlung aller, auch der künstlerischen Mitglieder. Ich möchte Dich bitten, die Akademiesitzung morgen zu benutzen, um einen Termin zu verabreden, der Dir paßt in Deiner Institutsbibliothek. Ich werde dann die Einladungen schreiben und aussenden lassen.

Brückes Tod wird nun doch wohl Virchow wieder in der Wahlliste wiedererscheinen lassen.

Mit besten Grüßen
Dein
Helmholtz

Nr. 157

An E. du Bois-Reymond

Charlottenburg, 5. Februar 1892

Lieber Freund,
ich bin leider zum Mittwoch 7 Uhr Abend zu einem Diner engagiert, bei welchem eine Absage mißlich gedeutet werden könnte. Wenn die Sitzung erst um 6 Uhr angeht, würde ich also nur kurze Zeit dabei sein können.

Dein
Helmholtz

Nr. 158

An H. von Helmholtz

Berlin, 15. März 1892

Lieber Freund,
ich hätte Dir gern noch gestern abend eine Frage vorgelegt, es war aber zu spät geworden, und Du hattest Eile, fortzukommen. Ich muß Dich deshalb heute schriftlich damit quälen, obschon ich weiß, daß Du gerade in diesen Tagen viel zu tun hast; indessen hat die Sache auch keine so große Eile, es kommt mir nur darauf an, daß Du ihr, wenn Du etwa verreisest, ein paar Augenblicke gönnen wollest. Ich bitte Dich nämlich, aus meiner Maupertuis-Rede[1] die beifolgenden drei Seiten zu lesen, und wenn sie so stehenbleiben können, mir Dein Einverständnis zu bezeugen, anderenfalls das

Richtige hineinzukorrigieren. Es ist mir natürlich nicht möglich gewesen, mich bis zur Kompetenz eines eigenen Urteils in die Sache hineinzuarbeiten. Dich kann es ja kaum Nachdenken kosten, und ich schmücke mich gern mit Deinen Federn.

Mit besten Grüßen
Dein getreuer
E. du Bois-Reymond

Nr. 159

An E. du Bois-Reymond

Charlottenburg, 16. März 1892

Lieber Freund,
beifolgend Dein Manuskript zurück. Was Du über die späteren Mathematiker sagst, ist ganz recht. Was Maupertuis betrifft, kommt man über die Hypothesen nicht hinaus; ich muß sagen, daß ich Königs Version psychologisch am wahrscheinlichsten finde und an Leibnizens Brief glaube.[1] Aber das Verdienst, aus wenigen Andeutungen die Wichtigkeit der Sache erraten zu haben, ohne sie jedoch auch nur vollständig verstanden zu haben, bleibt ihm. Übrigens betrachte ich seinen betreffenden Aufsatz nur als halb populäre Festrede, die er vielleicht mit dem Principe de la moindre action nur so schön aufgestapelt hat, um den König zu amüsieren.

Auf Seite E oben wäre ein Mißverständnis möglich. Das Hereinziehen eines Beweises der zweckmäßigen Weltregierung als Beweis seiner Überhebung kann natürlich verständige Zeitgenossen zum Lachen gereizt haben, wie Voltaire. Die Sache selbst wohl nicht, dazu waren unsere früheren Kollegen doch wohl meist zu fromme Leute. Der Satz klingt aber so, als müßte das letztre notwendig der Fall gewesen sein, und könnte nicht beabsichtigten Anstoß erregen.

Dein
H. Helmholtz

Nr. 160

An E. du Bois-Reymond

Baden Baden, Hotel Stephanie, [vor dem 28. April 1892]

Verehrter Freund,
ich hatte in der Tat dicht vor meiner Abreise die Aufforderung, eine Vorwahl[1] anzusetzen, erhalten und ihn gebeten, sich an Dich zu wenden. Übrigens werde ich morgen abend in Berlin ankommen. Sehr entschiedenen Vorzug weiß ich keinem der Kandi-

daten zu geben, namentlich zwischen Kundt und Auwers schwankt die Waage. Da ich letzterem das erste Mal meine Stimme gegeben, werde ich es wohl diesmal wieder tun; aber es ist eigentlich nur das Alter und die Stellung als einziger Sekretar der Akademie, der den Orden noch nicht hat, was mir den Ausschlag geben würde.[2]

Mit besten Glückwünschen für die doppelte Enkeltaufe.

Dein
H. v. Helmholtz

Nr. 161

An H. von Helmholtz

Berlin, 31. Mai 1892

Lieber Freund,
ich bin stolz und gerührt und tief erfreut ob des Abglanzes Deiner Ehren, der mir zukommen soll, und ich darf sagen daß, wenn mich etwas dessen würdig macht, es ist, daß ich glaube, der erste unter unseren Jugendgenossen gewesen zu sein, welcher Deine ganze Größe erkannte.[1] Mit Deinen übrigen Wahlen kann ich mich nur einverstanden erklären. Weierstraß beurteile ich natürlich nur aus zweiter Hand, seine Verdienste liegen über meiner Sphäre. Etwas beunruhigt mich, nämlich, ob es passend ist, daß ich zugegen bleibe, wenn Du die Vorschläge machst. Es hängt davon ab, ob – wie ich mich zu erinnern glaube – die Diskussion Deiner Vorschläge untersagt ist. In diesem Falle könnte ich bleiben, sonst ist es wohl ratsamer, daß ich mich entferne.

In alter Freundschaft
Dein E. du Bois-Reymond

Nr. 162

An E. du Bois-Reymond

AAW II-IIIa – Bd. 13, Bl. 109.

Charlottenburg, 4. November 1892

Verehrter Freund,
als vorsitzenden Sekretar ersuche ich Dich, der Königlichen Akademie der Wissenschaften den Ausdruck meines tiefgefühlten Dankes für die in ihrem äußeren Schmucke wie in ihrem rednerischen Ausdruck und in ihrem Inhalte so ungewöhnlich schöne Zuschrift vorzulegen, mit welcher die Akademie des von mir gefeierten 50jährigen

Doktorjubiläum gedacht hat.[1] Ich selbst kann den Zweifel nicht ganz unterdrücken, ob ich eines so hohen Lobes würdig bin; aber für die Meinigen wird diese Zuschrift ein ehrenvolles Dokument bleiben, welches ihnen bis in ferne Generationen hinein verkünden wird, daß ihr Vorfahr das Eine erreichte:
„den Besten seiner Zeit zu genügen".

von Helmholtz

Nr. 163

An E. du Bois-Reymond

Charlottenburg, 6. November 1892

Lieber Freund,
nachdem ich gestern das offizielle Dankschreiben an die Akademie[1] abgesendet habe, schulde ich Dir noch einen besonders herzlichen Dank für höchst warmherzige und beredte Form der Adresse. Denn daß Du deren Autor bist, folgt für mich nicht bloß aus der mir bekannten Geschäftsordnung der Akademie, sondern es verrät Dich auch Dein Stil. Ich bedaure nur, daß meine Angelegenheiten in einer Zeit, wo Du noch kaum von der schweren Geschäftslast des vergangenen Jahres aufzuatmen begannst, sich auch noch auf Deine Schultern gelagert haben, um Deine Last zu vermehren. Um so mehr bewundere ich die schwungvolle und inhaltreiche Ausführung des Anschreibens, welches keine Spur von den Drangsalen erkennen läßt. Nimm also einen herzlichen Händedruck für diesen neuen Beweis Deiner Freundschaft.

Dein getreuer H. v. Helmholtz

Nr. 164

An H. von Helmholtz

Berlin, 7. November 1892

Lieber Freund,
„Du kennst den Schützen, suche keinen andern", und auch das Latein auf Deinem erneuerten Diplom habe ich verbrochen, leider habe ich zu spät gefunden, daß Du auf Deiner Dissertation Dich Arminius genannt hast, da es heute Mode geworden ist, Hermannus zu sagen. Ich bin sehr glücklich, daß Du mit meiner Ansprache wenigstens nicht unzufrieden zu sein scheinst, ich kenne deren schwache Seiten nur zu

gut, tröste mich aber damit, daß die Außenstehenden davon nicht viel gewahr werden werden. Übrigens war es mir, abgesehen von der Hast, mit der ich fertig werden mußte, eine liebe Arbeit, denn ich war dabei mit Herz und Phantasie. Du irrst übrigens, wenn Du meinst, daß ich durch die Geschäftsordnung zum Verfasser[1] bestimmt war, dies ist bei solchen Ansprachen keineswegs der Fall, sondern die Klasse drang in mich, die Mühwaltung zu übernehmen, und da kein anderer es tun wollte, tat ich es gern.

Mit besten Grüßen von Haus zu Haus
Dein getreuer
E. du Bois-Reymond

Nr. 165

E. du Bois-Reymond
an Anna von Helmholtz

Berlin, 29. Juli 1893

Gnädigste Frau und hochverehrte Freundin,
ich habe mir mehrere Tage lang den Kopf zerbrochen darüber, wie dem armen Oettingen zu helfen sei, bin aber völlig ratlos. Weder bei der Akademie noch bei meinem Institut ist für ihn die Möglichkeit des Unterkommens; Sie kennen ja die Verhältnisse genau genug, um selber zu diesem Schlusse zu gelangen. Ihr Herr Gemahl, mit welchem ich Donnerstag von der Sache sprach, weiß auch keine Auskunft. Ja, wenn Siemens noch da wäre, der könnte vielleicht helfen, wenigstens der augenblicklichen Bedrängnis, bis sich etwas fände, beispringen.

Ich empfinde tief den leisen Vorwurf, daß ich mich nie bei Ihnen sehen lasse, aber Sie haben keinen Begriff von der Sklaverei, in der ich lebe. Die Examina, die sich Helmholtz weise und glücklich abgeschüttelt hat, drücken mich tot, und das Sekretariat der Akademie, die Humboldt-Stiftung[1] und andere „Berufsgeschäfte" – wie man sie nennt, weil sie einen von seinem wahren Beruf abhalten – tun das übrige. Es ist dahin gekommen, daß ich nicht einmal mehr, wie sonst, am Mittwoch nachmittag nach Potsdam fahre, sondern nur Sonnabend abends, und am Montag vormittag gehe ich wieder ins Geschirr.

Mit herzlichen Grüßen und Wünschen für Ihr großes Reiseunternehmen.

Ihr getreulich ergebener
E. du Bois-Reymond

Nr. 166

Anna von Helmholtz an E. du Bois-Reymond

Charlottenburg, 22. Oktober 1894

Verehrter Freund,
mit großem Dank habe ich Ihre beiden Briefe erhalten, sowohl den, der meine eigenen Verhältnisse betrifft, als den auf die geplante Trauerfeier bezüglichen.

Wenn Herr von Bezold die Rede[1] übernimmt, ist es ja weitaus die beste denkbare Lösung, da Sie selbst dabei leider nicht mitwirken können. Mein Vorschlag, Zeller zu fragen, ging von der irrtümlichen Idee aus, daß Sie einen mehr allgemeinen Vortrag nicht naturwissenschaftlichen Inhalts wünschenswert fänden für diese Gelegenheit. Sobald dies nicht der Fall, ist Herr von Bezold der gegebene Redner durch seine Stellung innerlich und äußerlich, seine Sympathie für meinen Mann und durch die vielen nahen Beziehungen, die beide persönlich und wissenschaftlich verknüpften. Die Lokalfrage muß selbstverständlich ganz den Herrn überlassen bleiben, die die Sache leiten. Die Philharmonie hat den größten Raum zu bieten; daß sie ein unangenehmes Lokal ist, ändert daran nichts, und die Platzfrage wird entscheiden müssen.

Mich bewegt die ganze Sache tief, und ich bitte Sie zum voraus überzeugt zu sein, daß mir alles und jedes Arrangement recht und lieb sein wird und daß Sie meines Dankes für alle Liebesmühe sicher sind.

Mit herzlichem Gruß
Ihre
Anna von Helmholtz

Nr. 167

E. du Bois-Reymond an Anna von Helmholtz

Berlin, 15. Dezember 1894

Hochgeehrte Frau und Freundin,
meine Frau meint zwar, daß Sie es gewiß schon erfahren hätten, ich will aber doch keinen Augenblick verstreichen lassen, ohne Ihnen anzuzeigen, daß soeben der Staatsminister Delbrück bei mir war, um mir zu sagen, daß Seine Majestät gestern unmittelbar nach von Bezolds Rede ihm (Delbrück) gesagt habe, es sei seine Absicht, daß Helmholtz unverzüglich ein öffentliches Denkmal[1] errichtet werde, zu welchem er 10000 Mark beisteure und den Platz bewilligen würde. Die nächsten Maßregeln

dazu hat Herr Delbrück mit mir verabredet, es sollen heut über acht Tage die Vorstände der fünfzehn Vereine bei mir zusammentreten (in meinem Bibliotheksaal), um mit Delbrück weiteres festzustellen.

Ich bin seit Donnerstag unwohl, habe Donnerstag die Sitzung der Akademie versäumt, gestern morgen mit der größten Anstrengung gelesen und der Feierlichkeit beigewohnt und zu meinem schmerzlichen Bedauern gestern abend Ihrer Einladung nicht folgen können. Auch heute kann ich mich noch durchaus nicht in mir selber zurechtfinden und läge am liebsten im Bette.

Getreulich Ihr
E. du Bois-Reymond

Nr. 168

Anna von Helmholtz
an E. du Bois-Reymond

Berlin, 8. Juli 1895

Lieber, verehrter Freund,
wollen Sie mir erlauben, Ihnen ein Bild meines teuren Mannes als letztes Andenken an den Freund zu schicken, dessen geistigem Sein und Werden Sie in Ihrer schönen Gedächtnisrede[1] das unvergängliche Denkmal gesetzt haben. Aber auch die liebe edle äußere Gestalt gehört zu ihm, und ich möchte Ihnen das Bild[2] geben, das mir das liebste ist, weil es die schönsten Stunden unseres Beisammenseins, die stille Abendzeit an meinem Kamin, wo er sinnend, sprechend, lesend bei mir saß, so lebendig zurückruft wie kein anderes. Daß der Blick gesenkt ist, stört Sie hoffentlich nicht.

In teurem Dank
Ihre Anna von Helmholtz

Anmerkungen zu den Briefen

Zu Nr. 1

1 HELMHOLTZ, H.: Bericht über „die Theorie der physiologischen Wärmeerscheinungen" betreffende Arbeiten aus dem Jahre 1845, in: Fortschr. d. Physik im Jahre 1845, **1** (1847), S. 346–355.
2 Die „Physikalische Gesellschaft zu Berlin" ging 1845 aus einem Kolloquium bei G. MAGNUS (1802–1870) hervor, in dem sich Schüler von G. MAGNUS und JOH. MÜLLER (1801–1858) zusammengefunden hatten. Ein 1841 von E. DU BOIS-REYMOND gegründeter „Jüngerer Naturforscherverein" ging in dieser Gesellschaft auf. Auch H. VON HELMHOLTZ gehörte der Physikalischen Gesellschaft an.
3 LIEBIG, J. VON: Ueber die tierische Wärme, in: Lieb. Ann., **50** (1845), S. 347ff.
4 Der französische Physiker C. M. DESPRETZ (1792–1863) unternahm Versuche an Tieren, um den Nachweis zu führen, daß die tierische Wärme Resultat von Oxydationsvorgängen ist. C. M. DESPRETZ, Annales de Chimie et de Physique, T. XXVI, Paris 1824.
5 Ein von dem englischen Physiker Sir W. R. GROVE (1811–1896) entwickeltes galvanisches Element, das einen konstanten Strom erzeugte. Die Vielzahl der im 19. Jahrhundert benutzten galvanischen Elemente unterschied sich nach den für die Elektroden verwendeten Metallen und nach den elektrolytischen Flüssigkeiten, glich einander aber im Grundaufbau.
6 H. VON HELMHOLTZ hatte ein militärärztliches Studium am Medizinisch-Chirurgischen Friedrich-Wilhelm-Institut in Berlin absolviert. Er wirkte von 1843 bis 1847 als Militärarzt in der Potsdamer Garnison, was die Verpflichtung zum Lazarettdienst einschloß. Das Institut, 1795 von Generalstabsarzt GÖRCKE unter der Bezeichnung „Pepinière" für die Ausbildung von Militärärzten gegründet, wurde 1818 in „Medizinisch-Chirurgisches Friedrich-Wilhelm-Institut" umbenannt.

Zu Nr. 2

1 WEBER, E.: Muskelbewegung, in: Handwörterbuch der Physiologie, hrsg. von R. WAGNER, Bd. 3, Abt. 2, Braunschweig 1846, S. 1–122.
2 Ein auf dem Induktionsprinzip beruhendes Gerät zur Erzeugung eines inkonstanten Stroms durch Variierung der Stromintensitäten. A. a. O., S. 11.

Zu Nr. 4

1 HELMHOLTZ, H.: Bericht über „die Theorie der physiologischen Wärmeerscheinungen" betreffende Arbeiten aus dem Jahre 1846, in: Fortschr. d. Physik im Jahre 1846, **2** (1848), S. 259–260.

2 Helmholtz, H.: Ueber die Wärmeentwicklung bei der Muskelaction, in: Müllers Archiv, (1848), S. 144–164. „Müller" ist Johannes Müller.
3 1820 von Joh. S. Ch. Schweigger (1779–1857) entwickeltes Galvanometer, das aus einer Spule mit hoher Windungszahl und einer magnetischen Nadel besteht. Die hohe Windungszahl „multipliziert" die Wirkung der vom zu messenden Strom durchflossenen Spule auf die Nadel. 1825 verbesserte L. Nobili (1784–1835) das Gerät, indem er ein astatisches, d. h. die Einwirkung des Erdmagnetfeldes abschwächendes, Nadelpaar anwandte.
4 Nowawes: Heute Babelsberg, Stadtteil von Potsdam; ehemalige Stadt im Kreis Teltow. 1751 von König Friedrich II. für eingewanderte böhmische Protestanten gegründet, 1888 umbenannt in Neuendorf, 1939 mit Potsdam vereinigt.
5 Helmholtz, H.: Ueber den Stoffverbrauch bei der Muskelaction, in: Müllers Archiv, (1845), S. 72–83.

Zu Nr. 5

1 Vgl. Nr. 4, Anm. 3.
2 1841 von Joh. Ch. Poggendorff (1796–1877) entwickeltes Spannungsmeßgerät, das auf dem Prinzip der Kompensation eines Stromes durch einen gleichgroßen, aber dem ersten entgegengerichteten Strom beruht.
3 1822 von Th. J. Seebeck (1770–1831) entwickelte thermoelektrische Spannungsreihe, d. h. eine Kette von Thermoelementen, die auf Grund einer Temperaturdifferenz zwischen den aus unterschiedlichen Metallen bestehenden Polen Strom erzeugen.
4 Vgl. Nr. 1, Anm. 6.

Zu Nr. 6

1 Helmholtz, H.: Ueber die Erhaltung der Kraft (Vortrag in der Physikalischen Gesellschaft zu Berlin am 23. Juli 1847), Berlin: G. Reimer, 1847. Vgl. Hermann von Helmholtz: Über die Erhaltung der Kraft, in: Dokumente der Wissenschaftsgeschichte, hrsg. von Christa Kirsten u. Kurt Zeisler, mit einer Einführung von Hans-Jürgen Treder, Berlin 1982; Faksimile-Ausgabe.

Zu Nr. 7

1 Weber, W.: Elektrodynamische Maßbestimmungen über ein allgemeines Grundgesetz der elektrischen Wirkung, in: Abhandlung bei der Begründung der Königlich Sächsischen Gesellschaft der Wissenschaften am Tage der zweihundertjährigen Geburtstagsfeier Leibnizen's, hrsg. von der Fürstlichen Jablonowskischen Gesellschaft, Leipzig 1846, S. 211–378.
2 Von W. Weber (1804–1891) entwickeltes Elektrodynamometer für die Untersuchung von wirkenden Kräften zwischen ruhenden und bewegten Ladungen.
3 Von C. Matteucci (1811–1868) entdeckte Erscheinung, die das Auftreten elektromotorischer Spannungen im Muskel dadurch beweist, daß der Nerv eines herauspräparierten Muskels durch den Aktionsstrom eines zuckenden Muskels elektrisch beeinflußt wird.
4 Ein von Ch. E. Neeff (1782–1849) entwickelter Apparat zur Erzeugung von Induktionsströmen durch stetige Unterbrechung (mittels eines sogenannten Blitzrades) eines primären Stromkreises.

Zu Nr. 8

1 Vgl. Nr. 1, Anm. 2.
2 Bei diesem Aufsatz handelt es sich möglicherweise um eine Abhandlung C. Matteuccis, die die Problematik der Helmholtzschen Arbeit „Ueber die Erhaltung der Kraft"

tangiert. Vgl. MATTEUCCI, C.: De la relation qui existe entre la quantité d'action chimique et la quantité de chaleur, d'électricité et de lumiére qu'elle produit, in: Arch. d. sc. ph. et nat., **4** (1847), S. 375.

Zu Nr. 9

1 Vgl. Nr. 6, Anm. 1.
2 Journal für die reine und angewandte Mathematik, hrsg. von A. L. CRELLE, Bd. 1ff., Berlin 1826ff.
3 DU BOIS-REYMOND, E.: Untersuchungen über thierische Elektricität, Bd. 1, Berlin 1848. Bezüge auf die „Untersuchungen über thierische Electricität" finden sich noch in folgenden Briefen: Nr. 13, 14, 19, 21, 25, 26, 28, 29, 33, 34, 38, 42, 49, 53.
4 BRÜCKE, E.: Anatomische Beschreibung des menschlichen Augapfels, Berlin 1847.
5 Gemeint sind die „Fortschritte der Physik im Jahre ...", das Publikationsorgan der Physikalischen Gesellschaft zu Berlin. Vgl. Nr. 1, Anm. 2. Der erste Band erschien 1847 bei G. REIMER, Berlin.
6 Im Jahrgang der „Fortschritte der Physik im Jahre 1846" ist diese Arbeit von J. P. JOULE nicht nachweisbar.

Zu Nr. 10

1 HOLTZMANN, K.: Ueber die theoretische Formel für die Spannkraft des Wasserdampfes, in: Pogg. Ann., **67** (1846), S. 382ff.; CLAPEYRON, E.: Ueber die bewegende Kraft der Wärme, in: Pogg. Ann., **59** (1843), S. 446–451, 566–586.

Zu Nr. 12

1 Von 1849 bis 1855 hielt H. VON HELMHOLTZ als außerordentlicher Professor (ab 1851 als ordentlicher Professor) an der Universität Königsberg Vorlesungen über Physiologie (einschließlich Pathologie). – Die Unterlagen über die Berufung von HELMHOLTZ an die Universität Königsberg befinden sich im ZStA Merseburg, Rep. 76 Va Sekt. 11 Tit. IV Nr. 13 (1847–1853) Bl. 104–109, 113–137 und umfassen den Zeitraum von April 1849 bis Februar 1852. Die letzten Schriftstücke betreffen auch seine Ernennung zum ordentlichen Professor daselbst.
2 Collegium Albertinum: Bezeichnung für die 1544 von Herzog ALBRECHT I. gegründete Königsberger Universität.
3 WITTICH, W. VON: Die Entstehung des Arachnideneies im Eierstocke, in: Müllers Archiv, (1849), S. 113–150.
4 BRÜCKE, E.: Untersuchungen über die Lautbildung und das natürliche System der Sprachlaute, in: Sitzungsber. der math.-naturwiss. Klasse der Kaiserlichen Akademie der Wissenschaften, Wien, **2** (1849).
5 Die Physikalisch-ökonomische Gesellschaft in Königsberg wurde 1791 in Mohrungen gegründet. Nachdem sie sich anfangs vorwiegend mit landwirtschaftlichen Fragen beschäftigt hatte, wandelte sie sich in den dreißiger Jahren des 19. Jahrhunderts in eine allgemein-wissenschaftliche Gesellschaft um. Vgl. SPEISER, P.: Königsberg und die beschreibende Naturwissenschaft, in: Königsberg in der Naturforschung und Medizin. Königsberg 1910, S. 64.
6 BRUECKE, E.: De diffusione humorum per septa mortua et viva, Berolini 1842.
7 Die Bemühungen von R. LEUBUSCHER (1822–1861), Mediziner, den Posten eines

Direktors an der am 1. September 1852 eröffneten Ostpreußischen Provinzial-Irren-, Heil- und Pflegeanstalt in Allenburg bei Wehlau zu erhalten, schlugen fehl.

8 Durch das Gesetz vom 11. März 1850 sollte eine Umgestaltung der Provinzial-, Kreis- und Gemeindeorganisation in Preußen erfolgen. Die erstarkende Reaktion verhinderte die Durchführung dieses Gesetzes. Die alte Provinzialordnung wurde erst 1875 durch eine neue ersetzt.

9 An Stelle der versprochenen konstituierenden Verfassung befahl König FRIEDRICH WILHELM III. am 5. Juni 1823 die Errichtung von Provinzialständen in den preußischen Provinzen. In den Provinzialständen waren vor allem die ländlichen Großgrundbesitzer und Geistliche, ferner städtische Grundbesitzer und in bescheidenem Maße auch Bauern vertreten. Die Provinzialstände besaßen in Provinzialangelegenheiten nur beratende Befugnisse, für Kommunalangelegenheiten nahmen sie auch Verwaltungsaufgaben wahr. Sie dienten in erster Linie zur Interessenvertretung des junkerlichen Großgrundbesitzes.

Zu Nr. 13

1 JOH. G. HALSKE (1814–1890), Mechaniker, gründete 1847 mit W. SIEMENS (1816 bis 1892) die Telegraphenbauanstalt, in die W. SIEMENS offiziell erst 1849 nach Beendigung seines Militärdienstes eintreten konnte. Die Telegraphenbauanstalt rüstete u. a. auch die Eisenbahn mit Telegraphenapparaten aus.

2 DU BOIS-REYMOND, E.: Untersuchungen über thierische Elektricität, Bd. 2, Abt. 1, Berlin 1849 und: Fortschritte der Physik im Jahr 1847, 3 (1850).

3 Von 1849 bis 1856 wirkte E. DU BOIS-REYMOND als Nachfolger H. VON HELMHOLTZ' als Lehrer für Anatomie an der Berliner Kunstakademie.

4 Vgl. für das Folgende Nr. 21, Anm. 2.

5 Vgl. hierzu Nr. 24, Anm. 1.

6 Vorlesungsscheine

7 Th. SCHWANN, (1810–1882) Naturforscher, Mediziner, Professor in Löwen, Lüttich, Entdecker der Tierzelle, arbeitete u. a. über Urzeugung.

8 Galvanisches Element, benannt nach dem englischen Chemiker J. F. DANIELL (1790 bis 1845). Vgl. dazu auch Nr. 1, Anm. 5.

Zu Nr. 14

1 E. DU BOIS-REYMOND trug die Arbeit von HELMHOLTZ am 18. Januar 1850 in der Physikalischen Gesellschaft vor. Sie wurde veröffentlicht: HELMHOLTZ, H.: Ueber die Fortpflanzungsgeschwindigkeit der Nervenreizung, in: Pogg. Ann., **79** (1850), S. 328–330.

2 Vgl. Nr. 13, Anm. 2.

3 Dieser Begriff ist auf das Verhalten des von E. DU BOIS-REYMOND benutzten Meßgerätes beim Messen der Intensität des „Muskelstromes" von erregten Muskeln zurückzuführen. Seine Schlußfolgerung über die Umpolung des „Muskelstromes" (heute benutzt man „Ruhe- und Aktionspotential") beruhte allerdings auf einem durch den technischen Entwicklungsstand determinierten Mangel am Meßgerät. Tatsächlich wurde das Phänomen der Umkehrung des Aktionspotentials gegenüber dem Ruhepotential bei Erregung erst 1939 entdeckt.

4 HELMHOLTZ, H.: Vorläufiger Bericht über die Fortpflanzungsgeschwindigkeit der Nervenreizung, in: Müllers Archiv, (1850), S. 71–73; ders.: Ueber die Fortpflanzungsgeschwindigkeit der Nervenreizung, in: MB, (1850), S. 14–15; ders.: Notes sur la vitesse

de la propagation de l'agent nerveux dans les nerfs rachidiens, in: C. R., **30** (1850), S. 204–206; ders.: Deuxième note sur la vitesse de la propagation de l'agent nerveux, in: C. R., **33**(1851). S. 262–265.

5 Kgl. Preußische Akademie der Wissenschaften, gegr. 1700 als Kurfürstlich Brandenburgische Sozietät der Wissenschaften, heute: Akademie der Wissenschaften der DDR.

6 Academie des sciences, gegr. 1666 als dritte französische Akademie. Sie ging unter Beibehaltung ihres Namens, ebenso wie die anderen französischen Akademien, 1795 im Institut national auf, heute: Institut de France. Hier bildet sie die dritte Klasse, für Naturwissenschaften und Mathematik.
A. von HUMBOLDT übersandte die von E. DU BOIS-REYMOND überarbeitete Fassung durch Vermittlung der französischen Gesandtschaft an D. F. ARAGO (1786–1853) in Paris, mit der Bitte, den Bericht in der französischen Akademie vorzutragen und ihn in den Comptes rendus zu veröffentlichen.

7 C. F. W. LUDWIG (1816–1895), Physiologe, ging 1849 als Professor für Anatomie und Physiologie von Marburg nach Zürich.

8 Ironische Anspielung auf verschiedene Arbeiten C. MATTEUCCIS, unter anderem zu der Problematik, die E. DU BOIS-REYMOND schon in seinen „Untersuchungen über thierische Elektricität" aufgegriffen hatte. DU BOIS-REYMOND polemisierte gegen C. MATTEUCCI im Artikel „Elektrophysiologie" der „Fortschritte der Physik in den Jahren 1850 und 1851", Berlin 1855.

9 Von H. BUFF (1805–1878) ausgeführter Versuch, bestehend aus 16 (!) Menschen, die mit einem Multiplikator einen Stromkreis schlossen (siehe BUFF, H.: Ueber die von du Bois-Reymond entdeckte elektromotorische Muskelkraft, in: Annalen der Chemie und Pharmacie, hrsg. von LIEBIG und WÖHLER, **70** (1849), **71** (1850), S. 366–376; S. 239). Dieser Versuch diente der Reproduktion des von E. DU BOIS-REYMOND beschriebenen Experimentes zur Erzeugung eines Stromes durch willkürliche Muskelkontraktion (siehe MB, (1848), S. 362.).

Zu Nr. 15

1 Vgl. Nr. 14, Anm. 1 u. 4.

2 In der Berliner Akademie der Wissenschaften trug JOH. MÜLLER in der Sitzung der phys.-math. Klassse am 21. Januar 1850 den Bericht von HELMHOLTZ über die Fortpflanzungsgeschwindigkeit der Nerverreizung vor. Außer den genannten Akademiemitgliedern waren in der Sitzung zugegen: L. v. BUCH (1774–1853), M. H. LICHTENSTEIN (1780–1857), CH. WEISS (1780–1856), K. KARSTEN (1782–1853), J. ENCKE (1791–1865), CH. G. EHRENBERG (1795–1876), G. LEJEUNE-DIRICHLET (1805–1859), H. ROSE (1795 bis 1864), J. G. ROSE (1798–1873) und J. STEINER (1796–1863). (AAW II – Vc-Bd. 5, Bl. 109.)

3 Physikalische Gesellschaft. Vgl. Nr. 1, Anm. 2.

4 Vgl. Nr. 14, Anm. 4.

5 Von C. S. M. POUILLET (1791–1868) 1837 entwickeltes Gerät zum Messen der Stromstärke. Der zu messende Strom wird durch eine Spule geleitet, wobei eine waagerecht schwingende Mangnetnadel abgelenkt wird. Die Stromstärke ist dann das Produkt aus dem Tangens des Ablenkungswinkels und dem Reduktionsfaktor der Tangentenbussole.

Zu Nr. 16

1 1850 reiste E. DU BOIS REYMOND nach Paris, wo er an der Académie des Sciences Vorträge über seine und HELMHOLTZ' physiologische Forschungen auf dem Gebiet der Nervenreizung hielt.

2 Die hier geschilderten Untersuchungen von H. von HELMHOLTZ wurden von E. DU

Bois-Reymond am 20. Dezember 1850 in der Physikalischen Gesellschaft zu Berlin vorgetragen.
Helmholtz, H.: Ueber die Fortpflanzungsgeschwindigkeit der Nervenreizung in sensiblen Nerven; Mitteilungen über die Sitzungen der physikalischen Gesellschaft, in: Fortschritte der Physik in den Jahren 1850 und 1851, **6/7** (1855).

Zu Nr. 17

1 Helmholtz, H.: Messungen über den zeitlichen Verlauf der Zuckung animalischer Muskeln und die Fortpflanzungsgeschwindigkeit der Reizung in den Nerven, in: Müllers Archiv, (1850), S. 276–364.

Zu Nr. 18

1 Vgl. Nr. 17, Anm. 1.
2 Katharina Caroline Julie Betty Helmholtz (1850–1878).

Zu Nr. 19

1 Die Fortpflanzungsgeschwindigkeit der Reizung in den Nerven. Vgl. Nr. 17, Anm. 1. Die Fortsetzung der Arbeit von H. Helmholtz: Messungen über Fortpflanzungsgeschwindigkeit der Reizung in den Nerven, Zweite Reihe, in: Müllers Archiv, (1852), S. 199–216. Der Vortrag in der Physikalischen Gesellschaft erfolgte am 19. Juli 1850.
2 Helmholtz, H.: Ueber die Fortpflanzungsgeschwindigkeit der Nervenreizung, in: Pogg. Ann., **79** (1850), S. 328–330.
3 Die Arbeiten des italienischen Physikers C. Matteucci über tierische Elektrizität hatten ursprünglich die Anregung für die Forschungsrichtung von du Bois-Reymond gegeben. Matteucci stand dessen Ergebnissen jedoch skeptisch gegenüber. Du Bois-Reymond trug mehrfach seine eigenen Forschungsergebnisse und die von H. v. Helmholtz in der Pariser Akademie vor, im Frühjahr 1850 vor einer aus führenden französischen Wissenschaftlern (F. Magendie (1783–1855), C. S. M. Pouillet, C. M. Despretz, A.-C. Becquerel u. a.) gebildeten Kommission und demonstrierte dort das Experiment, bei dem in einem aus menschlichen Armen und Multiplikator gebildeten Stromkreis durch willkürliche Kontraktion der Muskeln Strom erzeugt werden sollte. (Vgl. Nr. 14, Anm. 8, 9.) In einem offiziellen Bericht wurde das Resultat des Experiments, das zugunsten von du Bois-Reymond ausging, bekannt gemacht, seine Erklärung über den muskulären Ursprung des Stromes wurde aber abgelehnt.
4 Pouillet, C. S. M.: Rapport sur les mémories relatifs aux phénomènes électro-physiologiques présentés à l'Académie par M. E. du Bois-Reymond (de Berlin), in: C. R., **31** (1850), S. 28 ff.
5 Es könnte sich hierbei um einen der Versuche von J. B. L. Foucault (1819–1868) zur Messung der Lichtgeschwindigkeit in der Luft, im Wasser und in transparenten Medien handeln. J. B. L. Foucault, Méthode générale pour mesurer la vitesse de la lumière dans l'air et les milieux transparents. Vitess relatives de la lumière dans l'air et dans 'eau. Project d'experience sur la vitesse de propagation du colorique rayonnaut, in: C. R., **30** (1850), S. 551 ff.
6 Société Philomatique de Paris. Wissenschaftliche Gesellschaft, gegründet 1788 zur Förderung von Mathematik, Physik und Naturwissenschaften; der Sorbonne angeschlossen.

Zu Nr. 20

1 Vgl. Nr. 19, Anm. 1.
2 HELMHOLTZ, H.: Bericht über „die Theorie der Wärme" betreffende Arbeiten aus den Jahren 1850 und 1851, in: Fortschr. der Physik in den Jahren 1850 und 1851, **6/7** (1855), S. 564–598.
JOULE, J. P.: On the mechanical equivalent of heat, in: Phil. Trans., (1850), S. 61.

Zu Nr. 21

1 Möglicherweise sind hier Sätze von L. L. VALLEÉ (1784–1864) zur physiologischen Optik, speziell zum Verhältnis lichtstrahlenbrechender Oberflächen, gemeint, da sich H. von HELMHOLTZ zu diesem Zeitpunkt schon mit dem Leuchten des Augenhintergrundes beschäftigt haben muß.
2 Mit den Begriffen: dyselektromotorisch, kryptoelektromotorisch oder parelektronomisch beschreibt E. DU BOIS-REYMOND einen (seiner Meinung nach) anomalen Zustand von Muskeln, in welchem es unmöglich war, einen Strom zwischen der Längsseite und der Querseite des unverletzten Muskels abzuleiten.
Vgl. E. DU BOIS-REYMOND, in: MB, (1851), S. 380.
3 Kreuzbandsendungen waren offene Postsendungen, die durch Papierstreifen kreuzweise gesichert waren, heute als „Streifbandsendung" noch gebräuchlich.

Zu Nr. 22

1 RITTER, J. W.: Beweis, dass ein beständiger Galvanismus den Lebensprocess in dem Thierreich begleite, Jena 1798.
2 Es handelt sich um den Untersuchungsbericht der französischen Akademie. Vgl. Nr. 19, Anm. 4.
3 BERNARD, C.: Zur Spaltung der Fettmoleküle durch das Ferment des Pankreassaftes, in: C. R., **30** (1850), S. 210, 222.
4 Preisträger des „Prix de Physiologie Expérimentale" zwischen 1848 und 1852 waren: 1848 C. BERNARD (1813–1878); 1849 und 1850 wurde der Preis nicht vergeben; 1851 wiederum C. BERNARD; 1852 teilten sich J. BUDGE (1811–1888) und A. WALLER (1816–1870) in den Preis. Vgl. Nr. 35 und 39.
5 Am 18. Juli 1851 wurde in der Physikalischen Gesellschaft H. VON HELMHOLTZ' „Versuche betreffend den Nachweis der Fortpflanzungszeit der Reizung in den Nerven mittels Zeichnung auf einem rotierenden Zylinder" bekanntgemacht.
Mitteilungen über die Sitzungen der physikalischen Gesellschaft, in: Fortschritte der Physik in den Jahren 1850 und 1851, **6/7** (1855).
6 In den Herbstferien 1851 unternahm HELMHOLTZ eine ausgedehnte Reise, die ihn nach Halle, Göttingen, Marburg, Giessen, Frankfurt/M., Heidelberg und in das Rheinland, in das Elsaß, in die Schweiz, nach Italien und Österreich führte. Vgl. Nr. 27.

Zu Nr. 23

1 HELMHOLTZ, H.: Ueber die Methoden, kleinste Zeittheile zu messen, und ihre Anwendung für physiologische Zwecke, in: Königsberger naturwiss. Unterhaltungen, **2** (1851) 2, S. 1–24. Vgl. auch Nr. 12, Anm. 5.
2 Es handelt sich möglicherweise um eine französische Fassung von: SIEMENS, W.:

Historischer Abriß der Entdeckung und Vervollkommnung der elektrischen Telegraphie, in: Fortschr. der Physik im Jahre 1845, **1** (1847), S. 552–571.

3 Du Bois-Reymond, E.: Notes sur la loi du courant musculaire et sur la modification qui' éprouve cette loi par l'effect de la contraction, in: C. R., **30** (1850), S. 349. Ders.: Note sur la loi qui préside à l'irritation électrique des nerfs et sur la modification du courant musculaire par l'effect de la contraction, ebenda, S. 406.

4 Du Bois-Reymond, E.: Ueber thierische Bewegung (Rede, gehalten im Verein für wissenschaftliche Vorträge am 22. 2. 1851), Berlin 1851.

5 E. du Bois-Reymond wurde auf Vorschlag von A. von Humboldt (1769–1859) und Joh. Müller am 20. Januar 1851 in der Sitzung der physikalisch-mathematischen Klasse und am 6. Februar 1851 in der Sitzung der Gesamtakademie zum Ordentlichen Mitglied gewählt. Die königliche Bestätigung erfolgte am 5. März 1851. (AAW II-IIIa-Bd. 6, Bl. 8, 149, 150).

6 Vgl. Anm. 4.

7 Erzeugen eines Tetanus, d. h. einer aus vielen Einzelzuckungen zusammengesetzten normalen Zuckungsform des Muskels durch rasch aufeinanderfolgende elektrische, mechanische oder chemische Reize.

8 Das zootomisch-anatomische Museum war im zweiten Obergeschoß des Westflügels des Universitätsgebäudes in Berlin, Unter den Linden, untergebracht. E. du Bois-Reymond hatte eine Gehilfenstelle inne. 1853 erhielt er dort einen eigenen Raum, später kamen noch ein zweites Zimmer und ein schmaler Gang sowie ein Bodenraum hinzu. Diese Räumlichkeiten wurden als Physiologisches Laboratorium bezeichnet.

9 Das Ministerium der geistlichen, Unterrichts- und Medizinal-Angelegenheiten, 1817 gegründet, war in Preußen die zentrale Behörde für die Kirchlichen-, Unterrichts- (einschließlich Universitäts-) und Medizinalangelegenheiten. Es war u. a. zuständig für die Errichtung wissenschaftlicher Institute und die Besetzung der Lehrstühle an den preußischen Universitäten.
Müsebeck, E.: Das Preußische Kultusministerium vor hundert Jahren. Stuttgart und Berlin 1918.

10 Für die Besetzung der Direktorenstelle der chirurgischen Klinik an der Berliner Universität waren 1848 B. von Langenbeck (1810–1887) und L. Böhm (1811–1869), der Adoptivsohn von Joh. K. H. Schulze (1786–1869), vorgeschlagen worden. Die Wahl fiel auf von Langenbeck. Vgl. Lenz, M.: Geschichte der Königlichen Friedrich-Wilhelm-Universität zu Berlin. Halle, 1910; 2. Bd., 2. Hälfte, S. 161–164.

Zu Nr. 24

1 Dipolare und peripolare Molekeln sind Modelle, die E. du Bois-Reymond benutzte, um den nach seiner Auffassung existierenden Strom in Muskeln, Organen und Nerven zu erklären. Die Molekeln stellen Kugeln dar, die an den Polen negativ und am Äquator positiv geladen sind. Der parelektronomische Zustand ist dann die irreguläre Anordnung solcher Molekeln. Vgl. auch Nr. 21, Anm. 2; Nr. 28.

2 Vgl. Nr. 7: Brief von Helmholtz vom 10. April 1847 aus Potsdam.

Zu Nr. 25

1 Die Arbeit von Helmholtz „Ueber den zeitlichen Verlauf der Inductionsströme" wurde am 9. Mai 1851 von E. du Bois-Reymond in der Physikalischen Gesellschaft vorgetragen.

Helmholtz, H.: Ueber die Dauer und den Verlauf der durch Stromesschwankungen inducirten elektrischen Ströme, in: Pogg. Ann., **83** (1851), S. 505–540.

2 Helmholtz, H.: Ueber den Verlauf und die Dauer der durch Stromesschwankungen inducirten elektrischen Ströme, in: MB, (1851), S. 287–290.

3 Diese Bemerkungen beziehen sich auf die in „The London Edinburgh and Dublin philosophical magazine and journal of science" in den Jahren 1848/49 geführte Kontroverse zwischen den britischen Physikern G. G. Stokes (1819–1903), G. B. Airy (1801 bis 1892) und J. Challis (1805–1882) um die Differenz zwischen der errechneten und der gemessenen Schallgeschwindigkeit und deren Erklärung. J. Challis führte dabei eine rein hydrodynamische Theorie der Schallbewegung ein. H. von Helmholtz bezog in dieser Auseinandersetzung Position gegen J. Challis.
Helmholtz, H., in: Die Fortschritte der Physik im Jahre 1848, Berlin 1852, S. 102 bis 110; und: Die Fortschritte der Physik im Jahre 1849, Berlin 1853, S. 93–97.

4 Helmholtz, H.: Ueber eine neue einfachste Form des Augenspiegels, in: Vierordts Archiv, **11** (1852), S. 827–852.

Zu Nr. 26

1 Vgl. Nr. 25, Anm. 1 und 2.

2 Vermutlich sind A. von Humboldt und Joh. Müller gemeint, die E. du Bois-Reymond für die Akademiemitgliedschaft vorgeschlagen hatten. Vgl. Nr. 23, Anm. 5.

3 Volkmann, A. W.: Ueber das Zustandekommen der Muskelcontractionen im Verlaufe der Zeit, in: Berichte über die Verhandlungen der Königlich-Sächsischen Gesellschaft der Wissenschaften Leipzig, Math.-phys. Klasse, 1851, S. 1–5.

Zu Nr. 27

1 In seiner Schrift „De pulsu, resorptione, auditu et tactu annotationes anatomicae et physiologicae", Lipsiae 1834 (siehe auch: „Über den Tastsinn", in: Archiv für Anatomie, Physiologie und wissenschaftliche Medicin, hrsg. von Joh. Müller, Jg. 1835), berichtet E. H. Weber (1795–1878) über seine Resultate von Versuchen über Reizempfindungen unterschiedlicher Qualität (Druck, Temperatur). Die Intensität der Temperaturempfindung ist abhängig von der absoluten Temperatur des Reizgebers, der Dauer der Einwirkung und der Fläche des Berührungspunktes. Seine Überlegungen gipfelten später in der als Weber-Fechner-Gesetz bekannten Schlußfolgerung, daß das Unterscheidungsvermögen verschiedener Reizintensitäten der gleichen Reizqualität immer im konstanten Verhältnis zur gesamten Reizgröße steht.

2 Volkmann, A. W.: Die Hämodynamik nach Versuchen, Leipzig 1850.

Zu Nr. 28

1 Helmholtz, H.: Die Resultate der neueren Forschungen über thierische Elektricität, in: Kieler Allgemeine Monatsschrift für Wissenschaft und Literatur, April/Mai (1852), S. 294–309, S. 366–377.

2 Helmholtz, H.: Theorem über die Vertheilung electrischer Ströme in körperlichen Leitern, in: MB, (1852), S. 466–468.

3 Smaasen, W.: Vom dynamischen Gleichgewichte der Elektricität in einer Ebene oder in einem Körper, in: Pogg. Ann., **69** (1846), S. 161. Kirchhoff, G.: Ueber die Auf-

lösungen der Gleichungen, auf welche man bei der Untersuchung der linearen Vertheilung galvanischer Ströme geführt wird, in: Pogg. Ann., **72** (1847), S. 497.

4 HELMHOLTZ, H.: Messung über Fortpflanzungsgeschwindigkeit der Reizung in den Nerven. Zweite Reihe, in: Müllers Archiv, (1852), S. 199–216.

5 Während seiner Reise im Herbst 1851 (vgl. Nr. 27) war H. VON HELMHOLTZ in Heidelberg mit J. HENLE (1809–1885) zusammengetroffen. Dieser teilte ihm mit, daß er und einige andere Professoren der medizinischen Fakultät bestrebt wären, HELMHOLTZ an die Universität Heidelberg zu berufen. DU BOIS-REYMOND wurde ebenfalls in die engere Wahl gezogen.

6 H. VON HELMHOLTZ wurde durch königliche Ordre vom 17. Dezember 1851 zum ordentlichen Professor ernannt. Vgl. Nr. 12, Anm. 1.

Zu Nr. 29

1 Vgl. Nr. 28, Anm. 4.

2 Solch ein Werk von E. DU BOIS-REYMOND existiert nicht. Wahrscheinlich ist es eine ironisch-bittere Anspielung auf die nur langsam voranschreitende Ausführung der großen Abhandlung „Untersuchungen über thierische Elekctricität".

3 Vgl. Nr. 28, Anm. 3.

4 Als Ordentliches Akademiemitglied erhielt E. DU BOIS-REYMOND vom 1. November 1852 an das durch den Tod eines Akademiemitgliedes freiwerdende Mitgliedsgehalt in Höhe von 200 Talern jährlich. (AAW II-IIIa-Bd. 6, Bl. 179, 213.)

5 Vgl. Nr. 28, Anm. 5.

Zu Nr. 30

1 NEUMANN, F. E.: Allgemeine Gesetze der inducirten Ströme, in: Pogg. Ann., **67** (1846), S. 31. Ders.: Ueber ein allgemeines Princip der mathematischen Theorie inducirter elektrischer Ströme, in: MB (1847), S. 282.

2 Vgl. Nr. 28, Anm. 2.

3 Bei der „Muskelmaschine" handelt es sich um eine verbesserte Versuchsanordnung zur Untersuchung der „negativen Schwankung", bei der ein isolierter Muskel durch elektrischen Strom tetanisiert werden konnte.

Zu Nr. 31

1 Archiv für Anatomie, Physiologie und wissenschaftliche Medicin, hrsg. von JOH. MÜLLER.

2 HELMHOLTZ, H.: Ueber die Theorie der zusammengesetzten Farben, in: Müllers Archiv, (1852), S. 461–482; ders.: Ueber Herrn Dr. Brewsters neue Analyse des Sonnenlichts, in: Pogg. Ann., **86** (1852), S. 501–523.

3 HELMHOLTZ, H.: Messungen über Fortpflanzungsgeschwindigkeit der Reizung in den Nerven. Zweite Reihe, in: Müllers Archiv, (1852), S. 199–216.

Zu Nr. 32

1 J. HENLE hatte sowohl H. VON HELMHOLTZ als auch E. DU BOIS-REYMOND als Nachfolger in die engere Wahl gezogen (vgl. Nr. 28, Anm. 5). HENLE verließ 1852 Heidelberg und folgte einem Ruf an die Göttinger Universität. Sein Nachfolger wurde zunächst

F. Arnold (1803–1890), bis dieser 1858 die Physiologie an den neuberufenen H. von Helmholtz abtrat.

2 Vgl. Nr. 28, Anm. 2.

3 Lebouyer, B. de: Eloge de Monsieur Leibnitz, in: Oeuvre de Monsieur Fontenelle, Paris, 5 (1758), S. 492ff. Deutsche Übersetzung in: Leibniz, G. W.: Theodicee, Hannover, Leipzig 1744.

4 Royal Institution of Great Britain. Sitz London. Gegründet 1799/1800 als Gelehrte Gesellschaft zur Förderung und Verbreitung naturwissenschaftlicher Erkenntnisse. Sie betreibt Forschungen in eigenen Instituten und Laboratorien und veranstaltet öffentliche Vorlesungen. Die Aufnahme neuer Mitglieder erfolgt durch Wahl.
Die Royal Institution wird noch in folgenden Briefen erwähnt: Nr. 42, 49, 82, 90, 91, 101.

5 Stipendium Blumenbachianum. Aus Privatkreisen wurden zu Ehren von Joh. F. Blumenbach (1752–1840) anläßlich seines 50jährigen Doktorjubiläums Gelder für ein Reisestipendium gestiftet, das jüngeren Medizinern zur Weiterbildung oder für Reisen in wissenschaftlichem Interesse zugute kommen sollte. Die Verwaltung des Fonds lag in den Händen eines Kuratoriums. Die Vergabe erfolgte nach Blumenbachs Tod wechselweise durch die medizinische Fakultät der Universität Göttingen und die der Berliner Universität. Die erste Hälfte des Stipendiums hatte du Bois-Reymond bereits 1846 in Anspruch genommen (UAHU, Med. Fak. Nr. 1605–1607 u. Rektorat, Nr. 299.)

6 Du Bois-Reymond, E.: MB, (1852), S. 111–140. Den Vortrag über tierische Elektrizität hielt du Bois-Reymond am 15. März 1852 in der physikalisch-mathematischen Klasse der Berliner Akademie. (AAW II-Vc-Bd. 6, Bl. 45).

7 F. G. M. Eisenstein (1823–1852) wurde am 24. April 1852 zum OM der Berliner Akademie der Wissenschaften gewählt.

8 In seiner Abhandlung „Die Hämodynamik nach Versuchen", Leipzig 1850, hatte A. W. Volkmann (1800–1877) eine Theorie der Blutbewegung geliefert, die sich auf die Hydrodynamik stützt. E. H. Weber glaubte, eine Diskrepanz zwischen den Vorstellungen Volkmanns über die Bewegungskräfte des Blutkreislaufes und den Grundsätzen der Hydraulik beobachten zu können. Die Diskussion wurde im „Archiv für Anatomie, Physiologie und wissenschaftliche Medicin" in den Jahren 1852–1854 geführt. Vgl. auch Nr. 27.

Zu Nr. 33

1 Vgl. Nr. 28, Anm. 1.

2 Bei dem von Helmholtz 1851 entwickelten Augenspiegel erhält der Beobachter ein aufrechtes, vergrößertes Bild vom Augenhintergrund und dessen Trübungen. Nach Ch. G. Th. Ruetes (1810–1867) Methode (1852) erhält man ein umgekehrtes Bild, indem vor das Auge eine Konvexlinse gesetzt wird. Auf diese Weise vergrößert sich der zu überblickende Ausschnitt der Netzhaut, das Bild wird lichtstärker. Die Vergrößerung ist allerdings geringer.

Zu Nr. 34

1 Du Bois-Reymond, E.: Fortsetzung der Untersuchungen über thierische Elektricität, in: MB, (1851), S. 380–398.

2 Vgl. Nr. 31, Anm. 2.

3 Deval, Ch.: Traité de l'amaurose, Paris 1851.

4 Aus Anlaß des 50jährigen Doktorjubiläums von M. H. LICHTENSTEIN (1780–1857) wurde die von A. WOLFF geschaffene Büste am 26. April 1852 im Zoologischen Museum in Berlin aufgestellt. Vgl. HUMBOLDT, A. VON: Rede bei der Aufstellung der Büste des Geh. Medicinalrathes Prof. Dr. Lichtenstein in dem zoologischen Museum am 26. April 1852. Berlin 1852.
5 Vgl. Nr. 28, Anm. 2.

Zu Nr. 35

1 HELMHOLTZ, H.: Ueber die Theorie der zusammengesetzten Farben. Physiologisch-optische Abhandlung, Königsberg 1852.
2 H. VON HELMHOLTZ hielt seinen Habilitationsvortrag „Über die Natur der menschlichen Sinnesempfindungen" am 28. Juni 1852.
3 Vgl. Nr. 22, Anm. 4. C. BERNARD wurde erst 1854 zum Mitglied der französischen Académie des sciences gewählt.

Zu Nr. 36

1 Vgl. Nr. 28, Anm. 2.
2 Die Fortschritte der Physik im Jahre 1848, **4** (1852).
3 Die aus einem Umschlag mit dem handschriftlichen Vermerk von E. DU BOIS-REYMOND „Sekundäre Zuckungskurven" und einem auf Karton aufgeklebten, von HELMHOLTZ erläuterten Filmstreifen bestehende Beilage, konnte als zu Brief Nr. 36 gehörig bestimmt werden.

Zu Nr. 37

1 Vgl. Nr. 28, Anm. 2; HELMHOLTZ, H.: Ueber einige Gesetze der Vertheilung electrischer Ströme in körperlichen Leitern mit Anwendung auf die thierisch-electrischen Versuche, in: Pogg. Ann., **89** (1853), S. 211–233, S. 353–377.
2 Vgl. Nr. 28, Anm. 5.
3 Vgl. Nr. 12, Anm. 7. R. LEUBUSCHER wirkte von 1850 bis 1856 als Oberarzt des Arbeitshauses in Berlin, das gleichzeitig als Irrenpflegeanstalt diente. 1856 ging er als Direktor der medizinischen Klinik nach Jena, kehrte 1859 nach Berlin zurück, wo er als praktischer Arzt und später als a. o. Professor tätig war.

Zu Nr. 38

1 Das Theorem von HELMHOLTZ über die Verteilung elektrischer Ströme in körperlichen Leitern wird in fast allen Briefen des Jahres 1852 berührt; vgl. Nr. 28, Anm. 2.
2 Vgl. Nr. 31, Anm. 2.
3 Gemeint ist die Fortführung der „Untersuchungen über thierische Electricität" von E. DU BOIS-REYMOND.
4 Vgl. Nr. 28, Anm. 1.
5 Torpedo marmorata – Zitterrochen (Marmelzitterrochen).
6 Vgl. Nr. 13, Anm. 3. Eine Stelle als Gehilfe von JOH. MÜLLER im anatomischen Museum hatte E. DU BOIS-REYMOND von 1849 bis 1856 inne. Vorlesungstätigkeit an der Berliner Universität übte er zunächst nur im Rahmen der Müllerschen Kurse aus.

7 K. O. von Raumer (1805–1859). Preußischer Minister der Geistlichen Unterrichts- und Medizinal-Angelegenheiten von 1850 bis 1858.
8 Virchow, R.: Erinnerungsblätter, in: Virchows Archiv, **4** (1852), S. 541.
9 1852 wurde die Eisenbahnverbindung Berlin – Danzig fertiggestellt.
10 David-Paul Gustave du Bois-Reymond (1831–1889), Mathematiker.

Zu Nr. 39

1 Vgl. Nr. 23, Anm. 8.
2 Helmholtz, H.: Ueber eine neue einfachste Form des Augenspiegels, in: Vierordts Archiv, **11** (1852), S. 827–852.
3 Vermutlich für „Hamborough", Wortspiel für „Hamburg".
4 Ostbahn: Eisenbahnverbindung Berlin–Küstrin–Danzig–Königsberg–Eydtkuhnen. Am 9. Januar 1853 ereignete sich auf der Strecke ein Unfall, bei dem ein Eisenbahnarbeiter getötet wurde.

Zu Nr. 40

1 Richard Wilhelm Ferdinand Helmholtz (1852–1934), Eisenbahningenieur.
2 Vgl. Nr. 18, Anm. 2.
3 Helmholtz, H.: Ueber eine bisher unbekannte Veränderung am menschlichen Auge bei veränderter Accomodation, in: MB, (1853), S. 137–139.
4 Helmholtz, H.: Ueber Goethes naturwissenschaftliche Arbeiten. (Vortrag gehalten im Frühjahr 1853 in der Deutschen Gesellschaft zu Königsberg), in: Kieler Allgemeine Monatsschrift für Wissenschaft und Literatur, (1853), S. 383–398.
„Die Grenzboten" Zeitschrift für Politik und Literatur. Hrsg. von Gustav Freytag und Julian Schmidt, 12. Jg. 1853, Leipzig: Herbig-Verlag.
5 Vgl. hierzu Nr. 31, Anm. 2, Nr. 35, Anm. 1, ferner Helmholtz, H.: Ueber die Theorie der zusammengesetzten Farben, in: Müllers Archiv, (1852), S. 461–482.
6 Otto Helmholtz (1827–1913). Später Direktor der Rheinischen Stahlwerke in Duisburg.

Zu Nr. 41

1 Gaugain, P.: Boussole des tangentes établie sur un principe nouveau d'electrodynamique, in: C. R., **36** (1853), S. 191–193.
2 Vgl. Nr. 38, Anm. 1, Nr. 37, Anm. 1.
3 Das sogenannte Tischrücken oder Tischklopfen zum Zwecke der Geisterbeschwörung war als eine besondere Erscheinungsform des Aberglaubens in den USA unter verschiedenen spiritistischen Sekten weit verbreitet. Durch den Bericht eines angeblichen Augenzeugen einer solchen Beschwörung, der im Februar 1853 in der Nationalzeitung veröffentlicht wurde, fand diese Unsitte ab 1853 in Deutschland weite Verbreitung. Neben anderen Gelehrten hat sich auch A. von Humboldt scharf dagegen ausgesprochen. Vgl. Kerner, J.: Die somnambulen Tische. Stuttgart 1853.
4 Allgemeine Encyclopädie der Physik, Hrsg. G. Karsten, Leipzig 1856–1870.

Zu Nr. 42

1 British Association for the Advancement of Science, gegründet von Sir David Brewster und anderen nach dem Vorbild der Gesellschaft deutscher Naturforscher (1822).

Die erste Versammlung fand 1831 statt. Seitdem tagte die Association jährlich und jedesmal an einem anderen Ort, gewöhnlich im August oder September.
2 Scientific memoirs. Selected from the transactions of foreign academies of sciences and foreign journals, Bd. 1–5, 1837–1852.
3 Vgl. Nr. 41, Anm. 4.
4 Bei der hier herangezogenen Literatur handelt es sich im einzelnen um:
– (möglicherweise) das von mehreren Personen (u. a. von GEHLER) bestrittene Buchunternehmen: Sylloge operum minorum praestantiorum ad artem obstetriciam spectantium, quam anavit atque edidit ... JOH. CH. T. SCHLEGEL, Vol. 1.2, Lipsiae 1795–1796.
– Handwörterbuch der Physiologie, hrsg. von R. WAGNER, Bd. 1.2, Braunschweig 1842–1844, Bd. 3, 1846.
– Encyclopädisches Wörterbuch der medizinischen Wissenschaften, hrsg. von D. W. H. BUSCH, C. F. VON GRÄFE, C. W. HUFELAND, H. F. LINK, K. A. RUDOLPHI, Berlin 1828–1849.
– (möglicherweise) SÖMMERING, S. TH., Abbildungen des menschlichen Auges, Frankfurt/M. 1801.
– HENLE, J.: Allgemeine Anatomie. Lehre von den Mischungs- und Formbestandteilen des menschlichen Körpers, Leipzig 1841.
5 LUDWIG, K.: Lehrbuch der Physiologie des Menschen, Bd. 1, Heidelberg 1852.
6 BAUMERT, F. M.: Ueber eine neue Oxydationsstufe des Wasserstoffs und ihr Verhältnis zum Ozon, in: Pogg. Ann., **89** (1853).

Zu Nr. 43

1 HELMHOLTZ, H.: Ueber die Geschwindigkeit einiger Vorgänge in Muskeln und Nerven, in: MB, (1854), S. 328–332.
2 Vgl. auch Nr. 28, Anm. 4. Das Myographion ist eine Vorrichtung zum Messen und graphischen Fixieren des zeitlichen Verlaufs der Muskelzuckung.

Zu Nr. 44

1 E. DU BOIS-REYMOND berichtete am 15. Juni 1854 im Plenum der Akademie über H. VON HELMHOLTZ' Mitteilung „Die Geschwindigkeit einiger Vorgänge in Muskeln und Nerven". Vgl. auch Nr. 43, Anm. 1. (AAW II-Va-Bd. 35).
2 Gemeint sind die von E. PFLÜGER (1829–1910) durchgeführten Experimente am Aal, bei denen die Reizreaktionen des Aals auf Wärmereize untersucht wurden, um die psychischen Funktionen der Medulla oblongata und spinalis (in: Müllers Archiv, (1851), S. 484–495) ableiten zu können.
3 HELMHOLTZ, H.: Über die Wechselwirkung der Naturkräfte und die darauf bezüglichen neuesten Ermittlungen der Physik, Königsberg 1854.
4 Gegenstand dieses Streites, ausgetragen in den „Annalen der Physik und Chemie" (Pogg. Ann.), **89** (1853), **91** (1854), war die Schrift von HELMHOLTZ „Über die Erhaltung der Kraft". Im wesentlichen beschränkte HELMHOLTZ seine Erwiderungen auf das klärende Darlegen des Hauptinhaltes oben genannter Arbeit.
5 REGNAULT, J.: Recherches sur les courants musculaires, in: C. R., **38** (1854), S. 890–893.

Zu Nr. 46

1 Vgl. Nr. 43, Anm. 1.
2 1854 wurde ELLEN DU BOIS-REYMOND geboren.

Zu Nr. 47

1 Vgl. Nr. 38, Anm. 10.

Zu Nr. 48

1 Der Physiologe R. WAGNER (1805–1864) führte in Göttingen von einer reaktionären Position aus einen Streit gegen die Vulgärmaterialisten (besonders gegen K. VOGT). Auf der Göttinger Naturforscherversammlung 1854, wo er einen Vortrag über „Menschenschöpfung und Seelensubstanz" hielt, entzog er sich der Diskussion mit C. LUDWIG.
Die „Naturforscherversammlungen" kamen in Deutschland auf Anregung von L. OKEN (1779–1851) zustande, erstmals 1822 in Leipzig als Gesellschaft deutscher Naturforscher und Ärzte. Den Durchbruch erzielte die Versammlung von 1826 in Berlin, zu deren Geschäftsführer A. VON HUMBOLDT, als Stellvertreter und Sekretär H. LICHTENSTEIN gewählt worden waren. Die Versammlungen traten jährlich einmal an wechselnden Orten zusammen. 1892 erhielten die Naturforscherversammlungen durch die Gründung als „Gesellschaft deutscher Naturforscher und Ärzte" (Sitz: Leipzig) eine feste organisatorische Grundlage.
SUDHOFF, KARL: Hundert Jahre Deutsche Naturforscherversammlungen, Leipzig 1922.

Zu Nr. 49

1 Vgl. Nr. 38, Anm. 7. Die außer Minister VON RAUMER noch genannten Personen waren Beamte des preußischen Kulturministeriums. – Die Unterlagen über die Berufung von E. DU BOIS-REYMOND zum außerordentlichen Professor an der Universität Berlin (1855) sowie zum ordentlichen Professor (1858) und über weitere dienstliche Angelegenheiten befinden sich im ZStA Merseburg, Rep. 76 Va Sekt. 2 Tit. IV Nr. 46, Bd. 1 (1844–1857), Bl. 222–246, Bd. 2 (1858–1862) Bl. 71–76.

2 J. L. SCHÖNLEIN (1793–1864) aus der Schweiz, als Leibarzt (von 1839 bis 1859) König FRIEDRICH WILHELMS III. an den preußischen Hof berufen, gewann dort eine einflußreiche Stellung. Er war ordentlicher Professor an der medizinischen Fakultät der Berliner Universität, Chef der 1. medizinischen Klinik (Charité) und ordentlicher Professor an der medizinisch-chirurgischen Akademie für das Militär. Seine Einschätzungen können den preußischen Kultusminister K. O. VON RAUMER durchaus beeinflußt haben.

3 Vgl. Nr. 9, Anm. 3.

Zu Nr. 50

1 Übersetzung des französischen Textes: „Man drängt mich, mich für Helmholtz einzusetzen, den ich mag und schätze wie Sie. Seine Frau, sagt man, leidet furchtbar unter dem winterlichen Wetter von Königsberg. Ich kann kein Wort sagen, bevor Sie mich nicht über sich selbst aufgeklärt haben. Schulze (Johannes, die Dampfmaschine) versichert, sagt man, daß der Minister Helmholtz will, daß er aber durch Schönlein gehindert wird, der Luschka aus Tübingen will. Warum anderswo suchen? Tun Sie mir den Gefallen, mir ein Wort über sich selbst zu schreiben. Wenn nichts Sie drängt und Sie abwarten können, verlassen Sie nicht die Hauptstadt, wo . . . Sie eine große Zukunft haben müssen."

2 „Ich bitte Sie, für Helmholtz einzutreten, als ob keine Rede von mir sein könnte."
3 Nach 1848 zeigte sich die katholische Kirche in hohem Maße bemüht, ihre Stellung gegenüber dem Staat zu festigen (z. B. Konflikt der oberrheinischen Bischöfe mit ihren Landesregierungen). Von diesen Bestrebungen blieben die Universitäten nicht unberührt.

Zu Nr. 51

1 Die Unterlagen über die Berufung von HELMHOLTZ nach Bonn, die allerdings nicht vollständig überliefert sind, befinden sich im ZStA Merseburg, Rep. 76 Va Sekt. 3 Tit. IV Nr. 39 Bd. 2, 1854–1856, Bl. 142, 161, 200, 220–223.
Kriegsaussichten: Anspielung auf eine mögliche Verwicklung Preußens in den Krimkrieg (1853 bis 1856).
2 HELMHOLTZ, H.: Ueber die Zusammensetzung von Spectralfarben, in: Pogg. Ann., **94** (1855), S. 1–28; ders., Ueber die Empfindlichkeit der menschlichen Netzhaut für die brechbarsten Strahlen des Sonnenlichts, in: Pogg. Ann., **94** (1855), S. 205–211.
3 Vgl. Nr. 21, Anm. 3. Auf Kreuzbandsendungen durften keine schriftlichen Mitteilungen übermittelt werden.
4 HELMHOLTZ, H.: Das Sehen des Menschen, Leipzig 1855.
5 HELMHOLTZ, H.: Ueber die Accomodation des Auges, in: Gräfes Archiv, **1** (1855) 2, S. 1–74.

Zu Nr. 52

1 Innere Mission: Evangelisch-kirchliche Reformbewegung, entstanden im 19. Jahrhundert, die missionarische und diakonische Arbeit miteinander verbindet. Die Innere Mission verfolgte auch politische Ziele im Sinne eines christlichen Sozialismus als Gegenbewegung zum Marxismus. Träger der Inneren Mission waren im 19. Jahrhundert die Evangelische Kirche und vor allem christliche Vereine, Gesellschaften und Anstalten.
2 Preußisches Ministerium der geistlichen, Unterrichts- und Medizinal-Angelgenheiten.
3 1855 erlebte JOH. MÜLLER bei einer wissenschaftlichen Reise nach Norwegen eine Schiffskollision. Vgl. Biographisches Lexikon der hervorragenden Ärzte aller Zeiten und Völker. 3. Auflage, München – Berlin, 1962, 4. Bd. S. 286.

Zu Nr. 53

1 Vgl. Nr. 38, Anm. 7.
2 Vgl. Nr. 23, Anm. 8.
3 Vinea Domini war die frühere Sommerresidenz der Kurfürsten von Köln. In diesem Gebäude nahm HELMHOLTZ zu Beginn seines Aufenthaltes in Bonn eine Wohnung.
4 Physiologisches Examen: E. DU BOIS-REYMOND hatte im Zusammenwirken mit dem Stellvertretenden Direktor der Abteilung für die Medizinal-Angelegenheiten im preußischen Kultusministerium die Physiologie als Prüfungsfach (ab 1857) durchgesetzt, wie dies vorher bereits für die Anatomie gültig war.

Zu Nr. 54

1 Der Lehrstuhl für Anatomie und Physiologie in Bonn war 1856 noch durch den a. o. Professor J. BUDGE besetzt. Mit der Berufung von H. VON HELMHOLTZ waren zwei Vertreter dieses Faches vorhanden. Die Fakultät forderte sie auf, daß jeder von beiden ein in sich abgeschlossenes Kolleg Physiologie halten sollte.

2 Die Anatomie und das physiologische Institut hatten in einem 1824 eigens für die Anatomie erbauten Gebäude im sogenannten Hofgarten in Bonn ihren Sitz. Dieses im klassizistischen Stil gehaltene Bauwerk war einem zeitgenössischen Bericht von A. F. J. K. Mayer (1787–1865) zufolge (Bericht über das anatomische Institut in Bonn, entworfen 1830, Bonn o. J.) für die Bedürfnisse der Anatomie wenig geeignet. Trotz der Bemühungen von H. von Helmholtz blieben die medizinischen Institute im wesentlichen bis Mitte der siebziger Jahre des 19. Jahrhunderts in diesen Räumen.

3 Helmholtz, H.: Ueber die Combinationstöne oder Tartinische Töne, in: Niederrheinische Sitzungsberichte, Mai (1856), S. 75–77; ders.: Ueber Combinationstöne, in: Pogg. Ann., **99** (1856), S. 497–540, vgl. auch MB, (1856), S. 279–285.

4 Die 1818 gegründete Rheinische Friedrich-Wilhelm-Universität in Bonn galt als bevorzugte Ausbildungsstätte für die preußischen Prinzen sowie für die Söhne der nord- und mitteldeutschen Dynastien.

5 Hierbei handelte es sich um einen Versuch R. A. von Köllikers (1817–1905) und H. Müllers (1820–1864) (siehe Vorläufige Mittheilung über das elektromotorische Verhalten des Froschherzens, in: MB, (1856), S. 145–148), der angeregt worden war durch die Entdeckung von E. du Bois-Reymond, daß sich die Spitze des Froschherzens negativ und dessen Oberfläche positiv zueinander verhalten. Der Versuch zeigte, daß vom Froschherzen eine sekundäre und tertiäre Zuckung von Muskeln (z. B. im Froschschenkel) ausgeht.

6 Helmholtz, H.: Handbuch der physiologischen Optik, 1. Lieferung (S. 1–192), Leipzig 1856. Der Fortgang der Arbeit am „Handbuch der physiologischen Optik" wird noch in folgenden Briefen berührt: Nr. 55, 56, 58, 60, 65, 66, 80, 85, 90, 96, 97, 101, 103.

Zu Nr. 55

1 J. L. Budge wurde 1856 als Ordinarius für Anatomie und Physiologie an die Universität Greifswald berufen. Budge war „Viertelsmeister" in der Inneren Mission (vgl. Nr. 52, Anm. 1). Unter Friedrich Wilhelm IV. gewann die Innere Mission in Preußen großen Einfluß. Die Universität Bonn unterstand dem preußischen Kultusministerium, das zugleich auch die Oberaufsicht in Kirchenfragen ausübte.

Zu Nr. 56

1 In der Sitzung der physikalisch-mathematischen Klasse der Berliner Akademie am 3. November 1856 trug E. du Bois-Reymond den Wahlvorschlag für H. von Helmholtz zum Korrespondierenden Akademiemitglied vor. Die Wahl Helmholtz' erfolgte in der Klasse am 5. Januar 1857, in der Gesamtsitzung der Akademie am 15. Januar 1857. (AAW II-IIIb–Bd. 6, Bl. 217–218).

2 Du Bois-Reymond, E.: Über die innere Polarisation poröser, mit Elektrolyten getränkter Halbleiter, in: MB, (1856), S. 540–568; ders., Ueber die Polarisation an der Grenze ungleichartiger Elektrolyte, in: MB, (1956), S. 395–408.

3 Vgl. Nr. 13, Anm. 3.

4 Eine von C. Ludwig entwickelte Vorrichtung zur Aufzeichnung zeitlicher Druckveränderungen, wobei ein zum Aufzeichnen von Kurven dienender Messingzylinder gleichförmig bewegt wurde.

5 Friedrichsdor ist eine preußische Goldmünze, die von 1740 bis 1850 geprägt wurde. Um 1890 wird ihr ein Wert von 5 Talern in Gold zugemessen.

Zu Nr. 57

1 Hier ist der in Nr. 56 mitgeteilte Vorschlag für HELMHOLTZ zur Wahl als Korrespondierendes Mitglied der Berliner Akademie gemeint.
2 Hier ist die Akademie der Künste gemeint.

Zu Nr. 58

1 Vgl. Nr. 41, Anm. 4, Nr. 54, Anm. 6. Von der „Physiologischen Optik" von HELMHOLTZ erschien nur die 1. Lieferung, Leipzig 1856, im Karstenschen Enzyklopädie-Unternehmen. Nach dem Scheitern dieses Unternehmens publizierte HELMHOLTZ die folgenden Teile der ersten Auflage der „Physiologischen Optik" selbständig im gleichen Verlag weiter.

Zu Nr. 59

1 Vgl. Nr. 56, Anm. 1.

Zu Nr. 60

1 Im Großherzogtum Baden war das Ministerium der Justiz, des Kultus und des Unterrichts für die Karl-Rupprechts-Universität in Heidelberg zuständig.
2 Der hier angezogene Brief von H. VON HELMHOLTZ an R. BUNSEN vom 16. Mai 1857 befindet sich als Abschrift im Nachlaß HELMHOLTZ (AAW Nachlaß HELMHOLTZ). Die erwähnte Stelle lautet: „... Schließlich muß ich noch bemerken, daß du Bois-Reymond wahrscheinlich sehr gern und unter mäßigen Bedingungen nach Heidelberg geht. Derselbe hat sich bei Gelegenheit meiner Versetzung nach Bonn äußerst rücksichtsvoll gegen mich verhalten, insofern er selbst wohl eine Zeitlang Lust hatte herzugehen, und es auch durch Humboldt durchgesetzt haben würde. Humboldt erklärte mir damals, er würde mein Gesuch nur dann unterstützen, wenn du Bois sich nicht bewerben wolle; darauf erklärte dieser, daß er auf die Bewerbung verzichte. Da ich nun glaube, daß für du Bois ein anständiger Wirkungskreis als Prof. ord. viel wünschenswerter ist als eine Verbesserung meiner eigenen Lage, so muß ich auf ihn die gleiche Rücksicht nehmen. Ich möchte Sie also bitten, zu bewirken, daß erst du Bois gefragt wird, weil ich für den Fall, daß er entschieden wünschen sollte, nach Heidelberg zu gehen, ihm nicht hinderlich zu sein entschlossen bin ...". (Auszug).
3 Vgl. Nr. 54, Anm. 2. Der Neubau für das anatomische Institut erfolgte in Poppelsdorf. Das Gebäude wurde im Oktober 1872 von H. VON HELMHOLTZ' Nachfolger als Anatom, M. JOH. S. SCHULTZE (1825–1874), eingeweiht. SCHMITZ, KARL: Die medizinische Fakultät der Universität Bonn 1818–1918; ein Beitrag zur Geschichte der Medizin. Bonn 1920.
4 Eine Instruktion für die Aufseher der Arbeitsanstalt in Braunweiler und der Gefängnisse in Köln vom 9. Dezember 1819, erlassen vom preußischen Minister des Innern und vom „Minister zur Revision der Gesetzgebung in den neuen Provinzen", besagt, daß die Aufseher der genannten Anstalten verpflichtet waren, die Leichen der in den Anstalten und Gefängnissen verstorbenen Sträflinge an die Anatomie der Universität Bonn abzuliefern, wenn aus der Hinterlassenschaft oder durch Angehörige eine Beerdigung nicht finanziert werden konnte. Vgl. KOCH, JOH. F.: Die Preußischen Universitäten. Eine

Sammlung der Verordnungen, welche die Verfassung und Verwaltung dieser Anstalten betreffen. 2. Bd., 1. Abt., S. 653f. Berlin 1840.

5 Das chemische Institut der Bonner Universität befand sich seit 1852 in einem größeren Saal des Poppelsdorfer Schlosses in sehr ungesunden Räumen. Der Extraordinarius F. M. BAUMERT (1818–1865) bat 1857 um Enthebung vom Amte, weil er in den ungesunden Gelassen erkrankt sei. Der Neubau für das chemische Institut erfolgte von 1864 bis 1868. Vgl. BEZOLD, F. VON: Geschichte der Rheinischen Friedrich-Wilhelms-Universität von der Gründung bis zum Jahre 1870. Bonn 1920, S. 516.

6 Es könnte sich um die spätere zweite Lieferung des „Handbuches der physiologischen Optik" handeln, die 1860 erschien.

7 1857 fand in Bonn die 33. Naturforscherversammlung statt.

Zu Nr. 61

1 Florenus ist die lateinische Bezeichnung für die damals in Süddeutschland geltende Währung in Gulden.

2 E. DU BOIS-REYMOND ist innerhalb Berlins von der Neuenburger Str. 5 in die Puttkammerstr. 19 umgezogen.

3 Vgl. Nr. 56, Anm. 1.

4 Bezeichnung von E. DU BOIS-REYMOND für ein von R. CLAUSIUS (1822–1888) und A. KRÖNIG benutztes Modell in der Gastheorie. Vgl. dazu: KRÖNIG, A.: Grundzüge einer Theorie der Gase, in: Pogg. Ann., **99** (1856), S. 318.

5 Nach H. VON HELMHOLTZ widersprach eine der Annahmen, die W. WEBER zum elektrodynamischen Grundgesetz der Wechselwirkung elektrischer Massepunkte machte, nämlich die über die Berücksichtigung der gegenseitigen Bewegung der elektrischen Massepunkte, dem Gesetz von der Erhaltung der Kraft. Vgl. Nr. 62.

Zu Nr. 62

1 Zur Wahl von HELMHOLTZ' zum KM der Berliner Akademie vgl. Nr. 44, 56, 57, 59, 61.

2 Philologisch-historische Fachvertreter an der Bonner Universität waren in der angegebenen Zeit F. G. WELCKER (1784–1868), F. W. RITSCHL (1806–1876), O. JAHN (1813–1869), F. W. CH. DAHLMANN (1785–1860), CH. LASSEN (1800–1876), E. M. ARNDT (1769–1860). Die hier angegebenen Namen sind von HELMHOLTZ in einem Brief an seinen Vater vom 6. März 1856 erwähnt.

3 Vgl. Nr. 60, Anm. 3, und Nr. 54, Anm. 2.

Zu Nr. 63

1 HELMHOLTZ, H.: Das Telestereoskop, in: Pogg. Ann., **101** (1857), S. 494–496; ders.: Das Telestereoskop (vorgetragen in der Sitzung der niederrheinischen Gesellschaft für Natur- und Heilkunde vom 10. Juni 1857), in: Pogg. Ann., **102** (1857), S. 167–175.

2 Vom niederländischen Physiologen und Arzt F. C. DONDERS (1818–1888) entwickelte Brille, die dank einer mit einem kleinen Loch versehenen undurchsichtigen Scheibe eine Erhöhung der Abbildungstiefe bewirkte.

3 Vgl. Nr. 56, Anm. 2.

4 In einem Brief an R. BUNSEN (1811–1899) vom 16. Mai 1857 hatte H. von HELMHOLTZ E. DU BOIS-REYMOND als ordentlichen Professor für die physiologische Stelle in Heidelberg vorgeschlagen. Vgl. Nr. 60, Anm. 2.

Zu Nr. 64

1 Livide confluirende Variola: Pocken.

2 Es handelt sich hier um eine sich über mehrere Jahre hinwegziehende Polemik (siehe dazu: Müllers Archiv, (1857/58)), deren Gegenstand die Elastizität und Kontraktilität von Muskeln war. A. W. VOLKMANN bestätigte die Untersuchungen E. WEBERS (1806 bis 1871) bezüglich der experimentellen Tatsachen, polemisierte aber gegen die theoretischen Schlußfolgerungen WEBERS. (Siehe auch E. H. WEBER, Kritische und experimentelle Widerlegungen der von Volkmann gegen die Untersuchungen des Verfassers über die Elastizität der Muskeln aufgestellten Entwürfe und Beobachtungen, in: Berichte der Königlich Sächsischen Gesellschaft der Wissenschaften, Leipzig 1856).

3 Vgl. Nr. 2, Anm. 1.

4 ROSENTHAL, I.: Ueber Modification der Erregbarkeit durch geschlossene Ketten und die Voltaischen Abwechslungen, in: Moleschott Untersuchungen, **4** (1858), S. 247–249; vgl. auch MB, (1857), S. 639–641.

5 Wurali steht synonym mit Urari, ein aus Pflanzensäften bereiteter Giftstoff, womit die Indianer in Brasilien ihre Waffen vergifteten. Wurali-Muskeln sind mit diesem Giftstoff zum Zweck des Experiments behandelte Muskeln.

6 HELMHOLTZ, H.: Ueber die Zusammensetzung von Spectralfarben, in: Pogg. Ann., **94** (1855), S. 1–28; ders.: Ueber die Theorie der zusammengesetzten Farben, in: Müllers Archiv, (1852), S. 461–482.

7 Auf dem Drachenfels, einem Bergkegel im Siebengebirge, wurde 1857 nach den Plänen von E. F. ZWIRNER ein Denkmal zur Erinnerung an den Befreiungskrieg 1813 errichtet.

Zu Nr. 65

1 HELMHOLTZ trat das Amt als Ordinarius für Anatomie und Physiologie an der Rupprecht-Karl-Universität Heidelberg, Großherzogtum Baden, im September 1858 an. Damit schied er aus dem Bereich des preußischen Kultusministeriums aus. Die Unterlagen zu den Berufungsverhandlungen befinden sich im ZStA Merseburg, Rep. 76 Va Sekt. 3 Tit. IV Nr. 39 Bd. 3, Bl. 18 ff.; 2.2.1. Nr. 21549 Bl. 62–175 und Rep. 92, Schulze Nr. 15 Bl. 131, 132 (Mai 1857–Juli 1858).

2 Vgl. Nr. 60, Anm. 7.

3 Karlsruhe war der Regierungssitz des Großherzogtums Baden.

4 HELMHOLTZ, H.: Über Integrale der hydrodynamischen Gleichungen, welche den Wirbelbewegungen entsprechen, in: Crelle Journal, **55** (1858), S. 25–55.

Zu Nr. 66

1 Entsprechend den Statuten der Berliner Akademie der Wissenschaften von 1838 § 54 wurden jährlich drei Sitzungen als „öffentliche Sitzungen" abgehalten: an den Geburtstagen FRIEDRICHS II., G. W. LEIBNIZ' (1646–1716), und des jeweiligen regierenden Königs. Da die Akademiesitzungen stets an Donnerstagen stattfanden, galt als Sitzungstag der Donnerstag nach dem betreffenden Geburtstage.
DU BOIS-REYMOND, E.: Nachricht von einem nach Berlin gelangten lebenden Zitterwels, in: MB, (1857), S. 424–429; ders.: Ueber lebend nach Berlin gelangte Zitterwelse aus Westafrika, in: MB, (1858). S. 84–110.

2 Vgl. Nr. 58, Anm. 1.

3 Thun – Bezirksstadt im Schweizer Kanton Bern.

Zu Nr. 67

1 Zu den Aufgaben des Ordinarius für Anatomie und Physiologie gehörte die Beschaffung von Leichen und die Herstellung von Präparaten für das anatomische Museum. Vgl. auch Nr. 60, Anm. 4.
2 Vgl. Nr. 63, Anm. 1.

Zu Nr. 69

1 Vgl. Nr. 50, Anm. 3.

Zu Nr. 70

1 WILHELM, Bruder König FRIEDRICH WILHELMS IV. von Preußen, der „Kartätschenprinz", residierte in Koblenz. Seit 1858 Prinzregent, seit 1861 König, seit 1871 Kaiser WILHELM I. Als Prinzregent hatte er sich wiederholt mißbilligend über die Hintansetzung der wissenschaftlichen Interessen hinter die politischen, insbesondere die kirchlichen Interessen in der Verwaltung der preußischen Universitäten durch die Unterrichtsabteilung im preußischen Kultusministerium geäußert.
2 E. CURTIUS (1814–1896) war von 1844 bis 1850 Erzieher des preußischen Kronprinzen, des späteren Kaiser FRIEDRICH III. Vgl.: Ernst Curtius – Ein Lebensbild in Briefen, hrsg. von F. CURTIUS, Berlin 1903.

Zu Nr. 72

1 Das Ordinariat für Anatomie und Physiologie an der Rheinischen Friedrich-Wilhelm-Universität (Universität Bonn) wurde nach dem Weggang von HELMHOLTZ geteilt. Sein Nachfolger wurde Professor für Physiologie (ohne Anatomie).
2 PFLÜGER, E.: Veränderungen der Erregbarkeit eines Nerven durch einen constanten electrischen Strom, in: MB, (1858), S. 198–205.
3 Gegenstand der Diskussionen zwischen E. PFLÜGER und K. ECKHARD (1822–1905) war die Wirkung konstanter Ströme auf die Erregbarkeit motorischer Nerven. Diese Diskussion stimulierte die PFLÜGERschen Untersuchungen zur Physiologie des Elektrotonus, deren bekanntestes Resultat wohl das PFLÜGERsche Zuckungsgesetz ist (1859).
4 ECKHARD, K.: Grundzüge der Physiologie des Nervensystems, Gießen 1854.

Zu Nr. 73

1 E. DU BOIS-REYMOND war seit 1855 a. o. Professor für Anatomie und Physiologie an der Berliner Universität. Nach dem Tode von JOH. MÜLLER wurde dessen Professur geteilt und DU BOIS-REYMOND erhielt die ordentliche Professur für Physiologie. Vgl. Nr. 49, Anm. 1.
2 In Personalfragen der preußischen Universitäten spielte F. H. A. KNERCK (1805–1881) eine nicht zu unterschätzende Rolle. Die vorbereitenden Verhandlungen führte er als vortragender Rat in der Abteilung für Unterrichtsangelegenheiten im preußischen Unterrichtsministerium. Gleichzeitig diente er im selben Ministerium als vortragender Rat (Geh. Reg. Rat) in der Abteilung für die äußeren evangelischen Kirchenangelegenheiten, desgleichen in der Abteilung für die Medizinal-Angelegenheiten.

Die Preußischen Kultusminister und ihre Beamten im ersten Jahrhundert des Ministeriums, 1817–1917. Bearb. von R. LÜDICKE, Stuttgart und Berlin 1918, S. 62.
3 WUNDT, W.: Die Lehre von den Muskelbewegungen, Braunschweig 1858.
4 Vgl. Nr. 66, Anm. 1.
5 HELMHOLTZ, H.: Ueber die Klangfarbe der Vocale, in: Pogg. Ann., **108** (1859), S. 280–290.
6 Vgl. Nr. 63, Anm. 1.
7 Vgl. Nr. 65, Anm. 4.

Zu Nr. 74

1 DU BOIS-REYMOND, E.: Gedächtnisrede auf das erst vor wenigen Wochen verstorbene Mitglied der Akademie Joh. Müller, in: MB, (1858), S. 401.
2 Vgl. Nr. 49, Anm. 2.
3 In einem Brief an den Vater vom 23. Juli 1858 schrieb H. von HELMHOLTZ, daß er dem Badischen Minister von STENGEL von den inzwischen erfolgten Verhandlungen berichtet habe.

Zu Nr. 75

1 H. VON HELMHOLTZ schrieb seinem Vater am 23. Juli 1858, daß er eine Wohnung an der Promenade in Heidelberg gemietet habe, in der Nähe des Bahnhofs gelegen, mit freier Aussicht auf die Berge.
2 Der schriftliche Niederschlag der Verhandlungen zwischen der königlich preußischen und der großherzoglich-badenschen Regierung befindet sich im ZStA Merseburg, 2.2.1. Nr. 21549 Bl. 63 und in Rep. 76 Va Sekt. 3, Tit. IV. Nr. 39 Bd. 3, Bl. 18 ff; Rep. 92 Schulze, Nr. 15 Bl. 131–132.
3 Vgl. Nr. 60, Anm. 2.
4 J. L. SCHÖNLEIN hatte als Leibarzt König FRIEDRICH WILHELMS IV. Einfluß auf die Frage des Zeitpunktes von dessen Abdankung als König. Vgl. Nr. 49, Anm. 2.

Zu Nr. 76

1 E. DU BOIS-REYMOND übernahm am 20. Oktober 1858 den Lehrstuhl für Physiologie an der Berliner Universität. Vgl. Nr. 49, Anm. 1.

Zu Nr. 77

1 Die 34. Naturforscherversammlung fand 1858 in Karlsruhe statt.

Zu Nr. 78

1 Gemeint ist hier das „Archiv für Anatomie, Physiologie und wissenschaftliche Medicin", das nach dem Tode von JOH. MÜLLER von E. DU BOIS-REYMOND und K. REICHERT (1811–1883) fortgeführt wurde.
2 K. O. von RAUMER trat am 6. November 1858 als preußischer Kultusminister zurück. Sein Nachfolger war M. A. von BETHMANN-HOLLWEG vom 6. November 1858 bis 12. März 1862.
3 1858 wurde die Tochter LUCIE DU BOIS-REYMOND geboren.

Zu Nr. 80

1 Es handelt sich um das 50jährige Gründungsjubiläum der Berliner Universität.
2 HELMHOLTZ, H.: Handbuch der physiologischen Optik, 2. Lieferung (S. 193–432), Leipzig 1860.

Zu Nr. 81

1 DU BOIS-REYMOND, E.: Untersuchungen über den secundären Widerstand, ein durch den Strom bewirktes Widerstandsphänomen an feuchten und porösen Körpern, in: MB, (1860), S. 846–906.
2 DU BOIS-REYMOND, E.: Zur Theorie der astatischen Nadelpaare, in: Pogg. Ann., **112** (1861), S. 1–14.
3 Vgl. Nr. 73, Anm. 5.
4 BUNSEN, R.: Ueber ein fünftes der Alkaligruppe angehörendes Element, in: MB, (1861), S. 273–275.

Zu Nr. 82

1 Vgl. Nr. 32, Anm. 4.
2 HELMHOLTZ, H.: On the motion of the strings of a violin, in: Phil. Mag., **21** (1860), S. 393–396.
3 HELMHOLTZ, H.: On the application of the law of the conservation of force to organic nature, in: Proc. Roy. Inst., **3** (1861), S. 347–357.
4 HELMHOLTZ, H.: Die Lehre von den Tonempfindungen als physiologische Grundlage für die Theorie der Musik, Braunschweig 1863.
5 KIRCHHOFF, G.: Untersuchungen über das Sonnenspectrum und die Spectren der chemischen Elemente, Berlin 1862.

Zu Nr. 83

1 Anspielung auf die akustischen Forschungen von HELMHOLTZ und die optischen Untersuchungen von KIRCHHOFF.
2 Die Eheschließung mit ANNA VON MOHL erfolgte am 16. Mai 1861.

Zu Nr. 84

1 Das Datum der Geburt des Sohnes ROBERT JULIUS ist der 3. März 1862; hier liegt eine Verschreibung vor.
2 Vgl. Nr. 82, Anm. 4.
3 DU BOIS-REYMOND, F.-H.: Kadamus oder allgemeine Alphabetik vom physikalischen, physiologischen und graphischen Standpunkt, Berlin 1862.
4 DU BOIS-REYMOND, E.: Ueber Jodkalium-Elektrolyse und Polarisation durch den Schlag des Zitterwelses, in: MB, (1861), S. 1105–1128,

Zu Nr. 85

1 Vgl. Nr. 58, Anm. 1.
2 Es handelt sich dabei um die in J. MOLESCHOTTS (1822–1893) „Untersuchungen zur Naturlehre des Menschen und der Thiere" (Bd. 8, S. 1–35) geäußerte Ansicht, daß der

bewegungsvermittelnde Vorgang im Nerven auch von einer „positiven Schwankung" des Nervenstromes begleitet sein kann. Nach J. MOLESCHOTT ist diese Eigentümlichkeit darauf zurückzuführen, daß die entsprechenden Nerven der „Stufe des unversehrten Lebens noch verhältnismäßig nahestehen".

3 Vgl. Nr. 25, Anm. 1.

4 WUNDT, W.: Ueber secundäre Modification der Nerven, in: Müllers Archiv, (1859), S. 437–548.

5 Die Vorgänge in Berlin 1862, auf die DU BOIS-REYMOND hier anspielt, beziehen sich vermutlich auf die schwelende Parlamentskrise. Am 11. März 1862 löste WILHELM I. das Abgeordnetenhaus, das eine stärkere Kontrolle über die Regierung verlangte, auf, entließ die altliberalen Minister der „Neuen Ära" und berief an deren Stelle Konservative. Die Erwartungen, die die Liberalen und große Teile des deutschen Volkes an die „Neue Ära" geknüpft hatten, gingen nicht in Erfüllung. Tumultartige Demonstrationen waren an der Tagesordnung. (Nach: Deutsche Geschichte, Berlin 1965, Bd. 2, S. 412ff.)

Zu Nr. 86

1 Vgl. Nr. 82, Anm. 4.

2 Am 2. April 1862 übernahm H. VON HELMHOLTZ das Amt eines Prorektors der Heidelberger Universität.

Zu Nr. 87

1 Vgl. Nr. 82, Anm. 4.

2 Vgl. Nr. 69, 83.

3 Da DU BOIS-REYMOND bei HELMHOLTZ die Stimmgabeln kennenlernen möchte, kann in diesem Zusammenhang König MAXIMILIAN II. von Bayern (1848–1867) gemeint sein. Vgl. Nr. 69, 83.

Zu Nr. 89

1 Mit der Umschreibung ist ANNA VON HELMHOLTZ gemeint, die Tochter von R. VON MOHL (1799–1875), wobei es sich um eine Ungenauigkeit handeln kann; denn VON MOHL war von 1861 bis 1866 Badischer Gesandter beim Deutschen Bundestag. Holsteinischer Gesandter am Bundestag war 1862/63 U. Baron VON DIRCKINCK-HOLMFELD. MOHL kam mit Schleswig-Holsteinischen Fragen in Verbindung, als er von Herzog FRIEDRICH von Augustenburg mit dessen Interessenvertretung in Erbrechtsfragen beauftragt worden war, die durch den Tod des dänischen Königs am 15. November 1863 aktuell wurden. Mit dem Zentrum des Landesverrats, Berlin, kann in diesem Zusammenhang gemeint sein, daß die Politik O. VON BISMARCKS (1815–1898) in der Schleswig-Holsteinischen Frage in schärfstem Gegensatz zu der damals herrschenden öffentlichen Meinung stand, die auf ein Eingreifen des Deutschen Bundes gegen die dänischen Ansprüche und auf Lostrennung der beiden Herzogtümer von Dänemark und auf Einsetzung des Erbprinzen von Augustenburg als Herzog von Schleswig-Holstein gerichtet war.

2 Dieser Brief vom 9. Dezember 1863 wurde von ANNA VON HELMHOLTZ am 13. Dezember 1863 aus Heidelberg beantwortet, die ihren Mann entschuldigt, der gegenwärtig sehr

in Mathematik vertieft sei, und statt seiner für die Einladung dankt, die sie diesmal nicht in Anspruch nehmen können. (AAW Nachlaß HELMHOLTZ)

3 1863 wurde der Sohn RENÉ DU BOIS-REYMOND geboren.

4 Das HIPPsche Chronoskop ist ein Meßgerät, das es erlaubt, im bestimmten Rhythmus Daten anderer Meßgeräte abzurufen.

5 DU BOIS-REYMOND, E.: Ueber das Gesetz des Muskelstromes mit besonderer Berücksichtigung des M. gastroknemius des Frosches, in: Müllers Archiv, (1863), S. 521–614, S. 649–709.

6 HELMHOLTZ, H.: Ueber die Bewegung des menschlichen Auges. Vortrag im naturhistorisch-medizinischen Verein in Heidelberg, 8. Mai 1863, in: Verh. des naturhist.-med. Vereins zu Heidelberg, **3** (1863), S. 62–67; ders.: Ueber die normalen Bewegungen des menschlichen Auges, in: Gräfe Archiv, **9** (1863), 2, S. 153–214.

Zu Nr. 90

1 Es handelt sich wahrscheinlich um Vorlesungen im Wintersemester 1863/64 an der seit 1825 bestehenden Großherzoglichen Technischen Hochschule in Karlsruhe; anschließend hielt HELMHOLTZ (ab März) Vorlesungen in London in der Royal Institution of Great Britain.

2 HELMHOLTZ, H.: Handbuch der physiologischen Optik, 3. Lieferung, (S. 433–875), Leipzig 1865.

3 HELMHOLTZ, H.: Ueber den Horopter, in: Gräfe Archiv, **10** (1864), 1, S. 1–60.

4 Der Ärger über die Politik kann sich auf den preußisch-österreichischen Krieg gegen Dänemark beziehen. Der Deutsche Bund hatte die Okkupation der Herzogtümer durch Preußen abgelehnt; der Krieg fand gegen den Beschluß des Bundes statt.

Zu Nr. 91

1 HELMHOLTZ, H.: Versuche über das Muskelgeräusch betreffend, in: MB, (1864), S. 307 bis 310; das gleiche in: Müllers Archiv, (1864), S. 766–768.

2 ELLEN IDA ELISABETH HELMHOLTZ, geb. am 24. April 1864.

3 Die England-Reise 1864 erstreckte sich über die Zeit von etwa dem 10. März bis 23. April 1864.

4 Vgl. Nr. 41, Anm. 3.

5 E. DU BOIS-REYMOND wurde erst unter dem 13. Dezember 1877 zum Mitglied der Royal Society gewählt.
Royal Society. 1645 als Privatgesellschaft zu Oxford gegründet, seit 1658 mit Sitz in London, 1662 zu einer Königlichen Gesellschaft erhoben. Leitungsgremium und Mitglieder werden gewählt. Die Royal Society war immer die Beratungsinstanz in wissenschaftlichen Fragen für die Regierung.
THOMSON, W.: History of the Royal Society, London 1812; HUGGINS, W.: The Royal Society, London 1906.

Zu Nr. 92

1 Die Muskelgeräusche betreffend, vgl. Dok. 91, Anm. 1.

2 DU BOIS-REYMOND, E.: Ueber die angeblich saure Reaction des Muskelfleischs, in: MB, (1859), S. 288–325.

3 Vgl. Nr. 89, Anm. 5.

4 Vgl. Nr. 37, Anm. 1.
5 H. von Helmholtz war bereits am 24. Mai 1860 zum Foreign Member der Royal Society gewählt worden.
6 „gehistet", engl. für „pst", hinter der vorgehaltenen Hand gewispert.

Zu Nr. 93

1 Vgl. Nr. 91, Anm. 1.
2 Im preußisch-österreichischen Krieg gegen Dänemark wegen der Schleswig-Holsteinischen Herzogtümer wurden am 1. Februar 1864 die Grenzen von Schleswig durch die verbündeten Armeen überschritten. Kriegsschauplatz waren Gebiete an der Schlei, Flensburg, Kolding, Düppeler Schanzen und Jütland.

Zu Nr. 94

1 Helmholtz, H.: Lectures on the Conservation of Energy. Delivered at the Royal Institution. April 5, 7, 12, 14, 19, and 21. 1864, in: Medical Times and Gazette, **1** (1864), S. 385–388, 415–418, 443–446, 471–474, 499–501, 527–530.

Zu Nr. 95

1 E. du Bois-Reymond las im Wintersemester 1864/65 ein Kolleg für Hörer aller Fakultäten über „Physische Anthropologie".
2 Pflüger, E.: Ueber die Kohlensäure des Blutes, Bonn 1864.

Zu Nr. 97

1 Vgl. Hering, E.: Beiträge zur Physiologie. 5. Heft: Vom binocularen Tiefsehen; Kritik einer Abhandlung von Helmholtz über den Horopter, Leipzig, 1864.
Bezieht sich auf: Handbuch der physiologischen Optik.

Zu Nr. 98

1 vetus fides: vermutlich „alter Bund" als Bezeichnung für die mosaische Religion.
2 Bernstein, J.: Untersuchungen über den Mechanismus des regulatorischen Herznervensystems, in: Müllers Archiv, (1864), S. 633–666.
3 Hermann, L.: Grundriss der Physiologie des Menschen, Berlin 1863.
4 Vgl. Nr. 23, Anm. 8.
Nachdem nach dem Tode von Joh. Müller (1858) die Physiologie als selbständiger Lehrstuhl an der Berliner Universität eingerichtet und von der Anatomie getrennt worden war, wurde das physiologische Laboratorium bis zur Eröffnung des Neubaues des Physiologischen Instituts im Jahre 1877 lediglich um einen Bodenraum erweitert.

Zu Nr. 100

1 In dieser Zeit herrschte in Berlin eine starke wirtschaftliche und politische Spannung. Der Verfassungskonflikt dauerte an. Die Wirtschaftskrise von 1866/67 warf ihre Schatten voraus, die Arbeitslosenziffern stiegen. Wegen der bevorstehenden Auseinander-

setzung Preußens mit Österreich im „Deutschen Bund" konnte DU BOIS-REYMOND kaum auf Mittelbewilligung hoffen.

2 HELMHOLTZ, H.: Populäre wissenschaftliche Vorträge (1. Heft), Braunschweig 1865; BESSEL, F. W.: Populäre Vorlesungen über wissenschaftliche Gegenstände, hrsg. von H. L. SCHUMACHER, Hamburg 1848.

3 TYNDALL, J.: On the absorbtion and radiation of heat by gaseous and liqued matter. Fourth Memoir., in: Phil. Mag., **28** (1863), S. 81–106; ders.: On radiation. The lecture delivered in the Senate House before the university of Cambridge on Tuesday, May 16th 1865, London 1865.

4 Bei diesen Versuchen handelt es sich um Experimente zur Bestimmung der Zeitspanne zwischen Reiz und psychischem Effekt. Vgl. den Resuméartikel: DONDERS, F. C.: Die Schnelligkeit psychischer Processe, in: Müllers Archiv, (1868), S. 657–681.

5 E. DU BOIS-REYMOND wohnte jetzt in Berlin, Viktoriastraße 17.

6 KIRCHHOFF, G.: Ueber das Ziel der Naturwissenschaften, Heidelberg 1865.

Zu Nr. 102

1 Eine in Briefform gekleidete diesbezügliche Publikation ist 1866 weder in Müllers Archiv noch in Pogg. Ann. nachweisbar.

2 Bereits vor der Kriegserklärung Preußens am 21. Juni 1866 an Österreich rückten preußische Truppen in Sachsen, Kurhessen und Hannover ein. Das waren Länder, die in der Auseinandersetzung Preußens mit Österreich in der deutschen Frage auf der Seite des letzteren standen. In Berlin fanden in dieser Zeit Kundgebungen gegen den „Bruderkrieg" und gegen BISMARCK statt, die in Mißtrauensadressen an den König gipfelten. Am 7. Mai war ein Attentat auf BISMARCK begangen worden. Mit „leichtsinniger Abenteurer" ist BISMARCK gemeint.

Zu Nr. 103

1 ANNA VON HELMHOLTZ berichtete in einem Brief vom 1. Juli 1866 an ihren Onkel J. VON MOHL in Paris, daß in Baden eine Zwangsanleihe ausgeschrieben würde, die die Familie HELMHOLTZ 400 Gulden kosten werde. Für den 2. Juli wurde die erste Einquartierung im Hause HELMHOLTZ erwartet.

2 Im Laufe der kriegerischen Auseinandersetzungen rückten am 1. August 1866 preußische Truppen in Heidelberg ein; 4000 Mann wurden am Neckar zwischen Heidelberg und Mannheim stationiert.

3 In der Stadt Frankfurt lag 1866 eine preußische Besatzung. Zwei Mitglieder des Frankfurter Senats wurden vorübergehend inhaftiert, das Erscheinen der meisten Zeitungen vorübergehend verboten. Hohe Kontributionen waren der Stadt auferlegt, zu deren Durchsetzung erhebliche Druckmittel angewandt wurden. Dies kann vorübergehend zu einer Emigration verschiedener Teile der Bevölkerung nach Heidelberg geführt haben. Mit der Schlacht von Königgrätz (Sadova) im Juni 1866 wurde der österreichisch-preußische Krieg zugunsten von Preußen entschieden.

4 Die Truppen des Großherzogtums Baden nahmen auf Seiten Österreichs am Kriege teil. Baden entschied sich aber bald für den Eintritt in den Norddeutschen Bund.
Der Norddeutsche Bund (1867–1870) war ein von Preußen geführter Bundesstaat, der auf der Grundlage eines Bündnisvertrages zwischen Preußen und den norddeutschen Kleinstaaten vom 18. August 1866 entstand. Die Verfassung des Norddeutschen Bundes trat am 1. Juli 1867 in Kraft.

5 Helmholtz, H.: Handbuch der physiologischen Optik, Leipzig 1856–1865. Vgl. Nr. 54, Anm. 6.
6 Helmholtz, H.: Optique physiologique, traduite par E. Javal et N. Th. Klein, Paris 1867.
7 1866 wurde E. du Bois-Reymond erstmals zum Dekan der Berliner medizinischen Fakultät für das Jahr 1866/67 gewählt, wiederum für 1871/72, 1877/78, 1887/88 und 1891/92.

Zu Nr. 104

1 Helmholtz, H.: Versuch über die Fortpflanzungsgeschwindigkeit der Reizung in den motorischen Nerven der Menschen, in: MB, (1867), S. 228–234.

Zu Nr. 105

1 In der Sitzung der physikalisch-mathematischen Klasse am 29. April 1867 kam zum Vortrag „eine Mitteilung des Herrn Helmholtz in Heidelberg, Korrespondenten der Akademie: Versuche über die Fortpflanzungsgeschwindigkeit der Reizung in den motorischen Nerven des Menschen, welche Herr N. Baxt aus St. Petersburg in dessen Laboratorium ausgeführt hat" (AAW II – Vc Bd. 9). Vgl. auch Nr. 104, Anm. 1.
2 Hier könnte gemeint sein: Du Bois-Reymond, E.: Gesammelte Abhandlungen zur allgemeinen Muskel- und Nervenphysik, 2 Bde., Leipzig 1875–1877.
3 Die luxemburgische Krise von 1867 spielte eine Rolle in der Gestaltung des Verhältnisses von Preußen und der norddeutschen Bundesstaaten zu Frankreich und führte dicht an den Rand eines Krieges. Luxemburg hatte dem Deutschen Bund angehört, war aber nicht in den Norddeutschen Bund aufgenommen worden. Trotzdem verblieb die preußische Besatzung in der ehemaligen Bundesfestung der Stadt Luxemburg. Verhandlungen zwischen Frankreich und den Niederlanden, zu dem das Großherzogtum Luxemburg gehörte, sahen die Übergabe Luxemburgs an Frankreich vor. O. von Bismarck entfachte mit Hilfe des Reichstages und der Presse in Norddeutschland einen Sturm der Entrüstung gegen Frankreich und verhinderte dadurch die Annexion Luxemburgs durch Napoleon III. Auf der Londoner Konferenz im Mai 1867 wurde eine Kollektivgarantie der Mächte für Unabhängigkeit und Neutralität des Großherzogtums vereinbart. Preußen gab daraufhin sein Besatzungsrecht auf.

Zu Nr. 106

1 Deutschland, bearb. von Th. Grieben, Berlin 1865.

Zu Nr. 108

1 E. du Bois-Reymond hatte das Amt des Sekretars der physikalisch-mathematischen Klasse der Berliner Akademie vom 1. Juli 1867 bis zum 31. Dezember 1895 inne. Entsprechend den Akademiestatuten hatte jede der beiden Klassen der Akademie zwei Sekretare, die einander vierteljährlich im Vorsitz ablösten.
Die übersandte Notiz: Helmholtz, H.: Ueber discontinuirliche Flüssigkeits-Bewegungen, in: MB, (1868), S. 215–228.
2 Du Bois-Reymond, E.: Voltaire in seiner Beziehung zur Naturwissenschaft, Berlin 1868.

3 HELMHOLTZ, H.: Die neueren Fortschritte in der Theorie des Sehens, in: Preuß. Jahrbücher, **21** (1868), S. 149–171, 263–290, 403–435.
4 Das Zollparlament, das 1868 in Funktion trat, war eine auf der Grundlage des allgemeinen, gleichen und direkten Wahlrechts berufene Volksvertretung der Bevölkerung aller nord- und süddeutschen Staaten. Die Wahlen zum Zollparlament fanden Anfang 1868 statt. Am 27. April 1868 trat es erstmals in Berlin zusammen.

Zu Nr. 109

1 Vgl. Nr. 108, Anm. 1.
2 Es handelt sich möglicherweise um: HERMANN, L.: Untersuchungen zur Physiologie der Muskeln und Nerven (Heft 3), Berlin 1868.
3 Es könnte sich dabei um WUNDT, W.: Lehrbuch der Physiologie des Menschen, Erlangen 1865 (2. Aufl. 1868) handeln.
4 C. LUDWIG hatte seit 1865 den Lehrstuhl für Physiologie an der Universität Leipzig inne. Die unter seiner Leitung 1869 fertiggestellte „Neue physiologische Anstalt" galt als Muster für experimentell-medizinische Laboratorien jener Zeit.
5 Seit dem Jahre 1868 erscheint das von E. PFLÜGER herausgegebene „Archiv für die gesamte Physiologie".

Zu Nr. 110

1 FRIEDRICH JULIUS HELMHOLTZ wurde am 15. Oktober 1868 geboren.
2 K. L. H. LEHNERT, Unterstaatssekretär im preußischen Ministerium der geistlichen, Unterrichts- und Medizinal-Angelegenheiten, der im Jahre 1868 Verhandlungen mit H. VON HELMHOLTZ über eine Berufung an die Bonner Universität führte. Die Preußischen Kultusminister und ihre Beamten im ersten Jahrhundert des Ministeriums, 1817–1917. Bearb. von R. LÜDICKE, Stuttgart und Berlin 1918, S. 14.
3 HELMHOLTZ, H.: Ueber die Wechselwirkung der Naturkräfte und die darauf bezüglichen neuesten Ermittlungen der Physik, Königsberg 1854; ders.: Populäre wissenschaftliche Vorträge, Heft 1, Braunschweig 1865.
4 HELMHOLTZ, H.: Ueber die Mechanik der Gehörknöchelchen, in: Verh. des naturhist.-med. Vereins zu Heidelberg, **4** (1867), S. 153–161.

Zu Nr. 111

1 Vgl. Nr. 98, Anm. 4; Nr. 109, Anm. 4.

Zu Nr. 112

1 Gemeint ist die 50-Jahr-Feier der Bonner Universität, die am 18. Oktober 1818 gegründet wurde.
2 Anfang 1865 bemühte sich das Josephinum, die medizinische Militär-Akademie in Wien, H. VON HELMHOLTZ als Nachfolger für den Physiologieprofessor C. LUDWIG, der von Wien nach Leipzig gegangen war, zu gewinnen, doch H. VON HELMHOLTZ lehnte den Ruf nach Wien ab.
3 Während sich die Verhandlungen mit dem preußischen Kultusministerium um die Be-

rufung HELMHOLTZ an die Bonner Universität in die Länge zogen, unternahm die badische Regierung alles, um HELMHOLTZ in Heidelberg zu halten. Am 2. Januar 1869 schrieb der badische Regierungschef J. JOLLY (1823–1891) an HELMHOLTZ, daß die badische Regierung auf alle Wünsche HELMHOLTZ' eingehen würde, wenn er nur in Heidelberg bliebe.

4 Das preußische Kultusministerium wollte vor einer Berufung H. VON HELMHOLTZ' nach Bonn erst noch die Bewilligung des Staatshaushaltes für 1869 abwarten.

5 Die badische Regierung bot HELMHOLTZ eine Gehaltserhöhung von 1000 Talern an, um ihn in Heidelberg zu halten.

6 H. VON MÜHLER (1813–1874), preußischer Minister der geistlichen, Unterrichts- und Medizinal-Angelegenheiten von 1862 bis 1872.

7 Vgl. Anm. 1 zum selben Brief.

Zu Nr. 113

1 Von der Heidelberger Universität gehörten außer H. VON HELMHOLTZ auch dessen Freunde R. W. BUNSEN (1811–1899) und G. R. KIRCHHOFF (1824–1887) zu den Mitgliedern der Physikalischen Gesellschaft.

Zu Nr. 114

1 HELMHOLTZ, H.: Neue Versuche über die Fortpflanzungsgeschwindigkeit der Reizung in den motorischen Nerven der Menschen, ausgeführt von N. Baxt aus Petersburg, in: MB, (1870), S. 184–191. Vgl. auch Nr. 105, Anm. 1.

2 HELMHOLTZ, H.: Ueber die Theorie der Elektrodynamik. Erste Abhandlung: Ueber die Gesetze der inconstanten elektrischen Ströme in körperlich ausgedehnten Leitern, in: Verh. des naturhist.-med. Vereins zu Heidelberg, **5** (1870), S. 84–89; ders.: Ueber die Bewegungsgleichungen der Elektricität für ruhende leitende Körper, in: Crelle Journal, **72** (1870), S. 57–129.

3 DU BOIS-REYMOND, E.: Ueber die aperiodische Bewegung gedämpfter Magnete, in: MB, (1869), S. 806–852; ders.: Nachtrag zu seiner Abhandlung über die aperiodische Bewegung gedämpfter Magnete, in: MB, (1870), S. 537–568.

4 Vgl. Nr. 108, Anm. 3.

5 Vgl. Nr. 112, Anm. 6.

Zu Nr. 116

1 Die Stelle in der Nationalzeitung vom 14. Mai 1870 (**23** (1870), Nr. 221), auf die sich E. DU BOIS-REYMOND bezieht, lautet: „Helmholtz besitzt nicht, was man einen glänzenden Vortrag nennt, und glauben wir, daß er in dieser Beziehung, sowie in der Kunst, die Mittelmäßigkeit anzuregen, von Vielen übertroffen werde." Der ungenannte Autor fuhr fort, daß es eine Kraftvergeudung wäre, einen solch bedeutenden Gelehrten wie HELMHOLTZ verpflichten zu wollen, Studenten in die elementare Physik bzw. Physiologie einzuführen. Daraus zog er die Schlußfolgerung: „Es gibt für Helmholtz in Preußen nur eine einzige Stellung, die eines Mitgliedes und Pensionärs der Akademie."

2 Anspielung auf den Geheimen Oberregierungsrat im preußischen Kultusministerium F. H. A. KNERCK.

3 Nach vorausgegangener Wahl in der physikalisch-mathematischen Klasse am 25. April 1870 erfolgte in der Plenarsitzung der Berliner Akademie am 5. Mai 1870 die Wahl von

H. von Helmholtz und G. R. Kirchhoff zu auswärtigen Akademiemitgliedern. (AAW II–IIIb–Bd. 7, Bl. 236–237)

4 Die Wahl von H. von Helmholtz und G. R. Kirchhoff zu auswärtigen Mitgliedern der Berliner Akademie erhielt am 1. Juni 1870 die königliche Bestätigung. (AAW II-IIIb-Bd. 7, Bl. 238). Veröffentlicht in: Physiker über Physiker. Bearb. von Ch. Kirsten und H.-G. Körber. Berlin 1975. Bd. 1, S. 63–65; S. 75–79.

Zu Nr. 117

1 Vgl. Nr. 116, Anm. 3 und 4.
2 Vgl. Nr. 23, Anm. 9.

Zu Nr. 118

1 Zu jener Zeit war O. von Camphausen preußischer Finanzminister, H. von Mühler preußischer Kultusminister.
2 E. du Bois-Reymond bezieht sich hier auf einen Brief von Helmholtz vom 12. Juni 1870 an ihn, in dem Helmholtz ihm die Bedingungen mitteilt, unter denen er die Berufung auf den Lehrstuhl der Physik an der Berliner Universität annehmen würde. Dieses Schreiben konnte im Original nicht ermittelt werden; eine Abschrift befindet sich im ZStA Merseburg, Rep. 76 Va Sekt. 2 Tit. IV Nr. 47 Bd. 11, Bl. 78; dort auch weitere Berufungsunterlagen (Mai 1870–März 1871).

Zu Nr. 119

1 „Akademiker" steht hier für „Akademiemitglied".
2 Für die Anweisung des Akademikergehaltes von H. von Helmholtz und der Mittel zum Bau und zur Ausstattung des Physikalischen Instituts bedurfte es nach der Verfassung der Zustimmung des preußischen Landtages.
3 E. du Bois-Reymond war von 1869 bis 1870 zum ersten Mal Rektor der Berliner Universität und hat in dieser Funktion die Berufung von H. von Helmholtz an die Berliner Universität maßgeblich unterstützt.

Zu Nr. 121

1 Du Bois-Reymond, E.: Über Universitäts-Erinnerungen. Rede bei Antritt des Rectorats der Friedrich-Wilhelm-Universität zu Berlin, am 15. Oct. 1869 gehalten, Berlin 1870.
2 Seit dem Akademiestatut von 1812 gedenkt die Akademie anläßlich des Geburtstages von G. W. Leibniz jedes Jahr im Juli ihres geistigen Gründers und ersten Präsidenten in einer akademischen Festsetzung. An diesem Tag hält ein Akademiemitglied einen Festvortrag, erfolgt die Einführung der neuen Akademiemitglieder, und es wird der verstorbenen Akademiemitglieder gedacht.
3 Traditionsgemäß hielt der Rektor der Berliner Universität am 3. August jeden Jahres aus Anlaß des Geburtstages des preußischen Königs Friedrich Wilhelm III., des Stifters der Universität, eine Rede. Am 3. August 1870 hielt E. du Bois-Reymond die Rektoratsrede.
4 Es handelt sich um das von A. Wolff geschaffene Reiterdenkmal des preußischen

Königs Friedrich Wilhelm III., dessen Enthüllung für den 3. August 1870 vorgesehen war, durch den Ausbruch des deutsch-französischen Krieges jedoch erst am 16. Juni 1871 vorgenommen wurde.

Zu Nr. 122

1 Es handelt sich um das Dankschreiben von H. von Helmholtz anläßlich seiner Wahl zum auswärtigen Mitglied der Berliner Akademie am 1. Juni 1870, das in den Akten des Akademie-Archivs nicht überliefert ist.

2 Am 1. Juli 1870 teilte H. von Helmholtz dem preußischen Kultusminister H. von Mühler auf dessen Schreiben vom 28. Juni 1870 mit, daß er die Berufung an die Berliner Universität vorbehaltlich der Bewilligung seines Gehaltes und des Baues eines physikalischen Institutes durch die beiden Kammern des preußischen Landtages annehme.

Zu Nr. 123

1 In der Plenarsitzung am 14. Juli 1870 verlas E. du Bois-Reymond die Dankschreiben von H. von Helmholtz und G. R. Kirchhoff anläßlich ihrer Wahl zu auswärtigen Akademiemitgliedern. (AAW I-Va-Bd. 47, S. 57)

2 E. du Bois-Reymond spielt hier auf die Welle nationaler Begeisterung an, die das deutsche Volk bei Ausbruch des deutsch-französischen Krieges von 1870/71 ergriffen hatte. Frankreich war das Haupthindernis einer nationalen Einigung der deutschen Einzelstaaten unter Preußens Führung. Mit der Schlacht von Jena war die Doppelschlacht von Jena und Auerstedt gemeint, in der am 14. Oktober 1806 das preußische Heer durch die Truppen Napoleons eine vernichtende Niederlage erlitt, die zum militärischen und politischen Zusammenbruch Preußens führte.
Die süddeutschen Staaten nahmen mit eigenen Truppenkontingenten am Krieg von 1870/71 gegen Frankreich teil. Mit „Bluthund" ist Napoleon III. gemeint.

3 Vgl. Nr. 119, Anm. 2.

4 Graf V. von Benedetti (1817–1900) war der Botschafter Frankreichs in Berlin, der in Bad Ems die Verhandlungen mit dem preußischen König Wilhelm I. um die spanische Thronfolge führte, die schließlich den Ausbruch des deutsch-französischen Krieges veranlaßten.

Zu Nr. 124

1 Gemeint ist das Abgeordnetenhaus des preußischen Landtages, das den Haushaltsetat für 1871 und damit auch das Budget des Kultusministeriums zu verabschieden hatte.

2 Gemeint ist der Neubau des Physikalischen Instituts der Berliner Universität, der wegen der finanziellen Belastung der preußischen Staatskasse durch den deutsch-französischen Krieg nicht auf den Finanzetat des Jahres 1871 gesetzt worden war. Vgl. Nr. 119, Anm. 2.

3 Vgl. Nr. 118, Anm. 1.

4 Am 3. August 1870 hielt E. du Bois-Reymond in der Aula der Berliner Universität seine Rektoratsrede „Über den deutschen Krieg", in der er mit nationalistischen Ausführungen dem Hurra-Patriotismus unter der studentischen Jugend nach Ausbruch des deutsch-französischen Krieges huldigte und die Berliner Universität als das geistige Leibregiment des Hauses Hohenzollern bezeichnete. Du Bois-Reymond, E.: Über den

deutschen Krieg. Rede am 3. August 1870 in der Aula der kgl. Friedrich-Wilhelm-Universität zu Berlin, Berlin 1870.

5 HELMHOLTZ, H.: Die Lehre von den Tonempfindungen als physiologische Grundlage für die Theorie der Musik, Braunschweig 1870. Vgl. Nr. 82, Anm. 4.

6 Der Onkel von ANNA VON HELMHOLTZ, J. VON MOHL, war Professor für persische Sprache am Collège de France. Nach Ausbruch des deutsch-französischen Krieges von 1870/71 mußte er Paris verlassen und ging nach England.

Zu Nr. 125

1 Durch Vermittlung des Kultusministeriums wurde das Physikalische Institut provisorisch im Gebäude der Universität nach den Wünschen H. VON HELMHOLTZ' eingerichtet.

2 Vgl. Nr. 124, Anm. 4.

3 Mit Ausbruch des deutsch-französischen Krieges wurde in der Heidelberger Universität ein Lazarett eingerichtet. Am 6. August 1870 fand bei Wörth eine der blutigsten Schlachten dieses Krieges statt, die mit dem Sieg der deutschen Truppen endete und das Ende des zweiten französischen Kaiserreiches einleitete. H. VON HELMHOLTZ begab sich nach Wörth, um beim Verbinden der Verwundeten zu helfen; am 9. August kehrte er als ärztlicher Begleiter eines Verwundetentransportes vom Kriegsschauplatz nach Heidelberg zurück.

Zu Nr. 126

1 Im Februar 1871 erhielt H. VON HELMHOLTZ sein am 13. Februar 1871 ausgestelltes Berufungsschreiben an die Berliner Universität.

2 H. VON HELMHOLTZ reichte am 2. Januar 1871 sein Gesuch um Entlassung aus dem badischen Staatsdienst für Ostern 1871 ein.

3 Vgl. Nr. 114, Anm. 2.

Zu Nr. 127

1 JOH. JACOBY (1805–1877) war ein führender bürgerlich-demokratischer Politiker und unversöhnlicher Gegner des preußisch-deutschen Militärstaates. Von 1863 bis 1870 war er Mitglied des preußischen Abgeordnetenhauses. Als er am 14. September 1870 in einer Versammlung der Königsberger Volkspartei gegen die Annexion Elsaß-Lothringens protestierte, wurde er verhaftet und eingekerkert.

Zu Nr. 129

1 Während des Berlin-Besuches Ende Dezember 1870 bis Anfang Januar 1871 mieteten H. und A. VON HELMHOLTZ eine Wohnung für 1100 Taler in der Königin-Augusta-Straße 45, unweit des Tiergartens, die bis zum Jahre 1876 ständiger Wohnsitz der Familie Helmholtz blieb.

Zu Nr. 130

1 Gemeint ist die provisorische Unterbringung des Physikalischen Instituts, die in den Räumen des Herbariums der Universität erfolgte. Die für das physikalische Laboratorium von H. VON HELMHOLTZ benutzten 6 Räume lagen eine Treppe hoch im östlichen

Flügel des Universitätsgebäudes und waren mit den im Erdgeschoß gelegenen Sammlungsräumen und dem Auditorium durch eine Wendeltreppe verbunden.

2 Auf dem Grundstück der früheren Artilleriewerkstätten wurden von 1873 bis 1878 die neuen Gebäude für das von H. VON HELMHOLTZ geleitete Physikalische Institut und für das von E. DU BOIS-REYMOND geleitete Physiologische Institut errichtet.

Zu Nr. 131

1 Der französische General CH. D. S. BOURBAKI (1816–1897) versuchte vergeblich, mit seiner Armee in den Rücken der deutschen Armeen zu gelangen, Belfort zu entsetzen und dem von deutschen Truppen eingeschlossenen Paris zu Hilfe zu kommen. BOURBAKI mußte sich mit seinen Truppen schließlich in die Schweiz zurückziehen. Vesoul ist die Hauptstadt des Departements Haute-Saône.

Zu Nr. 132

1 Gemeint ist die Siegesparade von Truppen aller deutschen Heeresteile, die am 16. Juni 1871 nach dem gewonnenen Krieg gegen Frankreich durch das Brandenburger Tor in die Hauptstadt des deutschen Kaiserreiches einzogen. H. VON HELMHOLTZ und seine Frau schauten dem Vorbeimarsch der Truppen aus zwei Fenstern des Arbeitszimmers von H. VON HELMHOLTZ in der Universität zu, das gegenüber der BLÜCHER-Statue und dem Opernhaus gelegen war. Vgl. Nr. 130, Anm. 1.

2 DU BOIS-REYMOND, E.: Das Kaiserreich und der Friede. Festrede zur Feier des Jahrestages Friedrichs II., in: MB, (1871), S. 9–18.

Zu Nr. 133

1 Gemeint ist der Bauplan für die Errichtung der neuen Gebäude des Physikalischen Instituts und des Physiolgischen Instituts. Vgl. Nr. 130, Anm. 2.

2 Der östliche Teil des für die Errichtung des Physikalischen und Physiologischen Instituts vorgesehenen Grundstücks ließ noch die Errichtung eines weiteren Institutsgebäudes in der Schlachtgasse (jetzt Bunsenstraße) zu. Im Jahre 1883 wurden dort die Universitätsgebäude für das Technologische und das 2. Chemische Institut sowie für das Pharmakologische Institut fertiggestellt.

3 Auf dem Grundstückskomplex der ehemaligen Artilleriewerkstätten zwischen der Spree bzw. dem Reichstagsufer, der damaligen Neuen Wilhelmstraße (jetzt Otto-Grotewohl-Straße), der Dorotheenstraße (jetzt Clara-Zetkin-Straße) und der Schlachtgasse (jetzt Bunsenstraße) wurden in dem Zeitraum von 1873 bis 1883 in unmittelbarer Nachbarschaft die beiden Wohnhäuser von H. VON HELMHOLTZ und E. DU BOIS-REYMOND, das Physiologische Institut (1877), das Physikalische Institut (1878), das Technologische Institut (1883), das 2. Chemische Institut (1883) und das Pharmakologische Institut (1883) errichtet.

Zu Nr. 134

1 Engelberg ist ein Mittelschweizer Luftkurort am Nordfuß des Titlis südlich vom Vierwaldstätter See, wo H. VON HELMHOLTZ mit seiner Frau den Urlaub verbrachte. Vgl. auch Nr. 103.

2 Riva ist ein oberitalienischer Kur- und Badeort am Nordende des Gardasees in der Provinz Trient.

3 Die beiden Wohngebäude von H. von Helmholtz und E. du Bois-Reymond in der Neuen Wilhelmstraße (jetzt Otto-Grotewohl-Straße) waren in westlicher Richtung dem Physikalischen und dem Physiologischen Institut vorgelagert. Vgl. auch Nr. 133, Anm. 3.

Zu Nr. 135

1 Das vom Berliner Magistrat dem preußischen Minister für Handel und öffentliche Arbeiten im Jahre 1871 vorgeschlagene Projekt der Zentralbahn sah vor, die zentral gelegenen Stadtviertel Berlins durch eine zentrale, die ganze Stadt von Ost nach West durchquerende Stadtbahn untereinander und das Zentrum mit der westlichen, südlichen, nördlichen und östlichen Umgebung Berlins über eine Ringbahn miteinander zu verbinden. In Ausführung des Zentralbahnprojekts wurde am 7. Februar 1882 die heutige Stadtbahn eröffnet.

Vgl. Orth, A.: Berliner Zentralbahn; Eisenbahnprojekt zur Verbindung der Berliner Bahnhöfe nach der inneren Stadt, Berlin 1871; Schwabe, H.: Berliner Südwestbahn und Centralbahn, Berlin 1873.

Zu Nr. 136

1 Vermutlich handelt es sich um das Schreiben von J. L. Soret vom 29. November 1873 an H. von Helmholtz, in dem das Ableben des Korrespondierenden Mitgliedes der Berliner Akademie, A.-A. de La Rive mitgeteilt und H. von Helmholtz gebeten wurde, davon die Akademie und besonders J. C. Poggendorff, H. W. Dove (1803 bis 1879) und P. T. Riess (1804–1883) in Kenntnis zu setzen. Am 4. und am 11. Dezember 1873 fanden Gesamtsitzungen der Akademie statt. In der Gesamtsitzung vom 8. Januar 1874 teilte E. du Bois-Reymond mit, daß der Sohn von A.-A. de La Rive den Tod seines Vaters der Akademie angezeigt habe. (AAW II-Va-Bd. 51, S. 3.)

Zu Nr. 137

1 Im Jahre 1874 beging man das 50jährige Jubiläum der Übernahme der Redaktion der Annalen der Physik und Chemie durch J. C. Poggendorff. Zur Vorbereitung der Poggendorff-Feier in Berlin wurde ein aus Akademiemitgliedern bestehendes Komitee gebildet, dessen Vorsitzender E. du Bois-Reymond war. Die Feier selbst fand am 28. Februar 1874 im Restaurant Müller, Unter den Linden 4a, statt.

2 Im Nachlaß E. du Bois-Reymond ist das Konzept eines Schreibens von E. du Bois-Reymond vom 28. März 1874 an die in Rom wirkenden Professoren Sella, Brioschi, Cremóna, Battaglini, Cannizzarro, Beltrami, Tommasi, Crudeli, Volpicella, Respighi, Todaro, Boll, Cossa, Stüwer, Macaluso überliefert, in dem diesen für die Botschaft gedankt und mitgeteilt wird, daß ihr Telegramm zur Poggendorff-Feier im Festsaal verlesen wurde und stürmischen Beifall hervorgerufen habe. Sammlung Darmstaedter, Staatsbibliothek Berlin-West, Nachlaß E. du Bois-Reymond.

Zu Nr. 138

1 Am 26. Oktober 1874 nahm die physikalisch-mathematische Klasse einen u. a. von H. von Helmholtz und E. du Bois-Reymond unterzeichneten Antrag an, nach dem das auswärtige Mitglied G. R. Kirchhoff ab 1. April 1875 unter der Voraussetzung, daß er

zu diesem Zeitpunkt seinen Wohnsitz nach Berlin verlegt habe und somit zum ordentlichen Mitglied der Akademie werde, ein außergewöhnliches Jahresgehalt von 5500 Reichstalern von der Akademie erhalten sollte. Das Kultusministerium hielt es hinsichtlich der Berufung von G. R. KIRCHHOFF für wünschenswert, dessen akademische Stelle mit einer ordentlichen Professur der Physik an der Berliner Universität zu verbinden, und bot als Professorenbesoldung ein Jahresgehalt von 2500 Rt. an. In der Plenarsitzung am 3. Dezember 1874 erklärte sich die Akademie mit dem Vorschlag des Kultusministeriums einverstanden, daß G. R. KIRCHHOFF zugleich als Akademiker mit einem Gehalt von 3000 Rt. und als Universitätsprofessor mit einem Gehalt von 2500 Rt. berufen werde. Das Plenum beschloß darüber hinaus, dem Kultusministerium mitzuteilen, daß der Hauptzweck des der Akademie bewilligten Fonds für außergewöhnliche Besoldungen nicht darin bestehen dürfe, einen Zuschuß für Universitätsberufungen zu gewähren, sondern der Akademie die Möglichkeit geben solle, für ihre eigenen Zwecke selbständig Gelehrte nach Berlin zu ziehen. (AAW II–IIIa–Bd. 9, Bl. 21–31.)

Zu Nr. 139

1 DU BOIS-REYMOND, E.: Ueber das Telephon, in: Müllers Archiv, (1877), S. 573; ders.: Zur Theorie des Telephons, in: Müllers Archiv, (1877), S. 582.

Zu Nr. 140

1 HELMHOLTZ, H.: Telephon und Klangfarbe, in: MB, (1878), S. 488–500.

Zu Nr. 141

1 Die drei Vorsitzenden der Physikalischen Gesellschaft im Jahre 1880 waren H. VON HELMHOLTZ, G. R. KIRCHHOFF und ein Professor RÖBER.

Zu Nr. 142

1 Nach Fertigstellung des Neubaues für das Physikalische Institut fanden die Versammlungen der Physikalischen Gesellschaft in den Räumen des Instituts statt. In HELMHOLTZ' Institutsgebäude glaubte E. DU BOIS-REYMOND, den Vorsitz der Physikalischen Gesellschaft HELMHOLTZ überlassen zu müssen. So wurden H. VON HELMHOLTZ Vorsitzender und E. DU BOIS-REYMOND Ehrenpräsident der Physikalischen Gesellschaft.

2 Am 1. Mai 1874 beging E. DU BOIS-REYMOND sein 25jähriges Jubiläum als Präsident der Physikalischen Gesellschaft mit einem feierlichen Bankett.

Zu Nr. 143

1 F. BOLL war 1870 bis 1873 Assistent von E. DU BOIS-REYMOND am Physiologischen Institut in Berlin, seit 1873 Professor der Anatomie und vergleichenden Pathologie an der Universität Rom. H. VON HELMHOLTZ hatte während eines Erholungsaufenthaltes in der Schweiz im August 1878 den bereits schwer erkrankten F. BOLL in Davos besucht und dessen Hypothese zur Licht- und Farbempfindung mit ihm diskutiert.

2 Die italienische Akademie der Wissenschaften (Reale Accademia dei Lincei) in Rom geht auf die von dem Fürsten F. Cesi im Jahre 1603 in Rom gegründete wissenschaftliche Gesellschaft zur Pflege der Naturwissenschaften zurück, der auch Galileo Galilei angehörte. Von der katholischen Kirche um die Mitte des 17. Jahrhunderts unterdrückt, wurde sie erst im 19. Jahrhundert wieder neu gegründet. Die von der Akademie herausgegebenen Veröffentlichungen, um die es in dem Brief geht, trugen den Titel: Atti del Accademie della reale dei Lincei.

3 Wenige Tage vor Beginn der Semesterferien 1880 erlitt H. von Helmholtz einen Unfall. Pontresina: Schweizer Kurort im Oberengadin.

4 Wesendonck, C.: Über Spektra der Kohlenstoffverbindungen, in: MB, (1880), S. 791 bis 794.

Zu Nr. 144

1 E. du Bois-Reymond gehörte neben R. Virchow (1821–1902) und Th. Mommsen (1817–1903) zu den Berliner Professoren, die in den achtziger Jahren offen gegen die Hetzkampagne auftraten, denen die Juden ausgesetzt waren. Entschieden verurteilte E. du Bois-Reymond den Antisemitismus in seiner 1883 gehaltenen Rektoratsrede „Die Humboldt-Denkmäler vor der Berliner Universität".
Vgl. Singer, J.: Briefe berühmter christlicher Zeitgenossen über die Judenfrage, Wien 1884, S. 85–86.

Zu Nr. 145

1 Boll, F.: Thesen und Hypothesen zur Licht- und Farbenempfindung, in: Müllers Archiv, (1881), S. 3–39.

2 Helmholtz, H.: Vorbemerkung zu einer nachgelassenen Abhandlung von Franz Boll: Thesen und Hypothesen zur Licht- und Farbenempfindung, in: Müllers Archiv, (1881), S. 1–3.

Zu Nr. 146

1 Vgl. Nr. 145, Anm. 2.

2 Vgl. Nr. 143, Anm. 2.

Zu Nr. 147

1 Am 21. April 1881 stellte E. Haeckel (1834–1919) einen Antrag an die Berliner Akademie auf Unterstützung einer Reise nach Vorderindien und Ceylon zur Erforschung der niederen Seetiere mit 12000 Mark. In der Sitzung der physikalisch-mathematischen Klasse am 5. Mai 1881 wurde der Antrag zur Prüfung an den Geldverwendungsausschuß der Klasse verwiesen, der in einem Gutachten von N. Pringsheim (1823–1894) den Antrag mit der Begründung ablehnte, daß „. . . die allgemeine wissenschaftliche Haltung Haeckels und die dogmatisch-spekulative Geistesrichtung, die er bekanntermaßen bei der Behandlung allgemeiner biologischer Probleme in so prononcierter Weise vertritt, es der Akademie nicht gestatten, seine Bestrebungen zu unterstützen".
(AAW II–VIb–Bd. 30, Bl. 31.)

2 Es handelt sich wahrscheinlich um: Haeckel, E.: Die Perigenesis der Plastidule oder die Wellenzeugung der Lebensteilchen. Ein Versuch zur mechanischen Erklärung der elementaren Entwicklungsvorgänge, Berlin 1876.

Zu Nr. 148

1 Die Erhebung in den erblichen Adelsstand im Jahre 1883 erfüllte H. von Helmholtz insofern mit Genugtuung, als mit ihm seit 100 Jahren zum ersten Mal wieder eine Persönlichkeit im preußischen Staat ausschließlich wegen wissenschaftlicher Leistungen den Adelstitel erhielt. Bei den beiden Schreiben handelt es sich vermutlich um Dankschreiben H. von Helmholtz' an den Kaiser und den Kronprinzen für die Verleihung des Adelstitels.

Zu Nr. 150

1 Es könnte sich hier um Akten zur Arbeit von F. Kohlrausch (1840–1910) Ueber die Blitzphotographie, in: Berichte der Würzburger Physikal.-medicin. Gesellschaft, (1886), S. 28, handeln.

Zu Nr. 151

1 Helmholtz, H.: Ueber die Entdeckungsgeschichte des Princips der kleinsten Action. Rede, geh. in der öffentlichen Sitzung der Academie am 27. 1. 1887. Veröffentlicht als Helmholtz, H.: Zur Geschichte des Princips der kleinsten Action, in: SB, (1887), S. 225–236.

Zu Nr. 152

1 Kundt, A.: Über die Brechungsexponenten der Metalle, in: SB, (1888), S. 255–272. Hertz, H.: Über die Ausbreitungsgeschwindigkeit der elektrodynamischen Wirkungen, in: SB, (1888), S. 197–209.
Beide Arbeiten wurden von H. von Helmholtz offiziell in der Plenarsitzung der Akademie am 2. Februar 1888 zur Veröffentlichung in den Sitzungsberichten übergeben. Die Arbeit von H. Hertz (1857–1894) enthält dessen epochemachende Versuche zum Nachweis elektromagnetischer Wellen und deren Kurvengleichheit mit den Lichtwellen, womit er J. C. Maxwells (1831–1879) Theorie des Elektromagnetismus und des Lichtes experimentell bestätigte. (AAW II–Va–Bd. 65, S. 5.)

Zu Nr. 154

1 Am 31. Mai 1842, dem 102. Jahrestag des Regierungsantritts Friedrich II., wurde der bisher nur für militärische Verdienste verliehene Orden pour le mérite von Friedrich Wilhelm IV. durch eine besondere Klasse für Wissenschaft und Kunst ergänzt. Dieser Orden wurde für hervorragende Verdienste auf dem Gebiete der Wissenschaften und Künste verliehen. Maßgeblichen Anteil bei der Gründung des Ordens hatte A. von Humboldt, der auch zum Kanzler des Ordens ernannt wurde. Die Stiftungsurkunde

legte die Zahl der Ritter der Klasse des Ordens pour le mérite für Wissenschaften und Künste auf 30 inländische und 30 ausländische Mitglieder fest. Aus der Mitte der inländischen Ritter wurden ein Kanzler und ein Vizekanzler ernannt. Bei Abgang eines der 30 inländischen Ritter wurden die übrigen vom Ordenskanzler aufgefordert, von ihrem Stimmrecht durch Mitteilung entsprechender Kandidatenvorschläge Gebrauch zu machen. Die Entscheidung über die Ernennung eines neuen inländischen Ritters des Ordens pour le mérite traf der preußische König auf der Grundlage des vom Ordenskanzler überreichten Vorschlags der übrigen Ritter. H. VON HELMHOLTZ wurde 1873, E. DU BOIS-REYMOND 1877 Ritter des Ordens pour le mérite. 1886 wurde H. VON HELMHOLTZ zum Vizekanzler des Ordens pour le mérite für Wissenschaften und Künste ernannt. (AAW II–VIa10–Bd. 1–3.)
Vgl. auch: Orden pour le Mérite für Wissenschaften und Künste. Die Mitglieder des Ordens, Bd. 1 (1842–1881), Bd. 2 (1882–1952), (West-)Berlin 1975. 1978.

2 L. KRONECKER (1823–1891) starb am 29. Dezember 1891 und konnte daher nicht mehr in den Orden aufgenommen werden. A. VON AUWERS (1838–1915) wurde im Jahre 1892 zum Ritter des Ordens pour le mérite gewählt und ernannt.

Zu Nr. 156

1 Es handelt sich um die Sitzung der Mitglieder der akademischen Kommission für die HELMHOLTZ-Stiftung, die für den 3. Februar 1892 im Physikalischen Institut anberaumt worden war. (AAW II - XIIIp - Bd. 1, Bl. 22.)

2 E. BRÜCKE (1819–1892) war seit 1878 Mitglied des Ordens pour le mérite und starb am 7. 1. 1892. R. VIRCHOW (1821–1902) wurde erst im Jahre 1901 zum Ordensritter gewählt.

Zu Nr. 158

1 DU BOIS-REYMOND, E.: Maupertuis. Festrede in der öffentlichen Sitzung des Gedenktages Friedrich's II. und des Geburtstages Seiner Majestät des Kaisers und Königs, in: SB, (1892), S. 393–444.

Zu Nr. 159

1 Gemeint ist die Auseinandersetzung zwischen dem Akademiepräsidenten P.-L. M. DE MAUPERTUIS (1698–1759) und dem auswärtigen Mitglied der Berliner Akademie J. S. KÖNIG (1712–1757) in den Jahren 1751 bis 1752 über das Gesetz der kleinsten Aktion. Während MAUPERTUIS für sich beanspruchte, dieses Gesetz, nach dem die zu den in der Natur geschehenen Veränderungen verwandte Menge von Aktion stets ein Minimum sei, so daß man aus der Bedingung für das Minimum Bahn und Geschwindigkeit der bewegten Masse eindeutig erhalte, als erster entdeckt zu haben, behauptete J. S. KÖNIG in einem Aufsatz unter Hinweis auf ein Brieffragment von G. W. LEIBNIZ an J. HERMANN (1678–1733) aus dem Jahre 1707, daß schon G. W. LEIBNIZ das Prinzip der kleinsten Aktion bekannt gewesen sei. Die Echtheit des LEIBNIZ-Briefes wurde von MAUPERTUIS und der Berliner Akademie entschieden bestritten. Die Richtigkeit der Behauptung von J. S. KÖNIG gilt heute als erwiesen.
Vgl. WINTER, E.: Die Registres der Berliner Akademie der Wissenschaften 1746–1766, Berlin 1957, S. 48–55.

Zu Nr. 160

1 Vermutlich wurde H. von Helmholtz in seiner Eigenschaft als Vizekanzler des Ordens pour le mérite für Wissenschaften und Künste vom Ordenskanzler A. von Menzel (1815–1905) aufgefordert, eine Vorwahlsitzung der Ritter des Ordens anzusetzen. Vgl. Nr. 154, Anm. 1.

2 Vgl. Nr. 154, Anm. 2. A. Kundt (1839–1894) wurde 1893 Ritter des Ordens pour le mérite.

Zu Nr. 161

1 Anläßlich des 70. Geburtstages von H. von Helmholtz am 31. August 1891 wurde als bleibende Erinnerung an seine Persönlichkeit die Helmholtz-Stiftung gegründet, deren Stiftungskapital dazu bestimmt war, bedeutende Forscher aus dem In- und Ausland, die sich durch hervorragende Leistungen im Bereich der durch Helmholtz bearbeiteten Forschungsgebiete verdient gemacht hatten, durch Verleihung einer „Helmholtz-Medaille" auszuzeichnen. H. von Helmholtz selbst beantragte 1892 die Verleihung der Helmholtz-Medaille an E. du Bois-Reymond, K. Weierstrass (1815–1897), R. W. Bunsen und W. Thomson Lord Kelvin (1824–1907). Über den Antrag wurde in der Sitzung der physikalisch-mathematischen Klasse am 2. Juni 1892 abgestimmt, wobei alle vier Kandidaten die erforderliche Stimmenzahl erhielten. (AAW II–Vc–Bd. 16, S. 45.)

Zu Nr. 162

1 Am 2. November 1892 beging H. von Helmholtz sein 50jähriges Doktorjubiläum. Aus diesem Anlaß übersandte ihm die Akademie eine von E. du Bois-Reymond verfaßte Glückwunschadresse; gedr. in: SB (1892) II, S. 905–909.

Zu Nr. 163

1 Vgl. Nr. 162, Anm. 1.

Zu Nr. 164

1 Im Akademiestatut von 1881 heißt es: „Die Konzepte zu bedeutenderen im Namen der Akademie zu erlassenden Schreiben legt der vorsitzende Sekretar den übrigen in einer Versammlung oder mittels Umlauf vor." Vorsitzender Sekretar im Jahre 1892 war zum Zeitpunkt der Abfassung der Glückwunschadresse E. du Bois-Reymond.

Zu Nr. 165

1 Nach dem Tode A. von Humboldts am 6. Mai 1859 wurde von seinen Verehrern bei der Akademie ein Komitee gründet, um durch Sammlung das Kapital für die Einrichtung einer „Alexander-von-Humboldt-Stiftung für Naturforschung und Reisen" zu beschaffen. Bereits im Jahre 1860 erfolgte die Gründung dieser Stiftung, mit deren finanziellen Mitteln ein Großteil der von der Akademie ausgewählten Expeditionen und Forschungsreisen bestritten wurde.

Zu Nr. 166

1 Am 14. Dezember 1894 fand in der Berliner Singakademie eine von der Physikalischen Gesellschaft und der Physiologischen Gesellschaft angeregte Gedächtnisfeier für H. VON HELMHOLTZ statt, auf der sein langjähriger Freund und Kollege W. VON BEZOLD (1837–1907) die Gedächtnisrede hielt.

Zu Nr. 167

1 Am 6. Juni 1899 wurde an der Berliner Universität, Universitätsstraße, das HELMHOLTZ-Denkmal, ein von E. HERTER geschaffenes Marmorstandbild, in einer öffentlichen Feier enthüllt.

Zu Nr. 168

1 Am 4. Juli 1895 hielt E. DU BOIS-REYMOND in der Sitzung der Berliner Akademie zum Leibniztag die Gedächtnisrede auf H. VON HELMHOLTZ, in: Abh. 1896, Gedächtnisreden 2, S. 1–50. Vgl. auch: Physiker über Physiker II. Bearb. v. CH. KIRSTEN u. H.-G. KÖRBER. Berlin 1979, S. 68–99.

2 Es handelte sich vermutlich um eine Fotografie, auf der H. v. HELMHOLTZ wie auf dem von F. VON LENBACH im Jahre 1884 geschaffenen HELMHOLTZ-Porträt dargestellt ist.

Verzeichnis der Abkürzungen und Siglen

AAW – Zentrales Archiv der Akademie der Wissenschaften der DDR
Arch. d. sc. ph. et. nat. – Archives des sciences physiques et naturelles, Genève
C. R. – Comptes rendus hebdomadaires des séances de l'Académie des sciences publ. par MM les secr. perp., Paris
Fortschritte der Physik im Jahre ... – Die Fortschritte der Physik im Jahre ..., dargestellt von der physikalischen Gesellschaft zu Berlin, Berlin: G. Reimer. Das im Titel angegebene Jahr entspricht nicht dem Erscheinungsjahr des Bandes. Dieses wird in der Klammer angegeben.
Gräfe Archiv – Archiv für Ophthalmologie, hrsg. von F. ARLT, F. C. DONDERS und A. v. GRAEFE
Lieb. Ann. – Annalen der Chemie und Pharmacie, hrsg. von J. LIEBIG und F. WÖHLER
MB – Bericht über die zur Bekanntmachung geeigneten Verhandlungen der Königlich Preußischen Akademie der Wissenschaften zu Berlin (1836–1855); Monatsberichte der Königlich Preußischen Akademie der Wissenschaften zu Berlin (1856–1881)
MD – Medicinae Doctor
MEW – K. MARX/F. ENGELS, Werke
Moleschott Untersuchungen – Untersuchungen zur Naturlehre des Menschen und der Thiere, Frankfurt und Gießen 1857–1892
Müllers Archiv – Archiv für Anatomie, Physiologie und wissenschaftliche Medicin, hrsg. von J. MÜLLER (nach 1858 von REICHERT und DU BOIS-REYMOND fortgeführt)
NB – notabene (beachte, übrigens)
Phil. Trans. – Philosophical Transaction of the Royal Society of London
Philos. Mag. – The London Edinburgh and Dublin Philosophical Magazine and Journal of Science, conducted by BREWSTER, TAYLOR, PHILIPP, KANE
Pogg. Ann. – Annalen der Physik und Chemie, hrsg. von JOH. CHR. POGGENDORFF, Leipzig
SB – Sitzungsberichte der Königlich Preußischen Akademie der Wissenschaften zu Berlin (1882–1899)
UAHU – Archiv der Humboldt-Universität zu Berlin
Vierordt-Archiv – Archiv für physiologische Heilkunde, hrsg. von K. VIERORDT
Virchows Archiv – Archiv für pathologische Anatomie und Physiologie und für klinische Medizin
ZStA – Zentrales Staatsarchiv der DDR, Potsdam bzw. Dienststelle Merseburg

Namenverzeichnis

Alle erwähnten Personennamen sind aufgenommen. Erweiterte Angaben werden zu den Personen gemacht, die in den Briefen öfter genannt werden; dabei werden in der Regel nur die Daten angegeben, die in den behandelten Zeitraum fallen. Für diesen Personenkreis wird auch die Mitgliedschaft in der Berliner Akademie der Wissenschaften nachgewiesen. Die verwendeten Abkürzungen bedeuten: OM – Ordentliches Mitglied, aOM – Außerordentliches Mitglied, KM – Korrespondierendes Mitglied, AM – Auswärtiges Mitglied, EM – Ehrenmitglied.

Verzeichnis der Abbildungen

17 Grundriß des physikalischen und des physiologischen Instituts, 1873/1878.
Aus: Die naturwissenschaftlichen und medizinischen Staatsanstalten Berlins, Festschrift für die 59. Versammlung deutscher Naturforscher und Ärzte. Berlin 1886, S. 137
Foto: M. Hamann, Berlin

18 Sitzungssaal der Berliner Akademie, 1902
Foto: Institut für Denkmalpflege, Meßbildarchiv, Berlin

1

2

3

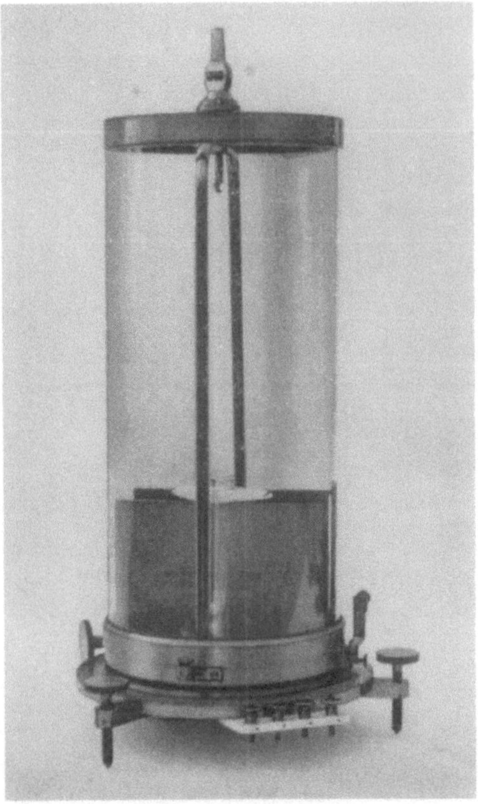

4

5

Abb. 1. Hermann von Helmholtz
Anonyme zeitgenössische Darstellung

Abb. 2. Emil du Bois-Reymond
Nach einer Zeichnung von A. Menzel in der Zeitschrift „Nord und Süd", Breslau, 19. Jahrhundert

Abb. 3. Die Berliner Universität (heute Humboldt-Universität) mit dem 1899 von Ernst Herter geschaffenen Marmorstandbild von Helmholtz vor dem Haupteingang im Ehrenhof. Jetzt befindet sich das Standbild vor dem Westflügel, an der Universitätsstraße.

Abb. 4. Multiplikator nach E. du Bois-Reymond, Vorderansicht

Abb. 5. Multiplikator nach E. du Bois-Reymond, Rückansicht

Abb. 6. Quecksilberschüssel nach E. du Bois-Reymond, 1848

6

7

8

9

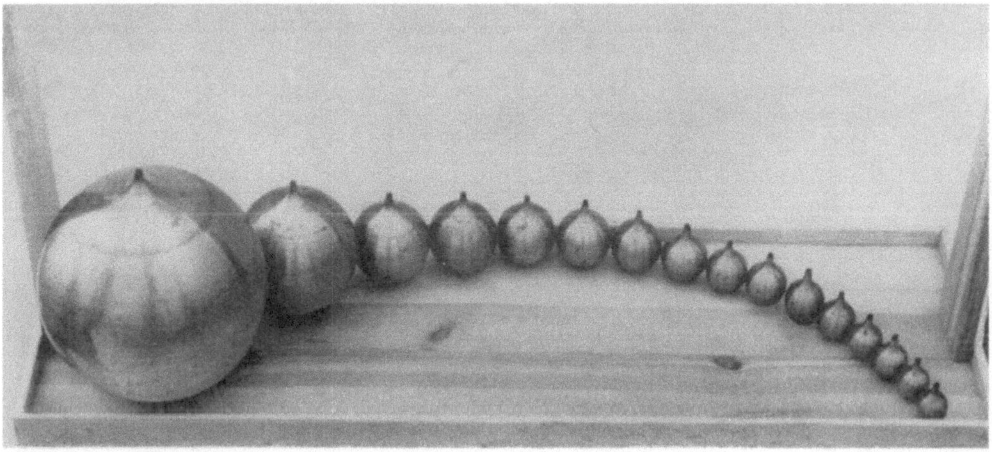

Abb. 7. Doppelsirene nach H. von Helmholtz, Vorderansicht

Abb. 8. Doppelsirene nach H. von Helmholtz, Rückansicht

Abb. 9. Resonator nach H. von Helmholtz

10

11

Abb. 10. Universität Königsberg
Anonyme zeitgenössische Darstellung aus Spamers Illustriertem Konversations-Lexikon, Leipzig,

Abb. 11. Universität Bonn
Anonyme zeitgenössische Darstellung

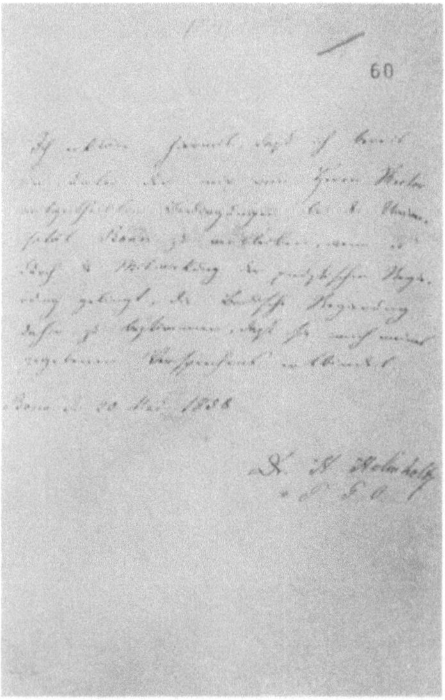
60

Bonn d. 20 Mai 1858

12

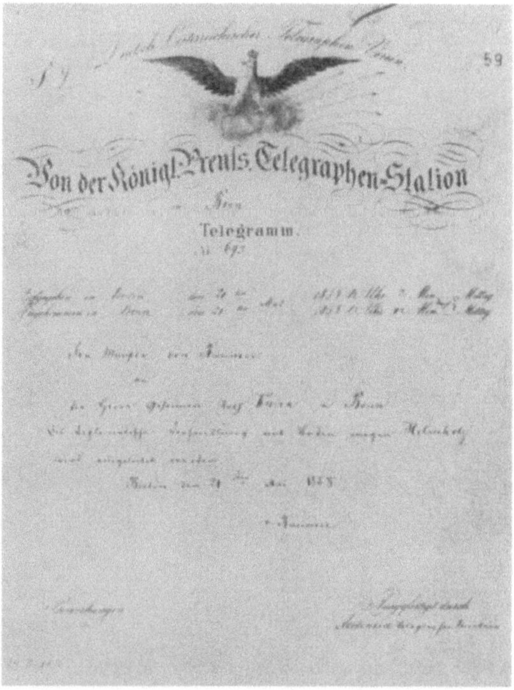
59

Von der Königl. Preuss. Telegraphen-Station

Telegramm.

13

14

Abb. 12. Schriftliche Erklärung von Helmholtz über die Bedingungen seines Verbleibens in Bonn, 1858

Abb. 13. Minister-Telegramm wegen des beabsichtigten Weggangs von Helmholtz aus dem preußischen Staatsdienst, 1858

Abb. 14. Universität Heidelberg. Anonymer Holzschnitt nach einer zeitgenössischen Originalfotografie von E. von König in Heidelberg, 1886

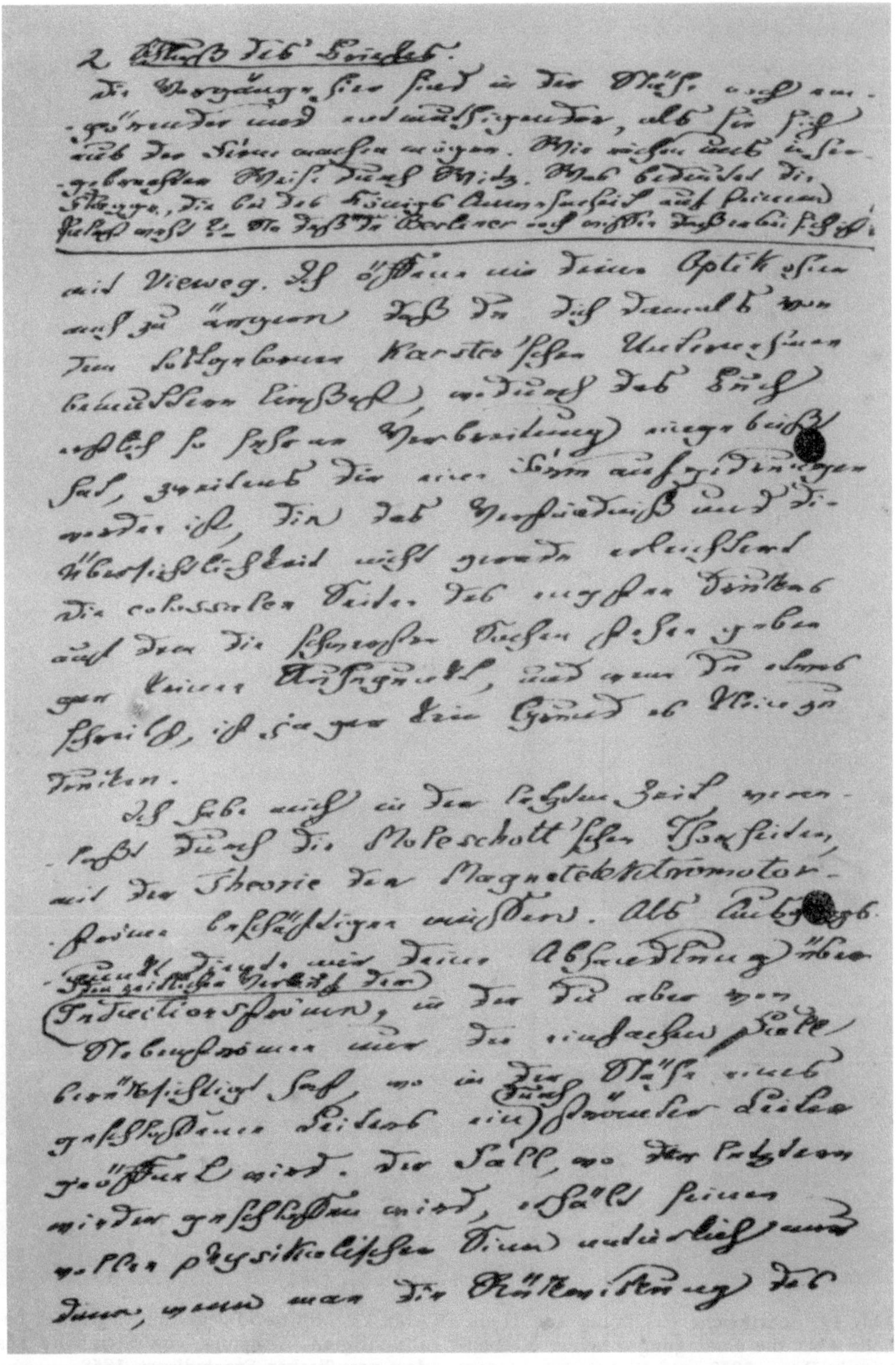

Abb. 15. Briefseite, eigenhändig von E. du Bois-Reymond an H. von Helmholtz. Brief Nr. 85 vom 25. März 1862

16

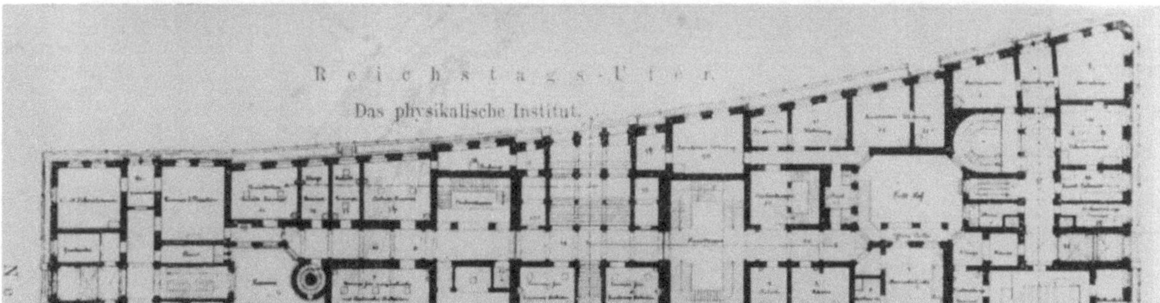

Abb. 16. Das Physikalische Institut der Berliner Universität. Berlin, Reichstagsufer, um 1900

Abb. 17. Grundriß des physikalischen und des physiologischen Instituts der Universität Berlin. Situation 1873–1878. Die Neue Wilhelmstraße, ist die heutige Otto-Grotewohl-Straße.

Abb. 18. (Großer) Sitzungssaal der Berliner Akademie im Gebäude Unter den Linden, 1902

Bei Fragen zur Produktsicherheit wenden Sie sich bitte an:
If you have any questions regarding product safety,
please contact:

Walter de Gruyter GmbH
Genthiner Straße 13
10785 Berlin
productsafety@degruyterbrill.com